Substrat- und Textilbeschichtung

Andreas Giessmann

Substrat- und Textilbeschichtung

Praxiswissen für Beschichtungs- und Kaschiertechnologien

3. Auflage

Springer Vieweg

Andreas Giessmann
Coatema Coating Machinery GmbH
Dormagen, Deutschland

ISBN 978-3-662-58493-4 ISBN 978-3-662-58494-1 (eBook)
https://doi.org/10.1007/978-3-662-58494-1

Die Deutsche Nationalbibliothek verzeichnet diese Publikation in der Deutschen Nationalbibliografie; detaillierte bibliografische Daten sind im Internet über http://dnb.d-nb.de abrufbar.

Springer Vieweg

Springer Vieweg ist ein Imprint der eingetragenen Gesellschaft Springer-Verlag GmbH, DE und ist ein Teil von Springer Nature
Die Anschrift der Gesellschaft ist: Heidelberger Platz 3, 14197 Berlin, Germany

Vorwort zur 3. Auflage

Das aktuelle Jahrzehnt ist geprägt von einer immer stärker werdenden Individualisierung in jeglichem Produktbereich. Die Herstellung von Kleinstmengen und das zu überschaubaren Produktionskosten ist die eigentliche Herausforderung. Der Markt sucht eigentlich die Losgröße 1 zum Preis eines in einem Billiglohnland hergestellten Massenprodukts.

Für die Maschinenbauer und Verfahrenstechniker ist dieses mit den teilweise mit althergebrachten Technologien kaum darstellbar. Hier sind neue Lösungsansätze zu erarbeiten. Aus diesem Grunde wurde das Buch um die beiden Abschn. 3.2.10.3 Imprint (Autor: Thomas Exlager) und 3.2.10.4 Inkjet (Autor: Simon Mathioudakis) ergänzt. Der Imprint ermöglicht es durch Aufbringen oder Veränderungen von Oberflächenstrukturen, Substraten neue Eigenschaften zu ermöglichen bzw. beim Inkjet werden Kleinstmengen realisierbar.

Weiterhin ist die Nachfrage nach dosierenden Systemen für die Beschichtung stark gestiegen. Neue Kammerdesigns ermöglichen es, z. B. Breitschlitzdüsen ein größeres Beschichtungsfenster zuzulassen und machen die Düse universeller und vielfältiger einsetzbar (Autor: Dr. Klaus Crone).

Durch die allen bewusste Umweltthematik ist die Suche nach festen und leichten Materialkomponenten im vollen Gange. So werden z. B. Carbonfasermaterialien „Prepreg“ immer mehr in Fahrzeugen und Flugzeugen eingesetzt. Die Kosten für Bauteile sind jedoch noch sehr hoch und die Reparatur z. B. an Karosseriearbeiten ist auch nicht einfach darstellbar. Aufgrund der Wichtigkeit der Prepregs wurde das Abschn. 6.3 neu geschrieben (Autor: Kamel Bejaoui).

Selbstverständlich wurden auch die Konjunkturdaten in dem Buch Abschn. 1.3 angepasst (Autorin: Karin Timmermanns) sowie einige Grafiken überarbeitet (Autor: Julian Imm).

Ich danke allen Co-Autoren für die Unterstützung zu dieser 3. Auflage.

Andreas Giessmann

Vorwort zur 2. Auflage

Trotz steigender Ansprüche an Materialien und Produkte nehmen deren Lebenszyklen bzw. Ertragsfähigkeit ständig ab. Die klassischen Märkte sind durch den globalen Wettbewerb gekennzeichnet und die kommenden Jahre durch die derzeit vorherrschende Finanzkrise geprägt. Nachdem das Bankensystem aus den Fugen geraten ist, die Automobilindustrie starke Einbrüche zu verzeichnen hat und sich der größte Teil der Wirtschaft auf einer Talfahrt befindet, sind mehr denn je Innovationen und Spezialprodukte gefragt. Wettbewerbsfähig werden nur diejenigen Unternehmen bleiben, die mit neuen, gewinnfähigen Innovationen auf den Markt treten.

Auf breiter Basis findet eine vertikale Diversifikation entlang der Wertschöpfungskette statt, die zum Aufbau neuer Industriezweige führen soll. Viele Unternehmen versuchen, die Eigenschaften ihrer Produkte zu verbessern oder gänzlich zu ändern, um letztlich einen Mehrwert schaffen zu können. Auch in der Kunststoffindustrie gibt es neue Beschichtungs- und Kaschierverfahren, die in der 2. Auflage dieses Praxisbuches beschrieben werden.

Neben den Verbesserungen bestehender Erzeugnisse ist die Entwicklung neuer Produkte von enormer Bedeutung. Nur so ist es möglich, der allgemeinen Rezession entgegenzuwirken. Vor allem im Bereich der erneuerbaren Energien sowie bei Beschichtungen für Dünnschichten in der Elektronik ist noch starkes Erweiterungspotenzial vorhanden. Aber auch in herkömmlichen Märkten wie den Technischen Textilien und in der Medizintechnik gibt es stets neue Entwicklungen, die in der Neuauflage des Buches beschrieben werden. So wurden folgende Themenbereiche ergänzt:

Abschn. 3.2.6: Düsen und Gießtechnologien
Co-Autorin: Andrea Glawe

Abschn. 3.5.1.5: UV-Härtung

Abschn. 3.5.1.6: Elektronenstrahlhärtung
Co-Autorin: Karin Timmermanns

Abschn. 6.2: Medizinische und Hygieneprodukte
Co-Autor: Moritz Graf zu Eulenburg

Abschn. 6.3: Prepreg
Co-Autorin: Regina Reuscher

Abschn. 6.4: Dünnfilmbeschichtung für elektronische Bereiche
Co-Autor: Christoph Dittrich

Neu ist auch das Kap. 7, das sich mit gängigen Chemikalien wie PVC, PU und Acrylaten sowie mit diversen Additiven beschäftigt.

Von der Anlagenseite her geht der Trend immer mehr zu höheren Produktionsgeschwindigkeiten und Verarbeitungsleistungen bei gleichzeitiger Erfüllung der Qualitätsanforderungen. Eine flexiblere Produktion mit einfacherer Bedienung, verminderten Herstellungskosten und Energieeinsparung trägt ebenfalls zur Verbesserung der technischen Wettbewerbsfähigkeit bei.

Dormagen
im Juni 2009

Andreas Giessmann

Vorwort zur 1. Auflage

Die Beschichtung von Substraten aus Textil, Papier oder Folie verleiht dem Ursprungsmaterial jene Eigenschaften, die die qualitativ steigenden Anforderungen an die in der Industrie eingesetzten Werkstoffe erfüllen. Die Beschichtungsindustrie verzeichnet deshalb seit Jahren ein starkes Wachstum. Um der Komplexität der Beschichtung und der Bedeutung der Beschichtungsindustrie gerecht zu werden, wird im vorliegenden Buch eine ganzheitliche Betrachtung angestrebt. Der Schwerpunkt liegt jedoch auf der Textilbeschichtung, welche der Textilveredlung zugeordnet wird. Dabei entsteht kein neuer Werkstoff, das Substrat gewinnt aber eine weitere Funktion hinzu. Als Verfahren der klassischen Textilveredlung können die Appretur oder das Färben von Textilien genannt werden, auf die hier nicht näher eingegangen wird.

Bei der Beschichtung einer flexiblen Trägerbahn, d. h. durch das kontinuierliche Aufbringen einer oder mehrerer Schichten in flüssiger oder pastöser Form, ist gerade das Hervorbringen neuer Materialien und somit neuer Anwendungsgebiete das angestrebte Ziel. Aus diesem Grund sollte die Textilbeschichtung als gleichwertiges Gebiet der Veredlung angesiedelt werden. Dies ist nicht nur für die Begriffsbestimmung von elementarer Bedeutung, sondern würde der herausragenden Stellung der Textilbeschichtung innerhalb der Textilindustrie bzw. der Beschichtung als Ganzes den ihr zustehenden Stellenwert geben.

Um neue Produkte zu kreieren, ist neben der eigentlichen Beschichtung mit allen dazugehörigen Anlagen, Chemikalien und Verfahren auch das weitere Umfeld zu betrachten. Der heutige schnelllebige Markt sowie der finanzielle Druck in den Unternehmen (Stichworte Rating und Basel II) zwingt die Beschichtungsindustrie dazu, äußerst ökonomisch und ökologisch vorzugehen. Das Buch behandelt deshalb vor allem folgende Themen ausführlich: Aufbau eines modernen Betriebes, Verfahren und Methoden der Beschichtung, Umweltschutz sowie wirtschaftliche Aspekte (Investition).

Dormagen
im November 2002

Andreas Giessmann

Inhaltsverzeichnis

Die Beschichtungsindustrie 1

1.1 Definitionen

Wenn auf eine flexible Trägerbahn (Substrat) eine oder mehrere Kunststoffschichten in flüssiger oder pastöser Form kontinuierlich aufgebracht werden, entsteht ein neuer Werkstoff, der die diversen Eigenschaften der verbundenen Materialien in sich vereinigt (Werner 1986). So werden physikalische Eigenschaften wie Weiterreißfestigkeit und Zugbeanspruchung weitgehend vom Substrat beeinflusst, wobei Oberflächeneigenschaften wie Lösemittelbeständigkeit, Farbechtheit, Luftdurchlässigkeit, Wasserundurchlässigkeit, Nichtbrennbarkeit und viele andere im Wesentlichen von der Beschichtung ausgehen. Abhängig von Art und Menge der Komponenten, ihrer Verbindung und dem angewandten Beschichtungsverfahren können die Eigenschaften des entstehenden Verbundmaterials auf den späteren Verwendungszweck hin ausgerichtet werden (Enka 1987).

Die Beschichtung oder auch die Kaschierung sind Veredelungsverfahren von Textilien, Folien, Papier und sonstigen Substraten, um zusätzliche Funktionen und/oder eine Wertsteigerung des Materials aufgrund spezieller Eigenschaften herzustellen (Smith 1999). Folgende Verfahren lassen sich unterscheiden:

Beschichtung
Beschichtung bedeutet das Auftragen von Kunststoffen, die je nach der Art des Verarbeitungsverfahrens – wie später genau beschrieben – als Paste, Plastisol, Organisol oder Schmelze auf den Träger (textiles Flächengebilde, Papier, Kunststofffolie) aufgetragen werden (Fries 1992, S. 104).

Kaschierung
Eine Kaschierung ist das Verbinden zweier Trägermaterialien durch Kleben, wobei hier ein zusätzliches Verbindungselement, der Kleber oder die Kohäsion zweier Materialien,

A. Giessmann, *Substrat- und Textilbeschichtung*,
https://doi.org/10.1007/978-3-662-58494-1_1

herangezogen werden. Als Kleber finden sowohl Dispersionen als auch Organisole Verwendung (Fries 1992). Diese werden wiederum mittels eines Auftragssystems – wie später beschrieben – aufgetragen (Beschichten).

Der Zweck einer Beschichtung bzw. einer Kaschierung kann die ästhetische oder funktionale Optimierung sein.

1.1.1 Einordnung und Abgrenzung der Beschichtung

Es gibt mannigfache Verfahren zur Beschichtung von Flächengebilden. Daher sind die Erzeugnisse, die nach der Substratbeschichtung als Endprodukte vorliegen, ebenso verschieden. Es können auch gleiche Endprodukte unterschiedlicher Art hergestellt werden.

Folgendes Beispiel macht dies klar: Um Kunstleder herzustellen, wird entweder das *Streichverfahren* (Direkt- oder Transferverfahren), das *Kalanderverfahren* oder das *Koagulierverfahren* angewendet. Aufgrund der verschiedenartigen Produktionstechniken entstehen unterschiedliche Produktqualitäten für diverse Einsatzgebiete. So lässt sich beim Streichverfahren mithilfe pastöser Medien und bei spannungsfreiem Auftrag ein dem Echtleder sehr nahe kommendes Endprodukt herstellen, das in Griffigkeit, Geschmeidigkeit und Aussehen dem echten Leder nicht nachsteht. Selbst der modische Effekt des Echtleders findet sich beim Kunstleder wieder.

Beim Kalanderverfahren dagegen werden die Chemikalien mittels Druck und Hitze zu einer Folie verformt, die mit oder ohne Trägermaterial zu einem Fertigprodukt weiterverarbeitet wird. Diese Folie enthält Spannungen, die bei der Verarbeitung zu früher Brüchigkeit und Verhärtung der Endprodukte führen können. Die Einsatzgebiete der Folien sind daher andere als für Produkte des Streichverfahrens: Sie eignen sich u. a. für Vinylfußböden oder Planenmaterialien.

Die Herstellung mithilfe des Koagulierverfahrens ist im Hinblick auf das verwendete Substrat begrenzt. Da Lösungsmittel in hoher Konzentration benutzt werden, ist der Hersteller für die fachgerechte Handhabung und Entsorgung verantwortlich. Das entstehende, auf einem Spinnvlies aufgebaute griffige lederartige Produkt ist hautfreundlich und findet speziell in der Schuh-, Dekor- und Bekleidungsindustrie Verwendung.

Da die Weiterverarbeitung von Textilien eine immer größer werdende Bedeutung erlangt, gibt Abb. 1.1 eine Übersicht über die Stellung der Beschichtung in der Textilveredlung.

1.1.2 Textilbeschichtung

Für die Beschichtung textiler Trägermaterialien gibt es eine Reihe sehr unterschiedlicher Anwendungsgebiete:

- Agrartextilien,
- Bautextilien,
- Bekleidung,

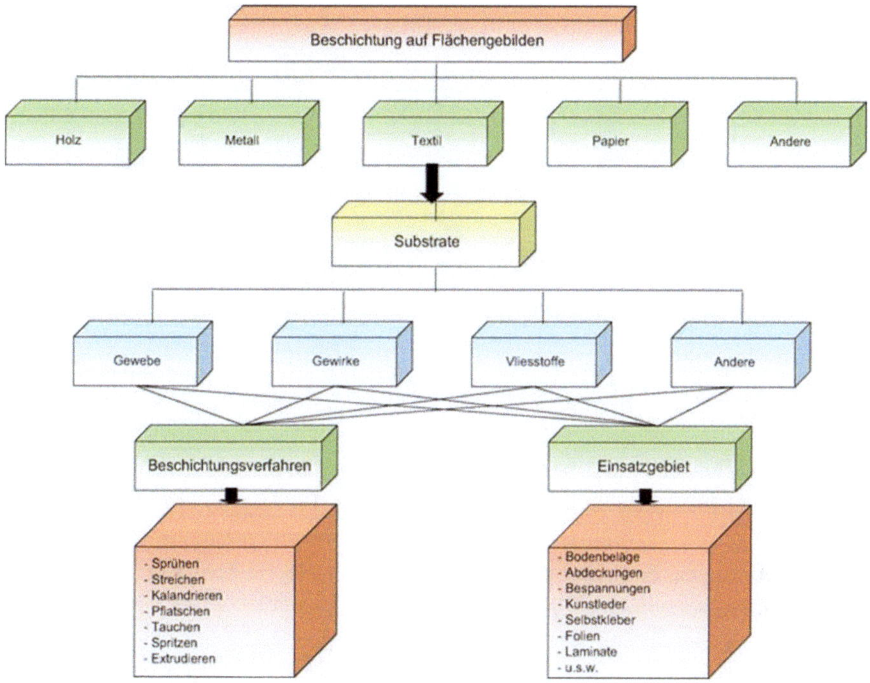

Abb. 1.1 Stellung der Flächenbeschichtung in der Textilveredlung

- Geotextilien,
- Heimtextilien,
- Industrietextilien,
- medizinische Textilien,
- Mobiltech,
- Ökotextilien,
- Verpackungsmaterial,
- Schutzbekleidung,
- Sportbekleidung.

1.1.3 Intelligente Textilien

Der Anteil beschichteter Substrate nimmt rapide zu; so sind z. B. allein bei beschichteten Textilien in den letzten Jahren zweistellige Zuwachsraten zu verzeichnen (Abb. 1.2).

Durch die Beschichtung bekommt das Textil eine funktionale Oberfläche. Unter der Bezeichnung *Intelligente Textilien* bzw. *Smart Textiles* sind Substrate zu verstehen, die über ganz spezifische, individuell gestaltete Funktionen verfügen und aktiv auf entsprechende Umgebungssituationen reagieren können.

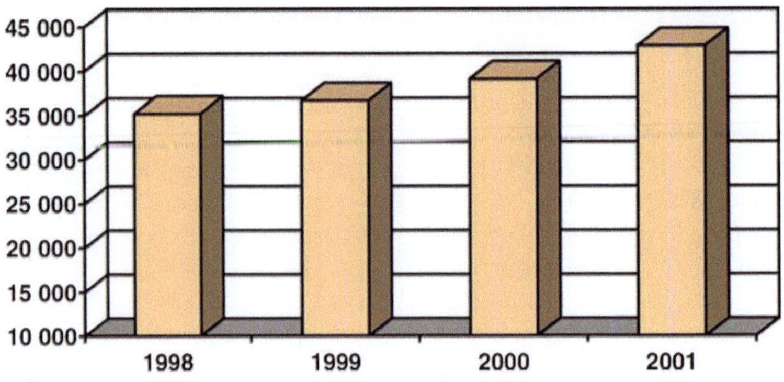

Abb. 1.2 Produktion beschichteter Gewebe in t (statistische Auswertung des TVI-Verbandes)

Während Technische Textilien z. B. als Dränageschicht im Straßenbau oder zur Befestigung von Dämmen und Böschungen bzw. als Filtersysteme eingesetzt werden, geht bei Intelligenten Textilien die Entwicklung bis zur Implementierung von anspruchsvollen elektronischen Sensoren und Datenübertragungssystemen, die z. B. zur Überwachung von Patienten dienen können (Plank 2001).

Auch die Nanotechnologie ist ein interessantes Betätigungsfeld für die Beschichtungsindustrie. Durch Einbringen oder Aufbringung von Nanopartikeln auf Papier, Folie oder Textilien sollen unter anderem selbstreinigende Oberflächen erzeugt werden. Der sog. Lotusblüteneffekt soll gewährleisten, dass Schmutzpartikel bei Flüssigkeitsströmungen direkt ohne weitere Behandlung weggeschwemmt werden.

Des Weiteren gibt es Versuche, natürliche Zellen in ein Textil – insbesondere in Vliesstoffe – einzubringen, um biohybride Organersatzmaterialien zu erzeugen. Das Hohensteiner Institut für internationale Textilforschung hat folgende Klassifikationen für Intelligente Textilien aufgestellt (Mecheels 2001):

Transfersysteme
Übertragung von Arzneimitteln oder Wirkstoffen von einem beschichteten oder getränkten Textil auf die menschliche Haut bzw. Absorption von Substanzen von der Haut in das Textil.

Adaptive Systeme
Die Substrate passen sich selbständig der Umgebung an, d. h. sie reagieren auf Licht, Wärme, Feuchtigkeit und sonstige Umwelteinflüsse.

Smart Clothing
Bekleidungstextilien, in die elektronische Komponenten eingearbeitet wurden.

Transpondersysteme
Lasercodierungen und Radio-Frequency-Identifikationen in Textilien für stufenlose und übergreifende Informationen in der gesamten textilen Kette.

Mikro- und Nanosysteme
In Textilien integrierte Mikro- und Nanotechnologien als selbst agierende Kontroll- bzw. Steuerungs- und Regelmechanismen.

Die Chancen für die Entwicklung Intelligenter Textilien liegen in der notwendigen interdisziplinären Zusammenarbeit unterschiedlicher Technologiebereiche. Die Vernetzung von Wissenschaften wie Elektrotechnik, Medizin, Werkstoffkunde und Informationstechnologie eröffnet neue Möglichkeiten. Zukunftsvisionen zeigen Bekleidungsstücke, in die bereits Mobiltelefone, Computer oder Gesundheitsüberprüfungssysteme für den täglichen Gebrauch integriert sind.

1.2 Historischer Abriss

Die Ursprünge der Beschichtung sind in der Literatur nicht eindeutig belegt. Es wird davon ausgegangen, dass die ersten technischen Textilien in Zentralasien entstanden sind, wo z. B. Winterbehausungen aus dichten Filzen gefertigt und mit Lehm oder anderen Naturstoffen bestrichen oder eben beschichtet worden sind (Reetz 2001). Schon bei den frühen Maya gab es die ersten Arten von Beschichtungen. Sie benutzten den Blutsaft von Gummibäumen, um wetterfeste, d. h. regenundurchlässige Bekleidung herzustellen, indem sie den Saft auf Textilien aufbrachten und diese über einem Feuer trockneten (Sen 1999).

Bei Tauen, Seilen und Segeln aus dieser Zeit finden sich ebenfalls Beschichtungsversuche wieder. Die Stoffe wurden mit primitiven Hilfsmitteln beschichtet, damit sie sich nicht mit Wasser vollsogen.

Belegbare Anfänge von Beschichtungen gab es 1783 in Paris, als ein mit Naturkautschuk beschichteter Ballon zur Wasserstoffbefüllung hergestellt wurde.

Im Jahr 1823 ließ sich ein Schotte namens Macintosh die erste Regenbekleidung patentieren, die er mittels Zusammenfügung einer Gummilage zwischen zwei Textilien herstellte. Bereits 1830 wurde versucht, durch Beschichtung von Textilien mit synthetischen Materialien Echtleder zu imitieren.

Seit 1909 wurde dank der Erfindung des synthetischen Kautschuks eine enorme Entwicklung von Polymerstoffen gestartet, die heute in den verschiedensten Hightechprodukten wiederzufinden sind, z. B. Polyethylendioxithiophen (PEDT = Antistatikausrüstung) oder Flüssigkristallpolymer (LCP für die Beschichtung bzw. Ummantelung von Glasfasern).

Geografisch gesehen war zunächst Amerika federführend in der Beschichtung, später fasste diese Industrie vorwiegend in Österreich und schließlich in Deutschland Fuß, wo sie bis heute einen besonderen Aufschwung erfahren hat (Textilveredlung 1992). Im Jahr 1950 kam zur reinen Textilbeschichtung die Beschichtung von Folien und Papieren hinzu; in den 1970er-Jahren wurden zusätzlich thermoplastische Materialien verwendet.

1.3 Konjunktur

Die wichtigsten Konjunkturzahlen und auch der vom Ifo-Institut erfasste Konjunkturklimaindex zeigten zum Jahresende 2017 hin einen deutlichen Anstieg. Besonders die Auftragslage im Bekleidungssektor entwickelte sich positiv. Die Umsätze im Textilsektor stiegen nur leicht. Insgesamt liegt der Index per Dezember 2017 über dem Stand zum Jahresanfang und auch über dem langjährigen Durchschnittswert (textil+mode) (Tab. 1.1).

Tab. 1.1 Kennziffern für das Textil- und Bekleidungsgewerbe sämtliche Kennzahlen nur für Unternehmen mit 50 und mehr Beschäftigten, soweit nicht anders angegeben

	TEXTIL		BEKLEIDUNG		TEXTIL + BEKLEIDUNG	
1 Beschäftigte		± vH z. Vorjahr		± vH z. Vorjahr		± vH z. Vorjahr
Oktober 2017	54 403	0,8	27 107	2,2	81 510	1,3
Januar–Oktober 2017	53 900	0,9	26 751	0,7	80 651	0,8
Untern. ab 1 Besch. (Hochrechnung)	79 400		39 400		118 800	
2 Bruttolohn- und Gehaltssumme (in Mio. Euro)						
Oktober 2017	163	1,4	83	4,1	246	2,3
Januar–Oktober 2017	1 579	2,2	808	3,6	2 387	2,6
3 Geleistete Arbeitsstunden (in Tausend)						
Oktober 2017	6 773	0,1	3 273	1,6	10 046	0,6
Januar–Oktober 2017	69 004	0,2	32 699	-0,5	101 703	-0,1
4 Umsatz (in Mio Euro)						
Oktober 2017	923	1,7	592	10,1	1 515	4,8
Januar–Oktober 2017	9 201	0,6	5 884	2,7	15 085	1,4
Untern. ab 1 Besch. (Hochrechnung)	14 928		9 926		24 854	
5 Produktion (Index: 2010=100)						
September 2017	107,0	0,9	89,1	-7,2	-	-
Oktober 2017	100,9	1,8	76,8	-6,3	-	-
August–Oktober 2017	-	2,5	-	-6,2	-	-
Januar–Oktober 2017	-	2,8	-	-2,9	-	-
6 a) Auftragseingang (Index: 2010=100)						
September 2017	110,9	2,5	101,4	12,5	-	-
Oktober 2017	109,1	3,0	101,3	12,9	-	-
August–Oktober 2017	-	3,1	-	13,3	-	-
Januar–Oktober 2017	-	4,3	-	3,1	-	-
6 b) Auftragsbestand						
September 2017	-	10,0	-	14,6		
Oktober 2017	-	10,5	-	8,4		
6 c) Reichweite (Monate)						
September 2017	-	2,0	-	4,1		
Oktober 2017	-	2,0	-	3,8		

(Fortsetzung)

Tab. 1.1 (Fortsetzung)

7 Preise (Erzeugerpreisindex Inlandsabsatz, 2010 = 100)

September 2017	109,2	0,6	112,6	0,0	-	-
Oktober 2017	109,4	0,8	112,8	0,2	-	-
August–Oktober 2017	-	0,7	-	0,1	-	-
Januar–Oktober 2017	-	0,6	-	0,1	-	-

Fortsetzung →

8 Einzelhandel

Veränderung z. Vorjahr in vH	UMSATZ BASISJAHR 2010 Oktober 2017	Okt 2017Aug –	Okt 2017Jan –	PREISE BASISJAHR 2010 Oktober 2017	Okt 2017Aug –	Okt 2017Jan –
Bekleidungseinzelhandel	-9,7	5,4	6,4	0,7	1,7	1,5
Gesamter Einzelhandel	0,8	3,9	4,4	2,0	2,0	2,1

9 Textilaußenhandel

	OKTOBER		VERÄNDERUNG	JANUAR–OKTOBER		VERÄNDERUNG
	2017	2016	± vH z. Vorjahr	2017	2016	± vH z. Vorjahr
Ausfuhr						
Textilien	970	984	-1,4	8 752	8 595	1,8
Bekleidung	1 779	1 454	22,4	13 482	11 731	14,9
Gesamt	2 749	2 438	12,8	22 234	20 326	9,4
Einfuhr						
Textilien	897	907	-1,1	9 134	9 104	0,3
Bekleidung	2 613	2 776	-5,8	27 320	26 765	2,1
Gesamt	3 510	3 683	-4,7	36 454	35 869	1,6
Einfuhrüberschuss	761	1 245	-38,9	14 219	15 543	-8,5
Rohstoffe						
Ausfuhr	116	110	5,0	1 025	986	4,0
Einfuhr	93	100	-6,8	1 014	969	4,7

10 Auftragseingangs- und Produktionsindizes nach ausgewählten Wirtschaftsbereichen

TEXTILGEWERBE

	Auftragseingang (2010=100)	± vH z. Vorjahr	Produktion (2010=100)	± vH z. Vorjahr	Umsatz in Mio. Euro	± vH z. Vorjahr
Spinnstoffaufbereitung und Spinnerei						
Oktober 2017	81,2	10,3	67,4	2,9	49	19,5
September 2017	87,4	15,5	69,5	0,4	47	3,7
Januar–Oktober 2017	81,1	11,4	70,3	4,6	458	4,9
Weberei						
Oktober 2017	104,5	2,2	89,2	0,7	141	-0,3
September 2017	107,6	6,3	94,1	-0,7	143	-3,3
Januar–Oktober 2017	111,3	4,9	88,6	0,0	1406	2,3
Veredlung von Textilien und Bekleidung						
Oktober 2017	100,4	11,3	99,8	1,5	70	10,4
September 2017	111,0	8,9	104,5	-2,7	71	5,0
Januar–Oktober 2017	104,9	11,7	99,6	2,6	702	9,4
Herstellung von gewirktem und gestricktem Stoff						
Oktober 2017	104,8	7,8	105,4	5,2	49	9,9
September 2017	114,7	13,9	109,2	-4,5	49	6,2
Januar–Oktober 2017	108,6	18,2	105,1	1,6	473	9,5

(Fortsetzung)

Tab. 1.1 (Fortsetzung)

	Auftragseingang (2010=100)	± vH z. Vorjahr	Produktion (2010=100)	± vH z. Vorjahr	Umsatz in Mio. Euro	± vH z. Vorjahr
Herstellung von konfektionierten Textilwaren (ohne Bekleidung)						
Oktober 2017	107,6	-6,7	86,4	-12,6	146	-8,8
September 2017	109,4	-4,9	100,2	-0,1	163	-1,7
Januar–Oktober 2017	114,1	-1,9	98,8	-0,7	1526	-2,4

Fortsetzung →

TEXTILGEWERBE	Auftragseingang (2010=100)	± vH z. Vorjahr	Produktion (2010=100)	± vH z. Vorjahr	Umsatz in Mio. Euro	± vH z. Vorjahr
Herstellung von Teppichen						
Oktober 2017	101,7	9,0	80,7	0,9	50	-23,4
September 2017	99,0	-3,2	88,2	-2,4	53	-26,8
Januar–Oktober 2017	100,1	2,8	84,7	1,2	505	-23,2
Herstellung von Seilerwaren						
Oktober 2017	108,4	4,1	127,4	23,0	17	35,1
September 2017	132,2	22,4	136,2	12,4	19	28,6
Januar–Oktober 2017	131,0	2,0	133,0	7,6	170	12,7
Herstellung von Vliesstoff und Erzeugnissen daraus (ohne Bekleidung)						
Oktober 2017	124,1	5,3	131,3	5,1	144	8,9
September 2017	119,3	-4,7	128,3	-0,5	140	-3,0
Januar–Oktober 2017	125,6	2,5	130,2	3,2	1422	1,7
Herstellung von Technischen Textilien						
Oktober 2017	118,1	-0,3	116,2	8,1	223	2,1
September 2017	117,0	1,7	121,4	3,8	227	-2,7
Januar–Oktober 2017	123,4	2,6	115,8	5,8	2181	-0,4
Herstellung von sonstigen Textilwaren a. n. g.						
Oktober 2017	125,9	16,7	101,9	5,4	33	20,5
September 2017	122,9	11,7	111,9	7,6	40	27,6
Januar–Oktober 2017	124,1	10,4	105,8	5,4	358	18,4

BEKLEIDUNGSGEWERBE	Auftragseingang (2010=100)	± vH z. Vorjahr	Produktion (2010=100)	± vH z. Vorjahr	Umsatz in Mio. Euro	± vH z. Vorjahr
Herstellung von Lederbekleidung						
Oktober 2017	91,7	25,3	59,0	0,9	[4]	[4]
September 2017	138,4	9,7	120,0	11,6	[4]	[4]
Januar–Oktober 2017	160,2	8,8	128,3	-8,3	[4]	[4]
Herstellung von Arbeits- und Berufsbekleidung						
Oktober 2017	158,9	16,0	104,8	-10,9	45	27,3
September 2017	147,5	20,7	108,3	0,9	41	24,6
Januar–Oktober 2017	144,2	15,9	109,7	2,2	403	26,5
Herstellung von sonstiger Oberbekleidung						
Oktober 2017	90,3	19,6	68,1	-8,7	367	11,1
September 2017	87,7	29,7	86,2	-7,9	447	16,5
Januar–Oktober 2017	107,1	5,9	84,2	-1,9	3700	1,9
Herstellung von Wäsche						
Oktober 2017	87,5	-9,1	60,3	-18,0	64	-12,9
September 2017	80,9	-15,8	62,6	-28,6	71	-14,3
Januar–Oktober 2017	98,6	-7,1	68,8	-13,4	708	-6,8

(Fortsetzung)

Tab. 1.1 (Fortsetzung)

Herstellung von sonstiger Bekleidung und Bekleidungszubehör a. n. g.						
Oktober 2017	206,7	19,0	97,7	7,2	4)	4)
September 2017	270,6	14,6	115,0	16,0	4)	4)
Januar–Oktober 2017	239,8	-0,9	96,6	4,9	4)	4)

Fortsetzung →

BEKLEIDUNGSGEWERBE

	Auftragseingang (2010=100)	± vH z. Vorjahr	Produktion (2010=100)	± vH z. Vorjahr	Umsatz in Mio. Euro	± vH z. Vorjahr
Herstellung von Pelzwaren						
Oktober 2017	4)	4)	20,2	-4,7	-	-
September 2017	4)	4)	16,3	-47,1	-	-
Januar–Oktober 2017	4)	4)	17,^{12}	-21,0	-	-
Herstellung von Strumpfwaren						
Oktober 2017	116,3	2,9	122,2	4,3	67	3,0
September 2017	113,6	-15,3	119,1	-0,9	64	3,2
Januar–Oktober 2017	113,3	0,0	120,5	0,2	612	1,7
Herstellung von sonstiger Bekleidung aus gewirktem und gestricktem Stoff						
Oktober 2017	75,8	46,1	62,^{3}	-6,7	17	447,4
September 2017	63,3	-4,2	68,^{4}	-18,1	19	267,3
Januar–Oktober 2017	86,0	6,5	67,7	-17,7	88	99,9

[1]Index 2010 = 100, kalender- und saisonbereinigte Werte

[2]Die inländische Produktionsentwicklung beinhaltet insbesondere im Segment der Bekleidung eine starke Strukturkomponente. Durch die hohe Außenhandelsverflechtung kommt es außerdem zur verzerrenden Darstellung des Volumens, sodass die Produktionszahlen nur eingeschränkt Auskunft über die Konjunkturlage geben können; weiteres Indiz hierfür ist auch die offensichtlich fehlende Korrelation zwischen inländischer Produktion und inländischer Beschäftigung

[3]Die Werte für den Außenhandel wurden im Mai 2016 neu geordnet. Es werden die Zahlen für textile Endprodukte sowie für Bekleidung gemäß GP 09-13 (Textilien) bzw. GP 09-14 (Bekleidung) dokumentiert, um eine möglichst weitgehende Vergleichbarkeit mit anderen Veröffentlichungen zu gewährleisten

[4]Daten liegen vor, werden jedoch aus Datenschutzgründen nicht veröffentlicht

(Quelle: Statistisches Bundesamt, Wiesbaden)

Der Textilmaschinenbau zählt heute in Deutschland zu den bedeutenden Fachzweigen des Maschinen- und Anlagenbaus. Mit einer Exportquote von 95 % gehört die Branche zu den exportstärksten Zweigen des gesamten Maschinenbaus (VDMA, Fachverband Textilmaschinen) (Abb. 1.3).

Die Textilmaschinen unterteilen sich in Spinnereimaschinen, Webereimaschinen, maschenbildende Maschinen und Veredelungsmaschinen (Abb. 1.4). Durch Veredelungsmaschinen erhalten die Textilien die gewünschten Eigenschaften, z. B. bestimmte Oberflächeneffekte (VDMA, Fachverband Textilmaschinen).

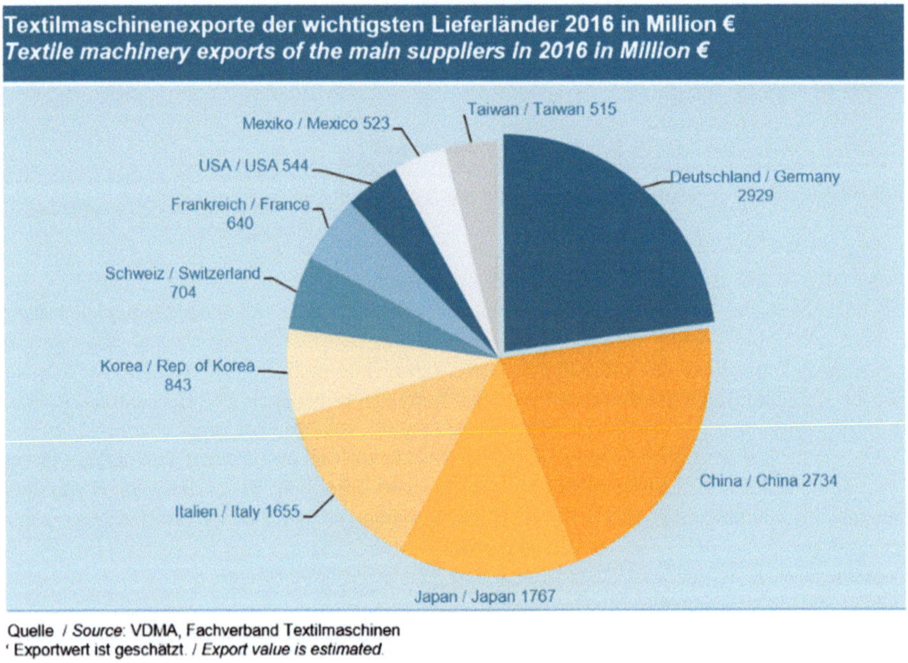

Abb. 1.3 Der Textilmaschinenbau zählt heute in Deutschland zu den bedeutenden Fachzweigen des Maschinen- und Anlagenbaus. Mit einer Exportquote von 95 % gehört die Branche zu den exportstärksten Zweigen des gesamten Maschinenbaus (VDMA, Fachverband Textilmaschinen)

Export 2017 nach Fachzweigen (Prozentuale Veränderung)

Exports 2017 to the various sectors (percentage change)

Zeitraum *Periode*	Textilmaschinen *Textile mc.*	Webereimasch. *Weaving mc.*	Spinnereim. *Spinning mc.*	Maschen bilden. *Knitting and hosiery mc.*	Veredlungsm. *Finishing mc.*
Jan.– Dez. 2017 *Jan. – Dec 2017*	*17,5*	*26,3*	*29,5*	*4,8*	*8,8*

Abb. 1.4 Die Textilmaschinen unterteilen sich in Spinnereimaschinen, Webereimaschinen, Maschenbildende Maschinen und Veredlungsmaschinen. Durch Veredlungsmaschinen erhalten die Textilien die gewünschten Eigenschaften, z. B. bestimmte Oberflächeneffekte (VDMA, Fachverband Textilmaschinen)

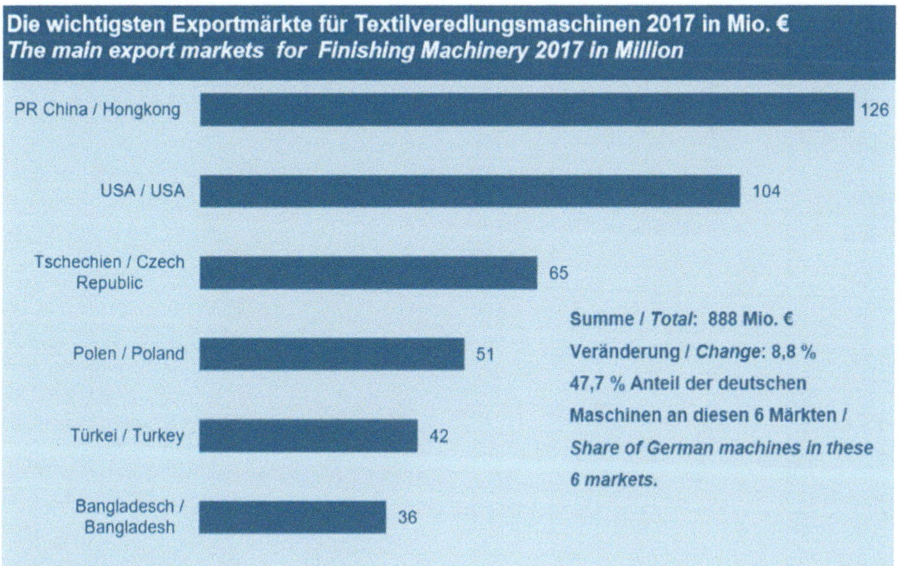

Quelle / Source: VDMA, Fachverband Textilmaschinen

Abb. 1.5 Die deutschen Hersteller exportierten im Jahr 2017 Veredlungsmaschinen im Wert von 888 Mio. €, das entspricht einem Anteil von 31 % an den deutschen Gesamttextilmaschinenausfuhren (VDMA, Fachverband Textilmaschinen)

Die deutschen Hersteller exportierten im Jahr 2017 Veredelungsmaschinen im Wert von 888 Mio. EUR das entspricht einem Anteil von 31 % an den deutschen Gesamttextilmaschinenausfuhren (VDMA, Fachverband Textilmaschinen) (Abb. 1.5).

2 Anforderungen an einen Beschichtungsbetrieb

Bei der Planung eines Beschichtungsbetriebes muss von verschiedenen Überlegungen ausgegangen werden, da mehrere Faktoren für den Erfolg des Unternehmens verantwortlich sind. Dazu gehören Lage und Layout der Fabrik, die zur Anwendung kommenden Chemikalien und deren Aufbereitung sowie die Investition in bestimmte Zusatzaggregate.

Fabrikplanung und Auslegung der Fabrik Die Größe der einzelnen Komplexe wie Rohstofflager, Pastenaufbereitungsraum, Produktionsstätte oder Endproduktwarenlager hängt hauptsächlich von der gewünschten und optimalen innerbetrieblichen Logistik und der geplanten Jahresproduktion ab. Eine Erweiterung sollte hierbei immer ins Kalkül gezogen werden. Wesentliche Punkte sind der Standort der Fabrik und deren Verkehrsanbindung, wie z. B. die Nähe zur Autobahn usw.

Art der Pastenaufbereitungsaggregate Die Art der Pastenaufbereitungsaggregate macht in Abhängigkeit von den Endprodukten und den einzusetzenden Rohstoffqualitäten je nach Produktionsverfahren völlig unterschiedliche Aufbereitungsmaschinen und -anlagen erforderlich.

Auslegung der Produktionslinie (Anlagenlayout) Die Auslegung der Produktionslinie ist abhängig von automatischem oder semiautomatischem Produktionsablauf, der nicht nur Einfluss auf die Höhe des Investitionsvolumens hat, sondern auch Anforderungen an die Fähigkeiten und Fertigkeiten sowie die Anzahl des Bedienungspersonals stellt.

Auswahl von Zusatzmaschinen Zusatzmaschinen dienen zum Bedrucken, Prägen oder Finishen der Materialien. Dies ist abhängig vom Einsatzbereich des Endprodukts und stellt gewisse Bedingungen an den Platzbedarf und die Personalanzahl – je nachdem, ob inline oder mit separat aufgestellten Einzelaggregaten gearbeitet werden kann. Auch länderspezifische Gegebenheiten wie Personalintensität oder Vollautomatisierung spielen eine Rolle.

A. Giessmann, *Substrat- und Textilbeschichtung*,
https://doi.org/10.1007/978-3-662-58494-1_2

Benennung der Ausrüstungsmaschinen Ausrüstungsmaschinen sind nötig zum Umrollen, zur Qualitätskontrolle und zum Verpacken der für den Verkauf vorbereiteten Endprodukte. Der Umfang dieser Leistung ist stark vom herzustellenden Endprodukt abhängig, da der Käufer seinerseits Forderungen benennt und bestimmte Lieferkonditionen voraussetzt. Heute wird vielfach sogar auf Eingangskontrollen verzichtet, weil auf die Garantien des Herstellers zurückgegriffen wird.

Erfassen sonstiger Aggregate Sonstige Aggregate wie Laborgeräte und Hilfsmittel, die für das Betreiben dieser Aggregate notwendig sind und dem Bedienungspersonal als Arbeitserleichterung dienen, müssen erfasst werden.

Potenzielle Explosionsgefahr bei der Verwendung von Lösungsmitteln Es besteht die Tendenz, lösungsmittelhaltige Produkte nicht mehr zu verwenden. Aufgrund ihrer besonderen Eigenschaften kann aber bisher auf diese Produkte nicht gänzlich verzichtet werden, da bislang noch kein vollständiger Ersatz entwickelt wurde.

In Abhängigkeit bestimmter Mischungsverhältnisse besteht Explosionsgefahr, so z. B. bei der Beschichtung von PU, da bei der vorhandenen Betriebs- oder Raumtemperatur ein explosives Gas-Luft-Gemisch entstehen kann. Der Zündfunke könnte durch mechanische Reibung von rotierenden Metallen sowie durch statische Aufladung von Trägerpapieren und den beschichteten Substraten entstehen. Aus diesem Grunde müssen an den Beschichtungsanlagen, bei denen mit Lösungsmitteln gearbeitet wird, konstruktive Maßnahmen zum Explosionsschutz getroffen werden (BG Chemie 1989). Dieser Schutz besteht bei Reibteilen in der Verwendung von Aluminium, bei Schaltern im Einsatz von Niedrigspannung und wird bei Motoren mithilfe der Druckkapselung bzw. der Spülung mit Druckluft bewirkt.

2.1 Logistische Integration innerhalb eines Beschichtungsbetriebes

Bei Neuinvestition oder gar Neueinstieg in einen Beschichtungsbetrieb sind nicht nur Marktstudien, sondern viele weitere Faktoren in die Kalkulation einzubeziehen. Neben den technischen Bedürfnissen, denen ein Beschichtungsbetrieb gerecht werden muss, sind auch strategische und betriebswirtschaftliche Anforderungen zu beachten. Hohe Produktivität, Terminzuverlässigkeit, minimale Durchlaufzeiten und eine schnelle Reaktion auf sich ändernde Kundenwünsche und Marktsituationen können in der Beschichtungsindustrie nur mit durchgängigen und lückenlosen Informations- und Materialflüssen zwischen Anlagenbauern, Rohstofflieferanten, Substratherstellern, Transporteuren und Abnehmern erreicht werden. Diese Zusammenhänge lassen sich mit dem Begriff der „Logistischen Integration“ darstellen. Unter Logistischer Integration in der Beschichtungsindustrie versteht man die Vernetzung und die Koordinierung von einzelnen Prozessen und Abläufen. Es geht darum, sich von der Isolation und Abtrennung einzelner Funktions- und Aufgabenbereiche zu lösen und ein System der sog. Interdependenz bei der Aufgabenbewältigung zu schaffen (REFA 1992).

Folgende Hauptüberlegungen liegen hierbei zugrunde:

- Die logistische Integration verbindet Absatz- und Beschaffungsmärkte, Kunden und Beschichtungsunternehmen.
- Sie besteht aus einer Vielzahl von Kettengliedern, d. h. Prozessen, die ineinandergreifen müssen, um optimale Ergebnisse zu erzielen.
- Stärke und Leistungsfähigkeit dieser logistischen Kette werden von ihrem schwächsten Glied bestimmt. Es kommt in der logistischen Integration nicht darauf an, dass einzelne Glieder besonders stark sind, sondern dass keines schwächer ist als die anderen.

Abb. 2.1 erläutert die möglichen Kettenglieder eines Beschichtungsunternehmens, deren gesteuerte Koordinierung und Kombinierung Voraussetzungen für den Erfolg des Unternehmens sind.

Ziel der Logistischen Integration ist es, den Fluss der Material- und Informationsströme innerhalb der Kettenglieder zu koordinieren und zu optimieren sowie Störungsquellen zu beseitigen, um einen möglichst reibungslosen Durchlauf zu gewährleisten.

In Abb. 2.2 und 2.3 werden die Funktionen der einzelnen Kettenglieder dargestellt.

Der reibungslose Ablauf ist deshalb so wichtig, weil der Kunde seine Kaufentscheidungen nicht mehr nur von Preis und Qualität, sondern auch von Kriterien wie Zahlungsbedingungen, Kulanzverhalten, Termintreue oder Finanzierungsmöglichkeiten abhängig macht. Somit ergeben sich für die Leistungsanforderungen an die Logistische Integration folgende drei Wesensmerkmale (vgl. Hautz 1992):

- technische Leistungen,
- Logistikleistungen,
- Vertriebsleistungen.

2.1.1 Technische Leistungen

Hierunter sind alle Leistungen zu verstehen, die sich mit den auf dem Markt befindlichen technischen Möglichkeiten beschäftigen. Zum einen stellt der vorhandene Maschinenpark den State of the Art dar, zum anderen sollen die Anforderungen an das Produkt verfahrenstechnisch und vom Know-how her umgesetzt werden.

Funktion	technische Eignung, Produkteigenschaften (z. B. Foggingarmut, Dauerknickverhalten, Temperaturverhalten, Reißfestigkeit, Abriebfestigkeit) in Abhängigkeit des Einsatzgebietes
Typ	technische Funktionssicherheit, Lebensdauer, Wartungsintervalle (z. B. Genauigkeit der Aufwicklung; exakte Schnittkanten, Dickengleichmäßigkeit über die Warenbreite und -länge)

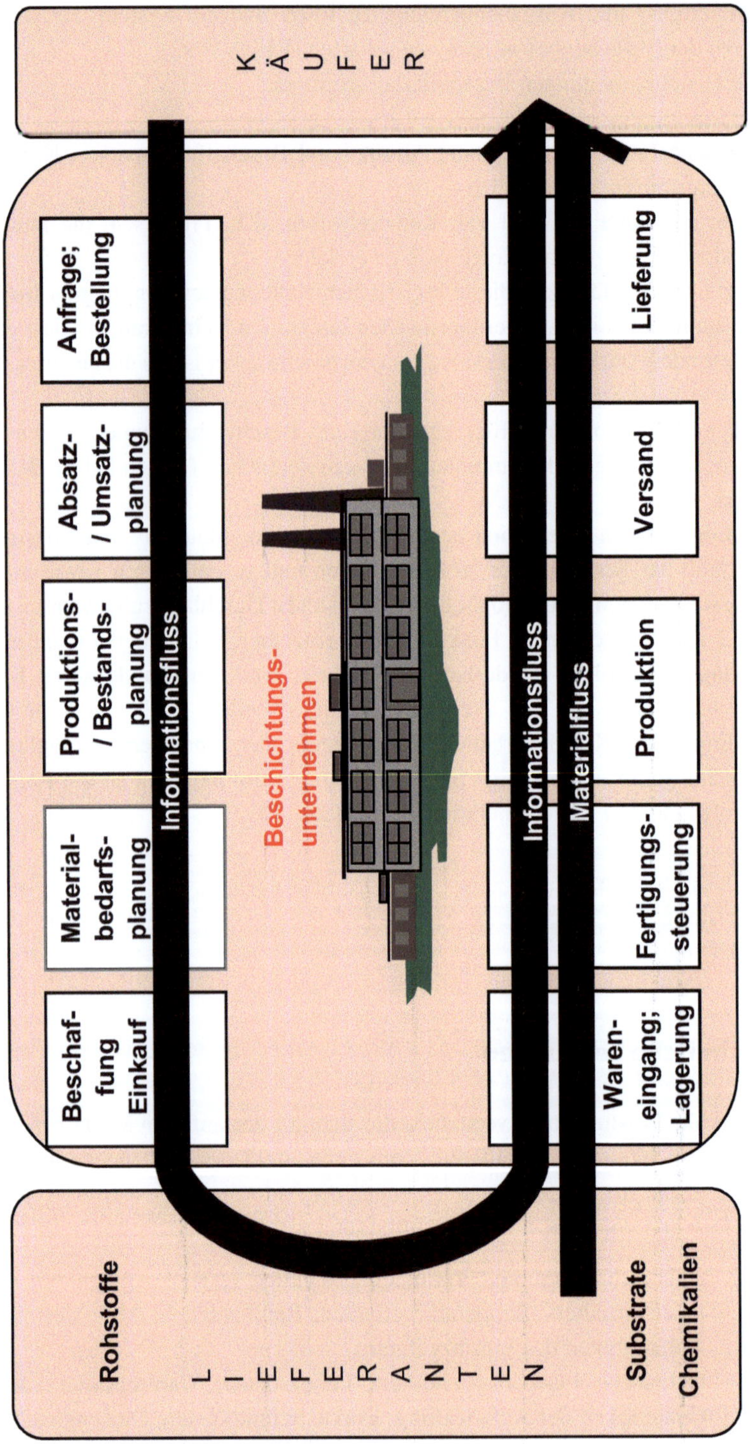

Abb. 2.1 Logistische Kette. (Vgl. Zuendel und Partner 1992)

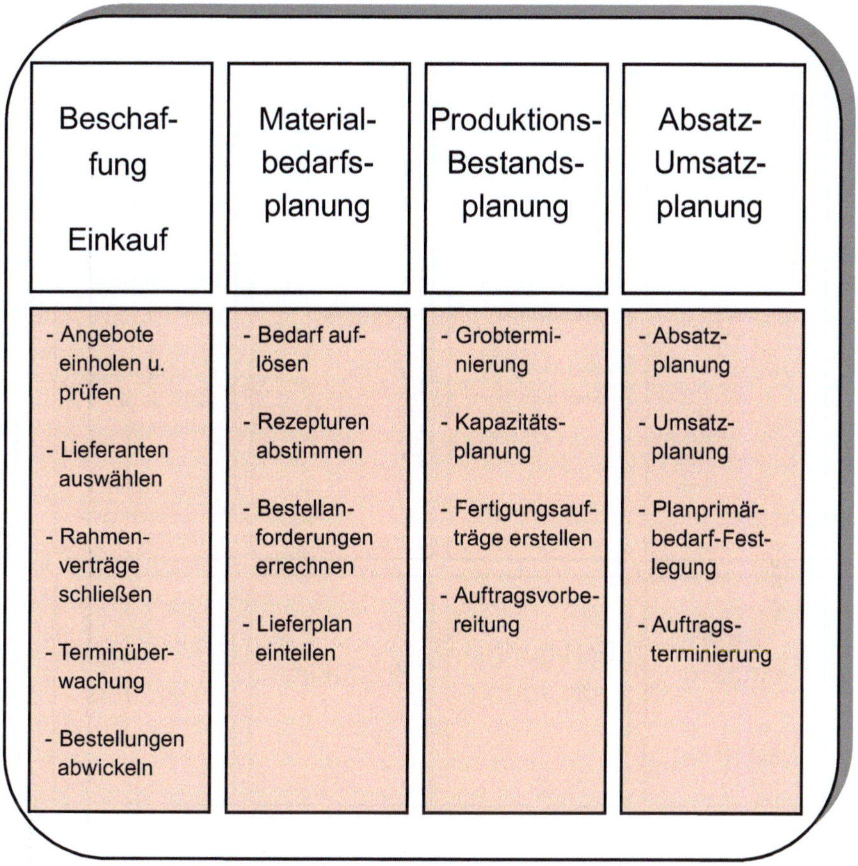

Abb. 2.2 Funktionsansatz zur Logistischen Integration (1)

Technologie Produkt- und Prozesstechnologie neuster Entwicklung, Flexibilität (z. B. direkte oder indirekte Beschichtung)

Innovation marktangepasste Produktideen, Produktgestaltung (z. B. Deep Valey Printing, Zweiton-Effekt, Wischeffekt)

Der steigende Bedarf an beschichteten und kaschierten Substraten lässt sich damit erklären, dass dank dieser Bearbeitungsprozesse in Verbindung mit der Nutzung unterschiedlicher Chemikalien völlig neue Produkteigenschaften entstehen, die für die Industrie und den Endverbraucher von großem Interesse sind. So sind aus der Autoindustrie solche Produkte wie Airbags, Seitenverkleidungen aus Kunststoffteilen, klimatisierte Autositze oder Abdeckplanen nicht mehr wegzudenken. Die Bauindustrie setzt mit Dachisolierungen, Sonnenenergienutzung, Markisen, Vinylfußböden oder Wandverkleidungen neue Akzente. Auch von der Sport- und Haushaltswarenindustrie werden beschichtete und kaschierte Substanzen verstärkt nachgefragt, wenn diese in Boots- und Zeltmaterialien, Lifewesten und dekorativen Oberbekleidungsstoffen verwendet werden.

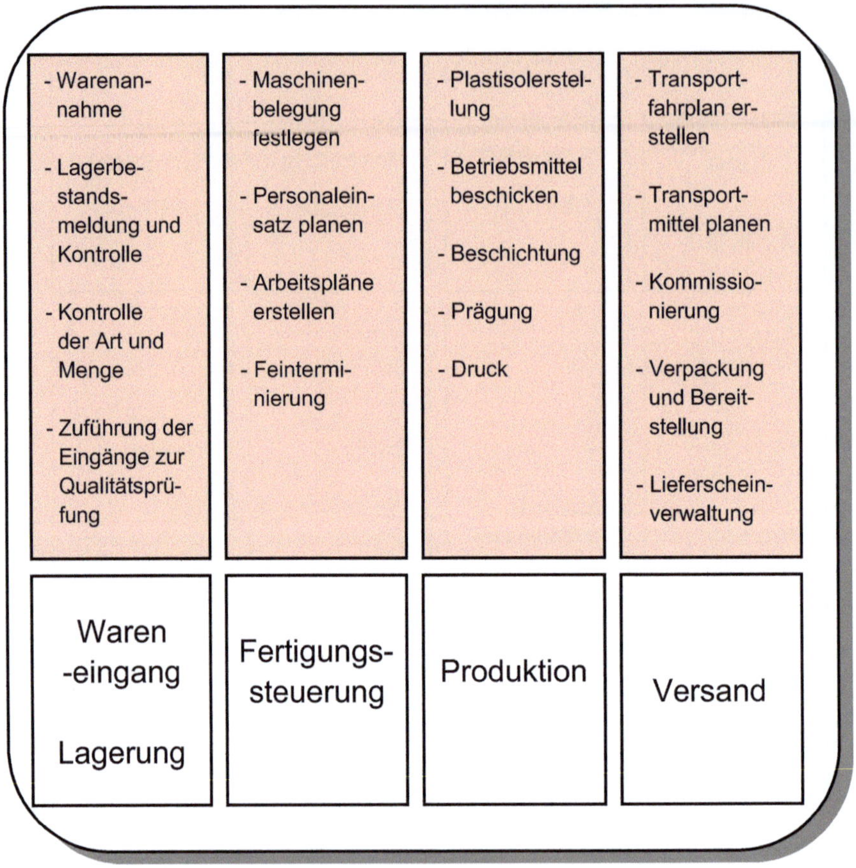

Abb. 2.3 Funktionsansatz zur Logistischen Integration (2)

Wegen der immer kürzeren Produktlebenszyklen und der notwendigen Innovationskraft eines Beschichtungsunternehmens sollten die Betriebe ein entsprechendes Labor unterhalten. Laboranlagen haben die wichtige Aufgabe, Grundideen und Rezepturanpassungen vornehmen zu können, ohne die eigentliche Produktionsstraße hierfür benutzen zu müssen. Dies setzt eine große Kenntnis der unterschiedlichen Chemikalien voraus, wobei auch die Möglichkeit bestehen sollte, durch entsprechende Versuche die gewünschten Forderungen des Marktes nach Eigenschaft und Struktur des Endproduktes zu erfüllen.

Erst das spezifische Wissen über zu verwendende Substrate, Rohstoffe und Produktionsverfahren sowie deren am besten geeignete Verbindung ergeben ein marktfähiges Produkt. Um jeden Parameter genau zu untersuchen, werden entsprechende Labormaschinen benötigt. Dazu zählen zum einen die Maschinen zur Herstellung der Beschichtungspasten und zum anderen die Beschichtungsmaschinen selbst. Letztere unterteilen sich in diskontinuierliche und kontinuierliche Laboranlagen, die sich im Platzbedarf, in der

Tab. 2.1 Merkmale der verschiedenen Laborsysteme für Beschichtungsbetriebe

Merkmale	Diskontinuierliche Systeme	Kontinuierliche Systeme	Spezialanlage Deskcoater
Platzbedarf	ca. 1,5 m^2	ca. 25 m^2	ca. 5 m^2
Personalbedarf	1	3–5	1
Arbeitsbreite	ca. 25 cm	ca. 40–100 cm	ca. 50–60 cm
Ø Produktionsgeschwindigkeit	–	6–8 m/min	4–6 m/min
Reproduzierbarkeit	Kaum	Ja	Ja
Flexibilität	Nein	Kaum	Sehr hoch

Arbeitsbreite, der Ausrüstung von Auftragssystemen sowie in der Anzahl des benötigten Bedienungspersonals unterscheiden. Tab. 2.1 gibt einen Überblick über die verschiedenen Laborsysteme.

Die *diskontinuierlichen* Geräte beschichten im sog. Schubladensystem. Hierbei wird das zu beschichtende Substrat in einen vorgefertigten Rahmen eingespannt und ein Rakelmesser bzw. eine sich drehende Walze trägt die Beschichtung auf. So können Muster in den Größen bis max. DIN A4 hergestellt werden. Die Geräte selbst haben die Größe eines Backofens. Das System ermöglicht eine generelle Aussage über Rohstoffe und deren Temperaturverhalten. Bedingt durch den diskontinuierlichen Prozess und den technischen Aufbau können die Ergebnisse nur bedingt auf Produktionsstraßen übertragen werden.

Bei den *kontinuierlichen* Systemen hingegen handelt es sich um Pilotanlagen, die ähnlich aufgebaut sind wie industrielle Großanlagen. Hier variiert die Arbeitsbreite zwischen 400 und 1000 mm. Diese Anlagen werden eingesetzt, um realistische Daten für die Produktion und aussagekräftige Muster für Kunden zu bekommen. Nachteile der Anlage sind der große Platzbedarf, die Unflexibilität in Bezug auf unterschiedliche Verfahrensprozesse, der sehr hohe Preis und der hohe Personalbedarf.

Sollen unterschiedliche Auftragssysteme erprobt und den jeweiligen Bedarfsfällen angepasst werden, sind größere Umbaumaßnahmen erforderlich. Es lassen sich auch mehrere Aggregate voreinander setzen, was allerdings den Nachteil hat, dass sich die Abstände zum Kanaleingang ändern und somit nicht mehr dem Layout der Produktionsanlage entsprechen.

Gerade der Abstand zwischen dem Auftragen der Beschichtung und dem Eingang in den Trocken- und Gelierkanal ist von entscheidender Bedeutung für die Qualität der Beschichtung. Dabei ist auch die Art des Auftragsmediums zu beachten: Wird mit lösungsmittelhaltigen Medien gearbeitet, sollte der Abstand so gering wie möglich sein, um ein Verdunsten des Lösungsmittels und den Eintritt in die freie Atmosphäre zu verhindern. Zusätzlich angebrachte Schlitzabsaugungen oder Absaughauben sind hier weitere Vorsichtsmaßnahmen (Abb. 2.4).

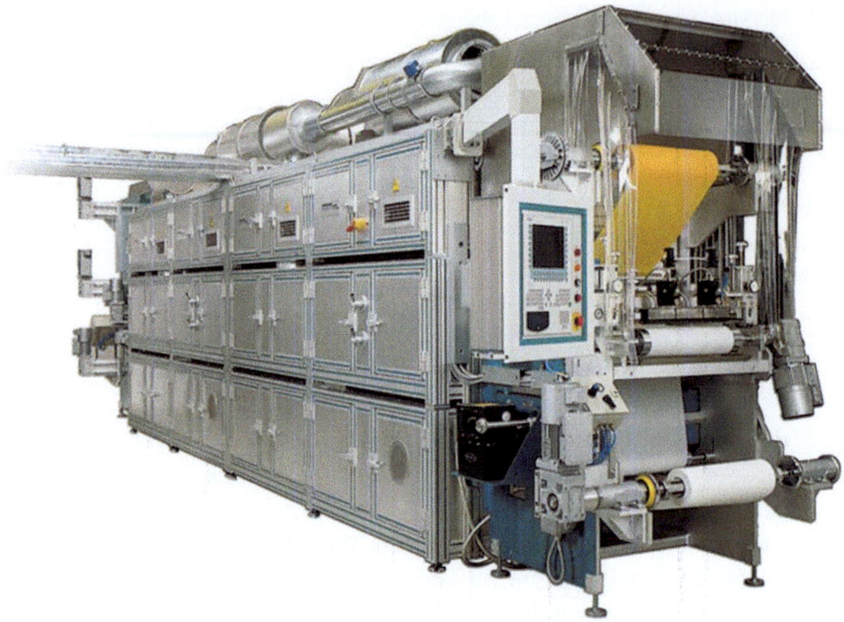

Abb. 2.4 Coatema Linecoater (Werksfoto)

Ein neueres Konzept sind Laboranlagen, die eine Symbiose der beiden vorgenannten Versionen bilden. Der Deskcoater – als Pilotanlage – vereint die kompakte Bauweise des diskontinuierlichen Systems mit der Möglichkeit der Übertragbarkeit der gewonnenen Daten des kontinuierlichen Systems in einer einzigen Anlage.

Dank des modularen Baukastensystems sind die verschiedenen Auftragssysteme leicht austauschbar. So kann der Abstand vom Beschichten bis zum Kanaleingang gleich gehalten werden und man erhält reproduzierbare Daten (Abb. 2.5).

Mithilfe des modularen Aufbaus der einzelnen Ausstattungsmerkmale (Beschichtungsmodule) kann jeder Verarbeitungsprozess individuell nachgestellt werden. Die Variationen der Auftragsmodule reichen vom einfachen Walzenrakel über ein Mehrwalzensystem bis hin zum Imprägnierverfahren und zu anderen Produktionsprozessen.

2.1.2 Logistikleistungen

Die Logistische Kette verbindet alle Bereiche, die für einen gut funktionierenden Beschichtungsbetrieb und für eine hohe Kundenzufriedenheit notwendig sind. Die Logistikleistungen müssen stets optimiert werden, damit die Organisation an keiner Stelle stockt. Besonders wichtig ist hierbei der Informationsfluss zwischen den einzelnen Abteilungen des Betriebes sowie zwischen dem Unternehmen und dem Kunden.

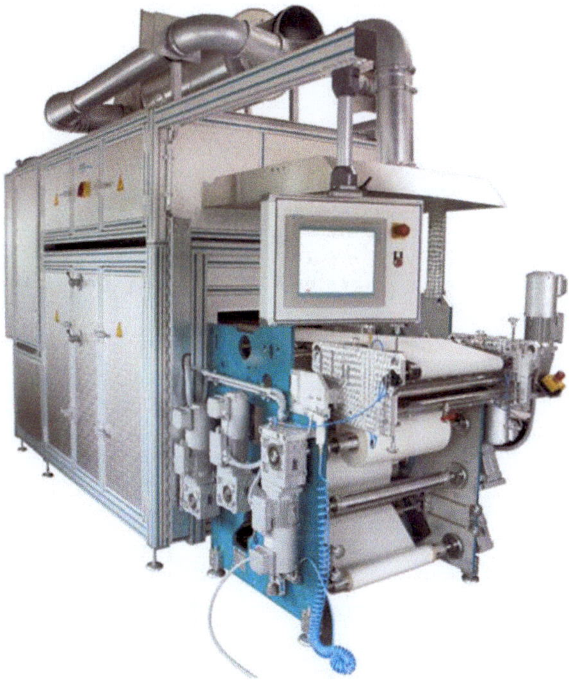

Abb. 2.5 Vorderansicht des Coatema Deskcoater (Werksfoto)

Lieferzeit	Zeitspanne zwischen Auftragserteilung und Auftragserfüllung
Lieferzuverlässigkeit	Verhältnis zwischen zugesagtem und tatsächlichem Liefertermin
Lieferfähigkeit	Verhältnis zwischen vom Kunden gewünschtem und zugesagtem Liefertermin
Lieferqualität	Anteil der qualitativ und quantitativ korrekt ausgeführten Aufträge
Information	Qualität des Informationsservices bzw. -flusses in allen Stadien der Geschäftsabwicklung (Abb. 2.6)

2.1.3 Vertriebsleistungen

Zu den Vertriebsleistungen zählen die Aktivitäten des Marketing, die darauf ausgerichtet sind, das richtige Produkt zur richtigen Zeit auf den Markt zu bringen, d. h. die Firmenstrategie umzusetzen.

Spektrum	Breite und Tiefe des Leistungsangebots sowie der Produktpalette
Beratung	Fachkompetenz, Know-how, Kundenkenntnisse, Servicenetz
Betreuung	Hotline, Messen, Kundenschulungen, Seminare

Der Stellenwert dieser Faktoren ist von den individuellen Bedürfnissen und Anforderungen des Kunden sowie dem jeweiligen Produkt abhängig. Dabei zeigt sich, dass bei sog. „grauen Produkten“ (d. h. Produkten mit ähnlicher technischer Qualität und ähnlichem Preisgefüge)

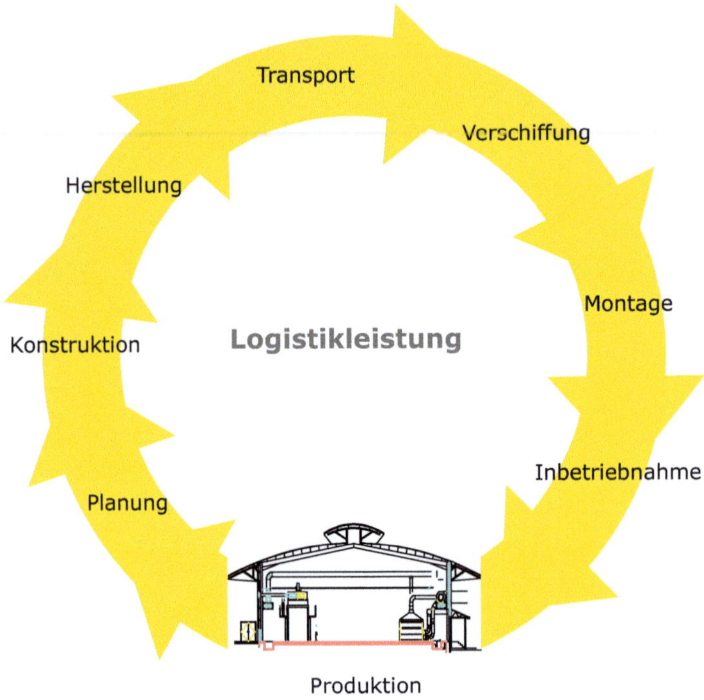

Abb. 2.6 Logistikleistungen

von allen Anbietern demjenigen Lieferanten der Vorzug gegeben wird, bei dem die Logistische Integration am besten verwirklicht und durchgeführt wird. Mithilfe des Prinzips der ganzheitlichen Gestaltung und Koordination werden einerseits einseitige Teilleistungen vermieden und wird andererseits gewährleistet, dass die Kette vom Lieferanten zum Kunden streng organisiert und strukturiert ist, wobei die Leistungsziele auf die Erfordernisse des Marktes abgestimmt werden (Heeg 1991).

2.2 Verwirklichung der Logistischen Integration

Mit logistikgerechten Produkten lassen sich Beschaffungs-, Verarbeitungs- und Transportprozesse schneller abwickeln und besser synchronisieren. Durch eine Optimierung der Arbeitsprozesse wird eine wesentliche Vereinfachung der organisatorischen Abläufe innerhalb der Prozesskette ermöglicht. Die Einbindung von Fachkräften bzw. Beratern und die Nutzung ihres speziellen Wissens steigert die Wirtschaftlichkeit in den Unternehmungen. Durchgängige Informationssysteme und ein schneller Kommunikationsfluss sind Voraussetzungen für die Abstimmung aller beteiligten Prozessstufen innerhalb eines Beschichtungsunternehmens.

Ansätze zur Verwirklichung der Logistischen Integration zeigt Abb. 2.7.

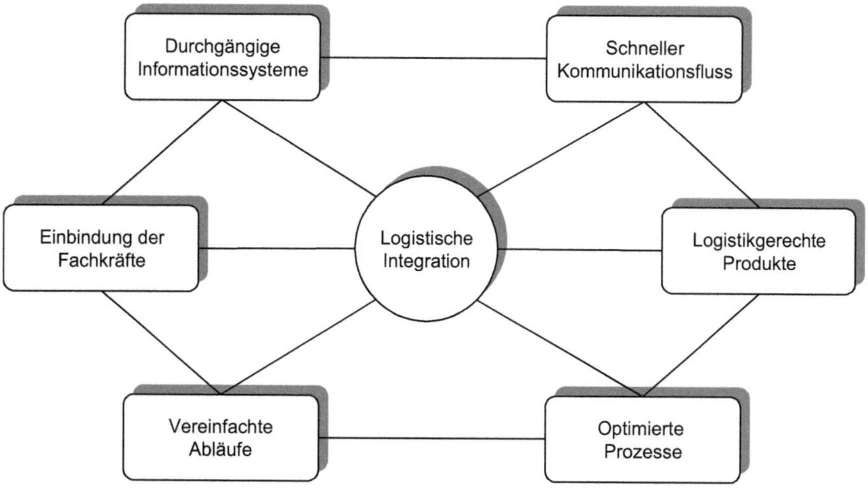

Abb. 2.7 Ansätze zur Logistischen Integration. (Quelle: Rammelsberg 1992)

Wenn alle Kettenglieder ineinandergreifen sollen, müssen die Arbeiten in den Abteilungen bereits bei Auftragseingang aufeinander abgestimmt werden. So obliegt es z. B. nicht nur dem Einkauf, für eine günstige Beschaffung der Rohstoffe und somit für eine möglichst billige Produktion zu sorgen. Gleichzeitig muss das Labor kostensparende Rezepturen entwickeln, um sowohl bei der Mischung als auch bei den Ingredienzen Kosten zu sparen. Auf diese Weise kommt der Gestaltung der Produkte und der Produktionsprozesse eine wichtige Rolle bei der Schaffung leistungsstarker Logistikketten zu.

Die Hauptaufgabe der modernen logistischen Integration besteht darin, die Schnittstellen an den Übergängen der einzelnen Kettenglieder transparenter zu machen, um eine gute Koordination zwischen den einzelnen Unternehmensbereichen sicherzustellen.

3 Grundelemente von Beschichtungsanlagen

Eine Beschichtungsanlage besteht aus vielen eng verknüpften und aufeinander abzustimmenden Komponenten. Abb. 3.1 zeigt den Aufbau und das Arbeitsprinzip einer Streich-Beschichtungsanlage.

Mit einer solchen Anlage lassen sich folgende Basisprozesse bearbeiten (Felger 1986):

- Abwickeln,
- Auftragen,
- Trocknen,
- Kühlen,
- Aufwickeln.

Zu diesen Prozessen gehören mechanische, thermische und chemische Komponenten. Zunächst wird auf die Walze, das wesentliche Bauteil und Grundelement in einer Beschichtungsanlage, näher eingegangen.

3.1 Die Walze

Das wichtigste und auch das am häufigsten vorkommende Bauelement einer Beschichtungsanlage ist die Walze. Sie wird in den verschiedensten Ausführungen verwendet und führt mehrere Funktionen aus. Als angetriebene Leitwalze bewirkt sie Richtungsänderungen der Warenbahn, als Tragwalze (oft nicht angetrieben) stützt sie die Warenbahn ab und als Spannwalze garantiert sie das Spannen der Warenbahn.

A. Giessmann, *Substrat- und Textilbeschichtung*,
https://doi.org/10.1007/978-3-662-58494-1_3

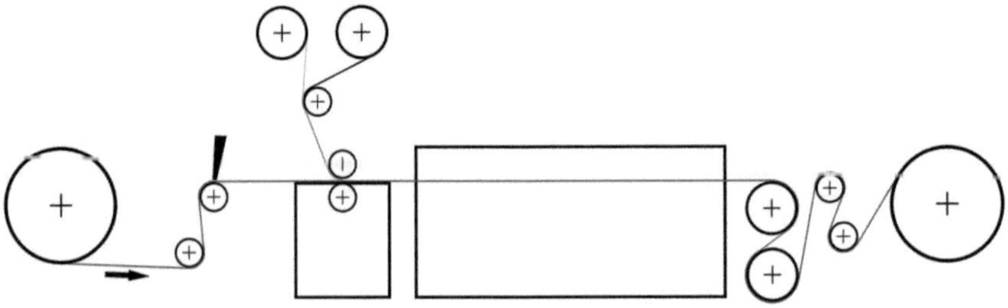

Abb. 3.1 Grundprinzip einer Streich-Beschichtungsanlage

Eine weitere Einsatzart der Spannwalze ist die Tänzerwalze. Diese dient z. B. zwischen zwei angetriebenen Streichaggregaten zur Abstimmung der Geschwindigkeiten. Durch Pendelbewegungen in vertikaler Richtung – aufgrund der Eigenmasse der Walze und zusätzlicher Massestücke, heute auch pneumatisch belastet –, wird ein Stellmotor betätigt, der die Geschwindigkeiten der Streichaggregate aufeinander abstimmt, indem er die Motoren der nachfolgenden Aggregate beschleunigt oder verzögert.

Als Hohlzylinder können Walzen auch für Verfahrensschritte wie Heizen oder Kühlen von Beschichtungsmedien und zu beschichtenden Substraten verwendet werden. Hierbei ist besonders auf einen großen Umschlingungswinkel zur Ausnutzung der zur Verfügung stehenden Wärmeaustauschfläche zu achten (Finke 1994). In der Regel haben Leitwalzen einen Durchmesser von 80–160 mm bei einer durchschnittlichen Arbeitsbreite von 1400–2000 mm. Heiz- und Kühlwalzen sowie Streichwalzen können einen Durchmesser von 350–800 mm aufweisen, Aufwicklungen liegen im Bereich von Ø 800–1800 mm. Kalanderwalzen hingegen haben einen Walzendurchmesser von 500–1000 mm bei einer Walzenbreite von 1250–2500 mm.

Je nach Einsatzgebiet bestehen die Walzen aus Stahl (mit verchromter Oberfläche), Edelstahl, Aluminium oder Hartguss. Bei Produktionsgeschwindigkeiten $\geq$ 60 m/min sollten die Walzen auch dynamisch ausgewuchtet sein, insbesondere wenn mit zugempfindlicher Ware gearbeitet wird.

Mithilfe des Walzendurchmessers D und der Walzendrehzahl n_W lässt sich die Arbeitsgeschwindigkeit der Beschichtungsanlage bestimmen:

$$V = \pi D n_W .$$

Hinsichtlich der Umdrehungsgeschwindigkeit kommt der Walze – hier als Wickelbasis für das Auf- oder Abwickeln – eine besondere Bedeutung zu. Da sich bei der Aufwicklung ständig der Winkeldurchmesser vergrößert, ist zur Beibehaltung einer konstanten Umfangsgeschwindigkeit der Docke eine kontinuierliche Drehzahlminderung – unter Verwendung eines Zentrumswicklers – erforderlich.

Tritt die Walze als Walzenpaar auf, können sich in dem entstandenen Walzenspalt Verformungen, Abquetsch- und Transportvorgänge ergeben. Einflussgrößen für den Walzenspalt und die darin ablaufenden Vorgänge sind die Walzenoberfläche, der

Walzendurchmesser, die Größe der Anpresskraft, die Durchbiegung der Walzen, die Werkstoffauswahl sowie die gleich- oder gegenläufige Drehrichtung.

Die bei jeder Walze auftretende Durchbiegung stört in vielen Fällen deren Funktion. Aus diesem Grund können konstruktive Maßnahmen zur Einschränkung dieses Nachteils ergriffen werden (Ungricht 1992):

1. Bombage des Walzenmantels: Die Walze wird ballig geschliffen, d. h. der Walzendurchmesser in der Mitte ist größer als der Randdurchmesser.

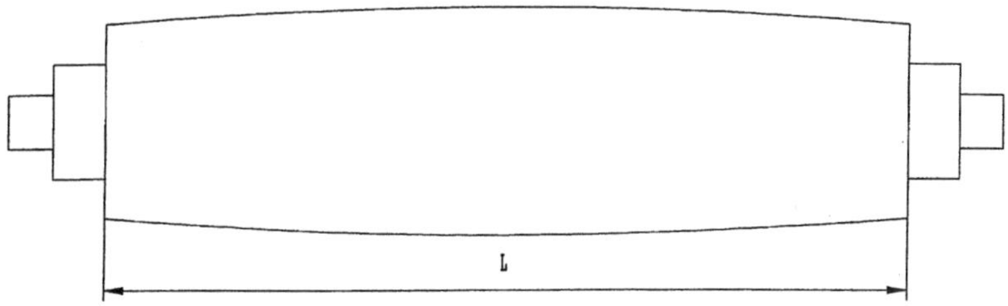

2. Verringerung der freien Stützlänge: Die Walze wird im Inneren abgestützt. Dies kann mittels einer Hydraulikflüssigkeit geschehen. Man spricht in diesem Fall von einer schwimmenden Walze.

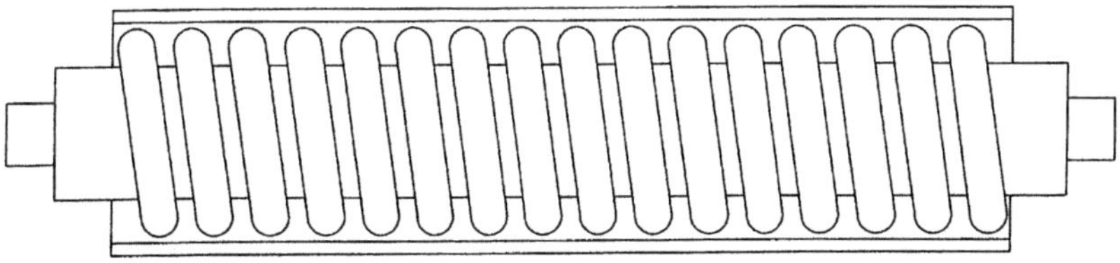

3. Vergrößerung des Walzendurchmessers.

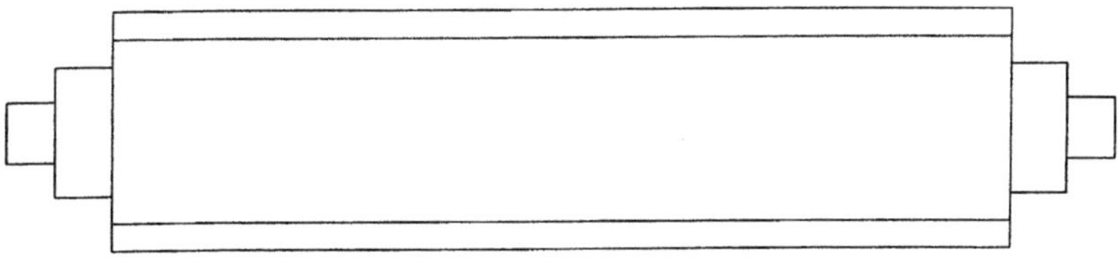

4. Schrägstellen bzw. Verschränken des Walzenpaares zur Einhaltung eines einheitlichen Walzenspaltes („cross acting“).

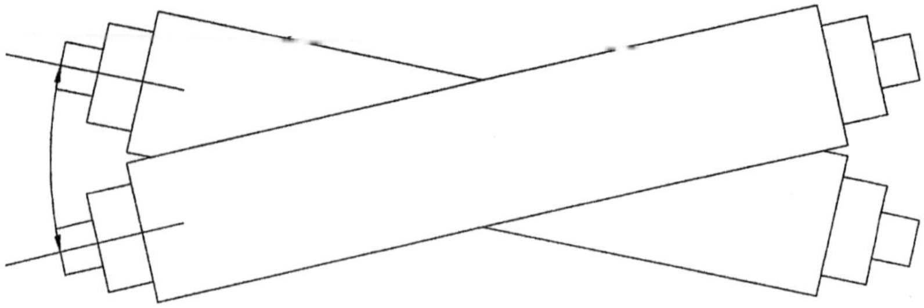

5. Aufbringen eines Gegendruckes auf die Walzenzapfen des Walzenpaares. Die Walzen werden vorgespannt und erhalten dadurch eine negative Durchbiegung („roll bending“).

6. Äußere Abstützung der Walze durch mehrere kleine Stützwalzen.

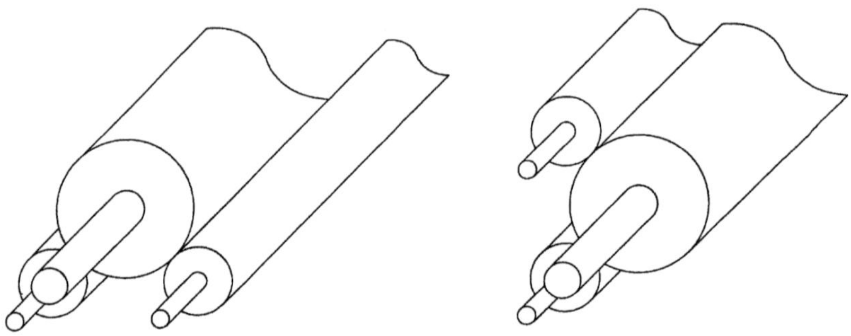

Besonders hohe Anforderungen hinsichtlich der Oberflächenqualität und der Durchmesserkonstanz werden an die Streichwalzen gestellt.

Neben den beschriebenen Walzen gibt es weitere Walzen, die durch ihre Oberfläche bestimmte Effekte auf die Produkte übertragen. Man unterscheidet sog. Rasterwalzen, Prägewalzen und Druckwalzen (Dornbusch 1994).

Bei den Rasterwalzen handelt es sich um Walzen, die für Schlusslackierungen und für minimale Auftragsstärken, z. B. Klebebeschichtung oder Lackierung, eingesetzt werden, wobei die gebräuchlichsten Walzen eine feine Punktgravur haben. Eine sog. Mesh-Zahl

Tab. 3.1 Walzendurchmesser für die Beschichtung unterschiedlicher Produktgruppen

Produkt	Zugspannung [10 N/m]	Walzendurchmesser [mm]
Kunstleder	80–100	100–120
Fußboden	130–150	160–200
Planen	120–150	140–180
Bekleidung	80–100	100–120

gibt hierbei die Zahl der Punkte an, die bei regelmäßiger Anordnung an den Ecken gleichseitiger Dreiecke in einer geraden Reihe der nächstliegenden Punkte auf 1 in = 2,54 cm zu liegen kommen.

Die Punktzahl pro cm^2 errechnet sich wie folgt:

$$\text{Punktezahl}/\text{cm}^2 = \frac{\text{Mesh-Zahl}^2}{2{,}54^2} \cdot \frac{2}{3}$$

Prägewalzen dienen der Strukturveränderung der Oberfläche, d. h. mit ihrer Hilfe bekommt das Material, z. B. Kunstleder, die entsprechende Narbung. Mit Druckwalzen hingegen werden Farben und Motive auf das Produkt aufgetragen. Als Beispiele hierfür seien Tischdecken-, Tapeten- oder Fußbodenmotive genannt.

Der Werkstoff für die Walzenoberfläche hängt im Wesentlichen von zwei Faktoren ab (Wannagat 1995). Zum einen sind die klimatischen Verhältnisse des Einsatzortes (Rostgefahr), zum anderen die zu verwendenden Chemikalien (Lösungsmittel) von entscheidender Bedeutung. Als Walzenoberflächenwerkstoffe dienen je nach Verwendungszweck der Walzen: verchromte Stähle (einfache Leitwalzen), Aluminiumwalzen (Heizwalzen, Kühlwalzen), gummierte Stähle (Rakelwalzen, Quetschwalzen, Zugwalzen) bzw. Hartgusswalzen (hochpräzise Beschichtungswalzen und Kalanderwalzen).

Unterschiedliche Produkte bedingen verschiedene Zugspannungen. Daraufhin sind auch diesbezügliche Walzendurchmesser zu dimensionieren. In Tab. 3.1 sind Erfahrungswerte – bezogen auf vier gängige Produktgruppen – aufgeführt.

Da der Schwerpunkt in der Textilindustrie auf der Streichbeschichtung liegt, werden die unterschiedlichen Komponenten einer Beschichtung anhand dieser Art näher beschrieben.

3.2 Auftragseinrichtungen

Die Viskosität ist eine elementare Kennzahl für das Verhalten einer zu verarbeitenden Masse wie Suspensionen, Dispersionen oder Pasten im Allgemeinen. Sie gilt als Maß für den Fließwiderstand einer Flüssigkeit bei laminarem Fließen. Die Formel lautet

$$\eta = \tau / D$$

τ = Schubspannung
D = Schergeschwindigkeit.

Tab. 3.2 Übersicht über verschiedene Schergeschwindigkeitsbereiche

Vorgang	Schergeschwindigkeits-bereich D [s^{-1}]	Beispiele
Sedimentation feiner Partikel in einer Suspension	$10^{-6} \dots 10^{-4}$	Farben und Lacke
Sedimentation grober Partikel in einer Suspension	$10^{-4} \dots 10^{-1}$	Keramische Suspensionen
Verlaufen infolge von Oberflächenspannung	$10^{-2} \dots 10^{-1}$	Farben, Druckfarben
Abtropfen unter Schwerkraft	$10^{-2} \dots 10^{-1}$	Streichfarben, Beschichtungen
Rohrströmungen	$10^{0} \dots 10^{2}$	Gepumpte Flüssigkeit
Mischen, Rühren	$10^{1} \dots 10^{3}$	Verfahrenstechnik
Sprühen, Spritzen, Rakeln	$10^{3} \dots 10^{6}$	Beschichtungen
Walzen	$10^{4} \dots 10^{6}$	Druckfarben, Beschichtungen
Hochgeschwindigkeitsbesichtung	$10^{5} \dots 10^{6}$	Papierstreichmaschinen

Tab. 3.3 Übersicht über verschiedene Viskositätsbereiche

Substanz (Temperatur) bei $T = 20\,°C$	Dynamische Viskosität η [mPa s]
Luft	0,018
Aceton	0,32
Benzin	0,54–0,65
Wasser 20 °C	1,00
0 °C	1,79
40 °C	0,65
Ethanol, Alkohol	1,2
Milch, Sahne	5–10
Motoröl	100–500
Rhizinusöl	ca. 1000
Honig	ca. 10.000
Sirup	ca. 1000–10.000
Kunststoffschmelzen	$10^{4}-10^{8}$
Silikonkautschuk	$10^{5}-10^{8}$
Glasschmelze	10^{15}

Unter Schubspannung versteht man die auf die Fläche F bezogene Kraft K, deren Richtung parallel zur Angriffsfläche liegt. K dient dazu, zwei Schichten gegeneinander zu verschieben. Die Schergeschwindigkeit gibt die Geschwindigkeit an, mit welcher sich die Schichten gegeneinander verschieben lassen.

So gehen sowohl die Produktionsgeschwindigkeit als auch der Beschichtungsspalt ein in die zu berücksichtigende Auswahl des Auftragssystems. Bei einem Rakelauftrag verzehnfacht sich bei einem Beschichtungsspalt von 2 mm und einer Produktionsgeschwindigkeit von 0,5 m/s die gängige Schergeschwindigkeit $D = 250$ auf $2500\,s^{-1}$.

Bei der Berechnung der Viskosität und dem Verhalten der Paste bei verschiedenen Schergeschwindigkeiten ergeben sich sog. Viskositätskurven:

Newtonisch
Viskosität bleibt unabhängig von der Schergeschwindigkeit konstant, z. B. Wasser.

Dilatant
Viskosität nimmt mit steigender Schergeschwindigkeit zu, z. B. Stärke.

Pseudoplastisch
Viskosität sinkt mit steigender Schergeschwindigkeit, mit sinkender Schergeschwindigkeit baut sie sich reproduzierbar auf, z. B. Dispersionsfarben.

Thixotrop
Viskosität sinkt mit steigender Schergeschwindigkeit, mit sinkender Schergeschwindigkeit baut sie sich langsam wieder auf, z. B. Gel, Lack, Joghurt.

Für die Beschichtung mit Plastisolen, Dispersionen bzw. Suspensionen haben sich je nach Auftragsmedium und Viskosität der Beschichtungspaste zahlreiche Auftragsvorrichtungen entwickelt und bewährt. Es wird unterschieden zwischen Rakel- und Walzenauftragssystemen.

3.2.1 Rakelsysteme

Der Begriff „rakeln“ wird in der Fachsprache für den Vorgang des Beschichtens verwendet, wenn hierbei das Streichmesser gegen eine Unterlage, eine Walze, einen Tisch oder das Substrat selbst arbeitet. Unter einem Rakel wird somit eine Streichvorrichtung verstanden, die über die Gesamtbreite der Warenbahn fixiert ist. Die Abstreifvorrichtung hat die Form eines Messers, wobei meistens bestimmte Stähle bzw. in selteneren Fällen Hartgummi verwendet werden.

Ausgehend von den herkömmlichen Beschichtungsarten unterscheiden wir beim Auftrag mit Streichmessern (Rakeln) folgende Systeme:

- Walzenrakel,
- Luftrakel,
- Gummituchrakel,
- Stützrakel,
- Tischrakel,
- Spiralrakel,
- Kastenrakel.

3.2.1.1 Walzenrakel

Beim Walzenrakel arbeitet ein Rakel gegen eine Walze, wobei diese als eine gummierte Walze, verchromte Stahlwalze oder bei Präzisionsaufträgen als Hartgusswalze ausgeführt sein kann. Unter Präzisionsaufträgen werden Auftragsstärken von 5–8 g/ m^2 verstanden, die eine Rundlaufgenauigkeit der Walzen von 0,002–0,004 mm erforderlich machen.

Sollen unebene Substrate beschichtet werden, wird gern die sog. *Gummiwalze* – eine gummierte Stahlwalze – verwendet. Die Gummiwalze ersetzt mehr und mehr das früher häufig benutzte Gummituch, das heute nur noch zur Streifenbeschichtung (Markisen) eingesetzt wird (Lamalle 1991). Die unterste Auftragsgenauigkeit liegt hier bei ca. 50–100 g/m^2. Daher ist ihre Anwendung nur bei groben und ungescherten Geweben sinnvoll.

Die *verchromte Stahlwalze* ist die preiswerteste Walze, ihre Auftragspräzision liegt bei ca. 25–50 g/m^2.

Beim Transferbeschichten von Geweben und Gewirken, z. B. zur Herstellung von Kunstleder, werden *Präzisionswalzen* verwendet, mit denen Aufträge von 5–10 g/m^2 erzielt werden, wobei die Obergrenze nahezu offen ist (Abb. 3.2).

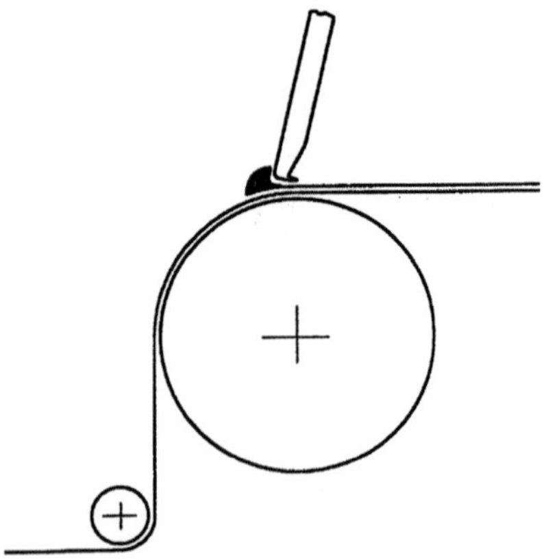

Abb. 3.2 Walzenrakel

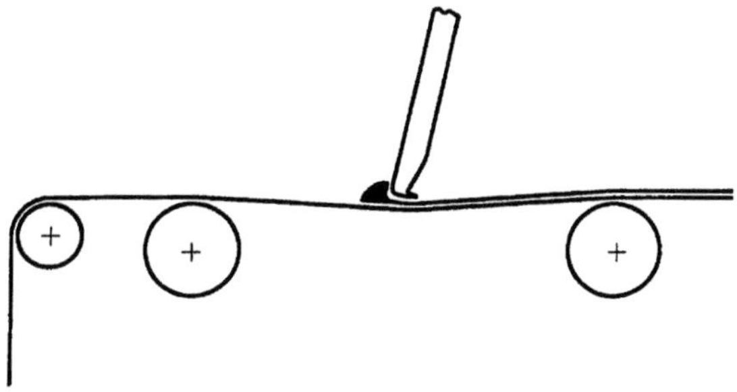

Abb. 3.3 Luftrakel

3.2.1.2 Luftrakel

Das Luftrakel wird aus zwei Walzen mit einem Abstand von ca. 25–40 cm gebildet. Die zu beschichtende Warenbahn wird – wegen der nötigen Umschlingung von unten kommend – über die zwei Walzen geführt und das Rakel entweder mittig oder in der Nähe der bahnenumschlungenen Walze aufgesetzt. Der Gegenpol ist die Luft. Die zu beschichtende Paste wird nun dem Rakel vorgelegt und der Auftrag nur durch Zugkraft und Geschwindigkeit der Warenbahn bestimmt. Das Luftrakelsystem ist äußerst nützlich bei dünnsten Beschichtungen, wie sie bei Regenmaterialien, Surf- und Fallschirmmaterialien oder anderen Polyamidgeweben wie Nylon und Perlon benötigt werden (Abb. 3.3).

Beim Luftrakel stellt sich die Problematik der Übertragbarkeit von Einstellungsparametern. Es handelt sich meist um Erfahrungswerte, die aus Versuchsreihen gewonnen wurden. Die Auftragsmenge ist über die Spannung und vor allem über die Geschwindigkeit einzustellen.

Alle erwähnten Streicharten funktionieren mithilfe eines Rakelbalkens, an welchem die Streichmesser befestigt werden. Der Rakelbalken muss vollkommen erschütterungsfrei gelagert sein und darf sich auf keinen Fall durchbiegen. Äußerst wichtig ist auch die verbindungsfreie Konstruktion des Rakelbalkens. Mithilfe zusätzlicher Gegendruckvorrichtungen kann den Spaltkräften entgegengewirkt werden, um ein Abheben (Tanzen) zu vermeiden, was zu sog. Rattermarken führen würde.

Um längere Produktionsstillstandszeiten, z. B. bei Änderungen von Beschichtungsvorgängen oder beim Wechsel der Streichrakel, zu vermeiden, sind die Rakelbalken mit zwei oder auch drei (Sonderkonstruktionen) verschiedenen Rakeln ausgerüstet.

Streichmaschine

Heute kombinieren Streichmaschinen meist die beiden Systeme des Walzen- und Luftrakels, indem der Messerbalken über eine Linearführung über oder hinter der Beschichtungsgegenwalze stufenlos positionierbar ist (Abb. 3.4 und 3.5).

Rakelformen

Die Streichmesser für Luft- und Stützrakel haben eine schmale und abgerundete Phase von ca. 1–2 mm Breite. Sie dienen zur Grundierung von leichten Geweben und Vliesen mit Kunststoffdispersionen. Bei den Streichmessern der Walzen-, Gummituch- bzw. Tischrakel liegt die Phasenbreite zwischen 3–15 bzw. 20 mm, wobei diese sich zur Rückseite hin

Abb. 3.4 Streichmaschine (Werksfoto Coatema)

Abb. 3.5 Verfahrensschema der Streichmaschine

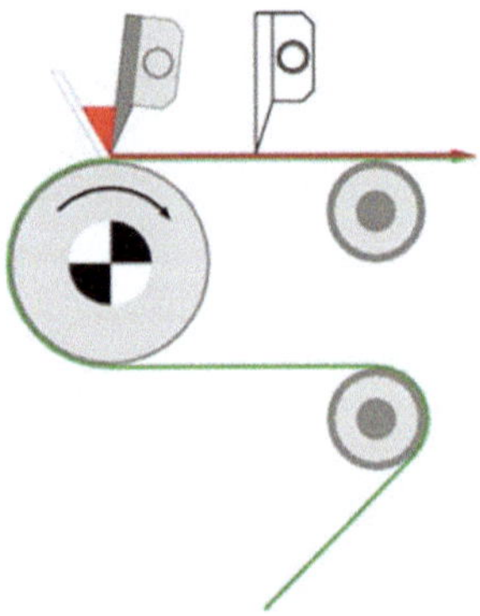

verjüngen. Man spricht hier von einer sog. Hinterschneidung, die dazu dient, dass sich die Paste nicht hinter dem Messer ansammelt und kein Abreißen des Films verursacht wird. Allgemein gilt, dass sich die Phasenstärke analog zur Auftragsmenge verhält, d. h. je größer die Auftragsmenge ist, desto größer wird die auszuwählende Phasenstärke.

Die Dicke der Beschichtung beim Streichprozess ist abhängig von

- dem Abstand zwischen Rakel und Substrat,
- der Art des zu beschichtenden Substrats,

- der Art und Form der Rakel,
- der Viskosität der Paste,
- der Bahngeschwindigkeit.

Eine weitere Einstellmöglichkeit besteht in der Winkelveränderung zwischen Warenbahn und Rakel, was ebenfalls einen Einfluss auf die Scherkraft, die auf die Paste wirkt, ausübt (Abb. 3.6).

3.2.1.3 Gummituchrakel

Beim Gummituchrakel arbeitet das Rakel gegen ein zwischen zwei Walzen gespanntes Gummituch, wobei eine Walze motorisch angetrieben wird und die zweite Walze als Spannwalze dient. Mittig zwischen diese beiden Walzen ist eine weitere kleine Walze eingelegt, die als Gegenwalze zum Rakel arbeitet. Dadurch wird gewährleistet, dass

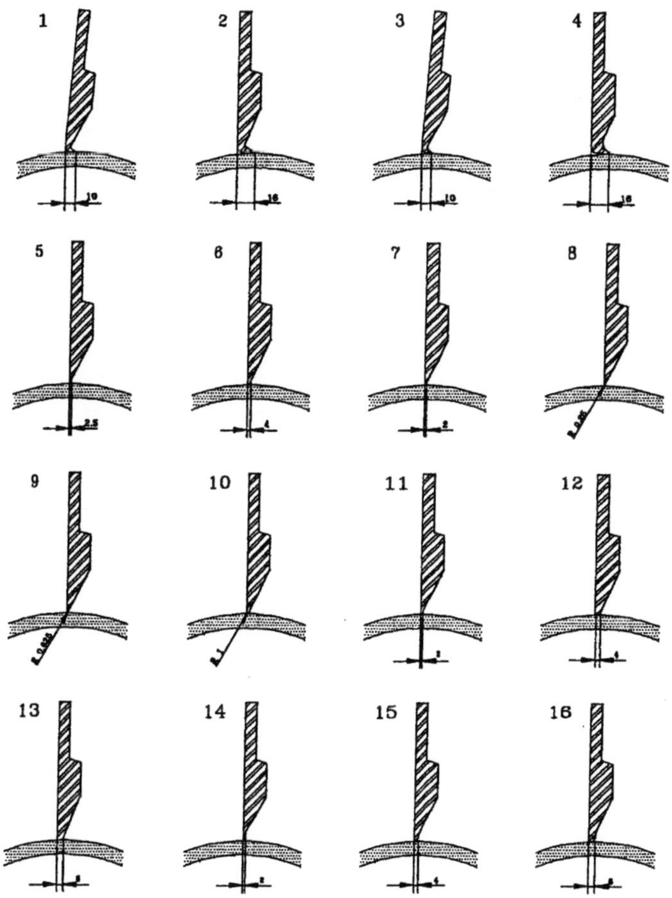

Abb. 3.6 Darstellung von Rakeln mit unterschiedlichen Phasen

trotz des elastischen Verhaltens des Gummituches eine gewisse Spalteinstellung erhalten bleibt. Mithilfe der angetriebenen Spannwalze rotiert das Gummituch und die zusätzlich angebrachte Stützwalze nimmt die Belastung auf, die durch den Anpressdruck des Rakels entsteht. Dadurch wird ein Durchbiegen des Gummituches verhindert.

Heute wird das Gummituchrakel in der Streifenmarkisenherstellung genutzt, wobei das Rakel mit einem Kasten kombiniert wird, der in Fächer eingeteilt ist und unterschiedlich gefärbte Pasten aufnehmen kann. Dadurch lassen sich ohne zusätzlichen Druckvorgang mehrfarbige Streifen erzeugen. Wichtig ist hierbei, dass die Trennwände der einzelnen Kammern wiederum selbst als längswirkende Rakel arbeiten, um eine saubere Trennung der einzelnen Farbstreifen zu gewährleisten (Abb. 3.7).

3.2.1.4 Stützrakel

Das Stützrakel besteht aus zwei gegeneinanderstehenden Rakeln. Es wird eingesetzt, um bei beidseitiger Beschichtung oder bei offenen Geweben und durchgedrückten Pasten ein beidseitiges Verstreichen dieser Paste zu erreichen (Abb. 3.8).

3.2.1.5 Tischrakel

Das Tischrakel verliert immer mehr an Bedeutung, da es eine abschabende Wirkung auf den Unterläufer ausübt und daher zu beschichtende Substrate mechanisch überbeansprucht werden können. So kann es z.B. bei Vliesstoffen, die i.d.R. zugempfindlicher sind als gewebtes Material oder Papier, bei geringer Auftragsmenge zu einem

Abb. 3.7 Gummituchrakel

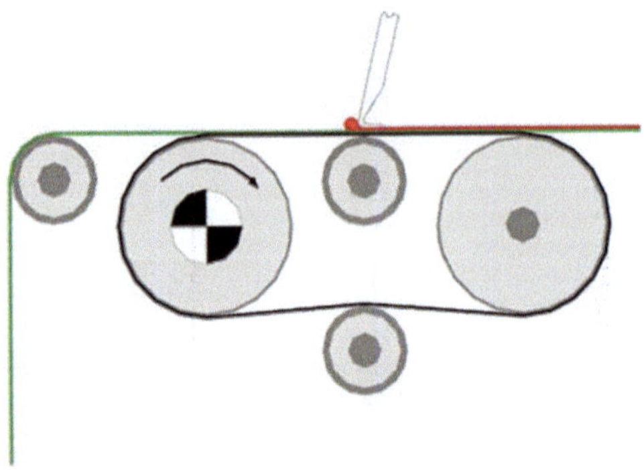

Abb. 3.8 Stützrakel

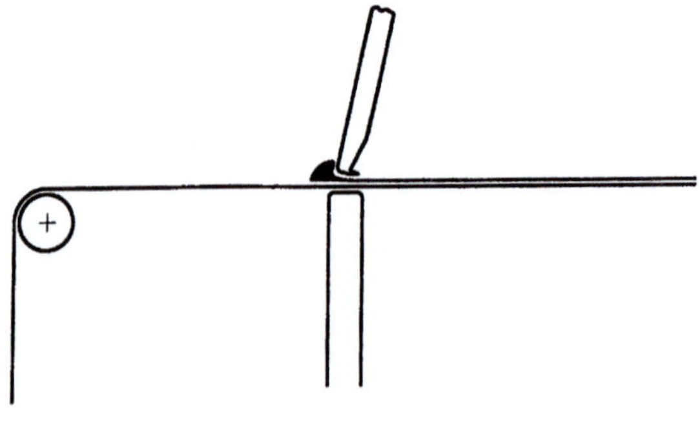

Materialriss kommen. Daher wird das Tischrakel heute weitgehend durch das Walzenrakel ersetzt (Abb. 3.9).

Neben den verschiedenen Rakeln gibt es ein Aggregat, welches vier der vorgestellten Rakelsysteme in einer Streichmaschine vereinigt. Diese Maschine – Universal-Revolver-Coater genannt – ist so konzipiert, dass Walzenrakel, Gummituchrakel, Luftrakel und Tischrakel in einem Gestell rotierend um den Mittelpunkt untergebracht sind. Als Vorteile dieser Konstruktion, sind vor allem das geringe Baumaß, die Flexibilität und das schnelle Umrüsten zu nennen (Abb. 3.10).

3.2.1.6 Spiralrakel

Das Spiralrakel – auch als Mayerbar-System bekannt – ist ein mit einem Draht umwickelter Grundkörper, der feststehend oder auch rotierend zur Warenbahn positioniert wird. Der Durchmesser des Drahtes bestimmt hier die Auftragsmenge, da das Rakel mechanisch auf der Ware aufliegt. Es gibt auch angetriebene Systeme, um die ansonsten mechanischen Beanspruchungen auf das Substrat zu minimieren. Als typische Auftragsstärken gelten 1–75 g/m^2. Heute wird das Spiralrakel gelegentlich in optischen Bereichen der Folienbeschichtung verwendet. Auch in der Papierindustrie findet man dieses System noch zur Ausrüstung der Papierwaren mit Kleber, um sog. Selbstklebeprodukte herzustellen (Abb. 3.11).

Abb. 3.9 Tischrakel

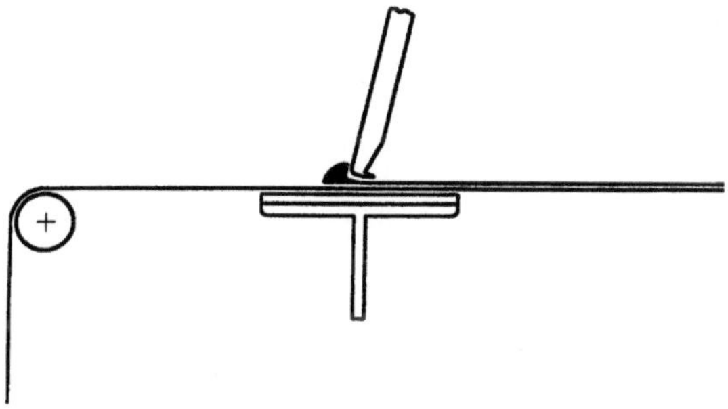

Abb. 3.10 Universal-Revolver-Coater

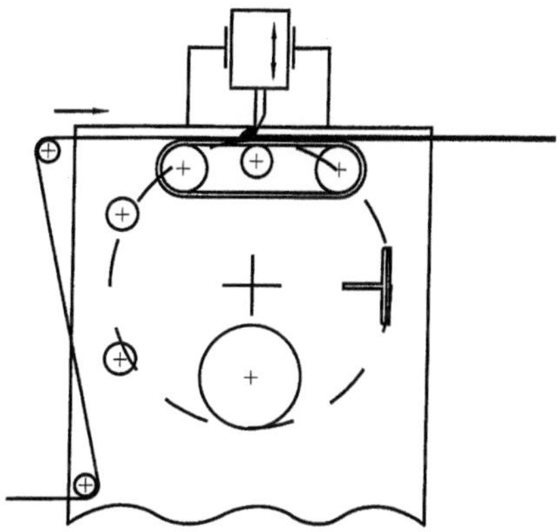

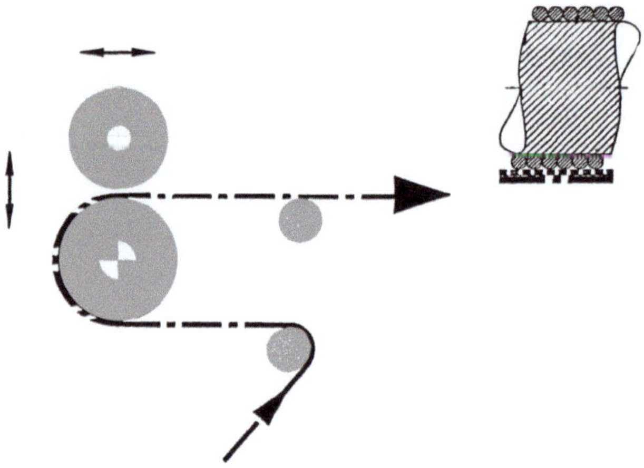

Abb. 3.11 Schemazeichnung eines Spiralrakels

3.2.1.7 Kastenrakel

Mithilfe des Kastenrakels können thixotrope Medien, in einen geschlossenen Kasten gefüllt, im Gegenlauf auf ein Substrat aufgetragen werden.

Aufgrund der Tatsache, dass durch die Größe und Austrittsöffnung des Kastens das Substrat bereits der Berührung des Mediums ausgesetzt ist, ergibt sich über die Zeitkomponente gesehen eine höhere Verbindungsmöglichkeit und damit Haftung zwischen Substrat und Medium. Gleichsam erfolgt über das vordere Rakel eine Vordosierung, die durch die gegenläufige Walzendrehung (Reverse-Betrieb) und durch den Walzenspalt selbst die eigentliche Feineinstellung (Dosierung der Auftragsmenge) ergibt. Dabei kann je nach Chemikalien mit Glattwalzen oder gravierten Walzen gearbeitet werden (Abb. 3.12).

3.2.1.8 Kommabar

Das Kommabarsystem ist ein Kombinationsauftragssystem, das die Eigenschaften eines stehenden Messersystems mit denen der Walzenauftragssysteme vereint. Anstelle eines Rakels wird eine besonders hinterschliffene Walze verwendet. Das Kommabarsystem wird vor allem für Aufträge benutzt, bei denen hohe Eindringtiefen gefordert werden

Abb. 3.12 Kastenrakel

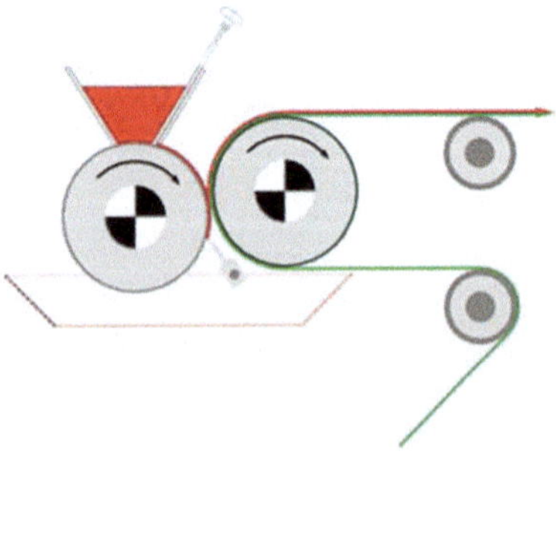

(z. B. bei Vliesstoffen). Aufgrund seiner besonderen geometrischen Form hat sich das Kommabar auch als ideales System für Chemikalien erwiesen, die eine sehr kurze Topfzeit haben und somit schnell zum Antrocknen am Auftragssystem neigen (Abb. 3.13).

3.2.2 Walzenauftragssysteme

Beim Walzenauftragssystem wird der Auftrag nicht mit Streichmessern, sondern allein mit Walzen vorgenommen. Die angebrachten Messer dienen nur noch dem Abstreifen von überflüssiger Paste und dem Glattstreichen des aufgetragenen Mediums. Es werden vier verschiedene Walzenauftragssysteme unterschieden:

- Reverse-Roll-Coater,
- Contra-Coater,
- Roll-Coater,
- Kiss-Coater.

3.2.2.1 Reverse-Roll-Coater

Das System wird Reverse-Roll-Coater genannt, weil die Auftragswalze gegenläufig zur Trägerbahn angeordnet ist. Der Reverse-Roll-Coater ist ein Walzenauftragswerk mit s-förmig angeordneten Walzen (Abb. 3.14). Über den Gummipresseur (A) sind die Beschichtungs- (B) sowie die Dosierwalze (C) vorgelagert. Ein Begrenzungsrakel (D) und ein Abstreifrakel (E) bilden den Spalt und sorgen für ein sauberes Auftragen.

Jede Walze wird bei diesem Auftragswerk für sich angetrieben; in der Regel über einen Gleichstrommotor. Die Geschwindigkeit jeder Walze zueinander ist um ca. 50 % variierbar. Die Drehrichtung ist umkehrbar oder reversierbar. Aufgrund der vielen Einstellmöglichkeiten wird der Auftrag wahlweise über die Spaltdicke, die Umfangsgeschwindigkeit oder die Relativgeschwindigkeit erreicht. Zusätzlich kann nach Wunsch auch ein Wischeffekt erzielt werden.

Der Reverse-Roll-Coater ist für die Verarbeitung von gut fließenden Pasten und anderen dünnen Auftragsmedien geeignet. Aufträge mit 2–3 g/m^2 sind hier möglich.

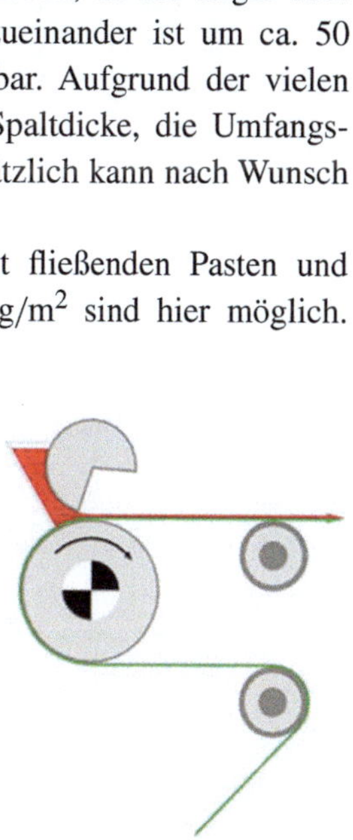

Abb. 3.13 Kommabar

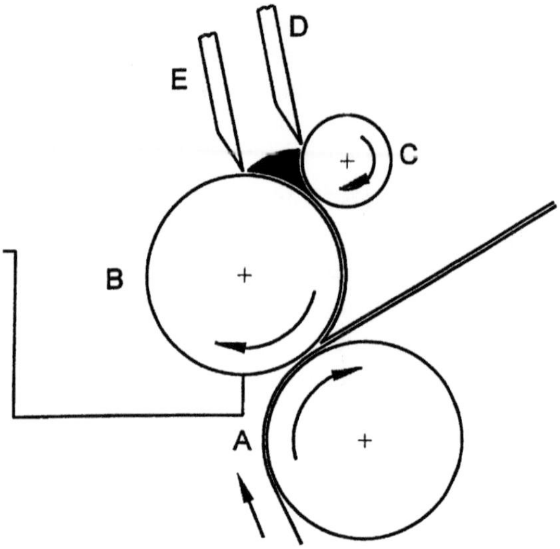

Abb. 3.14 Reverse-Roll-Coater

Haupteinsatzgebiet des Systems ist das Lackieren von beschichtetem Gewebe wie Schürzenstoffe, Campingartikel und Tischdecken sowie das Auftragen von Klebstoff für Selbstklebefolien. Dilatante Pasten, insbesondere von hoher Viskosität, lassen sich wegen der auftretenden hohen Scherkräfte nicht verarbeiten.

3.2.2.2 Contra-Coater

Das beschriebene System gibt es auch als Vierwalzen-Reverse-Roll-Coater. Er wird als Contra-Coater bezeichnet, wobei mit einer zusätzlichen Speisewalze (F) gearbeitet wird, die in einen Vorratsbehälter eintaucht, um die dort aufgenommene Paste an die Beschichtungswalze abzugeben (Abb. 3.15).

3.2.2.3 Roll-Coater und Raster-Roller

Beim Direct-Roll-Coater – auch unter dem Namen Pflatschwerk bekannt – wird das Trägermaterial zwischen zwei Walzen hindurch transportiert. Die Beschichtungswalze (B) überträgt die Paste von einem Vorratsbehälter auf das Substrat, welches von einer zweiten Gegenwalze, dem Gummipresseur (A), auf die Auftragswalze gedrückt wird (Abb. 3.16). Entwickelt wurde diese Streichart, um äußerst dünne Filme (10–30 g/m^2), z. B. für Verpackungspapier und Tapeten, aufzutragen.

Der Raster-Roller arbeitet nach dem gleichen Prinzip, wobei anstelle der glatten Auftragswalze eine gravierte Walze verwendet wird. Das Abstreifmesser (E) wird hierbei ganz an die Walze angestellt, um die überflüssige Beschichtungsmasse von der Oberfläche abzuschaben (Abb. 3.17). Zurück bleibt nur die durch die Gravur vorbestimmte Auftragsmenge.

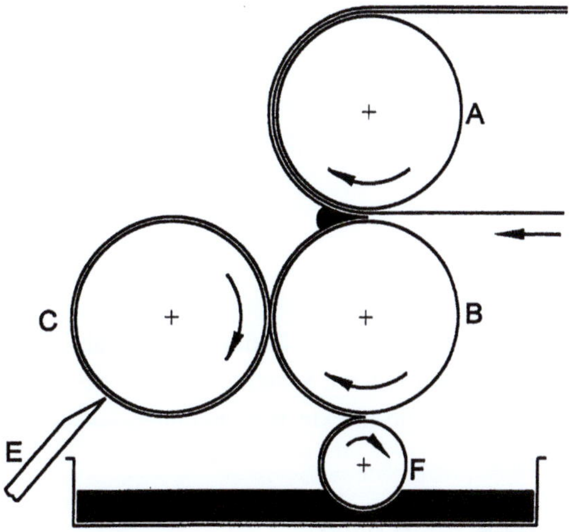

Abb. 3.15 Contra-Coater

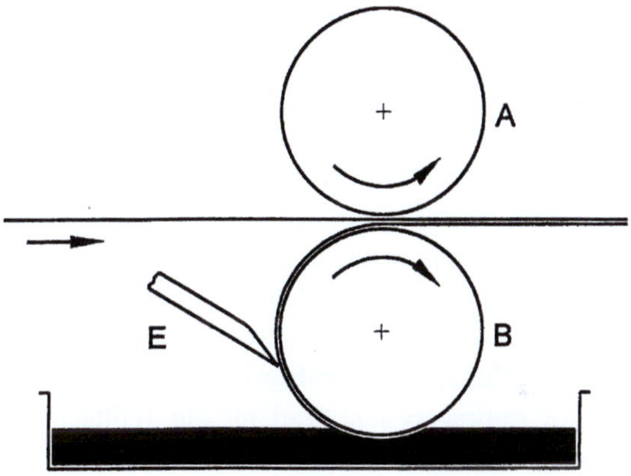

Abb. 3.16 Roll-Coater

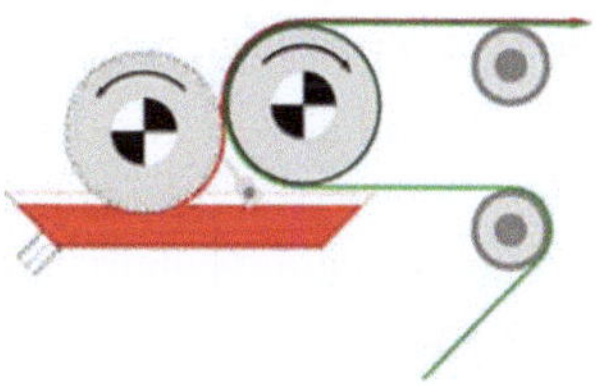

Abb. 3.17 Raster-Roller für direkte Beschichtung

Abhängig von der Produktoberfläche wird unterschieden, ob mit der Rasterwalze direkt auf das Substrat beschichtet wird oder indirekt mithilfe einer Gummiwalze (Abb. 3.18).

Bei einer glatten Oberfläche wird die direkte Rasterung gewählt. Sollte die Oberflächenstruktur jedoch Unebenheiten aufweisen oder größere Toleranzen in der Dicke haben, so wird mittels Übertragung der Flotte über die Gummiwalze eine Beschädigung

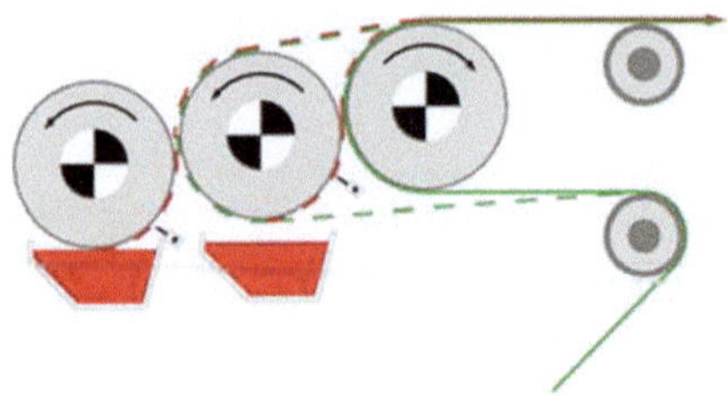

Abb. 3.18 Raster-Roller für indirekte Beschichtung

am Substrat vermieden. Dadurch ist gewährleistet, dass das Gravurbild vollständig übertragen wird. Moderne Systeme erlauben bei einem indirekten System durch das Anlagenlayout auch die direkte Beschichtung, sodass zwei Systeme in einer Anlage existieren können.

3.2.2.4 Kiss-Coater

Der Kiss-Coater, allgemein auch als Pflatschwerk bekannt, arbeitet nach dem gleichen Prinzip wie der Direct-Roll-Coater, nur dass an Stelle der Gegenwalze hier zwei Führungswalzen und eine definierte Spannung den Auftrag übernehmen. Diese Technik ist für hohe Beschichtungsgeschwindigkeiten von Grundstrichen geeignet und erfordert niedrigviskose Pasten.

Beim klassischen Pflatschwerk ist die Auftragswalze eine chromierte Walze, die die Beschichtungsmasse aus einem Becken aufnimmt und auf das Substrat überträgt. Um größtmögliche Flexibilität zu erreichen, sollten Drehrichtung und Walzengeschwindigkeit unabhängig von der Produktionsgeschwindigkeit eingestellt werden können (Abb. 3.19).

3.2.2.5 Rotationssiebdruck

Dieses Auftragssystem wird für die Teilflächenbeschichtung verwendet. Sein Einsatzbereich ist das Bedrucken bahnenförmiger Materialien. Wenn bestimmte Strukturen auf ein Substrat aufgebracht werden sollen, können diese als Designelement in das Sieb eingearbeitet werden. Ein innen liegendes Rakel verteilt die Paste und drückt sie durch die Schablone. Um die Qualität des Druckes zu beeinflussen, sind der Anstellwinkel des Rakels und dessen Position entscheidend. Bei Fehlstellung kann sehr schnell das eigentliche Sieb zerstört werden.

Das Rotationssiebdruckwerk kann von seinem Anwendungsgebiet her teilweise mit dem Rasterwalzensystem (Raster-Roller) verglichen werden. Auch hier kann bei sehr dünnen Aufträgen ein entsprechendes Sieb verwendet werden, sodass die aufgetragenen Punkte sich durch ihre Adhäsionskraft nach dem Kontakt mit der Warenbahn zu einem geschlossenen Film verlaufen. Die Viskosität ist eine elementare Größe für das Erreichen eines guten Auftragsergebnisses. Der Viskositätsbereich ist hierbei sehr klein.

Es ist auch versucht worden, das Sieb als vollflächiges Auftragssystem zu nutzen, was jedoch nur in wenigen Fällen gelang. So entstand das sog. „Whisper blade", das die mit dem Sieb aufgetragene Teilflächenbeschichtung letztlich wieder zu einem geschlossenen

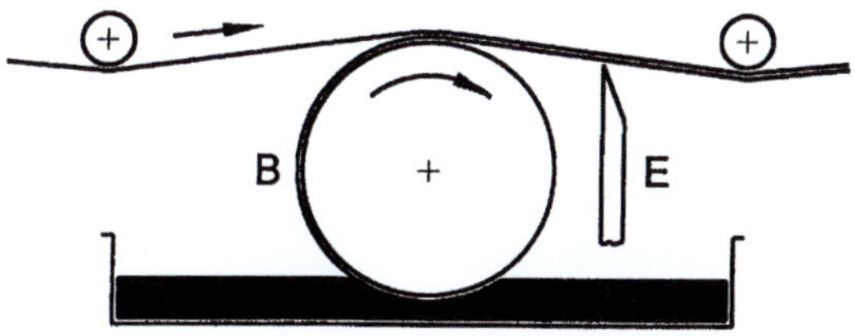

Abb. 3.19 Kiss-Coater

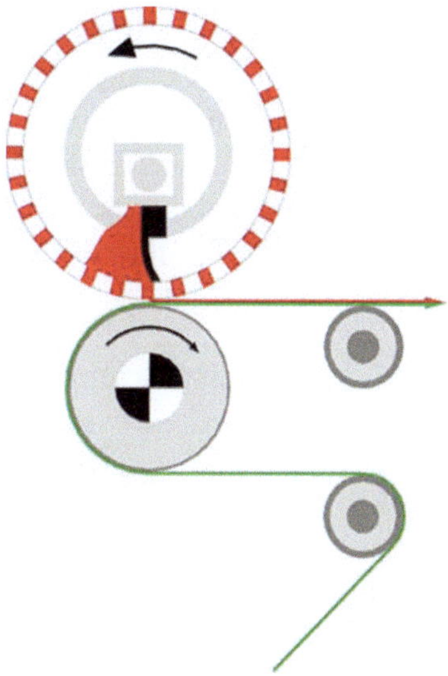

Abb. 3.20 Rotationssiebdruckwerk

Film verstreichen sollte. Da das „Whisper blade“ nur sehr einfach aufgebaut ist, konnte es nicht die Qualität eines herkömmlichen Rakelsystems erreichen. Am Ende eines Beschichtungsvorgangs musste nicht nur das „Whisper blade“, sondern auch das Sieb gereinigt werden. Aus diesem Grund ist das Rakelsystem bei vollflächigen Aufträgen vorzuziehen (Abb. 3.20).

3.2.3 Pulverbeschichtung

Bei der Pulverstreubeschichtung wird das thermoplastische Beschichtungsmaterial gleichmäßig auf den Träger mit volumetrischer Dosierung aufgestreut, anschließend geschmolzen, abgekühlt und geglättet. Dieses ökologisch unbedenkliche Verfahren benötigt keine Lösungsmittel.

Die Auftragsgenauigkeit bei diesem System liegt bei ±2 % bei einer Breite von bis zu 5 m. Die Auftragsstärke hinsichtlich einer guten Reproduzierbarkeit liegt bei 10–1000 g/m^2.

Das Verfahren wird angewendet bei:

- Bekleidungstextilien,
- fixierbaren Einlegestoffen,
- Vliesbeschichtungen,
- Transport- und Förderbändern,
- Kaschierungen allgemein (Abb. 3.21).

Als Pulver kommen verschiedene thermoplastische Materialien wie LDPE, HDPE, PP, PA, PES, EVA und PU zum Tragen.

Neben dem Rüttelsiebkasten werden heute vor allem Nadelwalzen verwendet. Die Walze nimmt über einen Fülltrichter das Beschichtungsmaterial auf und streut durch die Rotationsbewegung die über den Spalt einzustellende Materialmenge auf das Textil. Eine axial bewegliche Bürste gewährleistet die dosierte Auftragsmenge (Abb. 3.22).

3.2.4 Hot-Melt-Verfahren

Das Hot-Melt- oder auch Schmelzwalzenverfahren ist vom Prinzip des Kalandrierens abgeleitet. Die Hot-Melt-Anlage besteht jedoch im Gegensatz zu den Kalandern nur aus zwei, maximal drei Walzen. Der thermoplastische Kunststoff wird auf die beiden beheizten Walzen gegeben und dort aufgeschmolzen. Zwischen den Walzen wird in dem vorliegenden Spalt ein Film ausgebildet, der durch eine Andruckwalze auf das Substrat aufgelegt wird und dieses so beschichtet. Anschließend erfolgen Kühlung und Wicklung.

Das heiße Walzenantragssystem basiert standardmäßig auf dem Dreiwalzen-Rasterantragewerk, das auch in der Druckindustrie beim Tiefdruck angewendet wird. Es besteht aus drei Walzen: einer Übertragungs-, einer Antrags- sowie einer Schöpfwalze. Wenn ein sehr genaues Beschichtungsgewicht gefordert wird, kann die Antragswalze durch eine gerasterte Walze ersetzt werden. Im Vergleich zum Breitschlitzdüsen- oder Pulverstreuauftrag ist bei einem Heißwalzen-Antragssystem die Struktur der Oberfläche des

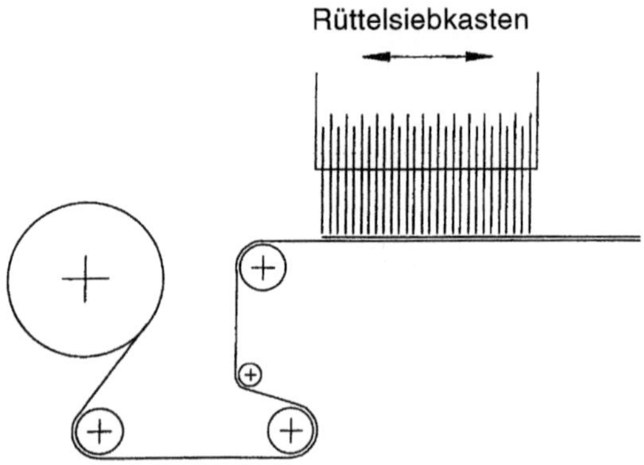

Abb. 3.21 Pulverstreubeschichtung mittels Rüttelsiebkasten

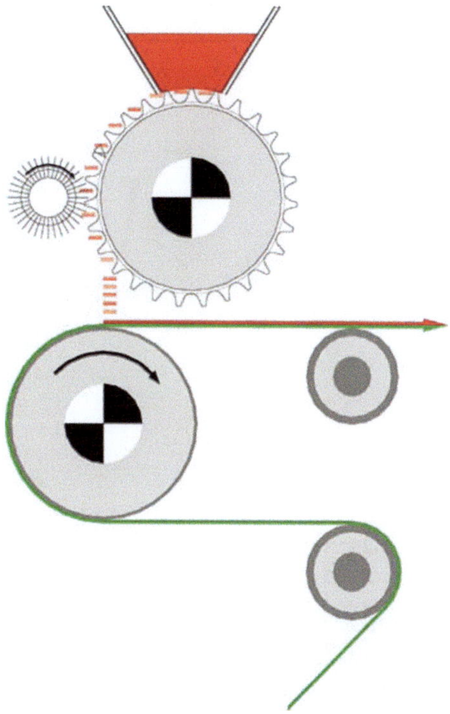

Abb. 3.22 Pulverstreubeschichtung mittels Nadelwalze

Beschichtungssubstrates nicht von entscheidender Bedeutung. Es können sowohl offene als auch geschlossene Substrate beschichtet werden. Damit wird ein großer Bereich unterschiedlicher Beschichtungsgewichte abgedeckt.

Das Hot Melt wird im Spalt zwischen Schöpf- und Übertragungswalze durch die Rotation der Walzen als Film auf die Übertragungswalze weitergegeben. Das Beschichtungsgewicht definiert sich durch die Spalteinstellung zwischen der Schöpf- und der Übertragungswalze sowie durch den Spalt zwischen der Übertragungs- und der Antragswalze und dem Substrat. Gleichsam hat auch die Geschwindigkeit Einfluss auf das Beschichtungsgewicht.

Durch die Integration einer Kaschierstation kann ein zweites Substrat dazu kaschiert werden. Bei Anwendung von thermoplastischen Hot-Melt-Systemen sollte der Abstand zwischen Kaschierung und Rohstoffauftrag sehr gering gehalten werden, da ein Abkühlen des Klebers Einfluss auf die Viskosität und damit auf das Eindringen des Klebers hat (Abb. 3.23).

Die größte Bedeutung hat das Hot-Melt-Verfahren für den Auftrag von hochviskosen Klebstoffen mit einer anschließenden Kaschierung. Neben dem Walzenauftragssystem gibt es beim Hot-Melt-Verfahren auch den Auftrag über die Breitschlitzdüse oder mit den bereits erörterten Verfahren wie Sprühauftrag, Rotationssiebdruck oder Pulverstreuauftrag.

Beim Breitschlitzdüsenauftrag wird die zu beschichtende Masse über eine Fassschmelzanlage aufgeschmolzen und durch einen beheizten Schlauch in ein Dosiergerät – mittels

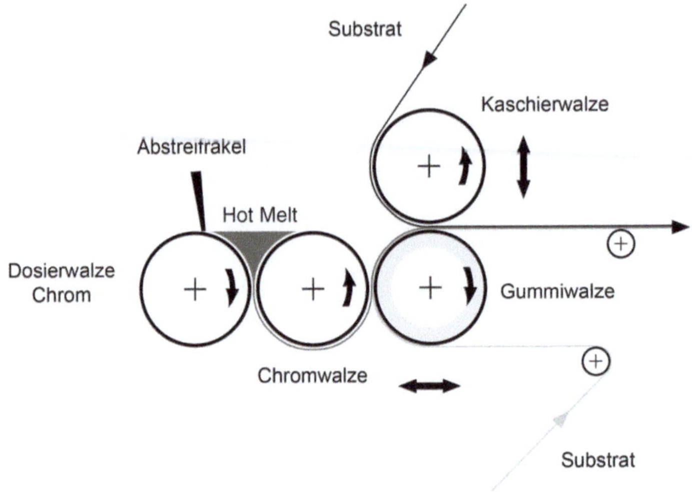

Abb. 3.23 Hot-Melt-Walzenauftragssystem

Füllstandüberwachung – gefördert. Über ein Pumpensystem wird mithilfe der Breitschlitzdüse das textile Trägermaterial beschichtet.

Die Auftragsstärken für Hot-Melt liegen in der Regel bei 8–950 g/m^2 bei Breitschlitzdüsen bis ca. 60 g/m^2 (Abb. 3.24).

Für Hot-Melt-Beschichtungen ist die sorgfältige Handhabung des Systems unabdingbar. Der Beschichtungskopf muss sehr nahe zum Substrat positioniert werden, um Temperaturänderungen durch die Bewegung von kalter Luft zu vermeiden. Die Verringerung der Temperatur kann zu Viskositätsschwankungen, Unregelmäßigkeiten, Fadenbildung oder Verfestigung des Systems und damit zu einem schlechten Beschichtungseffekt führen.

Die Positionierung der Düse über der Transportwalze kann flexibel gehandhabt werden. Eine manuelle oder motorische Einstellung gestattet die Bewegung der Düse in

Abb. 3.24 Hot-Melt-Düse

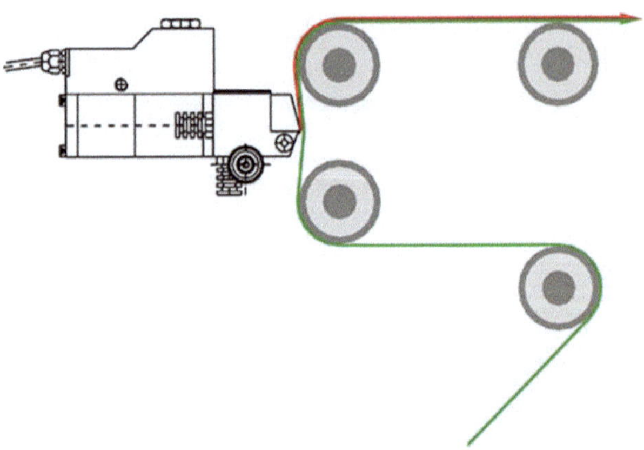

horizontaler und vertikaler Richtung und erlaubt eine Winkelverstellung. Der Hauptvorteil der Düse ist die geschlossene Klebstoffzuführung. Der Hot-Melt-Kleber ist somit von der Aufschmelzung bis zum Auftragspunkt gegen den Kontakt mit Sauerstoff und Luftfeuchtigkeit geschützt. Auf diese Weise haben selbst reaktive Hot-Melts keine Möglichkeit, aufgrund der Berührung mit Feuchtigkeit zu cracken oder zu reagieren.

Das Beschichtungsgewicht ist definiert durch die Pumpleistung, die Arbeitsgeschwindigkeit, den Abstand zwischen Düse und Substrat sowie die Warenspannung. Für den Prozess ist es erforderlich, dass das Substrat eine hohe Stabilität hat, da sonst eine Scherung auftreten könnte. Dank des geschlossenen Systems sind hohe Geschwindigkeiten beim Beschichten mit Hot-Melt-Klebern unproblematisch.

Die Hauptanwendungsgebiete für Hot-Melt-Beschichtungen sind im Kleberauftrag bzw. in der Papiertechnik zu finden. Bedingt durch den Walzendruck sind die relativ hohen Beschichtungsdichten und dadurch hohen Abriebfestigkeiten weitere Vorteile dieses Verfahrens.

Verarbeiten lassen sich auf solchen Anlagen: M-PVC, S-PVC, PVF, PU, LD-PE, HD-PE, PB, PP, ABS sowie EVAC-VC, CPE, CSM, PA und als Kautschuk EPDM, EPM und CR. Als Kleben wird das Zusammenfügen von Teilen durch Adhäsion und Kohäsion verstanden, wobei keine Gefügeänderungen an den Substraten erfolgen. Schmelzkleber sind polymerbasierte, thermoplastische Klebstoffe, die sich bei Temperaturen zwischen 80 °C und 220 °C verflüssigen und beim Abkühlen wieder verfestigen. Sie bestehen zu 100 % aus Feststoff und werden im flüssigen Zustand ohne Einsatz von Wasser und Lösungsmittel aufgetragen. Unter Berücksichtigung der Aufschmelzung, des Pumpensystems und der Applikationstechnik (Breitschlitzdüse, heiße Walzen oder Puderstreuung) ist eine exakte Dosierung und Einstellung möglich. Abhängig vom Prozess zeichnen sich Hot Melts im Vergleich zur Verarbeitung von Dispersionen und lösemittelhaltigen Systemen durch eine kürzere Anbinde- und Fixierzeit aus.

Tab. 3.4 Vor- und Nachteile von Hot-Melt-Beschichtungen

Vorteile	Nachteile
• Umweltfreundlich, da wasser- und lösungsmittelfreie Klebstoffe • Niedriges Beschichtungsgewicht • Wegfall der Trocknung/niedrigerer Energiebedarf • Geringere thermische Belastung der Substrate • Hohe Produktionsgeschwindigkeit • Permanente oder nichtpermanente Verklebung möglich	• Wechsel der Klebertype erfordert intensive Reinigung des gesamten Systems (Tank, Schläuche, Düse usw.) • Eingeschränkte Anwendung in Abhängigkeit des Erweichungspunktes der Thermoplaste • Eingeschränkte Topfzeit bei reaktiven Systemen • Kurze Reaktionszeit (Zeit zwischen Beschichtungs- und Kaschiervorgang) • Preis

Tab. 3.5 Eigenschaften unterschiedlicher Hot-Melt-Typen

EVA (Ethylenvinylacetat)	PA (Polyamide)	PUR (Polyurethane), z. B. feuchtevernetzende Type
• Großer Erweichungs- und Temperaturbereich • Hitzebeständig bis 100 °C • Empfindlich gegen Dampf und Wasser • Preiswert	• Erweichungspunkt höher als bei EVA • Temperaturbeständig bis 150 °C • Empfindlich gegen Dampf und Wasser • Ziemlich teuer	• Nach Vernetzung kein Einfluss der Temperatur (heiß oder kalt) • Zerstörung des Klebers oberhalb 150 °C • Kochfest • Sehr teuer

Das Anlagenlayout und der Prozess sind definiert durch die heiße Fügetechnik, die Binde- und Reaktionszeit (Topfzeit), die innere Adhäsion, die Produktionsgeschwindigkeit und das Beschichtungsgewicht, aber auch durch das Hot-Melt-Material selbst.

Bei Schmelzklebern sind folgende Charakteristika zu bedenken:

Viskosität	Fließverhalten der Schmelze, abhängig von der Temperatur
Hitzestabilität	Zeit, in der die Schmelze auf einer bestimmten Temperatur gehalten werden kann, ohne Beeinträchtigung der Gebrauchseinheiten
Offene Zeit	Maximal mögliche Zeitspanne zwischen Auftrag und der eigentlichen Lamination
Initialklebkraft	Kraft, mit welcher eine heiße Klebenaht nach einer bestimmten Zeitdauer (innerhalb der offenen Zeit) belastet werden kann
Abbindezeit	Zeit, gerechnet ab dem Klebstoffauftrag, nach der die maximale Nahtfestigkeit erreicht wird
Temperaturbeständigkeit	Temperaturbereich, in welchem die Klebestelle einer bestimmten Dauerbelastung ausgesetzt werden kann.

Zur Verarbeitung von Hot-Melt-Systemen gehören auch das Aufbereiten und das Fördern der Schmelze. Um Schmelzkleber fördern zu können, muss dieser in einem antihaftbeschichteten Aluminium-/Gusstankbehälter durch beheizte Metallflächen bzw. -stäbe geschmolzen und mithilfe elektrisch beheizter Schläuche zum eigentlichen Auftragswerk gepumpt werden.

Die Pumpen werden entsprechend der Auftragsstärke eingesetzt. Erfahrungsgemäß gilt:

Zahnradpumpen	[5–150 bar]	(10 g–250 kg)/h
Kolbenpumpen	[5–250 bar]	(10 g–270 kg)/h
Extruderpumpen	[5–150 bar]	(5 kg–50 kg)/h

3.2.5 Spritzen

Das Spritzen von Kunststoffen wird hauptsächlich im Automobilbereich für Unterbodenschutz und Nahtabdichtung bzw. bei textilen Trägern für den Auftrag von Lack oder

Kleber verwendet. Beschichtet wird mittels einer Spritzpistole, die durch Pressluft den flüssigen Kunststoff durch die Düsen des Spritzkopfes sprüht. Des Weiteren ist es möglich, nicht nur mit Lösungen oder Dispersionen zu arbeiten, sondern mit vorher geschmolzenem Kunststoff, um die sog. Schmelze versprühen zu können. In der Textilindustrie wird diese Art des Auftrags meist bei technischen Textilien wie Isolationsmatten oder PU-Schaumstoffen benutzt. Ein weiteres Anwendungsgebiet ist der Auftrag von Klebern bei reinen Kaschierstationen.

Bei der Spray- oder Spritzbeschichtung können vier verschiedene Strömungsbereiche unterschieden werden:

1. Flüssigkeitsströmung in der Düse bzw. am Düsenaustritt,
2. Zone des Strahl- oder Filmzerfalls unmittelbar hinter der Düse,
3. Spraykegel,
4. der Bereich in unmittelbarer Substratnähe (Abb. 3.25).

An die Rheologie der Pasten werden besondere Anforderungen gestellt, um einen gleichmäßigen Auftrag und eine gute Zerstäubung zu gewährleisten.

Die Pasten müssen leicht spritzbar bzw. extrudierbar sein. Die in den Düsen herrschenden Geschwindigkeitsgefälle lassen sich durch folgende Formel annähernd errechnen:

$$D = \frac{32 \cdot V}{xt \cdot d3}.$$

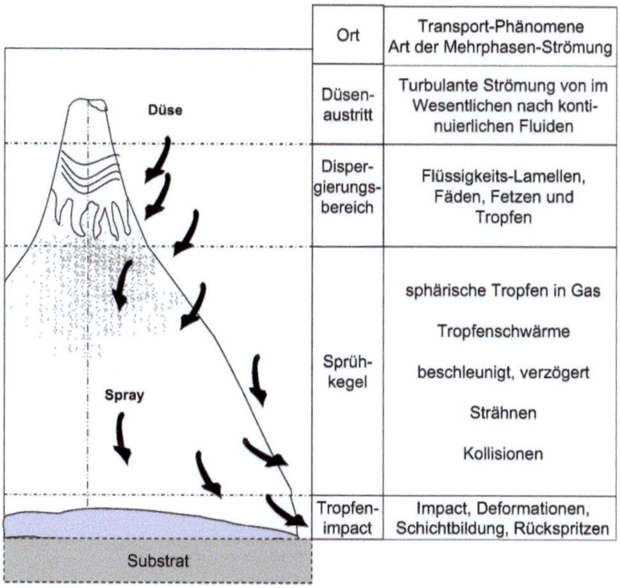

Abb. 3.25 Darstellung der Strömungsbereiche beim Sprühauftrag

Mit den heutigen Airless-Spritzgeräten werden Geschwindigkeitsgefälle von bis zu $10^5\ s^{-1}$ erreicht.

Um für die Sprühbeschichtung geeignet zu sein, sollten die Pasten möglichst strukturviskos sein bzw. müssen generell eine Fließgrenze aufweisen. Allerdings tritt dieses Auftragssystem mehr und mehr in den Hintergrund, da die Verluste – teilweise bis zu 30–40 % – sehr hoch sind und außerdem die Problematik des Sprühkegels nicht zu unterschätzen ist.

3.2.6 Düsen- und Gießtechnologie

3.2.6.1 Einleitung: Vorteile und Besonderheiten gegenüber anderen nasschemischen Beschichtungsverfahren

Für sehr unterschiedliche Anwendungen von funktionell modifizierten Oberflächen bis zu pharmazeutischen Wirkstoffträgern werden Schichtdicken zwischen einigen nm und mehreren mm benötigt. Kein anderes nasschemisches Verfahren kann diesen Bereich von $1{:}10^6$ überdecken, wobei im Einzelfall die erreichbaren Schichtdicken immer von der Rheologie der Flüssigkeit abhängen. Schlitzdüsen bieten zudem mehrere herausragende Eigenschaften:

a) Es handelt sich um ein dosierendes Verfahren, d. h. die Schichtdicke lässt sich durch Einstellung einiger weniger Parameter vorherbestimmen.
b) Der Beschichtungsprozess läuft in einem komplett geschlossenen System ab. Keine leicht flüchtigen Lösemittel oder potenziell gefährlichen Dämpfe können entweichen. Die Zusammensetzung der Beschichtungsflüssigkeit ändert sich auch über lange Produktionszeiten nicht.
c) Die Beschichtung verläuft (mit Ausnahme eines Sonderfalles) berührungslos, ist also insbesondere für empfindliche Oberflächen geeignet.
d) Das Schichtdickenprofil ist sowohl von rechts nach links als auch über lange Zeit hochgradig homogen.

Diese Eigenschaften machen Schlitzdüsen immer beliebter, sodass zuweilen schon kaum noch über Alternativen nachgedacht wird. Dennoch sind sie nicht die Universallösung für alles. Abhängig von der Anwendung haben andere Verfahren nach wie vor ihre Berechtigung und sind der Schlitzdüse im Einzelfall sogar überlegen.

Die mit Schlitzdüsen prinzipiell erreichbaren Parameterbereiche sind:

- Schichtdicke: einige nm bis mm
- Bahngeschwindigkeit: < 0,1 bis > 1 000 m/min
- Beschichtungsbreite: bis zu 4 m
- Viskosität: < 1 bis > 40 000 mPas
- Schichthomogenität: < 1 % (Standard 2–5 %)

Das heißt jedoch nicht, dass mit allen Flüssigkeiten der jeweils volle Bereich abgedeckt werden kann. Was im Einzelfall möglich ist, hängt i. W. von der Rheologie ab, insbesondere von der Viskosität, dem Scherverhalten, der Oberflächenspannung und dem Partikelgehalt.

3.2.6.2 Funktion einer Schlitzdüse

Der Begriff Schlitzdüse ist insofern irreführend, als er suggeriert, eine Schlitzdüse habe wie andere Düsen etwas mit Sprühen zu tun. Dies ist nicht der Fall. Bei Sprühdüsen wird die Flüssigkeit in kleine Tröpfchen zerstäubt, während eine Schlitzdüse eine bereits geschlossene Schicht appliziert. Der Begriff Schlitzdüse hat sich allerdings weitgehend eingebürgert.

Grundprinzip

Abb. 3.26 zeigt die prinzipielle Funktionsweise.

Die zu beschichtende Flüssigkeit wird mit einer dosierenden Pumpe aus einem Vorratsbehälter in die Düse befördert, die im Normalfall aus zwei fast symmetrischen Backen besteht. In die eine Backe ist eine Verteilerkammer eingearbeitet, in der sich die Flüssigkeit gleichmäßig über die gesamte Beschichtungsbreite verteilt. Durch einen schmalen Schlitz wird sie dann unter Druck aus dem Gießer herausgepresst und auf die Oberfläche des Substrates aufgelegt. Die Schlitzweite beträgt typisch 50–200 µm, kann aber je nach Rheologie auch zwischen 10 µm und einigen mm liegen.

Abb. 3.27 zeigt die praktische Ausführung eines typischen Schlitzgießers.

Rechts sind die beiden Backen B1, B2 der Düse gezeigt, wobei in die obere Backe die Verteilerkammer eingefräst ist. Die Schlitzweite kann entweder durch Einlegen einer hufeisenförmigen Maske als Abstandshalter zwischen den Backen oder durch entsprechende Ausfräsung der Kammerbacke realisiert werden. Die Ausfräsung hat Vorteile

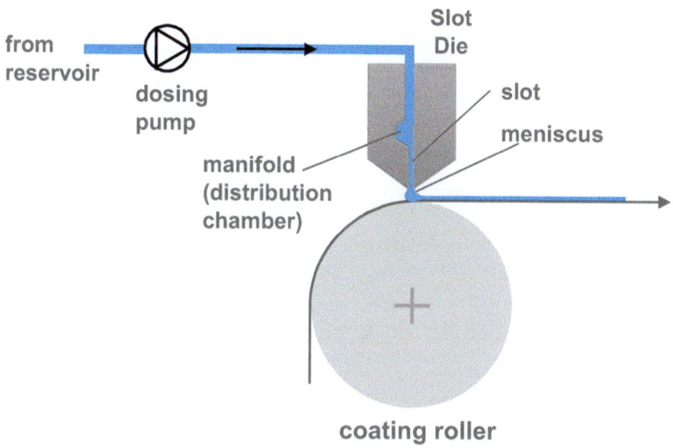

Abb. 3.26 Funktionsprinzip einer Schlitzdüse

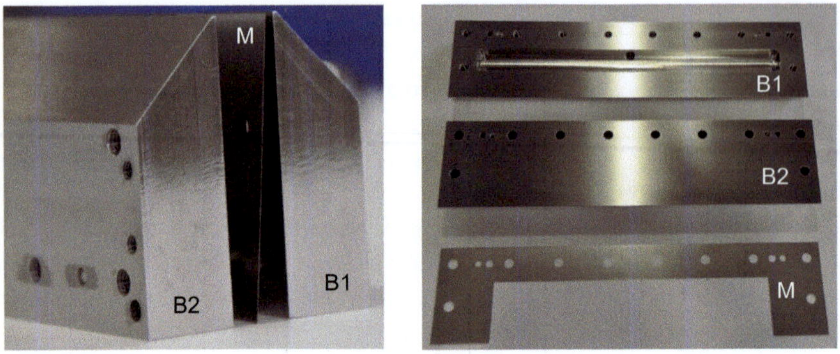

Abb. 3.27 Praktische Ausführung eines Schlitzgießers

bei Routineanwendungen, z. B. wegen einfacher Möglichkeit zur Demontage und Reinigung, während eine Maske volle Flexibilität bietet. Sowohl die Schlitzweite (bestimmt durch die Dicke des Maskenmaterials) als auch die Beschichtungsbreite (bestimmt durch den Hufeisenausschnitt) kann jederzeit durch Auswechseln der Maske geändert werden.

Nach Abb. 3.26 bewegt sich das Substrat bei der Beschichtung unter dem Gießer und nimmt dabei das von der Pumpe durch den Schlitz gelieferte Volumen mit. Die Schichtdicke x ergibt sich automatisch aus der Pumpleistung V′, der Beschichtungs-breite B und der Bahngeschwindigkeit v nach folgendem simplen Zusammenhang:

$$\mathbf{V' = B\,v\,x} \tag{3.1}$$

Diese Gleichung beschreibt die Massenerhaltung und besagt, dass das pro Zeit von der Pumpe geförderte Volumen als Schichtvolumen auf der Bahn landet: nichts geht verloren, nichts kommt hinzu. Genau diese Eigenschaft ist es, die den Schlitzgießer zu einem dosierenden Verfahren macht: Die Schichtdicke x hängt ausschließlich von V′, B und v ab und ist damit exakt vorherbestimmbar.

Auf den ersten Blick scheint die Schichtdicke auch etwas mit der Schlitzweite und dem Abstand der Düse vom Substrat zu tun zu haben. Dies ist nach Gl. (3.1) jedoch nicht der Fall; beide Größen kommen in der Gleichung gar nicht vor. Dennoch sind sie (zusammen mit noch weiteren Parametern) für den Erfolg einer gleichmäßigen Beschichtung extrem wichtig. Nur in einem bestimmten Wertebereich dieser Größen kann sich eine stabile Flüssigkeitsbrücke (der Meniskus) zwischen den Lippen der Düse und dem Substrat ausbilden. Dieser als Beschichtungsfenster bezeichnete Wertebereich kann je nach der Rheologie der Flüssigkeit relativ breit oder auch extrem schmal sein. Im ersteren Fall ist die Justage der Düse problemlos, weil leichte Abweichungen der Parameter innerhalb des Beschichtungsfensters kaum Auswirkungen haben. Bei engem Beschichtungsfenster müssen jedoch alle Parameter hochgenau eingehalten werden. Dies erfordert eine sehr präzise gefertigte Düse, womit nicht zuletzt deren Preis vom Beschichtungsfenster abhängt.

Beschichtungsmodi und räumliche Anordnung

Es sind verschiedene Anordnungen der Düse relativ zur Beschichtungswalze möglich, die sich bezüglich der Stabilität des Meniskus und der möglichen Beschichtungsgeschwindigkeiten erheblich unterscheiden. Abb. 3.28 zeigt die grundsätzlichen Varianten.

In allen Varianten ist zwar die Schichtdicke durch Gl. (3.1) vorbestimmt aber ob überhaupt eine geschlossene Schicht zustande kommt, hängt von einer Reihe weiterer Parameter ab. Letztlich geht es darum, den Meniskus während der Beschichtung stabil zu halten. In den verschiedenen Varianten benötigt man dazu völlig unterschiedliche Maßnahmen.

Bead Mode

Definition und Charakteristika:

- relativ kleiner Abstand des Gießers vom Substrat, sodass Adhäsionskräfte zwischen der Flüssigkeit und den Gießerlippen den Meniskus beeinflussen können.
- Abstandsbereich 20 µm bis zu wenigen mm, typisch 100–200 µm.
- generell für niedrige Geschwindigkeit geeignet (einige m/min, auch extrem kleine Geschwindigkeiten sind möglich). Maximal etwa 150 m/min.

Der Meniskus zwischen den Lippen des Gießers und dem Substrat wird durch die Bahnbewegung einem erheblichen Verformungsstress ausgesetzt. Obwohl das mit der Bahn abtransportierte Volumen durch die Pumpe ersetzt wird, verformt sich der Meniskus durch die Bewegung und muss gegen diese Verformung stabilisiert werden. Die Adhäsion der Flüssigkeit an den Gießerlippen und die Oberflächenspannung liefern die dafür notwendige Kraft und führen so zu einer Selbststabilisierung des Meniskus. Dies ist jedoch nur bis zu einer maximalen Bahngeschwindigkeit möglich, die sich durch folgende Bedingung für die Kapillarzahl Ca abschätzen lässt:

$$\mathbf{Ca} = \eta v/\sigma, \mathbf{Ca} < 1 \tag{3.2}$$

Dabei sind η und σ die Viskosität bzw. Oberflächenspannung der Flüssigkeit und v die Bahngeschwindigkeit. Nur bei Ca < 1 kann sich ein stabiler Meniskus ausbilden.

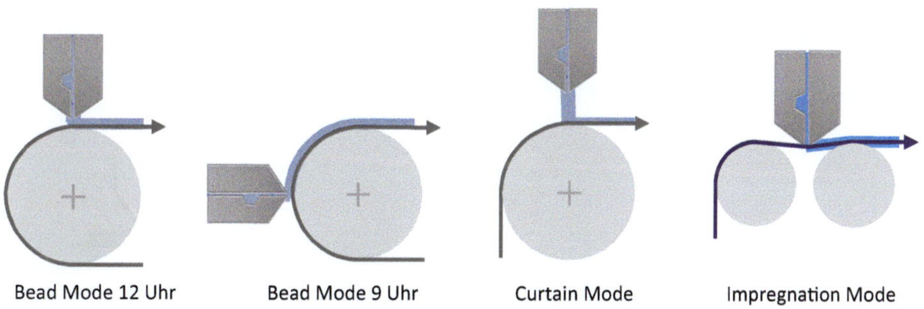

Abb. 3.28 Beschichtungsmodi und Anordnung eines Schlitzgießers

Der Quotient σ/η hat die Dimension einer Geschwindigkeit und besagt anschaulich, wie schnell eine Flüssigkeit nach äußerer Verformung die optimale Oberfläche gegen den bremsenden Einfluss der Viskosität wiederherstellen kann. Nur wenn die äußere Verformung langsamer ist als die innere Relaxationsgeschwindigkeit σ/η, kann der Meniskus stabil sein. Andernfalls reißt er durch.

In der Praxis bestimmen noch weitere Faktoren, bis zu welcher Bahngeschwindigkeit der Meniskus stabil bleibt, sodass (3.2) nur eine grobe Abschätzung liefert.

Wenn größere Geschwindigkeiten erreicht werden sollen als durch die Selbststabilisierung des Meniskus möglich, dann muss man eine zusätzliche Stabilisierungskraft einsetzen. Dies ist durch Anlegen eines Vakuums an der Rückseite des Meniskus möglich, wie in Abb. 3.29 gezeigt. In Wirklichkeit handelt es sich nicht um ein Vakuum, sondern um einen begrenzten Unterdruck in der Größenordnung einiger mb bis zu etwa 200 mb. Der Unterdruck zieht den Meniskus nach links und wirkt der Verformungskraft nach rechts entgegen.

Grenzen der Bahngeschwindigkeit

a) Nach unten gibt es für die Bahngeschwindigkeit praktisch keine Begrenzung. Die Selbststabilisierung des Meniskus ist immer ausreichend. Wenn überhaupt, dann ist eher das Trocknungsverhalten der Flüssigkeit eine Beschränkung nach unten, weil die Beschichtung natürlich nicht mehr funktioniert, wenn der Meniskus eher ausgetrocknet ist als die homogene Schicht sich ausgebildet hat.

b) Nach oben wird die Bahngeschwindigkeit durch die beschriebenen Stabilisierungen begrenzt. Welche Obergrenze dabei erreichbar ist, hängt stark von der Rheologie ab. Ohne Vakuum kann man einige m/min bis zu einigen 10 m/min realisieren. Mit Vakuum sind bis zu 200 m/min möglich.

Grenzen der Schichtdicke

Nach oben ist die applizierbare Nassschichtdicke nur von der Viskosität abhängig. Irgendwann wird der Meniskus so groß, dass er zwischen Düse und Substrat einfach wegfließt. Bei hochviskosen Flüssigkeiten sind einige mm möglich.

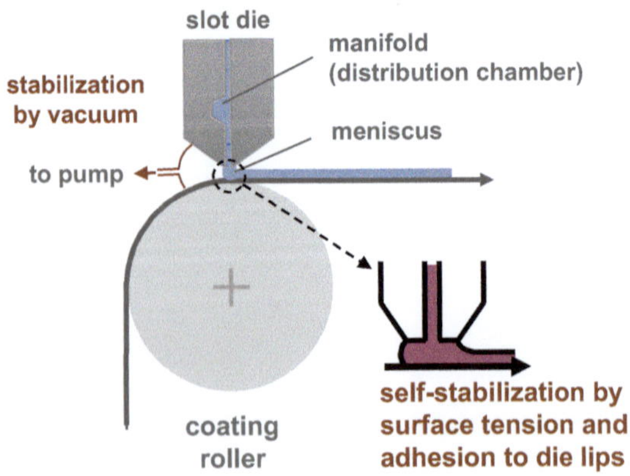

Abb. 3.29 Bead Mode, Stabilisierung des Meniskus

Nach unten gibt es jedoch eine prinzipielle Grenze durch die auch bei sehr guten Düsen endliche Präzision der Düsenlippen und der Beschichtungswalze. Je dünner die Nassschichtdicke sein soll, desto kleiner muss aus Stabilitätsgründen der Abstand zwischen Düse und Substrat sein. Eine sehr grobe Faustformel besagt, dass der Abstand etwa das 4fache der Nassschichtdicke sein soll. Diese Formel ist allerdings mehr falsch als richtig. In Wirklichkeit bestimmt die Rheologie der Flüssigkeit den möglichen Abstandsbereich (das sogenannte Beschichtungsfenster) und dieser kann sehr unterschiedlich sein. Auf jeden Fall wird der Abstand für sehr dünne Schichten aber irgendwann in eine Größenordnung kommen, bei der die Präzision der Düsenlippen und die Unrundheit der Walze eine Rolle spielen. Spätestens dann ist eine homogene Beschichtung nicht mehr möglich.

In der Praxis kann man mit guten Düsen Nassschichtdicken um 1μm erreichen. Meist ist die Abstandseinstellung dann aber so empfindlich, dass sie für Routineanwendungen ungeeignet ist. Die in der Einleitung angegebenen nm-Schichten sind auf keinen Fall machbar.

Dennoch kann man Trockenschichten im nm-Bereich mit Schlitzdüsen erzielen, jedoch nur über Verdünnung. Der Feststoffgehalt der Flüssigkeit wird so stark herabgesetzt (z. B. deutlich unter 1 %), dass man eine bequem handhabbare Nassschicht von mindestens 10 μm appliziert, von der nach Trocknung des Lösemittels nur noch eine nm-Schicht übrig bleibt. Die untere Grenze der Trockenschicht ist auf diese Weise mehr vom Trocknungsverhalten als von der Düse abhängig.

Anordnung des Gießers

In Abb. 3.28 wird gezeigt, dass man den Gießer im Bead Mode unterschiedlich anordnen kann. Die gängigsten Positionen sind senkrecht von oben (12-Uhr-Position) und waagerecht (9-Uhr-Position). Sogar senkrecht von unten (6-Uhr-Position) ist möglich, falls in Sonderfällen erforderlich. Für die Positionen gibt es eine Reihe von Vor- und Nachteilen:
12-Uhr-Position:

Vorteil: Auch mit niedrigviskosen Flüssigkeiten ist der Start des Beschichtungsvorgangs problemlos. Die Flüssigkeit fällt immer nach unten auf das Substrat.

Nachteil: Je nach räumlicher Gegebenheit ist die visuelle Beobachtung des Meniskus zuweilen behindert. Zudem wirken sich senkrechte Bahnbewegungen (Flattern durch Luftbewegung beim Eintritt in den Trockner) auf den Spalt zwischen Gießer und Substrat aus. Um solche Einflüsse zu vermeiden, sollte man statt der 12 Uhr eher 11 Uhr oder 11:30 Uhr wählen. Eine vollständige Entlüftung des Gießers erfordert meist zusätzliche Ventile.

9-Uhr-Position:

Vorteil: In der Regel ist es einfach, den Meniskus visuell zu beobachten, um z. B. Bläschen oder Partikel zu sehen und zu beseitigen. Wenn man statt 9 Uhr 8 Uhr wählt und die Verteilerkammer unten liegt, kann sich der Gießer automatisch entlüften.

Nachteil: Niedrigviskose Flüssigkeiten können bei größeren Beschichtungsabständen heruntertropfen noch bevor sie das Substrat berührt haben. Zum Start der Beschichtung muss man deshalb u. U. den Gießer zunächst zu nah an das Substrat heranbewegen, um ihn dann nach Ausbildung des Meniskus wieder auf den Sollabstand zurückzuziehen (sogenannter Keilguss).

Curtain Mode

Definition und Charakteristika:

- relativ großer Abstand des Gießers vom Substrat, sodass Adhäsionskräfte an den Gießerlippen keinen Einfluss mehr haben.
- Abstandsbereich einige mm bis zu mehreren cm.
- generell für hohe Geschwindigkeit geeignet (maximal > 1000 m/min), kleine Geschwindigkeiten sind nicht möglich. Minimal etwa 60 m/min.

Im Curtain Mode bildet sich statt eines schmalen Meniskus zwischen Gießer und Substrat ein regelrechter Flüssigkeitsvorhang aus. Adhäsionskräfte an den Gießerlippen haben wegen des großen Abstandes keinen Einfluss auf den Vorhang und können ihn deshalb nicht wie einen Meniskus stabilisieren. Auch eine Vakuumstabilisierung funktioniert nicht, weil wegen der großen Vorhangfläche jeglicher Unterdruck den Vorhang sofort zerreißen würde.

Ein Flüssigkeitsvorhang kann deshalb nicht von außen, sondern nur aufgrund seiner eigenen internen Eigenschaften (insbesondere der rheologischen) stabil bleiben. Die simpelste Voraussetzung für einen geschlossenen Vorhang ist eine genügende Menge an Flüssigkeit. Andernfalls zieht die Oberflächenspannung die Flüssigkeit zu Tropfen zusammen wie bei einem Wasserfall ohne genügend Wasser. Für jede Flüssigkeit gibt es daher eine Mindestflussmenge, bei der sich ein geschlossener Vorhang ausbilden kann. Damit diese Mindestflussmenge beim Auftreffen auf der Bahn die gewünschte Schichtdicke hervorruft, muss die Bahn sich entsprechend schnell bewegen. Dies ist der simple Grund, warum Vorhangguss nur für hohe Bahngeschwindigkeiten geeignet ist. Abhängig von der Rheologie liegt die Mindestgeschwindigkeit bei ca 60 bis 80 m/min.

Da sich der Bead Mode für niedrige Geschwindigkeiten, der Curtain Mode für hohe Geschwindigkeiten eignet, könnte man vermuten, dass für jede Flüssigkeit bei jeder Geschwindigkeit eine stabile Beschichtung in mindestens einem der beiden Modi möglich ist. Das ist leider nicht so. Vielmehr sind häufig die zulässigen Bereiche im Bead Mode und Curtain Mode nicht überlappend. Man kann dann unterhalb einer Maximalgeschwindigkeit im Bead Mode sowie oberhalb einer Minimalgeschwindigkeit im Curtain Mode stabil beschichten, im Bereich dazwischen jedoch nicht.

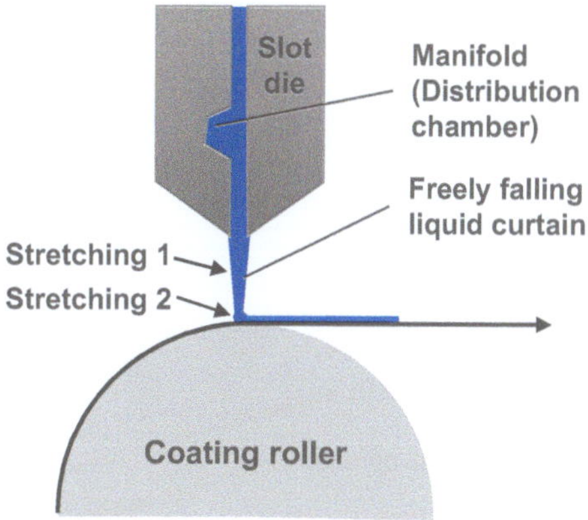

Abb. 3.30 Curtain Mode

Abb. 3.30 zeigt einige Details, die sich im Vorhang abspielen:

- Die Oberflächenspannung zieht den Vorhang quer zur Bahn zusammen. Die Beschichtungsbreite wäre also beim Auftreffen auf die Bahn kleiner als beim Austritt aus dem Gießer. Diesen Effekt kann man durch seitliche Leitschienen verhindern, die den Vorhang mit Adhäsionskräften auf konstanter Breite halten (in Abb. 3.30 nicht gezeigt).
- Während des Fallens wird die Flüssigkeit beschleunigt, wodurch der Vorhang in Fallrichtung verstreckt wird (Stretching 1).
- Im Auftreffpunkt wird die Flüssigkeit dann nochmals verstreckt (Stretching 2), weil die Bahngeschwindigkeit hier deutlich größer als die Fallgeschwindigkeit des Vorhangs ist.
- Beide Verstreckungen zusammen bewirken die Reduktion der Flüssigkeitsschicht von der Dicke des Vorhangs beim Austritt aus dem Gießer bis auf die Beschichtungsdicke (nass) auf der Bahn.

Realistisch ist für den Vorhangguss eine Gesamtverstreckung um den Faktor 30, die sich etwa hälftig (z. B. Faktor 5 im Vorhang, Faktor 6 beim Auftreffen) auf die beiden Verstreckungen verteilt. Es ist anschaulich plausibel, dass nicht jede Flüssigkeit derartige Verstreckungen mitmacht. Die Rezeptur und Rheologie der Flüssigkeit müssen daher auf den Vorhangguss angepasst werden.

Die Abb. 3.31 und 3.32 zeigen experimentelle Flüssigkeitsvorhänge mit transparenten Flüssigkeiten im Labor mit und ohne seitliche Leitschienen (Vorhanghalter). Man sieht gut, wie die Oberflächenspannung den fallenden Vorhang seitlich zusammenzieht, wenn nicht die Leitschienen dies verhindern.

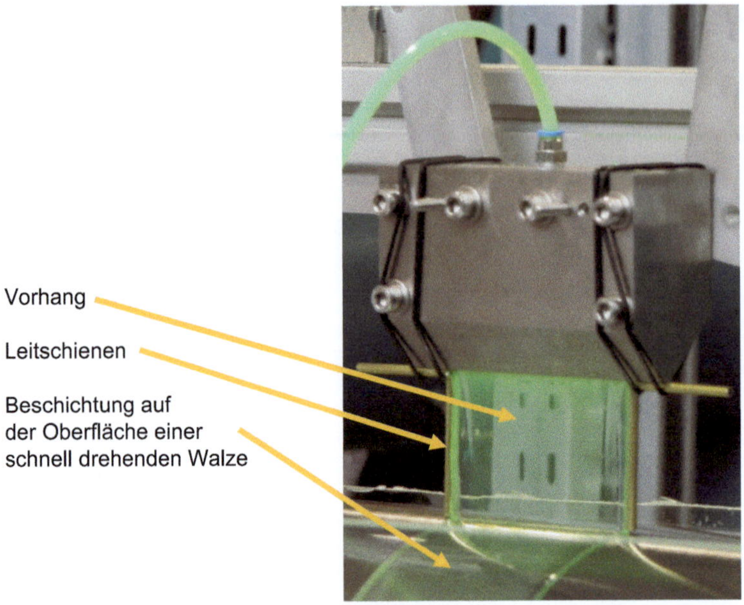

Abb. 3.31 Transparenter Vorhang einer grünlichen Flüssigkeit mit seitlichen Leitschienen

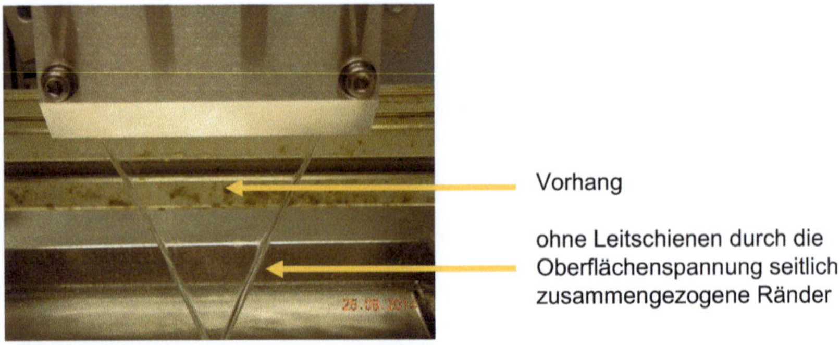

Abb. 3.32 Transparenter Vorhang einer glasklaren Flüssigkeit ohne seitliche Leitschienen

Impregnation Mode

Definition und Charakteristika:

- Kein Abstand des Gießers vom Substrat; Gießerlippen schleifen mit leichtem Druck über die Bahn
- Kein Meniskus
- Gießer dient lediglich als Dosiersystem
- Nur für nicht oder schwach saugende Materialien (Nonwovens usw.)

Der Impregnation Mode ist insofern ein Sonderfall, als er nicht berührungslos ist. Die Bahn verläuft nicht mit wohldefiniertem Abstand auf einer Walze unter dem Gießer, sondern schleift im Bereich zwischen zwei Walzen an den Gießerlippen entlang. Der Eintauchwinkel und die Bahnspannung bestimmen dabei die Andruckkraft.

Die Flüssigkeit wird auf diese Weise eher in das Material hineingedrückt als oben aufgelegt. Der Gießer fungiert als Dosiersystem, das die Flüssigkeit in definierter Menge quer über die Bahnbreite abgibt. Wie bei den anderen Modi bestimmt die Pumpe die globale Menge und der enge Schlitz sorgt für eine gleichmäßige Verteilung. Anwendung: leicht poröse Materialien wie Nonwovens oder Gewebe (Abb. 3.33).

Die gleichmäßige Verteilung funktioniert allerdings nur, wenn das Substrat keine zu starke Saugfähigkeit besitzt. Poröse Materialien können lokal sehr unterschiedlich saugfähig sein, sodass die Flüssigkeit eher aus dem Schlitz des Gießers herausgesaugt als aktiv abgegeben wird. Für eine gleichmäßige Verteilung muss das Rückhaltevermögen des Gießers größer sein als das Saugvermögen des Substrates.

Je nach Härte des Substratmaterials sind die Gießerlippen einer erhöhten Abrasion ausgesetzt. Als Gegenmaßnahme kann man sie abrunden oder aus speziell gehärtetem Material herstellen.

3.2.6.3 Homogene, vollflächige Beschichtung

Ursprünglich wurde die Schlitzdüse für homogene, breitflächige, endlose Beschichtungen entwickelt. Abb. 3.34 zeigt das Beispiel einer semitransparenten Farbschicht auf PET-Folie. Solche optischen Schichten sind bezüglich der Homogenität sehr anspruchsvoll, weil das Auge empfindlich auf Farb- oder Helligkeitsschwankungen reagiert. Sie sind daher gut geeignet, um den Begriff Homogenität zu quantifizieren.

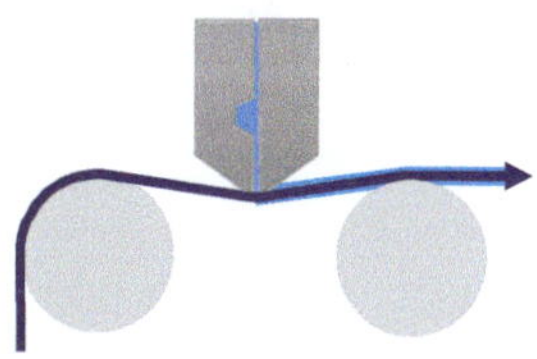

Abb. 3.33 Impregnation Mode

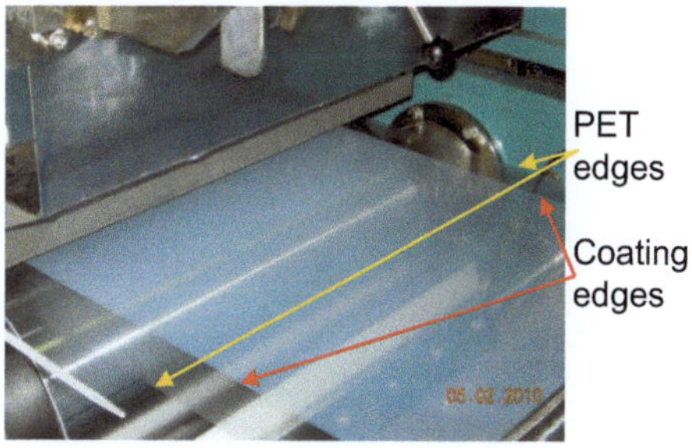

Abb. 3.34 Homogene Beschichtung, semitransparenter Film

Beispiel: Fensterfolien
Die typische optische Dichte für Fensterfolien beträgt

$$D = 0{,}6 - 0{,}7$$

was einer Absorption von 75–80 % entspricht. In diesem Bereich kann das menschliche Auge Dichteschwankungen von

$$\Delta D = 0{,}01 - 0{,}003$$

gerade noch wahrnehmen. (Dies hängt allerdings stark vom Training des Beobachters und von der Struktur der Schwankungen ab.) Die optische Dichte ist bei konstantem Absorptionskoeffizienten proportional zur Schichtdicke x

$$I = I_0 10^{-ax} \qquad D = -\log I/I_0 = ax \qquad \Delta D/D = \Delta x/x$$

woraus sich die erforderliche Homogenität ergibt:

$$\mathbf{\Delta D/D = 0{,}4 - 1{,}7\%}$$

Dieser Wert ist typisch für viele anspruchsvolle Anwendungen, jedoch nicht leicht zu erreichen. Die 10 % sind problemlos, 5 % schon etwas schwieriger und unter 1 % sind jedenfalls besondere Maßnahmen erforderlich. Dafür gibt es i. W. zwei Gründe:

a) Interne Geometrie
b) Fertigungsgenauigkeit

Grenzen der Homogenität durch interne Geometrie
Abb. 3.35 zeigt am Beispiel eines Gießers mit zentraler Zuführung die Strömungswege der Flüssigkeit und die dabei entstehenden Druckverluste. Weil für den Transport eines Teils der Flüssigkeit zur Seite die Druckdifferenz Δp_3 verloren geht, steht an den Rändern etwas weniger Druck zum Durchpressen durch den Spalt zur Verfügung als in der Mitte. Tendenziell ergibt sich deshalb immer ein bogenförmiges Dickenprofil. Um dieses so klein wie möglich zu halten, muss die Bedingung $\Delta p_3 \ll \Delta p_1$ erfüllt sein, d. h. man

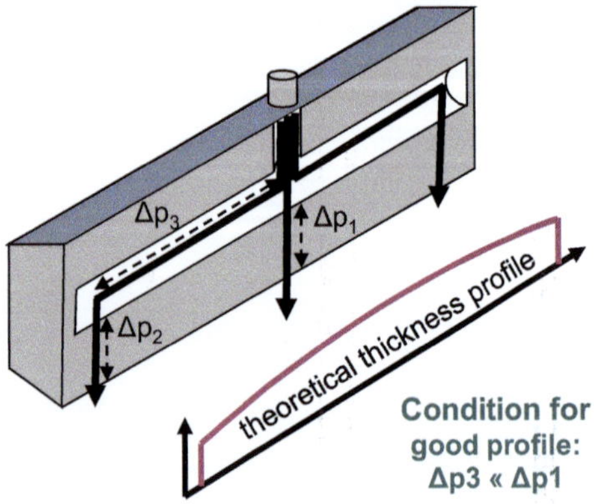

Abb. 3.35 Dickenprofil durch Druckverlust in der Kammer

muss den Querschnitt der Verteilerkammer so groß wie möglich machen. In den meisten Fällen gelingt es auf diese Weise, das Bogenprofil weitaus kleiner zu halten als z. B. die o. g. 1 %. Eine große Verteilerkammer ist insofern prinzipiell etwas Gutes.

Leider ist damit aber auch das Flüssigkeitsvolumen im Gießer entsprechend groß. Da in vielen Anwendungen sehr teure Flüssigkeiten zu beschichten sind, will man das ungenutzte Totvolumen so klein wie möglich halten, womit zwangsläufig die Bedingung $\Delta p_3 \ll \Delta p_1$ nicht mehr hinreichend gewährleistet ist. In diesen Fällen gibt es zwei Möglichkeiten, das Schichtprofil dennoch rechteckig zu halten:

Kleiderbügelgießer

Statt mit einem rechteckigen Querschnitt wie in Abb. 3.35 kann man die Verteilerkammer auch konisch zu den Rändern verengen und die beiden Schenkel kleiderförmig abwinkeln lassen. Abb. 3.36 zeigt das Prinzip.

Die Konizität hat nichts mit der Homogenität zu tun, sondern dient der Aufrechterhaltung einer konstanten Fließgeschwindigkeit in der Kammer. Damit beugt man eventuellen Sedimentationen von Partikeln in Suspensionen vor.

Die Kleiderbügelform verhindert das Bogenprofil, wenn die Spaltzone am Rand gerade so viel kürzer ist als in der Mitte ($L_R < L_M$), dass damit der Druckverlust an den Rändern der Kammer kompensiert wird. Bei exakter Einhaltung dieser Bedingung liefert der Gießer ein perfektes Rechteckprofil.

Zwar lässt sich die Idealform der Verteilerkammer berechnen, jedoch gilt sie exakt nur für eine bestimmte Rheologie. Sobald man die Rezeptur ändert und eine abweichende Rheologie vorliegt, muss man eine andere Kammerform einsetzen. Dies ist teuer und aufwendig, weshalb der Kleiderbügelgießer eher für Routineanwendungen geeignet ist als für häufig wechselnde Flüssigkeiten.

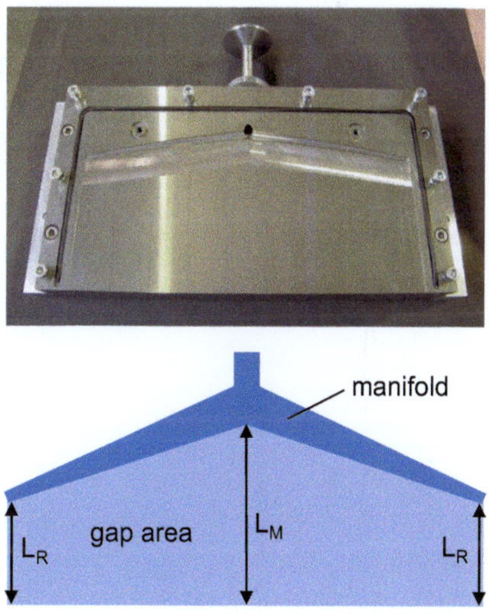

Abb. 3.36 Konische Verteilerkammer in Kleiderbügelform

Lokale Spalteinstellung

Wesentlich flexibler lässt sich eine interne Inhomogenität des Gießers (nicht nur das beschriebene Bogenprofil) dadurch kompensieren, dass man den Gießspalt lokal aufweitet oder verengt. Zwar ist die zur Beschichtung benötigte Flüssigkeitsmenge durch die Pumpe festgelegt und nach Gl. (3.1) nicht von der Spaltweite abhängig. Jedoch gilt dies nur global und nicht für lokale Profilabweichungen. Diese lassen sich sehr wohl durch lokale Veränderungen der Spaltweite ausgleichen, womit der Strömungswiderstand nach Bedarf erhöht oder vermindert wird. Die Schichtdicke wird auf diese Weise entlang der Beschichtungsbreite umverteilt, jedoch nicht als Ganzes verändert.

Die praktische Realisation einer lokalen Spaltverstellung zeigt Abb. 3.37.

Der Gießspalt befindet sich zwischen den beiden Backen A und B. Backe A ist steif, während Backe B mechanisch durch einen Justierspalt geschwächt ist. Mithilfe von Differentialschrauben, die sowohl drücken als auch ziehen können, lässt sich Backe B lokal verbiegen. Da die Schrauben nur einen Abstand von wenigen cm haben, kann der Gießspalt ziemlich genau dort verändert werden, wo man eine Profilabweichung feststellt.

Natürlich kann man auf diese Weise den Gießspalt nur im µm-Bereich verstellen. Die Justierbarkeit entbindet also keineswegs von der Notwendigkeit, die beiden Backen des Gießers hochpräzise zu bearbeiten, sodass der Gießspalt und die gesamte Spaltregion bis zur Verteilerkammer planparallel sind.

Die Justierschrauben können manuell oder motorisch verstellt werden. Auch eine Ausführung mit Druckzylindern statt der Schrauben wird angeboten. In Kombination mit einem entsprechend fein auflösenden Dickenmesssystem ist in einem geschlossenen Regelkreis auch eine automatische Profilkorrektur möglich. Die erreichbare Profilgenauigkeit liegt bei 0,5 %.

Grenzen der Homogenität durch Fertigungsgenauigkeit

Im Idealfall sollten der Gießspalt und die gesamte Spaltregion bis zur Verteilerkammer vollkommen planparallel sein. Nur dann lässt sich (mit Ausnahme des in Abb. 3.35 beschriebenen Geometrieeffektes ein perfekt rechteckförmiges Schichtprofil erreichen. Der hohe Preis von Schlitzdüsen wird nicht zuletzt durch die erforderliche Bearbeitungspräzision (insbesondere bei großen Gießbreiten) bestimmt.

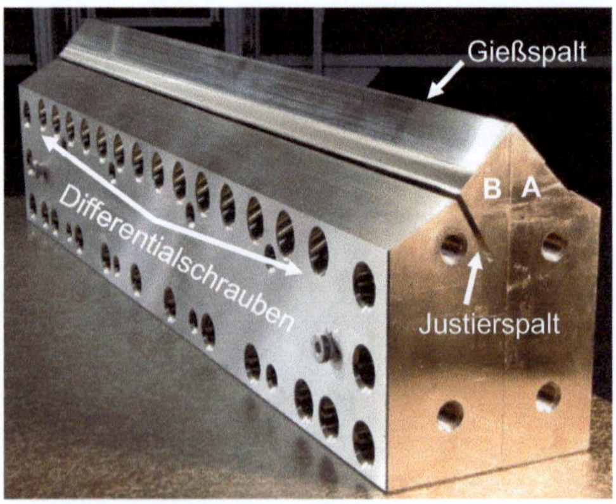

Abb. 3.37 Gießer mit lokal verstellbarem Spalt

Nichts ist jedoch ideal. Auch die besten Düsen haben endliche Abweichungen von der perfekten Planparallelität des Spaltes; ein sehr guter Wert ist z. B. ±1 µm. Wie stark sich dies auf das Schichtprofil auswirkt, hängt von der eingesetzten Spaltweite ab. Wenn man, obwohl der Zusammenhang zwischen Schichtdicke und Spaltweite nicht linear ist, für sehr kleine Abweichungen näherungsweise eine lineare Abhängigkeit annimmt, dann liegt man für einen Standardspalt von 100 µm mit der angegebenen Abweichung von 1 µm schon im Bereich von 1 %. Ist man wegen sehr niedriger Viskosität gezwungen, einen viel engeren Spalt einzusetzen (realistisch sind 10–30 µm), dann kommt man auch mit präzisen Gießern sehr schnell zu weniger guten Schichthomogenitäten. Es empfiehlt sich deshalb immer, mit der größten Spaltweite zu arbeiten, die aufgrund der Rheologie und der Stabilität des Meniskus möglich ist.

3.2.6.4 Strukturierte Beschichtung

Die Breitschlitzdüse wurde ursprünglich für vollflächige, endlose, Beschichtungen entwickelt. Der Fokus lag auf der Homogenität, nicht auf irgendwelchen Strukturierungen, für die diverse Druckverfahren erheblich besser geeignet sind.

Zunehmend entsteht aber der Wunsch, die Vorteile einer Düsenbeschichtung (geschlossenes System, Dosierbarkeit) beizubehalten und dennoch zumindest einfache Strukturierungen zu ermöglichen. Ein Beispiel ist die gezielte Schutzbeschichtung von räumlich begrenzter gedruckter Elektronik in Form von Streifen oder Rechtecken.

Zwei Strukturtypen sind heute (mit Einschränkungen) möglich (Abb. 3.38):

Längsstreifen

Längsstreifen (d. h. parallel zur Bahnrichtung liegende Streifen) sind einfach zu realisieren. Man tauscht die Hufeisenmaske gegen eine kammförmige Maske aus, die die Flüssigkeit nur dort aus dem Spalt austreten lässt, wo Streifen beschichtet werden sollen. Abb. 3.39 zeigt oben das Prinzip.

Wenn aufgrund der Rheologie der Abstand zum Substrat klein sein muss, kann die Flüssigkeit beim Austritt aus der Düse von Kapillarkräften in den engen Kanal zwischen Düse und Substrat seitlich hineingezogen werden. Wie in Abb. 3.39 unten dargestellt,

Abb. 3.38 Mit Düse machbare Gießstrukturen

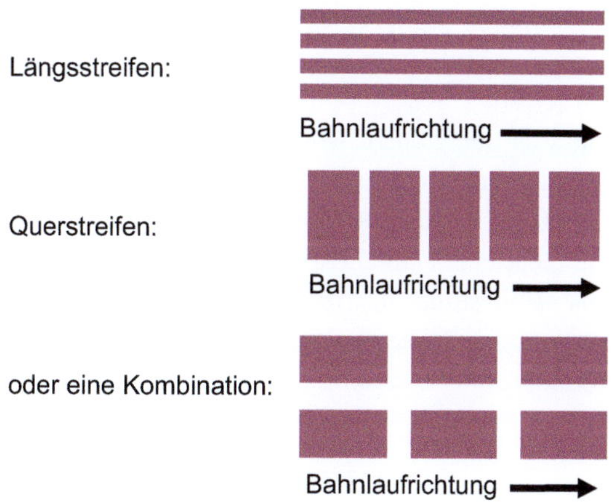

Abb. 3.39 Kammmaske für Längsstreifen (**a**), kapillare Streifenverbreiterung (**b**)

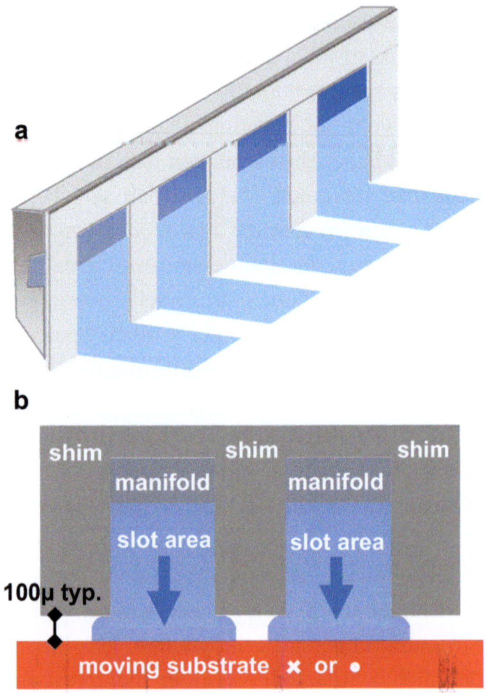

wird dann die Breite der Streifen größer als durch die Maske vorgegeben und leider auf nicht reproduzierbare Weise. Diesen Effekt kann man durch eine zusätzliche Maske vermeiden, die an den Austrittsstellen der Hauptmaske etwa 1 mm lange Zähne aus der Düse herausragen lässt. Abb. 3.40 zeigt das Prinzip.

Mit diesem sogenannten Meniskusguide müssen die Zähne denselben Abstand vom Substrat haben wie ohne Guide die Düsenlippen. Die Kapillarkräfte sind kleiner (wegen des größeren Kanals) und Flüssigkeit wird durch die Zähne auf Sollbreite gehalten.

Querstreifen (intermittierende Beschichtung)

Querstreifen (d. h. senkrecht zur Bahnrichtung liegende Streifen) sind erheblich komplizierter zu realisieren als Längsstreifen, weil die quer zur Bahnrichtung liegenden Kanten jeweils einen Stopp bzw. Start des Beschichtungsprozesses bedeuten. Der Meniskus muss an den Kanten wohldefiniert unterbrochen bzw. wiederhergestellt werden. Dieser Vorgang erfordert üblicherweise Zeit und verläuft (wegen der Tropfenbildung durch die Oberflächenspannung) keineswegs gleichmäßig über die Beschichtungsbreite. Es braucht vielmehr eine endliche Strecke (typischerweise mindestens mehrere cm), bis der Meniskus stabil aufgebaut bzw. unterbrochen ist. Bei endloser Beschichtung spielt das überhaupt keine Rolle; bei intermittierender Beschichtung werden jedoch scharfe Kanten verlangt.

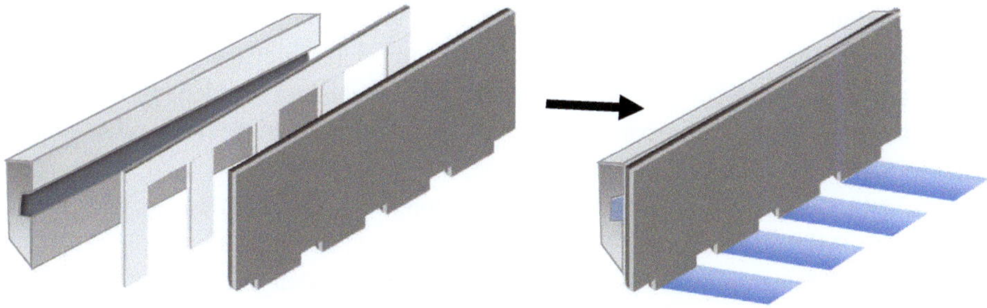

Abb. 3.40 Verhinderung der Streifenverbreiterung mit Meniskusguide

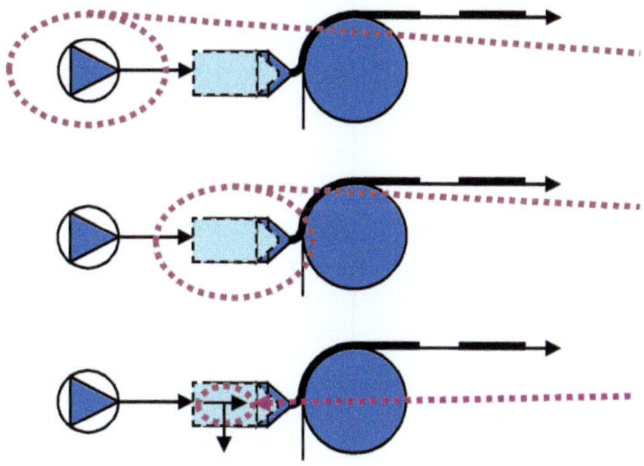

Abb. 3.41 Methoden zur Unterbrechung/Wiederherstellung des Meniskus

Nach Abb. 3.41 gibt es mehrere Methoden, um den Meniskus zu beeinflussen:

a) Stopp und Start der Pumpe
Dies ist sicherlich die schlechteste aller Methoden. Auch wenn die Flüssigkeit i. A. inkompressibel ist, sorgt der lange Weg zwischen Pumpe und Düsenaustritt dafür, dass selbst eine instantane Änderung der Pumpleistung nicht instantan am Meniskus ankommt. Zudem sind die meisten Pumpen gar nicht instantan stopp- oder startbar, sondern werden über Rampen angesteuert.
b) Zurück- und Vorbewegung der Düse
Funktioniert gut, jedoch muss sehr viel Masse bewegt werden. Zudem ist es u. U. beim Start erforderlich, die Düse zwecks Kontaktes der Flüssigkeit mit dem Substrat zunächst etwas zu dicht an das Substrat heranzufahren und sie dann wieder in den Arbeitsabstand zurückzuziehen (Keilguss).
c) Umlenkung des Flusses innerhalb der Düse
Funktioniert ähnlich wie a), jedoch sitzt der Aktor deutlich näher am Meniskus. Die Pumpe läuft in diesem Fall konstant weiter und nur ein Mechanismus ähnlich einem 3-Wege-Ventil wird innerhalb der Düse umgeschaltet.

Alle drei Methoden funktionieren – einzeln oder in Kombination – gut, solange die Viskosität der Flüssigkeit hinreichend hoch ist. Abb. 3.42 zeigt ein Beispiel, bei dem sogar zwei Schichten übereinander intermittierend beschichtet wurden. Eine schwarze Graphitpaste wurde mit transparenten Silikon überschichtet. In beiden Fällen erkennt man die ziemlich sauberen Stopp-Start-Kanten.

Abb. 3.43 zeigt die durchlaufende Beschichtung von Querstreifen, in diesem Fall allein mit der Methode b (Zurück- und Vorbewegung der Düse) realisiert.

Leider funktionieren alle bisher beschriebenen Methoden nicht mehr, wenn die Viskosität der Flüssigkeit zu klein ist. Bei Werten von unter 10 mPas, erst recht unter 1 mPas, reißt der Meniskus nicht mehr entlang einer geraden Linie auf und bildet sich auch nicht entlang einer geraden Linie. Die Stopp- und Startkanten werden entsprechend unscharf und zackelig. Für diesen Fall liegen bereits Lösungskonzepte vor, die auf einem sehr schnellen, aktiven Absaugen des Meniskus beruhen. Einzelheiten dazu würden den Rahmen dieses Artikels überschreiten.

3.2.6.5 Berechnung von Düsen

Obwohl die Dynamik kompressibler Medien zu den komplexesten Gebieten der klassischen Physik zählt, kann sie komplett mathematisch berechnet werden. Im etwas einfacheren Fall

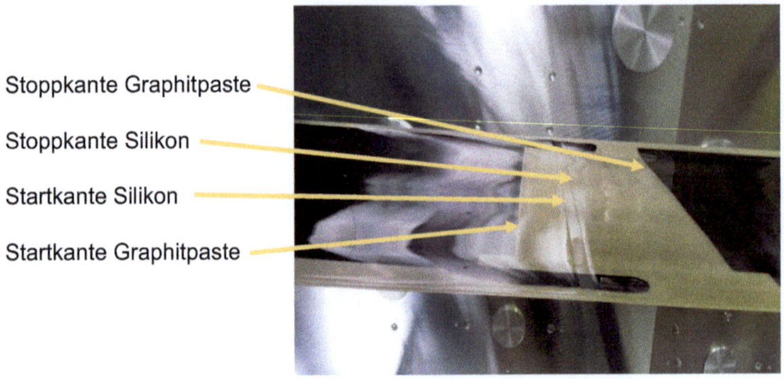

Abb. 3.42 Intermittierende Beschichtung mit hochviskosen Flüssigkeiten

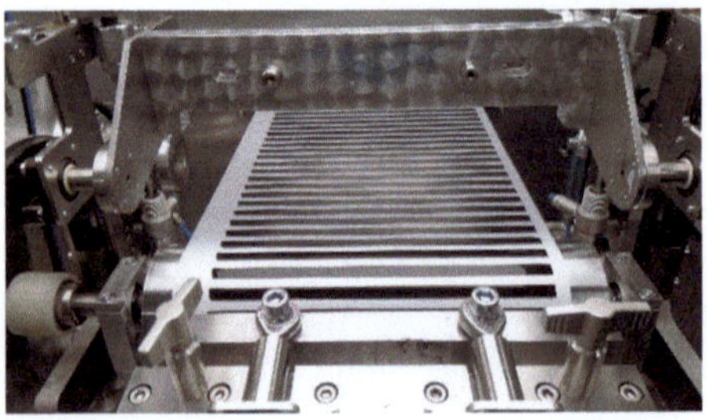

Abb. 3.43 Querstreifenbeschichtung

$$\oint \rho \, \mathbf{v} \, d\mathbf{A} = 0$$

Continuity equation (conservation of mass)

$$\frac{\partial \mathbf{v}}{\partial t} + (\mathbf{v}\nabla)\mathbf{v} = \{-\nabla p + \eta \, \Delta \mathbf{v} + \mathbf{f}\} / \rho$$

Navier-Stokes equations (for incompressible fluids, ρ=const)

Abb. 3.44 Differenzialgleichungen zur Beschreibung von Strömungen

von inkompressiblen Medien (der in Beschichtungsprozessen fast immer vorliegt, außer bei Schäumen) wird das Verhalten der Flüssigkeit von einem Satz von Differenzialgleichungen beschrieben, die in Abb. 3.44 gezeigt sind.

Um das Verhalten des Meniskus einer Schlitzdüse zu beschreiben, müssen diese Gleichungen für die gegebenen Randbedingungen (Geometrie, Drücke, Geschwindigkeiten, Abstände usw.) gelöst werden. Leider ist dies analytisch nicht möglich, wohl aber in beliebig guter Näherung numerisch mithilfe von leistungsfähigen Computern und den entsprechenden Programmen.

Man kann damit theoretisch für jede Flüssigkeit und jede Beschichtungs-geschwindigkeit die optimale Düse berechnen. Leider sind die dafür erforderlichen Programme sehr teuer und in der Praxis kennt man die erforderlichen Randbedingungen meist nicht hinreichend genau. Man wird also in vielen Fällen um Experimente nicht herumkommen und dafür ist es nützlich, zumindest einige Grundlagen in guter Näherung auch klassisch berechnen zu können.

Einige Berechnungs- und Näherungsformeln

$dVp/dt = B\ v\ x$

Berechnung der Schichtdicke oder Pumpleistung: Vp Pumpleistung, B Beschichtungsbreite, v Bahngeschwindigkeit, x Schichtdicke

$$\Delta p = \frac{12\eta I V_p}{D^3 B}$$

Berechnung des internen Drucks der Düse: Δp Überdruck in der Verteilerkammer, η Viskosität, I Tiefe des Spaltes (= Abstand Kammer zu Lippen), Vp Pumpleistung, D Spaltweite (Maskendicke), B Beschichtungsbreite

$$D = \sqrt[3]{\frac{12\eta I V_p}{\Delta p B}}$$

Berechnung der Maskendicke: Δp Überdruck in der Verteilerkammer, η Viskosität, I Tiefe des Spaltes (= Abstand Kammer zu Lippen), Vp Pumpleistung, D Spaltweite (Maskendicke), B Beschichtungsbreite

$v_{max} = C[\sigma h/(d - h) + \Delta p\, d/(\eta b)]\, h/(\eta b)$

Berechnung der maximalen Geschwindigkeit für eine gegebene Flüssigkeit: σ Oberflächenspannung, h Schichtdicke (nass), d Düsenabstand, Δp Unterdruck in Vakuumkammer, η Viskosität, b gesamte Lippenbreite C Skalierungsfaktor (für eine Klasse von Flüssigkeiten experimentell zu ermitteln)

$a = D^3\, B^2/(6\pi R^4 I)$

Berechnung der bogenförmigen Profilabweichung bei kleiner Verteilerkammer: a Profilabweichung (0,1 = 10%, I = 100%), D Spaltweite (Maskendicke), B Beschichtungsbreite, R Radius Verteilerkammer, I Tiefe des Spaltes (Abstand Kammer zu Lippen)

3.2.6.6 Zusammenfassung

Schlitzdüsen lassen sich flexibel für einen extrem großen Anwendungsbereich einsetzen.

- Viskositäten von < 1 mPas bis etwa 40.000 mPas
- Schichtdicken (trocken) von einigen 10 nm bis mm
- Vordosierung, d. h. die Schichtdicke ist durch die Flüssigkeitszufuhr festgelegt
- Geschlossenes System, d. h. es entweicht bis zum Austritt aus der Düse nichts
- Berührungsloses Beschichten
- Homogenes Schichtprofil sowohl längs als auch quer zur Bahnrichtung
- In begrenztem Umfang auch strukturiertes Beschichten möglich

Dennoch sind sie nicht die Lösung für alles. Je nach Flüssigkeit haben andere Beschichtungsverfahren nach wie vor ihre Berechtigung; Druckverfahren z. B. für beliebige Strukturierungen, Rakelverfahren für Pasten, Walzenverfahren für Lacke und Silikon.

3.2.7 Tauchen und Imprägnieren

Unter Tauchen versteht man die Beschichtung von dreidimensionalen Gebilden. Das bedeutet, ein fertig konfektioniertes System, z. B. ein Handschuh, wird in eine Beschichtungsmasse getaucht und nach der Entnahme getrocknet oder anderweitig verarbeitet. Bei Flächenware wird dann ein ähnliches Prinzip angewendet, wenn eine Beschichtung nicht nur für die Ober- oder Unterseite vorgesehen ist, sondern auch die Seitenränder mit der Beschichtungsmasse versehen werden sollen. In Abhängigkeit von der Viskosität und vom verwendeten Material wird auch eine Gesamtdurchdringung des zu beschichtenden Materials erreicht.

Beim Imprägnieren wird die Warenbahn durch ein Tauchbecken – auch Foulard genannt –, in dem sich die Beschichtungsmasse befindet, gezogen. Nachdem die Warenbahn den Foulard verlassen hat, wird die überschüssige Beschichtungsmasse entweder über ein Walzenpaar regelrecht abgequetscht (z. B. Färben von Textilien) oder aber das Walzenpaar streift als stehendes System oder im Gegenlauf zur Warenbahn drehend (z. B. Beschichtung von Glasgewebe) die restliche Beschichtungsmasse bis auf die gewünschte Auftragsstärke ab. Beim Quetschen kommen eine Chrom- und eine Gummiwalze zum Einsatz, die über Druckeinstellung zueinander eingestellt werden können. Bei den stehenden oder im Gegenlauf arbeitenden Walzen wird die Auftragsmenge hauptsächlich über den Spalt zwischen den beiden Walzen bestimmt. Anstelle der stehenden Walzen können auch wie in Abb. 3.45 ersichtlich entsprechende Rakelmesser für den gleichen Zweck eingesetzt werden.

Die Anordnung des Abquetschwalzenpaares ist in Abb. 3.45 horizontal dargestellt, in der Praxis sind aber auch vertikale Anordnungen anzutreffen.

3.2.8 Punkt- und Doppelpunktbeschichtung

Aus den Schablonensiebdruckverfahren haben sich die Punktbeschichtungsverfahren entwickelt. Bei der Punktbeschichtung wird die Beschichtungsmasse, d. h. der Klebstoff, durch die Schablone hindurch auf das Substrat gedrückt. Die verwendete Schablone bestimmt bei diesem Verfahren die Auftragsmenge (Abb. 3.46).

3.2.9 Schaumbeschichtung

Unter Schaumbeschichtung wird die Erzeugung von Polymerfilmen mit Porenstruktur auf flächenförmigen Substraten verstanden. Der Schaum kann hierbei offen- oder

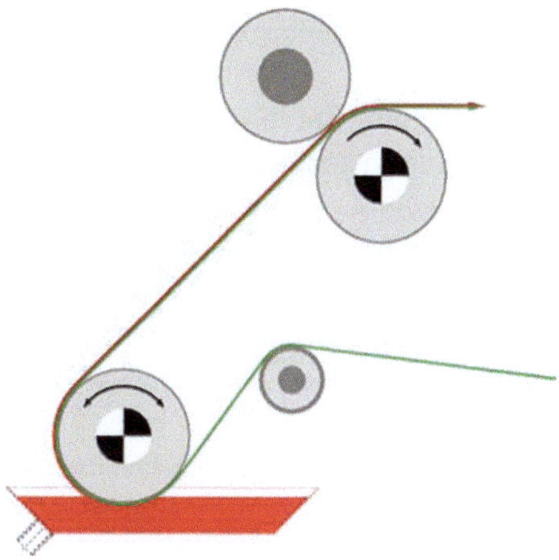

Abb. 3.45 Tauchverfahren mittels Abquetschwalzen bzw. Rakeln

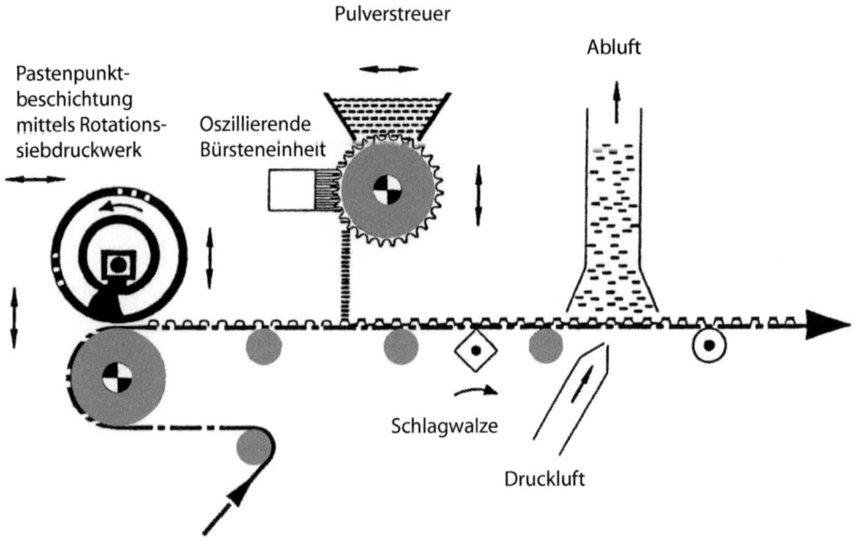

Abb. 3.46 Darstellung des Doppelpunktverfahrens

geschlossenzellig sein und je nach Polymereinsatz und Rezepturaufbau für jede Materialbeschaffenheit – von weich bis hart – eingestellt werden.

Folgende Merkmale zeichnen Schäume aus:

- Griffeffekte,
- Gewichts- und Materialersparnis,
- Wärme- und Kälteisolierung,
- Schalldämmung,
- Polstereffekt,
- Absorption von Stoßenergie (Verpackung).

Es gibt drei Herstellungsmöglichkeiten für Schäume:

Verschäumung durch chemische Treibmittel

Chemische Treibmittel sind Produkte, die sich bei erhöhter Temperatur zersetzen und dabei Gas freisetzen. Dieser Vorgang ist irreversibel und läuft meist exotherm in einem bestimmten Temperaturbereich ab.

Verschäumung durch thermische Treibmittel

Hierbei werden der Auftragsmasse thermisch expansible Mikrokapseln beigemischt. Die Mikrokapseln liegen in einer Teilchengröße von 10–20 µm vor und haben eine Expansionsrate des bis zu 6fachen ihres Ausgangszustandes.

Verschäumung durch mechanisch eingearbeitete Luft
Mithilfe von Schaumgeneratoren bzw. Schaummixern werden Dispersionen unter Druckluft eingearbeitet.

3.2.10 Sonstige Verfahren

Im Folgenden wird auf zwei andere Beschichtungssysteme und deren Verfahrensweisen eingegangen. Neben der Streichbeschichtung ist besonders das Kalandrieren von Bedeutung.

3.2.10.1 Kalandrieren

Beim Rakel- bzw. Walzenauftrag wird mit flüssigen Beschichtungsmassen gearbeitet, die anschließend in einem Trocknungsprozess aushärten (Gelieren). Beim Kalandrieren ist es genau umgekehrt; die Beschichtungsmasse wird erhitzt.

Mit dem Kalanderverfahren werden hauptsächlich Folien, Tischbeläge, Duschvorhänge und Kunstleder aus Emulsions-PVC hergestellt.

Ein Kalander besteht aus mehreren Walzen, die in einer bestimmten Anordnung zueinander in einem gemeinsamen Gerüst untergebracht sind. In der Regel werden die Walzen scnkrecht übereinander angeordnet (Abb. 3.47).

Die aufbereitete Formmasse, d. h. die durch Kneten unter Hitze vorplastifizierte Kunststoffmasse, wird über Stahlwalzen, die einen immer enger werdenden Spalt aufweisen, bei einer Temperatur von ca. 200 °C auf die gewünschte Endstärke gepresst. Die Kalander werden kontinuierlich aus Extrudern gespeist. Der Extruder ist eine Schnecke bzw. eine Welle, die sich in einem beheizten Zylinder dreht und verfügt über einen oder mehrere wendelförmige Stege.

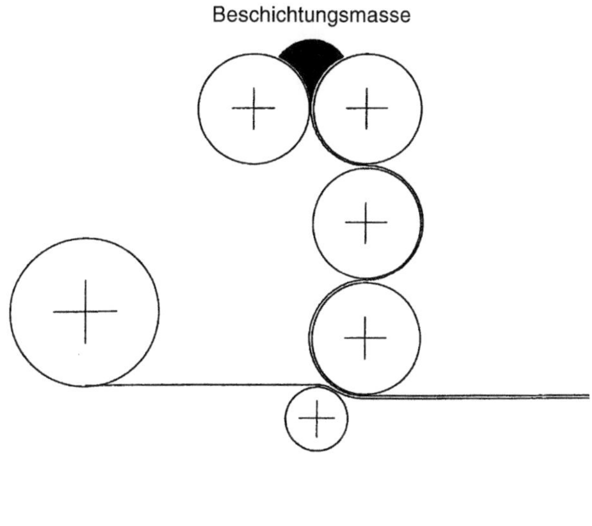

Abb. 3.47 4-Walzen-F-Kalander

Die Verfahrensschritte beim Kalandrieren umfassen folgende Punkte:

- Zubereitung des PVC-Mediums im Mixer mit allen Ingredienzien, wie Weichmachern, Pigmenten, Additiven.
- Homogenisierung und Plastifizierung in den dem Kalander vorgeschalteten Aggregaten, wie Kneter, Extruder bzw. Walzwerk.
- Ausformung auf dem eigentlichen Kalander.

Bei der Textilbeschichtung mithilfe eines Kalanders wird das textile Trägermaterial zwischen den letzten Kalanderwalzen bzw. mithilfe einer zusätzlich aufgesetzten Kaschierwalze auf den noch heißen Film eingepresst. Die Haftung erfolgt ohne einen weiteren Klebestrich.

3.2.10.2 Koagulieren

Unter Koagulation wird das Erstarren einer zähflüssigen Masse in einem Fällbad mit entsprechenden Chemikalien verstanden. Hierbei wird aus maschinentechnischer Sicht das Produktionsprinzip des Tauchverfahrens übernommen. Das bedeutet, dass ein in einem Lösemittel – meist DMF – gelöster Kunststoff in fester Form ausflockt, sobald er mit einem Nichtlösemittel verdünnt wird. Durch das Koagulationsverfahren wird es möglich, eine mikroporöse PU-Beschichtung für die Kunstlederherstellung zu erreichen.

Nachdem das Substrat von einer Abwickelstation abgerollt ist, wird in einem Becken eine Imprägnierung mit einer Polyurethanlösung vorgenommen. Überschüssige Beschichtungsmassen werden in einem Quetschwerk, bestehend aus einem Walzenpaar, abgequetscht. Anstelle der Imprägnierung kann auch eine gestrichene Beschichtung in einem Tauchbecken, das mit einem Gemisch aus Lösemittel und Nichtlöser gefüllt ist, erfolgen. Hier setzt die Koagulation durch Verdrängung des Lösemittels aus der Lösung durch den Nichtlöser ein. Der gelöste Kunststoff bleibt im und auf dem Trägermaterial haften und verbindet sich dadurch zu der mikroporösen Schicht.

In nachfolgenden Aggregaten wird durch sich wiederholende Wasch- und Quetschvorgänge das restliche Lösungsmittel beseitigt. Die Entfernung des DMF erfolgt durch die Ausnutzung des Konzentrationsgefälles vom Lösungsmittelgemisch in den Mikroporen des Syntheseleders zur Waschbadkonzentration. Die Anzahl der benötigten Waschvorgänge hängt hauptsächlich von folgenden Punkten ab:

- Produktionsgeschwindigkeit,
- Lösungsmittelkonzentration,
- Waschbadtemperatur.

Heute werden Koagulationsanlagen im Zusammenhang mit angeschlossenen Lösemittelrückgewinnungsanlagen betrieben.

3.2.10.3 Nanoimprint-Lithografie

Einleitung

Nanoimprint-Lithografie (NIL) ist in den letzten Jahren zu einem Sammelbegriff geworden, unter dessen Deckmantel verschiedenste Prozesse und Technologien zusammengefasst werden. Historisch gesehen tritt der Begriff des Nanoimprints zum ersten Mal 1995 im Rahmen eines US-Patents von Stephen Y. Chou (Stephen 1995), Professor der Princeton Universität, auf. Ein Jahr später folgte die wissenschaftliche Einführung des ersten Imprints (Chou et al. 1995) mit einer Strukturgröße von 25 nm und einer Periode von 70 nm der Gruppe Chou et al. Erreicht werden konnte dies durch eine stete Weiterentwicklung des Heißprägeverfahrens, welches bis heute die Standardanwendung im Bereich des Nanoimprints darstellt.

Es wurden jedoch in den vergangenen 23 Jahren verschiedene weitere Variationen des Prägens im Nanometerbereich entwickelt und erforscht. Diese zu skalieren und auf Industriestandart zu bringen, um eine kostengünstige und flexible Alternative zur Herstellung kleinster 3D-Strukturen darzustellen, stellt den nächsten logischen Schritt in der Entwicklung der Nanoimprint-Lithografie dar.

Die nächste Generation der Lithografie?

Wirft man aktuell einen Blick auf den Industriestandard in der Halbleiterindustrie für die Herstellung von Strukturen im Bereich weniger Nanometer, so findet man sich schnell im Bereich der EUV-Fotolithografie wieder (13,5 nm Belichtungswellenlänge). AMD, Intel, Samsung und alle weiteren Hersteller siliziumbasierender Elektronik entwickeln immer aufwändigere, teurere und komplexe Systeme, um immer kleinere Belichtungs-Wellenlängen zu erreichen. Zwar führt dies zu Weiterentwicklung von optischen Beleuchtungs- und Strahlleitungssystemen sowie Masken, ist jedoch für günstigere oder gar Wegwerfprodukte ungeeignet.

Gerade in Anbetracht des Internets der Dinge (Internet of Things, IoT) oder der Industrie 4.0, die einen hohen Durchsatz bei hoher Flexibilität und niedrigen Preisen verlangen, gerät die EUV-Fotolithografie an ihre Grenzen. Besonders die Fähigkeit der Nanoimprint-Lithografie zur Rolle-zu-Rolle-Integration macht sie für gedruckte Elektronik im Bereich von Bionik und Photonik (Viheriälä et al.) sowie der Biowissenschaften interessant. Abb. 3.48 verdeutlicht nochmals, welche Flexibilität und welchen Durchsatz Rolle-zu-Rolle-Nanoimprint-Lithografie im Vergleich zu üblichen Technologien im Bereich des Beschichtens und Druckens zu bieten hat.

Grundlegendes

Nun sind die Vorteile des Nanoimprintens hinreichend dargestellt, doch was ist Nanoimprinten? Um zuerst eine einfache Antwort zu geben, diese später jedoch noch hinreichend zu verkomplizieren: Ein simples Prägeverfahren, ein robuster, plastisch gering verformbarer Stempel wird mit einer hinreichenden Kraft auf einen weniger robusten plastisch verformbaren Lack gedrückt. Es kommt je nach Rheologie des Lackes nach

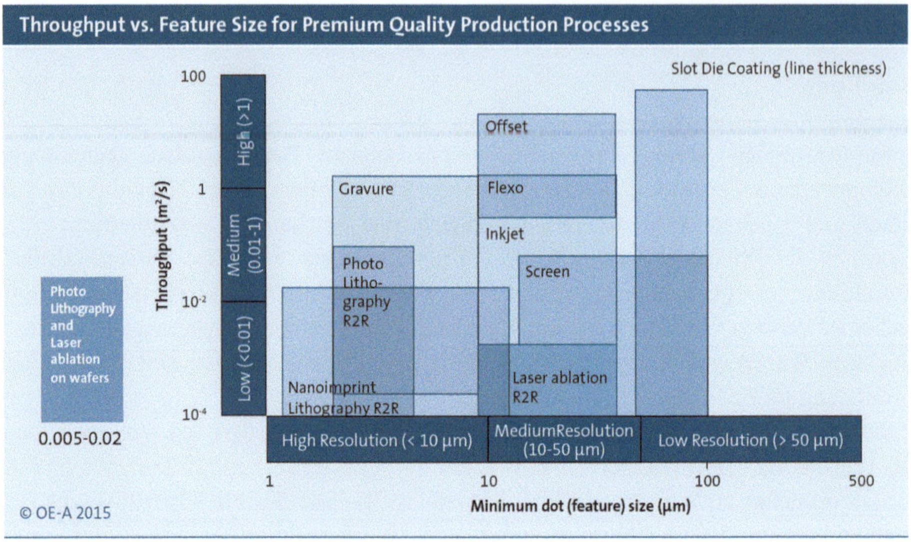

Abb. 3.48 Vergleich verschiedener Drucktechniken in Durchsatz (in m^2/s) gegen minimale Strukturgröße (in µm) zeigt die Vorteile der Nanoimprint-Lithografie in Bezug auf Flexibilität und Strukturgröße für Rolle-zu-Rolle-Prozesse auf

einer gewissen Zeit zu einem Strukturübertrag vom Stempel auf den Lack. Es entsteht ein Negativabbild des Stempels. Als simples Bespiel sei ein Siegelring eines beliebig wichtigen Monarchen im Mittelalter gewählt. Zur Abhörsicherheit seiner Kommunikation bzw. zur Identifikation seiner selbst, benutzt er den Siegelring als Stempel und Wachs als Lack, um Briefe zu versiegeln. Aufgrund der Schwierigkeit der Herstellung eines solchen Siegelringes zu dieser Zeit, war es unmöglich, das Siegel zu replizieren. Nun ist heute der technologische Fortschritt so weit, dass man einen Siegelring ziemlich leicht replizieren kann, sodass diese Art der Abhörsicherheit nicht mehr als sicher zu bezeichnen ist, jedoch lässt sich der Schwierigkeitsgrad solcher Sicherheitsmerkmale auf ziemlich einfache Art erhöhen: kleinere Strukturen.

Warum eigentlich Nano?

Das Präfix „Nano“ kommt ursprünglich aus dem Griechischen und bedeutet wortwörtlich „Zwerg“. Im wissenschaftlichen Kontext hingegen ist die Bedeutung offensichtlicher Weise ein wenig genauer spezifiziert als 10^{-9}, also ein Milliardstel der Einheit der das Präfix voraus steht. Dementsprechend ist 1 nm, ein Milliardstel eines Meters. Interessant ist der Nanobereich ebendessen, weil gerade wichtige Größen der Natur und modernen Technologie in diesen Größenbereich fallen (Feynman 1992). So in etwa hat sichtbares Licht eine Wellenlänge von 450 nm für blaues, bis 800 nm für rotes Licht. Eine effiziente Beeinflussung von Licht auf Ebene seiner Welleneigenschaften benötigt daher zwangsweise Strukturen, die in diesem Größenbereich liegen. Betrachtet man gar Elektronen in Halbleitermaterialien, so ergeben sich Wellenlängen und damit Strukturgrößen im Bereich weniger Nanometer.

Ist jetzt wirklich alles Nano im Nanoimprint?
Auch wenn die hohen Chancen des Nanoimprints, wie es der Name schon sagt im Bereich der Nanostrukturierung liegt, so heißt dies nicht, dass Nanoimprint auf diese limitiert ist. Mikrostrukturierung nimmt im Bereich des Nanoimprints einen großen Anteil der Anwendungen ein. So sind hydro- und lipophobe Oberflächen, antibakterielle Oberflächen und Bauteile der Mikrofluidik ebenso mit dem Nanoimprint herstellbar und all diese Strukturen haben Größen im Mikrometerbereich. Es ergeben sich sogar Synergien bei der Kombination verschiedener Strukturen in verschiedenen Größenordnungen. Sogenannte hierarchische Strukturen lassen mehrere Funktionalitäten in nur einem Imprintvorgang zu.

Der Imprintprozess
Nanoimprint lässt sich auf verschiedenste Arten realisieren. Sei es UV-Imprint, thermischer Imprint, Rolle-zu-Rolle, Rolle-zu-Platte oder in seiner Ursprungsform dem Platte-zu-Platte-Verfahren. Gemeinsam haben sie alle, dass sich der Prozess des Nanoimprintens generell in 3 Teilprozesse unterteilen lässt (Es sei hier angemerkt, dass sich die Teilprozesse natürlich noch beliebig weit in weitere Teilprozesse unterteilen lassen, sogenannte Teilteilprozesse, oder gar Teilteilteilprozesse, weiteres dazu in den Unterkapiteln.):

1. Lackauftrag
2. Strukturübertrag
3. Lackaushärtung/Entformung

Der einzige dieser Punkte, der prozesstechnisch vorgegeben ist, ist der Strukturübertrag, dieser kann nur unter den passenden rheologischen Bedingungen zwischen Lack, Stempel und Substrat stattfinden. Der Auftrag sowie das Aushärten des Lacks hingegen lassen sich variabel gestalten und sind so zu wählen, dass der Strukturübertrag optimal funktioniert. Geeignete Techniken zum Auftrag des Lacks sind im Rahmen der Abschn. 3.2 bereits besprochen worden, wichtig ist hierbei zunächst lediglich die Dicke bzw. Menge an Lack, die aufgetragen werden soll (Es sei auch hier wieder angemerkt, dass mittels Siebdruck-Inkjet etc. auch nichthomogene Schichten für den Nanoimprint geeignet sind. Dies erfordert allerdings weiteren Aufwand, besonders im Hinblick auf die Verquetschung des Lacks durch den Imprint).

Strukturübertrag: Die Rheologie des Prägens
Während des Prägens kommt es zu einer Verquetschung des Lacks zwischen Substrat und Stempel. Linearer Druck des Stempels führt in diesem Fall zu einer komplexen Reaktion des Lacks. Entscheidende Parameter in diesem Fall sind die Form des Stempels, im besonderen Stempeltiefe und Fläche, sowie die Viskosität des Lacks und der Druck des Stempels.

Eine Näherung der Fluiddynamik während des Prägens lässt sich über die Navier-Stokes-Gleichung abschätzen. Dies führt unter der Annahme von linienförmigen Imprint-Hohlräumen (C. Sotomayor Torres 2003) zur sogenannten Stefan-Gleichung (Stefan 1874):

$$t_f = \frac{\eta_0 s^2}{2p}\left(\frac{1}{h_f^2} - \frac{1}{h_0^2}\right)$$

Mit der Füllzeit t_f, der statischen Viskosität η_0, der Stempelbreite s, dem Druck p, der Restschichtdicke h_f und der Anfangsschichtdicke h_0. Man kann hier sehr leicht erkennen, dass die Strukturdimensionierung sowie die Restschichtdicke die Füllzeit drastisch beeinflussen. So lässt sich eine 100 nm große Struktur in etwa 100-mal schneller Prägen als eine 10-mal größere 1-µm-Struktur. Auch die Stempeltiefe hat einen invers-quadratischen Einfluss auf die Prägezeit, sodass sich Strukturtiefen von 100 nm 100-mal schneller prägen lassen als tiefere 1-µm-Strukturen. Da sich allerdings die Viskosität über Größenordnungen mittels Temperatur oder chemischer Zusammensetzung einstellen lässt, werden im Nanoimprint typischerweise dünne Filme aus thermoplastischen oder UV-vernetzenden Polymeren genutzt.

Lackaushärtung: Thermisch oder UV?

Das Aushärten des Lacks erfolgt meistens über einen Phasenübergang von der flüssigen zur festen Phase. Dies kann über die Polymerisation von Monomeren mittels UV-Initiatoren, Kühlen unterhalb der Glastemperatur etc. passieren. Abb. 3.49 zeigt hierbei die Unterschiede in der Prozesskette sowie der Lackauswahl, die für den thermischen Imprint notwendig sind, sowie die Voraussetzungen für den UV-Imprint am Bespiel des Platte-zu-Platte-Verfahrens (Abb. 3.50).

Die Imprintprozesse: P2P, R2P und R2R

Je nach Kombination aus Lack und Substrat bieten sich verschiedene Prozesse für die Herstellung von Imprintstrukturen an. Zum Beispiel kann der Rolle-zu-Rolle-Imprint bei starren Substraten wie Gläsern und Halbleitermaterialien generell ausgeschlossen werden. In diesem Fall ist ein Imprint mit einem geraden Stempel, einer Stempelwalze, oder einer Stempelfolie möglich. Die verschiedenen Prozesse seien im Folgenden erläutert.

Platte-zu-Platte

Das Platte-zu-Platte-Verfahren ist dem Beispiel des Siegelringes am nächsten und zeichnet sich dadurch aus, dass Prägen und Entformung sich als zwei Zwischenschritte leicht trennen lassen. Es wird ein Lack, meistens im Spincoating, aufgeschleudert, dann geprägt, im geprägten Zustand ausgeheilt und dann entformt. Die in Abb. 3.49 dargestellten Prozesse des thermischen sowie UV-Platte-zu-Platte-Imprints, haben einige Vor- bzw. Nachteile, die sie für gewisse Anwendungen ausschließen. So kann ein UV-Imprint nur mit entweder einem UV-durchlässigen Stempel oder einem UV- durchlässigem Substrat geschehen. Ebenso muss der Lack eine ausreichende Eindringtiefe für UV-Strahlung gewährleisten.

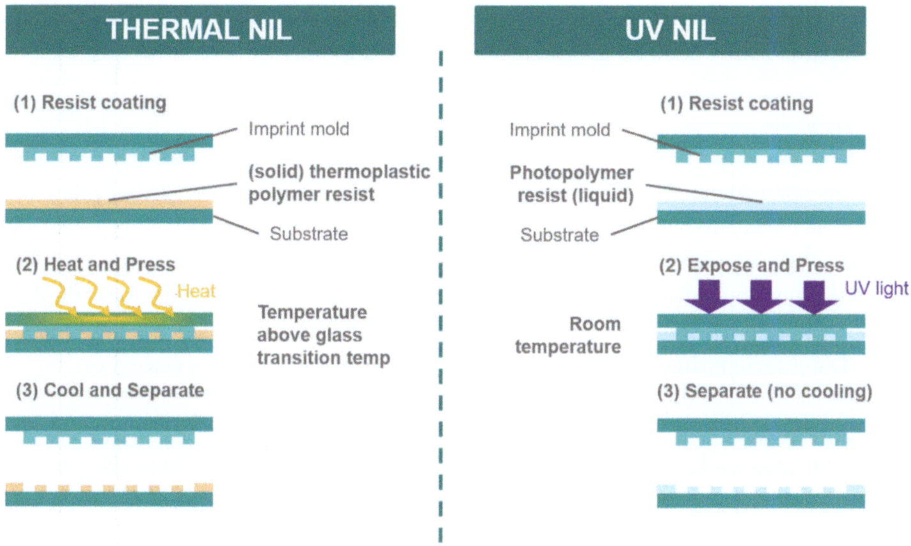

Abb. 3.49 Gegenüberstellung der Prozesskette des thermischen (Chou et al. 1995) gegen den UV-Imprint (Alkaisi und Mohamed 2010) in einem Platte-zu-Platte-Bespielprozess: Thermoplastische und UV-vernetzende Lacke verhalten sich prinzipiell unterschiedlich und benötigen daher unterschiedliche Prozesslayouts. Dies ist bei dem Rolle-zu-Rolle- und dem Rolle-zu-Platte-Prozessen noch kritischer

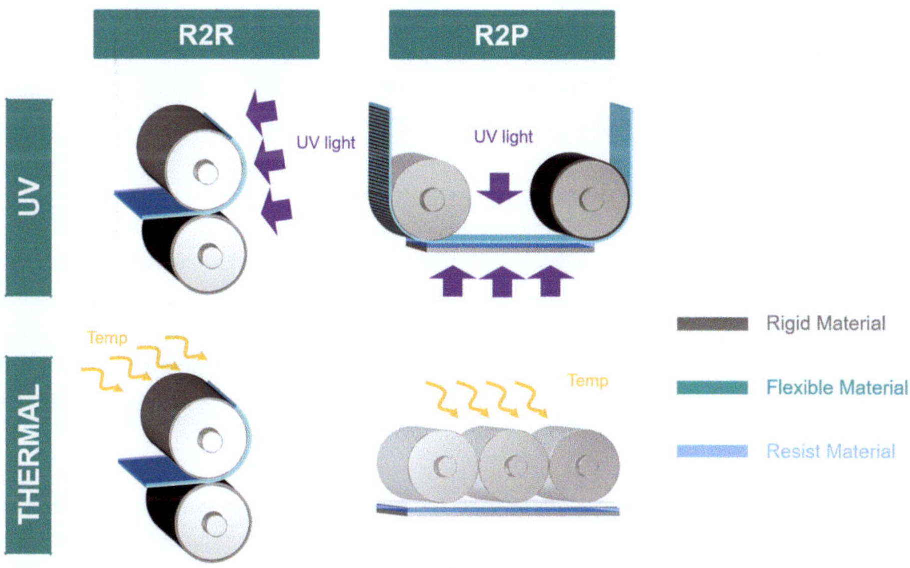

Abb. 3.50 Übersicht der verschiedenen Stempel-Substrat-Geometrien für den Rolle-zu-Rolle- und Rolle-zu-Platte-Imprint

Der thermische Imprint hingegen ist oft aufgrund der Aufheiz- und Abkühldauer des Thermoplasts häufig deutlich langsamer als der UV-Imprint.

Rolle-zu-Rolle

Beim Rolle-zu-Rolle-Imprint wird das flexible Substrat um einen zylindrisch geformten, sich drehenden Stempel geführt und auf dem Stempel ausgeheilt. Das Ausheilen wiederum kann thermisch oder durch UV-Polymerisation geschehen. Im Gegensatz zum Platte-zu-Platte-Ansatz lassen sich in der Rolle-zu-Rolle-Produktion deutlich höhere Produktionsgeschwindigkeiten realisieren. Der offensichtliche Nachteil ist, dass für diese Art des Imprints flexible Substrate zwingend notwendig sind. Auch ist aufgrund der hohen Durchsätze bisher der UV-Imprint im Rolle-zu-Rolle-Verfahren favorisiert.

Rolle-zu-Platte

Das wohl spannendste, weil technisch komplizierteste Verfahren aller drei Herangehensweisen, ist das Rolle-zu-Platte-Verfahren. Hier wird versucht, alle Vorteile des Rolle-zu-Rolle Verfahrens auch für starre Substrate wie Halbleiterwafer und Gläser zu ermöglichen.

Im einfachsten Fall prägt man hier mit einer Rolle einfach über ein starres Substrat. Hier wäre allerdings ein möglichst großer Stempeldurchmesser zu wählen, um den Entformungswinkel zu minimieren. Ein Nachteil dieser Variante besteht darin, dass lediglich eine Linie des Stempels imprintet und der Stempeldruck sich stark mit der Schichtdicke ändert. Aufgrund dieser Nachteile wird beim Rolle-zu-Platte-Imprint, zumindest für UV-vernetzende Polymere, der Umweg über eine Folie bevorzugt. Zunächst wird im Rolle-zu-Rolle-Verfahren eine Folie hergestellt. Diese wird dann zwischen zwei Walzen gespannt und über das zu imprintende Substrat geführt. Dieses Verfahren hat diverse weitere Vorteile wie die UV-Durchlässigkeit gängiger Folienmaterialien, sodass auch nicht UV-transparente Substrate geimprinted werden können, ohne eine extrem teure Holo-Walze mit Polymerstempeln zu verwenden. Auch kann die Folie wiederverwendet werden und so die möglichen Imprints pro Stempel vervielfachen.

Ein thermischer Imprint, der generell mehr Zeit benötigt, wäre für einen solchen Aufbau allerdings ungeeignet. Da eine Herstellung flexibler wärmeleitender und vorstrukturierter Folien technisch noch nicht realisierbar ist. Daher wird beim thermischen Rolle-zu-Platte-Imprint bisher noch eine beheizte Walze genutzt oder aber eine beheizte und strukturierte Platte mit Rollen bewegt. Dies stellt eher einen Platte-zu-Platte-Imprint dar und hat auch nach Wissen des Autors noch keine technisch relevante Anwendung.

Beispielstrukturen

Wie in der Einführung bereits beschrieben, gibt es für den Nanoimprint diverse Anwendungen. Der Versuch einer Kategorisierung dieser Anwendungen ist in Abb. 3.51 zu finden.

Dem geneigten Leser mag nun auffallen, dass alle diese Bespiele in der Größenordnung >100 nm liegen. Dies liegt zum einen, daran, dass es sich bei diesen Beispielen alle um Rolle-zu-Rolle-Imprintstrukturen handelt, und zum anderen, dass diese Art von

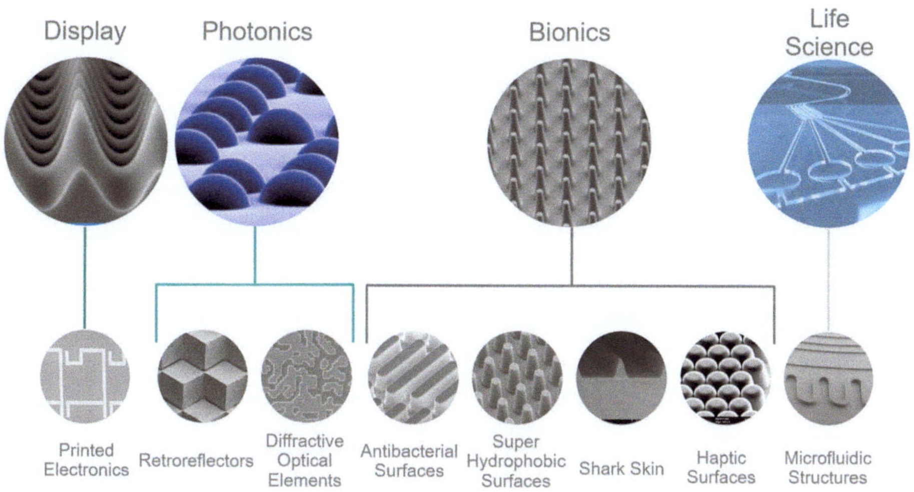

Abb. 3.51 Versuch einer Kategorisierung von kommerziellen Strukturen für aktuelle Anwendungsfeldern des Nanoimprint. (Quelle: Temicon GmbH)

funktionalen Schichten genau jene Größenordnungen braucht, um die passenden Funktionen zu bieten. In diesem Zusammenhang sei nochmals auf das Unterkapitel „Warum eigentlich Nano?" verwiesen. Im reinen Forschungs- und Entwicklungsbereich sind auch deutlich kleinere Strukturen möglich und werden in Zukunft auch den Weg in die Pilot- und Serienproduktion finden und neue funktionale Imprintstrukturen ermöglichen.

3.2.10.4 Inkjet

Geschichte & Einführung
Im Bereich des digitalen Individualdrucks bietet der Inkjet (deutsch: Tintenstrahl) eine der zukunftsweisenden Technologien. Sie stellt eine effiziente und äußerst flexible Methode für verschiedenste Anwendungen dar. Hauptmerkmal des Inkjets ist das Aufbringen von Tinte durch einen feinen Tintenstrahl auf verschiedene Substrate[1] (Tintenstrahldrucker 2018).

Die zugrunde liegende Techniken gehen zurück bis ins Jahr 1749, als Jean-Antoine einen Strahl Wassertropfen durch elektrostatische Effekte ablenkte[2] (Inkjet Technology: Progress, Trends & Business Opportunities 2011). Diese grundlegende Erkenntnis ebnete den Weg für die Entwicklung von abgelenkten und gesteuerten Strahlen verschiedener Flüssigkeiten. Im Jahre 1856 erforschten Joseph Plateau and Lord Rayleigh, wie ein Flüssigkeitsstrahl aus kreisrunden Öffnungen hervortritt (Inkjet Technology: Progress, Trends & Business Opportunities 2011). Durch diese beiden grundlegenden Erkenntnisse folgte 1965 das erste Patent

[1]https://de.wikipedia.org/wiki/Tintenstrahldrucker.

[2]08_Ink-Jet.pdf.

auf einen thermischen Tintenstrahldrucker in den Vereinigten Staaten[3] (United States patent US3179042A). Rund ein Jahrzehnt später folgte 1979 durch HP und Canon die technische Umsetzung eines kontinuierlichen Tintenstrahls für einen funktionsfähigen Drucker. Beinahe gleichzeitig wurde von beiden Firmen zu dieser Zeit ein Patent eingereicht[4] (Tintenstrahldrucker 2018; United States patent US3179042A). In dieser Zeit war der Tintenstrahldrucker die dringend benötigte Alternative zu den verbreiteten komplexen Punktmatrixmaschinen, welche eine sehr hohe Lärmentwicklung aufwiesen[5] (Continuous Inkjet Technology 2018).

> **[FREI ZITIERT VON WIKIPEDIA]**: Im Jahre 1984 folgte mit dem HP ThinkJet einer der ersten Tintenstrahldrucker für den Endkundenmarkt. Davon ausgehend ging die technische Fortentwicklung weiter und im selben Jahr erschien der erste Piezo-Drucker auf dem Markt, der Epson SQ 2000. Nach wenigen Jahren folgte 1987 der erste Farbdrucker, bevor im Jahre 1988 der HP Deskjet mit einer Auflösung von 300 dpi und 2 Seiten/min den Massenmarkt erschloss[6] (Tintenstrahldrucker 2018).

Ausgehend von den klassischen Tintenstrahldruckern für den Druck von Papier haben sich industrielle Lösungen entwickelt, welche eine einmalige flexible Methode des Individualdrucks ermöglichen. So wird heutzutage die Tintenstrahltechnologie nicht nur für den klassischen Papierdruck, sondern auch für Dekoration (wie z. B. Fliesen), gedruckte Elektronik und viele weitere verschiedene Bereiche verwendet. Entsprechend ist durch die Fortschreitung der Industrie 4.0 der Bereich des funktionellen Inkjetdrucks ein großer Wachstumsmarkt.

Prinzip des Inkjets

In diesem Abschnitt sollen die beiden grundlegenden Techniken vorgestellt werden, wie die Tintentropfen für den tatsächlichen Druck erzeugt werden. Diese Verfahren sind unabhängig von der tatsächlichen Anwendung als Heimdrucker oder für industrielle Druckverfahren. Grundlegend lassen sich zwei Technologie unterscheiden: der *Continuous Inkjet* (kontinuierlicher Tintenstrahl) und der *Drop on Demand Inkjet* (DoD)[7] (Tintenstrahldrucker 2018). Im Folgenden werden beide Techniken vorgestellt.

Kontinuierlicher Inkjet

Im kontinuierlichen Inkjet werden dauerhaft Tintentropfen erzeugt, welche anschließend durch das Anlegen einer Spannung an eine Elektrode elektrisch aufgeladen werden[8] (Continuous Inkjet Technology 2018). Das grundlegende Das grundlegende, binäre Verfahren

[3]https://patents.google.com/patent/US3179042.

[4]https://de.wikipedia.org/wiki/Tintenstrahldrucker.

[5]http://supplies-outlet-blog.com/history-of-inkjet-printing/.

[6]https://de.wikipedia.org/wiki/Tintenstrahldrucker.

[7]https://de.wikipedia.org/wiki/Tintenstrahldrucker

[8]https://leibinger-group.com/en/glossary/definition-continuous-inkjet-technology-technical-glossary-of-paul-leibinger-gmbh-co-kg/.

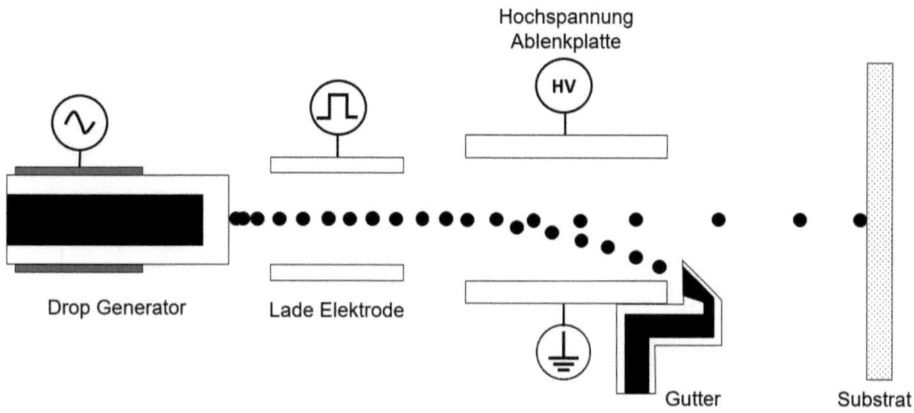

Abb. 3.52 Schematische Darstellung des kontinuierlichen Inkjets. Im Drop-Generator werden die Tintentropfen erzeugt, welche anschließend in einer Ladeelektrode mit einer elektrischen Ladung versehen werden. Durch das Anlegen einer (regelbaren) Hochspannung in einer Ablenkelektrode kann der Tintentropfen entweder auf das Substrat oder in einen Auffangbehälter, den Gutter, geführt werden. (Quelle: Bild adaptiert von: Progress and Trends in Ink-jet Printing Technology, Hue P. Le, Le technologies, Inc., Beaverton, Oregon, veröffentlicht in Recent Progress in Ink Jet Technlogies II. http://www.imaging.org/site/PDFS/Papers/1999/RP-0-92/1975.pdf) (Progress and Trends in Ink-jet Printing Technology)

ist in Abb. 3.52 dargestellt. Um nun das gewünschte Druckbild zu erhalten, wird in einer Hochspannungselektrode eine entsprechend regulierte Spannung derart angelegt, dass die Tropfen abgelenkt werden. Die Tintentropfen gelangen so entweder an die gewünschte Stelle auf dem Substrat oder alternativ in einem Art Auffangbehälter, dem Gutter, welcher die Tinte sammelt und dem Kreislauf zurückführt[9] (Continuous Inkjet Technology 2018). So werden zwar dauerhaft Tintentropfen erzeugt, aber nur ein kleiner Teil dieser Tropfen erreicht das Papier[10] (Progress and Trends in Ink-jet Printing Technology).

Eine Weiterentwicklung dieses Systems stellt der sogenannte *Multilevel Continuous Inkjet* dar. Im Gegensatz zum binären Inkjet ermöglicht es dieses Verfahren, den einzelnen Tropfen eine spezifische Ladung zuzuweisen. So lässt sich die Position der Tropfen auf dem Papier genau steuern. In Abhängigkeit der aufgebrachten Ladung erfolgt die Ablenkung innerhalb der Hochspannungselektrode unterschiedlich stark. Tropfen, welche nicht auf das Papier geführt werden sollen, erhalten keine Ladung und werden ebenfalls von einem Auffangbehälter zurückgeführt. Dieses Verfahren ist in Abb. 3.53 dargestellt.

Im Gegensatz zum kontinuierlichen Inkjet wird beim Drop on Demand Inkjet ein Tintentropfen nur dann erzeugt, wenn dieser auch auf das Papier geführt werden soll.

[9]https://leibinger-group.com/en/glossary/definition-continuous-inkjet-technology-technical-glossary-of-paul-leibinger-gmbh-co-kg/.

[10]Progress and Trends in Ink-jet Printing Technology, Hue P. Le, Le technologies, Inc., Beaverton, Oregon, Veröffentlicht in Recent Progress in Ink Jet Technlogies II http://www.imaging.org/site/PDFS/Papers/1999/RP-0-92/1975.pdf.

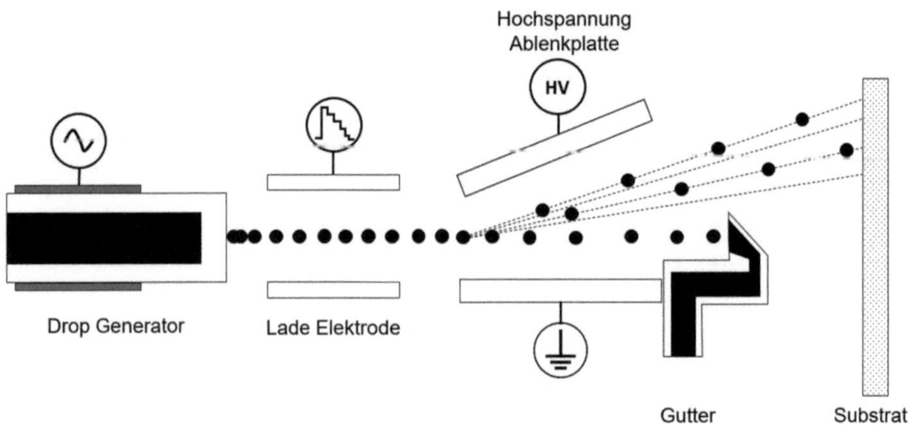

Abb. 3.53 Multilevel Continuous Inkjet. Im Drop-Generator werden die Tintentropfen erzeugt, welche anschließend in einer Ladeelektrode mit einer regelbaren Ladung versehen werden. Entsprechend erfolgt innerhalb der Hochspannungselektrode eine unterschiedlich starke Ablenkung der Tropfen, sodass sich deren Position auf dem Substrat steuern lässt. (Quelle: Bild adaptiert von: Progress and Trends in Ink-jet Printing Technology, Hue P. Le, Le technologies, Inc., Beaverton, Oregon, veröffentlicht in Recent Progress in Ink Jet Technlogies II. http://www.imaging.org/site/PDFS/Papers/1999/RP-0-92/1975.pdf Drop on Demand Technik)

Diese Technik findet eine breite Anwendung – von hochauflösenden Verpackungsbeschriftungen über Direktbeschriftungen verschiedener Materialien und Körper bis hin zum funktionellen Drucken[11] (Drop on Demand 2018).

Es gibt verschiedene Techniken, wie der Tropfen bei Bedarf erzeugt wird. Am verbreitetsten sind die thermischen und die piezoelektrischen Ansätze. Zusätzlich gibt es unter anderem auch noch Ultraschallvarianten sowie elektrostatische Techniken zur Erzeugung des Tropfens.

Die Piezotechniken unterteilen sich in verschiedene Bereiche je nach genutzter Technik zur Tropfenerzeugung. Eine Übersicht über die gängigsten piezoelektrischen Lösungen sowie die verschiedenen Druckkopfhersteller dieser Varianten gibt Abb. 3.54.

Grundlegend für diese Art an Druckköpfen ist der piezoelektrische Effekt. Durch das Anlegen einer elektrischen Spannung an eine piezoelektrische Keramik, wie z. B. Bariumtitanat-Keramik, lässt sich das Material verformen[12] (Grundlagen der Piezotechnologie 2018). Bekannt ist dieser Effekt in die andere Richtung aus Feuerzeugen. Hier erhält man durch eine Verformung eine elektrische Spannung und somit letztlich einen Funken zum Zünden des Gases. Die Bewegung der Piezokeramik lässt sich hierbei durch die angelegte Spannung genau regulieren und es gibt verschiedene Varianten der Ausdehnung. Grundsätzlich lässt sich die Bewegung des Piezos in eine Ausdehnung bzw.

[11] https://www.wolf-signiertechnik.de/glossar/drop-on-demand.

[12] https://www.piceramic.de/de/piezo-technologie/grundlagen/.

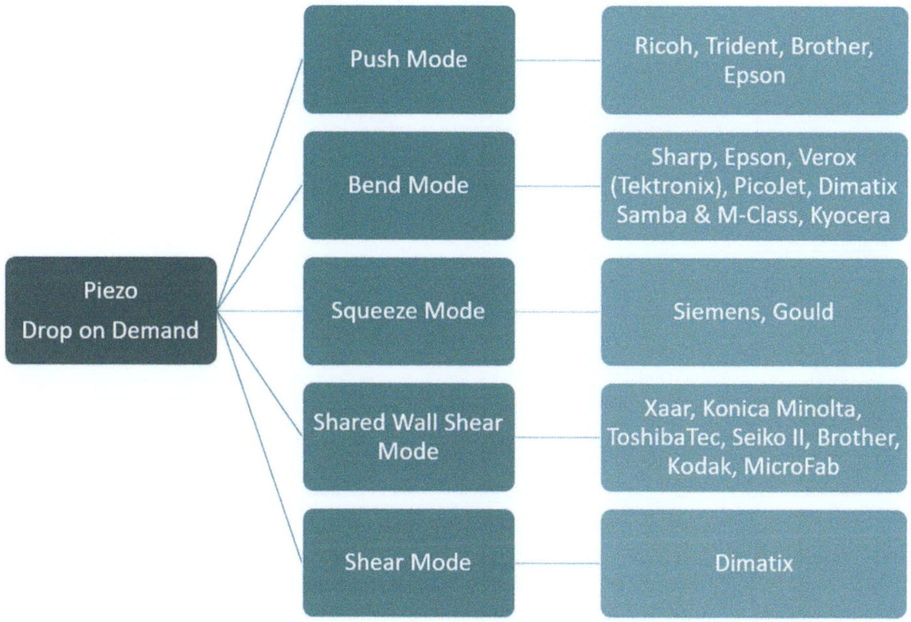

Abb. 3.54 Übersicht der verschiedenen Piezo-Drop-on-Demand-Varianten sowie der jeweiligen Hersteller

in eine Scherung unterteilen. Entsprechend wurden verschiedene Varianten zur Bildung von Tintentropfen durch die Bewegung eines Piezos entwickelt, wie in Abb. 3.55 dargestellt[13] (Wijshoff 2008).

Eine weit verbreitete Alternative zur Piezo betriebenen Tropfenerzeugung ist der thermische Inkjet. Das Grundprinzip ist in Abb. 3.56 dargestellt. Zusätzlich zur Düsenöffnung gibt es eine Tintenkavität, in welcher die Tinte über eine Widerstandsheizung erhitzt werden kann. Durch eine kurze Heizphase wird eine Überhitzung und somit eine schnell wachsende Blase innerhalb der Tintenkavität erzeugt. Durch den daraus resultierenden starken Druckanstieg fließt Tinte aus der Düsenöffnung heraus. Im Moment des Zusammenfallens der Blase wird die ausgetretene Tinte gestreckt und es resultiert schließlich ein Tropfen heraus. Im weiteren Verlauf formen sich ggf. ein Haupttropfen sowie Satelliten und der Meniskus innerhalb der Tintenkavität füllt sich erneut.[14] Der thermische Inkjet ist gerade im klassischen Drucker für zu Hause verbreitet, da er günstige Herstellungskosten mit einer guten Druckqualität vereint[15] (Tintenstrahldrucker 2018).

[13]Herman Wijshoff, Structure and fluid-dynamics in piezo inkjet printheads, (2008).

[14]Herman Wijshoff, Structure and fluid-dynamics in piezo inkjet printheads, (2008).

[15]https://de.wikipedia.org/wiki/Tintenstrahldrucker.

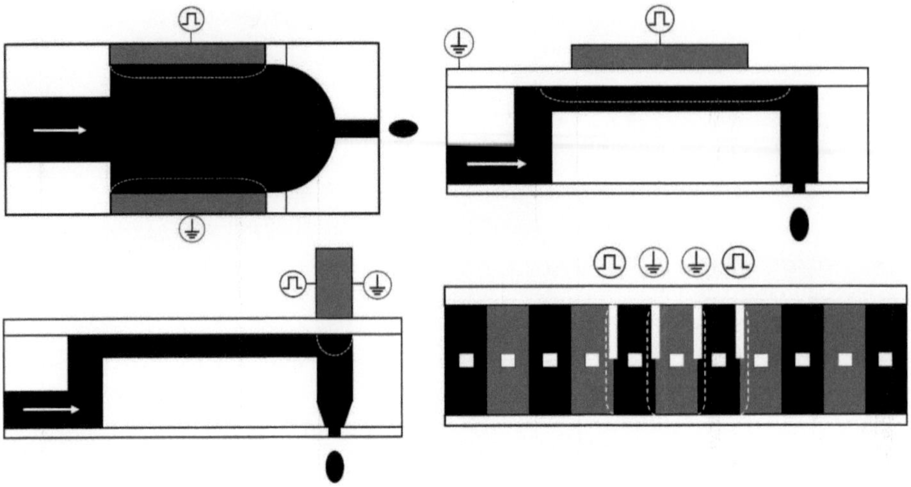

Abb. 3.55 Verschiedene Piezovarianten zur Tropfenerzeugung. Durch Anlegen einer Spannung an die Piezokeramik verformt sich diese und erzeugt schließlich einen Tropfen (a, b). Durch ein Zusammendrücken der Tintenkavität wird ein Tropfen erzeugt (c). Durch ein direktes Drücken des Piezos an der Rückseite der Düsenöffnung wird ein Tintentropfen erzeugt (d). Durch eine Scherbewegung der Wände aus Piezokeramik wird ein austretender Tropfen erzeugt. (Quelle: Bild adaptiert von: Wijshoff, H. (2008). Structure- and fluid-dynamics in piezo inkjet printheads Enschede. URL: https://research.utwente.nl/en/publications/structure-and-fluid-dynamics-in-piezo-inkjet-printheads-2)

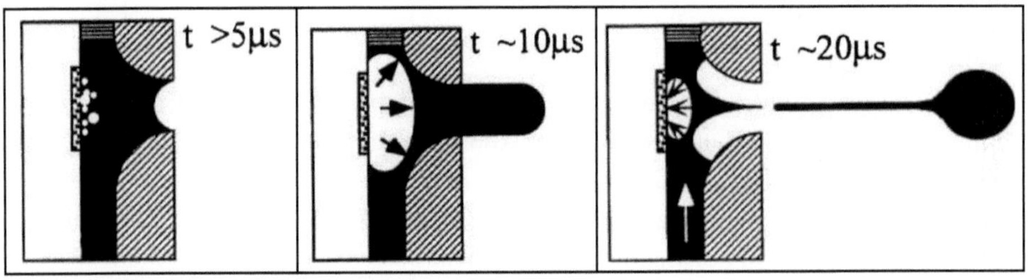

Abb. 3.56 Erzeugung eines Tropfens in einem thermischen Inkjet-System. (Quelle: Bild adaptiert von: Progress and Trends in Ink-jet Printing Technology, Hue P. Le, Le technologies, Inc., Beaverton, Oregon, Veröffentlicht in Recent Progress in Ink Jet Technlogies II. http://www.imaging.org/site/PDFS/Papers/1999/RP-0-92/1975.pdf)

Vergleicht man die beiden Techniken miteinander, so bietet der Piezoansatz eine höhere Kontrolle der Tropfenproduktion und höhere Raten der Tropfenbildung. Gerade dies ist für industrielle Anwendungen von hoher Wichtigkeit. Zusätzlich entfallen beim Piezoansatz Restriktionen im Bereich der Tintenentwicklung. Im Gegenzug ist die Herstellung der piezobetriebenen Druckköpfe aufwendiger und entsprechend teurer. Außerdem benötigt jede einzelne Piezokeramik ein Mindestmaß an Volumen bzw. Fläche, wodurch es Schwierigkeiten bereitet, eine hohe Düsendichte zu erreichen.

Zusammenfassend lässt sich sagen, dass für Büro- und Heimanwender der thermale Inkjet aufgrund der geringen Kosten und der Performance am unteren Ende vorzuziehen ist. Hingegen ist für eine Non-office-Anwendung die Piezotechnik besser passend durch die größeren Möglichkeiten der Tintenentwicklung und geringeren Wartungszyklen.

Reinigung & Wartung
Sowohl für Heimanwendungen sowie für den industriellen Einsatz ist eine hohe Funktionsfähigkeit des Drucksystems unerlässlich. Entsprechend wichtig ist die Frage nach einer nötigen Reinigung der Druckköpfe. Insbesondere bei den Drop-on-Demand-Varianten besteht die Gefahr, dass die Tinte eintrocknet und so z. B. einzelne Düsen verstopft. Je nach Modell gibt es verschiedene Varianten, diese Probleme zu umgehen. Ähnlich zu der Kappe eines Tintenfüllers gibt es Systeme, welche die Düsen luftdicht verschließen, sodass die Tinte nicht eintrocknen kann. Alternativ gibt es spezielle Reinigungssysteme, bei welchem Tinte durch die Düsen in eine Art Reinigungsschwamm geführt wird, sodass die Düsen sich nicht zusetzten können.

Industrieüberblick
Der Inkjet liefert eine einzigartige Kombination einer schnellen Drucktechnik mit der Flexibilität, in einzelnen Stückzahlen verschiedene Druckbilder zu liefern. Entsprechend gibt es eine große Auswahl verschiedener, industrieller Druckköpfe, welche den unterschiedlichen Anforderungen gerecht werden.

3.3 Warentransport

Der Warentransport ist der Durchlauf der Ware innerhalb der Anlage. Er muss auf das jeweilige Substrat und auf das Anlagenlayout genau abgestimmt werden.

3.3.1 Wicklung

Für die Auf- bzw. Abwicklung sind in der Beschichtungsindustrie sog. Kaulen zuständig. In der Regel werden Großkaulen eingesetzt, die einen Durchmesser von 1 800 mm und mehr erreichen können, was größere Stücklängen als bei Kleinkaulen (Ø 600 mm) erlaubt. Durch die großen Metragen wird die Rüstzeit erheblich verkürzt.

Großkaulen werden unterteilt in feste oder geschlossene Systeme. Bei den offenen Systemen wird mit Klapplagern gearbeitet. Die Aufwickelstange kann in der Ausführung variieren, herausgenommen und somit transportiert werden. Als Aufwickelorgane haben sich Walzen und Hülsen durchgesetzt. Walzen sind glatte Rundkörper, wogegen auf Hülsen z. B. Pappröhren unterschiedlicher Durchmesser aufgezogen werden können, die mittels mechanischer oder pneumatischer Vorrichtungen verankert werden.

Bei den geschlossenen Walzensystemen kann immer nur das gesamte Wickelaggregat transportiert werden. Das offene System hat sich weitgehend durchgesetzt, da es in der Handhabung leichter und flexibler ist (Abb. 3.57).

Ein weiteres Unterscheidungsmerkmal ist die Art der Wicklung. Es gibt die Oberflächen- und die Zentrumswicklung. Bei der Oberflächenwicklung ist die Drehzahl gleich bleibend ($n = \text{const.}$). Die Aufwicklungshärte wird von der Differenzgeschwindigkeit der beiden Walzen bestimmt. Anders verhält es sich bei der Zentrumswicklung. Hier variiert die Drehzahl ($n = \text{var.}$) und der Durchmesser verändert sich.

Es ist bei allen Wickelaggregaten darauf zu achten, dass die Ware faltenfrei geführt wird. Die Aufwicklungsseite muss immer eine größere Spannung aufweisen als die Abwickelseite. Der Antrieb bei diesen Aggregaten erfolgt meist hydraulisch oder motorisch mit zusätzlichen Wickelrechnern.

Neben den genannten Wicklern gibt es Steigdockenwickler und Schwenkwickler. Der Steigdockenwickler ist ein Oberflächenwickler, dessen Wickelwalzen je nach Warenart mit unterschiedlichen griffigen Belägen versehen werden, sodass eine einwandfreie Mitnahme des Substrats erfolgt (Abb. 3.58).

Der Schwenkwickler kann zum Wickeln kleinerer Metragen genutzt werden, z. B. in der Fußbodenherstellung. Auf einem Schwenkwickler sind an einer Achse zwei Kleinkaulen montiert, sodass nach der Befüllung einer Kaule die zweite, leere Kaule an deren Platz geschwenkt wird.

In diesem Zusammenhang sind folgende Formeln zur Berechnung des Dockendurchmessers D bei bekannter aufgewickelter Warenbahnlänge L bzw. zur Berechnung dieser Wickellänge bei bekanntem Dockendurchmesser von Bedeutung, wobei S für die Materialstärke steht:

$$D = \sqrt{(4 + SL/\pi) + d^2},$$
$$L = \pi \cdot \left(D^2 - d^2\right)/4S.$$

Abb. 3.57 Werksfoto Coatema Großkaule

Abb. 3.58 Steigdocke

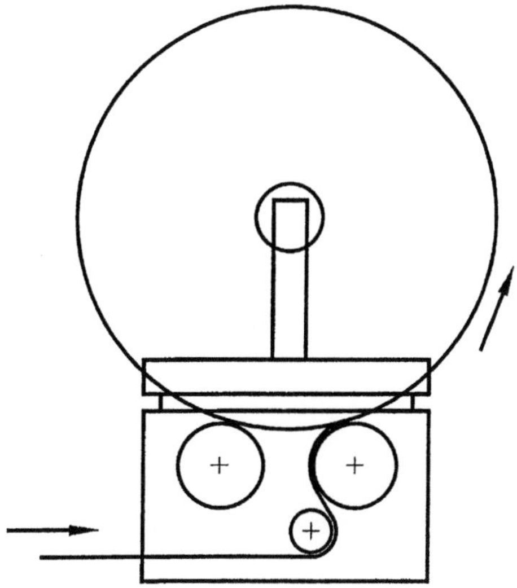

(Abb. 3.59)

In der Praxis wird auch häufig nach dem Ballengewicht gefragt, welches sich wie folgt berechnet:

$$G_B = ABLG_W/1000.$$

G_B = Gewicht des Ballens [kg].
AB = Arbeitsbreite [m].
L = Warenlänge[m].
G_W = Gewicht der Ware [g/m^2].

3.3.2 Warenbahnführung

Die gesteuerte Bahnlaufregelung ist ein weiterer wesentlicher Faktor zur Vermeidung von Stillstandszeiten und Betriebsunterbrechungen, die durch Risse im Release Paper oder im Textil hervorgerufen werden können.

Das Trägermaterial ist bei der Beschichtung, bezogen auf den Warenlauf, folgenden Einflüssen und Fehlern ausgesetzt:

Dynamische Fehler	Statische Fehler	Schwingungsfehler
Einflüsse durch Feuchtigkeitsauftrag, Wärmeeinwirkung, Bahnspannungsunterschiede	Dickenunterschiede, Fluchtfehler von Walzen	Maschinenvibrationen, Resonanzerscheinungen durch Unwucht.

Abb. 3.59 Werksfoto Coatema Schwenkwickler

Moderne Anlagen werden in den unterschiedlichsten Arbeitsbreiten angeboten. Bedingt durch den Randschnitt ergibt sich die Warenbreite aus folgendem Richtwert:

$$WOB = AB + 200\,\text{mm}.$$

Bei einer der gängigsten Arbeitsbreiten von 2,0 m erhält man bei Beschichtungsanlagen fast 10 % Verschnitt. Es sollte ein vornehmliches Bestreben sein, diese Prozentzahl so gering wie möglich zu halten. Dabei hilft ein richtig ausgelegter Bahnlaufregler, der mit einer Genauigkeit von 1–2 mm den Lauf des Trägers ausregelt.

Die gebräuchlichsten Bahnlaufregler für Textilbeschichtungsanlagen sind Drehrahmen und Steuerwalzen. Mithilfe von Drehrahmen wird eine intensive seitliche Korrektur laufender Bahnen auf kurzen Regelstrecken ermöglicht. Das Schwenken der Walzenordnung erfolgt über Bogenschienen, um einen imaginären Drehpunkt, der exakt in der Einlaufebene angeordnet ist. Die Steuerung übernehmen Pneumo-Hydraulikregler, die das seitliche Ausrichten über der Bahnkante ermöglichen. Der Drehrahmen wird bei kurzer Warenbahnführung verwendet. Bei langen Strecken kommen mehrere Schwenkscheibenwalzen, die meist hinter dem Trockner platziert sind, zum Einsatz. Die Abtastung wird entweder durch einen Luftstrom oder ein optisches Auge vorgenommen. Die Abtastsysteme arbeiten berührungslos und temperaturkonstant.

3.3.3 Warenspeicher (Kompensator)

Der Warenspeicher dient dem kontinuierlichen Arbeitsprozess. Er gewährleistet, dass bei einem Wicklerwechsel genügend Ware zur Verfügung steht und ein Anlagenstillstand vermieden wird (Johannaber 1992). Läuft ein Wickler leer, muss ein zweiter gefüllter Wickler vorhanden sein und neues Trägermaterial kann an dem vorherigen befestigt werden. Die Anlage läuft in dieser Zeit mit ihrer Produktion weiter, wobei der Warenspeicher das in ihm gespeicherte Trägermaterial freigibt. Der obere Walzenrahmen wird über Hydraulikzylinder bzw. durch eine Motorgetriebeeinheit auf- und abgefahren, wodurch sich der Speicher leert oder füllt (Abb. 3.60).

Abb. 3.60 Kompensator

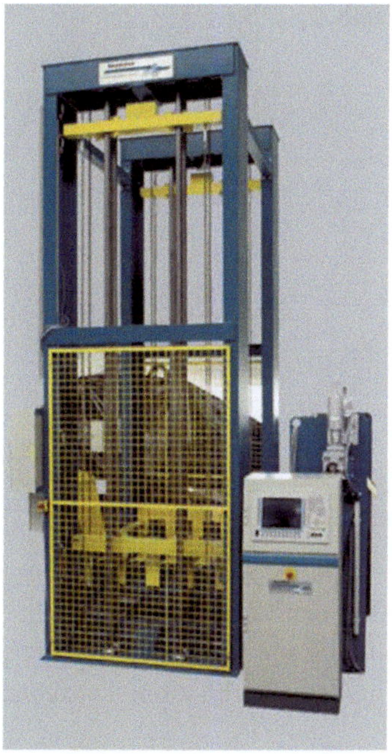

Vor und hinter dem Kompensator, wie der Warenspeicher auch genannt wird, ist jeweils ein Zugwalzenpaar angebracht, damit die Ware dem Aggregat zugeführt bzw. aus ihm entnommen werden kann. Mit einem 60-Meter-Kompensator (bezogen auf die speicherbare Warenlänge) erhält man bei Geschwindigkeiten von 15–40 m/min eine Karenzzeit von 1–4 min. Diese Zeit reicht für geübtes Bedienungspersonal aus, um das neu anzubringende Trägermaterial bei Textilien anzunähen bzw. bei Release Paper anzukleben.

3.3.4 Muldenspeicher

Der Muldenspeicher ist eine vereinfachte Version zur Speicherung von Textilien für den Annähvorgang. Hier wird über eine Rutsche oder eine andersartig gestaltete Vorrichtung das Substrat in Falten gelegt, um auf diese Weise mehr Fläche zu erhalten. Bei Bedarf wird das Textil aus dem Muldenspeicher bedient bis alle Falten glatt gezogen worden sind (Abb. 3.61).

3.3.5 Spannrahmen

Der Spannrahmen dient dem Spannen und Breithalten des Trägermaterials über die erforderliche Breite. Das Trägermaterial wird nach der ersten Beschichtung unter Spannung in den ersten Trockner eingeführt. Die angelegte Spannung verhindert, dass sich

Abb. 3.61 Rutschmulde

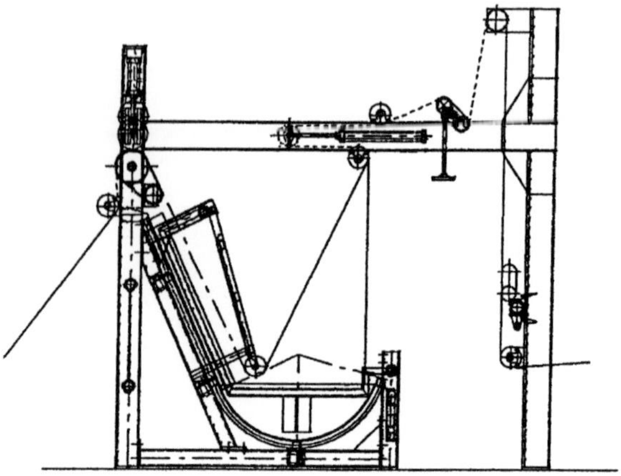

die beschichtete Ware bei Temperaturen von ca. 125–165 °C zusammenzieht. Wichtigster Teil der Spannrahmen sind Nadel- oder Kluppenvorrichtungen, welche die Ware an beiden Seiten plan halten. Die Spannrahmen, die durch den gesamten Trockner laufen, sind breitenverstellbar und entweder horizontal oder vertikal angeordnet.

3.3.6 Antriebstechnik

Die Antriebstechnik dient dazu, ein flächenförmiges Substrat kontinuierlich durch eine Beschichtungsanlage zu bewegen und spannungskonstant aufzuwickeln.

Hierbei müssen folgende Kriterien erfüllt sein:

- Das Antriebsaggregat muss alle für den Transport verantwortlichen Anlagenteile gleichmäßig antreiben.
- Die Ware muss so durch die Anlage geführt werden, dass die Warenbahn nicht seitlich von den Transportwalzen abläuft.
- Um einen kontinuierlichen Arbeitsprozess zu gewährleisten, muss eine Bevorratung der Ware möglich sein (Einsatz von Kompensatoren).
- Die Ware muss spannungskonstant, unabhängig vom Wickeldurchmesser, aufgewickelt werden können.

Die Aufgabe des Antriebs besteht darin, die Beschichtungsanlage in einen durch ihre Funktion bestimmten Bewegungszustand zu versetzen. Die Antriebsleistung wird bestimmt durch:

1. das Drehmoment M und die Winkelgeschwindigkeit v_W für Drehbewegungen,
2. die Kraft F und die Geschwindigkeit v für geradlinige Bewegungen.

In der Antriebstechnik wird i. d. R. der Elektroantrieb verwendet, da er einen großen Leistungsbereich von nur einigen Watt bis zu 1 000 kW abdeckt und die Drehzahl in großen Grenzbereichen regeln kann. Nicht zuletzt ist die geringe Geräuschbelästigung ein weiterer Vorteil.

Je nach Einsatzgebiet werden in der Beschichtungsindustrie entweder Gleichstrom- oder Drehstromantriebe verwendet. Der Gleichstromantrieb hat den Vorteil, dass er über Potenziometer stufenlos einstellbar ist. Er wird eingesetzt bei Antriebs- und Zugwalzen sowie bei Auf- und Abwicklungsaggregaten. Drehstromantriebe hingegen finden sich z. B. bei den Ventilatoren wieder, wo eine konstante Geschwindigkeit gefordert wird. In letzter Zeit werden diese auch mit Frequenzumrichter und gekoppelter SPS-Einheit für die gesamte Anlagensteuerung benutzt.

Um Antriebsleistungen ihrerseits abschätzen zu können, werden Gleichungen zugrunde gelegt, bei denen die geforderte Warengeschwindigkeit und die benötigte Zugspannung in die Berechnung eingehen.

Der Wirkungsgrad W_{grad}, der ebenfalls für die Gleichungen benötigt wird, liegt für Getriebe bei 0,9.

Antriebsleistung für Zugwalzen:

$$\text{Antriebsleistung } P = \frac{M \cdot n}{W_{\text{grad}}}$$

$$\text{Drehzahl } n = \frac{v}{U}$$

$$\text{Drehmoment } M = F \cdot r$$

v = Geschwindigkeit F = Zugkraft
U = Walzenumfang r = Walzenradius

Antriebsleistung der Wickelantriebe:

$$\text{Wickelverhültnis } q = \frac{D}{d}$$

$$\text{Antriebsleistung } P = \frac{v \cdot F}{W_{\text{grad}} \cdot 102}$$

$$\text{Leistung erforderl. } P_{\text{erf}} = P \cdot q$$

D = Außendurchmesser
d = Innendurchmesser.

Richtwerte für die Grobauslegung bzw. Überprüfung der zu installierenden Leistung enthält Tab. 3.6.

Tab. 3.6 Zugkräfte und Leistungen von Antriebswicklern für Produktionsgeschwindigkeiten von 2–12 m/min (Näherung 1 kg = 10 N)

Maximale Zugkraft [N]	Rolldiameter [mm]	Warenarten							
		Alufolie, PVC-Folie 0,10 kg/cm	Baumwolltrikot, leichte Gewebe 0,177 kg/cm	Gewebe mittelschwer 0,20 kg/cm	Gewebe schwer 0,40 kg/cm	Kunstfaser, Plane 0,465 kg/cm	Fußbodenbelag 0,60 kg/cm	Papier bis 100 kg/m^2 1,0 kg/cm	Billboard Plane, beidseitig 1,2 kg/cm
1000	80–600	10 kg/0,5 kW	/0,5 kW	/0,5 kW	/1,0 kW			/1,5 kW	/2,5 kW
	80–800		17,7 kg/0,5 kW	20 kg/1,0 kW	40 kg/1,5 kW	46,5 kg/1,0 kW	60 kg/1,0 kW	100 kg/2,0 kW	180 kg/3,5 kW
	100–1000		/1,0 kW	/1,0 kW	/1,5 kW			/2,0 kW	/3,5 kW
	200–1600		/1,5 kW	/1,5 kW	/1,5 kW			/1,5 kW	/3,0 kW
1200	80–600	12 kg/0,5 kW	/0,5 kW	/1,0 kW	/1,5 kW		/1,0 kW	/1,5 kW	/3,0 kW
	80–800		21 kg/1,0 kW	24 kg/1,0 kW	48 kg /1,5 kW	56 kg/1,0 kW	72 kg/1,5 kW	120 kg/2,0 kW	144 kg/3,5 kW
	100–1000		/1,0 kW	/1,0 kW	/1,5 kW		/1,5 kW	/2,0 kW	/3,0 kW
	200–1600		/1,5 kW	/1,5 kW	/1,5 kW		/1,0 kW	/2,0 kW	/3,0 kW
1400	80–600	14 kg/0,5 kW	/1,0 kW	/1,0 kW	/1,5 kW	/1,0 kW		/2,0 kW	
	80–800		25 kg/1,0 kW	28 kg/1,0 kW	56 kg/1,5 kW	65 kg/1,5 kW	84kg/1,5 kW	140 kg/3,0 kW	168 kg/3,5 kW
	100–1000		/1,0 kW	/1,0 kW	/1,5 kW	/1,5 kW		/3,0 kW	
	200–1600		/1,5 kW	/1,5 kW	/2,0 kW	/1,0 kW		/2,0 kW	
1600	80–600	16 kg/0,5 kW	/1,0 kW	/1,0 kW	/1,5 kW	/1,0 kW		/2,0 kW	/3,0 kW
	80–800		28,5kg/1,0 kW	32 kg/1,0 kW	64 kg/1,5 kW	74 kg/1,5 kW	94 kg/1,5 kW	160 kg/3,0 kW	188 kg/4,5 kW

(Fortsetzung)

Tab. 3.6 (Fortsetzung)

Maximale Zugkraft [N]	Rolldiameter [mm]	Warenarten							
		Alufolie, PVC-Folie 0,10 kg/cm	Baumwolltrikot, leichte Gewebe 0,177 kg/cm	Gewebe mittelschwer 0,20 kg/cm	Gewebe schwer 0,40 kg/cm	Kunstfaser, Plane 0,465 kg/cm	Fußboden-belag 0,60 kg/cm	Papier bis 100 kg/m^2 1,0 kg/cm	Billboard Plane, beid-seitig 1,2 kg/cm
	100–1000		/1,0 kW	/1,0 kW	/1,5 kW	/1,5 kW		/3,0 kW	/4,5 kW
	200–1600		/1,5 kW	/1,5 kW	/2,0 kW	/1,5 kW		/2,0 kW	/3,0 kW
1800	80–600	18 kg/0,5 kW	/1,0 kW	/1,0 kW	/1,5 kW		/1,5 kW		
	80–800		32 kg/1,0 kW	36 kg/1,5 kW	72 kg/2,0 kW	84 kg/1,5kW	102 kg/2,0 kW	180 kg/3,0 kW	204 kg/5,5kW
	100–1000		/1,0 kW	/1,5 kW	/2,0 kW		/2,0 kW		
	200–1600		/1,5 kW	/1,5 kW	/2,0 kW		/1,5 kW		
2000	80–600	20 kg/0,5 kW	/1,0 kW	/1,0 kW	/1,5 kW		/1,5 kW		
	80–800		35 kg/1,5 kW	40 kg/1,5 kW	80 kg/2,5 kW	93kg/1,5 kW	120 kg/2,0 kW	200 kg/3,0 kW	240 kg/4,5 kW
	100–1000		/1,5 kW	/1,5 kW	/2,0 kW		/2,0 kW		
	200–1600		/1,5 kW	/1,5 kW	/2,0 kW		/2,0 kW		
2200	80–600	22 kg/0,5 kW	/1,0 kW	/1,0 kW	/1,5 kW	/1,5 kW	/2,0 kW	/3,0 kW	
	80–800		39 kg/1,5 kW	44 kg/1,5 kW	88 kg/2,0 kW	100 kg/2,0 kW	132 kg/3,0 kW	220 kg/4,0 kW	264 kg/6,5 kW
	100–1000		/1,5 kW	/1,5 kW	/2,0 kW	/2,0 kW	/3,0 kW	/4,0 kW	
	200–1600		/1,5 kW	/1,5 kW	/2,0 kW	/1,5 kW	/2,0 kW	/3,0 kW	

3.4 Zusatzaggregate

Ein Zusatzaggregat in Beschichtungsanlagen ist die Schneideinrichtung. Sie dient dem Schneiden des Endprodukts in Längs- bzw. Querrichtung, wobei einwandfreie, weitgehend staubfreie Schnittkanten ohne Fransen entstehen sollen. Der Anbau der Schneideinrichtung erfolgt entweder am Auslauf der Fertigungsstraße oder an den Inspektionsmaschinen.

Es gibt verschiedene Arten von Schneidsystemen; angefangen beim Scherenschnitt bis hin zum Quetschschnitt. Als universellstes System hat sich der Scherenschnitt herauskristallisiert. Er besteht aus zwei ineinander greifenden kreisförmigen Messerscheiben und zwei Messerwellen. Die obere und untere Messerwelle werden gemeinsam von einem Drehstrom- oder Gleichstromgetriebemotor über ein Stirnradgetriebe angetrieben. Der Zulauf des zu schneidenden textilen Trägers zur Schneideinrichtung muss so erfolgen, dass die Bahn das Untermesser am Schnittpunkt T tangiert, der senkrecht über der Untermesserwelle liegt. Daraus folgt, dass die Bahnlaufebene parallel zur Auflagefläche verlaufen muss (Abb. 3.62).

Die besten Schneidergebnisse werden i. d. R. bei einer Überdeckung von Obermesser zu Untermesser von 3 mm erreicht. Dieser Wert gilt für Materialien wie Kunstleder oder leichte PVC-Fußböden. Die Überdeckung ist je nach zu schneidendem Material einstellbar; so arbeitet die Papierindustrie z. B. mit nur 0,5 mm Eintauchtiefe.

Beim erwähnten Quetschschnitt wird das Schneidmesser gegen eine sog. glasharte Walze positioniert.

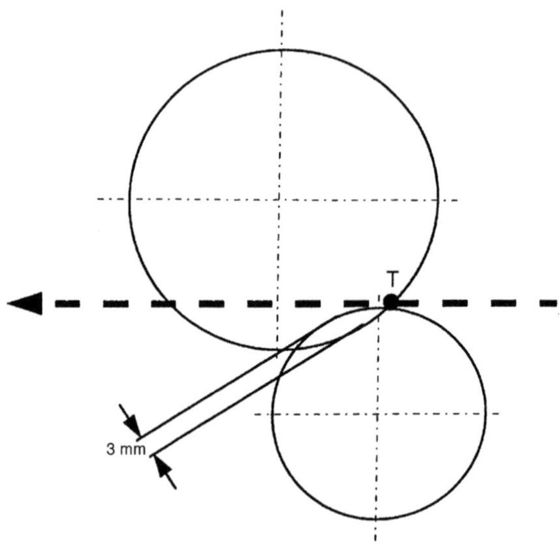

Abb. 3.62 Überdeckung von Ober- zu Untermesser

3.5 Trocknungssysteme

3.5.1 Trocknung

Um ein Trocknen, Gelieren bzw. ein Schäumen der Ware zu erreichen, ist eine Wärmezufuhr erforderlich, die durch einen Trocknungskanal bzw. durch eine Heizwalze gewährt wird. Hierbei sind folgende Punkte von besonderer Bedeutung:

1. genügend Frischluft, um die durch das Gelieren freigewordenen Lösungsmittel und die weichmacherhaltige Luft abführen zu können (Ex-Schutzbestimmungen);
2. Vermeiden bzw. Abführen von Weichmachern und deren Niederschlägen, die beim Abtropfen die Bahn verunreinigen und beschädigen können;
3. gesteuerte Luftbewegung, um Schlierenerscheinungen oder ungleichmäßige Trocknung und Schäumen des Warengutes zu vermeiden, was zu ungleichen Dicken führen würde.

Es lassen sich drei Grundarten von Kanaltypen unterscheiden (Giessmann 1982):

- Umluftkanal,
- Strahlenkanal,
- Düsenkanal.

Diese Unterteilung bezieht sich auf die Art und Weise, wie die Heißluft durch den Kanal geführt wird, sowie auf die daraus resultierende Wärmeabnahme bzw. die Art der Wärmeabgabe auf die Warenbahn.

3.5.1.1 Umluftkanal

Der Umluftkanal ist von seiner Konzeption her der einfachste Kanal. Die aufgewärmte Luft wird im Gegenstromprinzip, d.h. entgegengesetzt der Warenlaufrichtung, über Einblasstutzen eingeblasen. Die Sektionen können hierbei so aufgebaut werden, dass z.B. bei einem 8 oder 12 m langen Kanal an zwei oder drei Stellen eingeblasen wird und am Kanaleingang die Absaugung erfolgt. Das Verhältnis von Umluft zu Abluft ist so bemessen, dass im Kanal mit etwas Unterdruck gearbeitet wird. Dadurch werden das Austreten der erwärmten Luft und des Weichmachers in den Raum verhindert.

Eine tatsächliche Zonenregulierung ist allerdings nicht gegeben, da sich die in Längsrichtung strömende Luft vermengt. Die Ventilatoren und Heizregister sind oberhalb des Kanals montiert. Die Konstruktion der Luftleitung richtet sich nach dem vorgesehenen Verwendungszweck. So genügt der einfache Umluftkanal solchen Anforderungen wie Lackierung, einfacher PVC-Beschichtung und Kaschierung (Abb. 3.63).

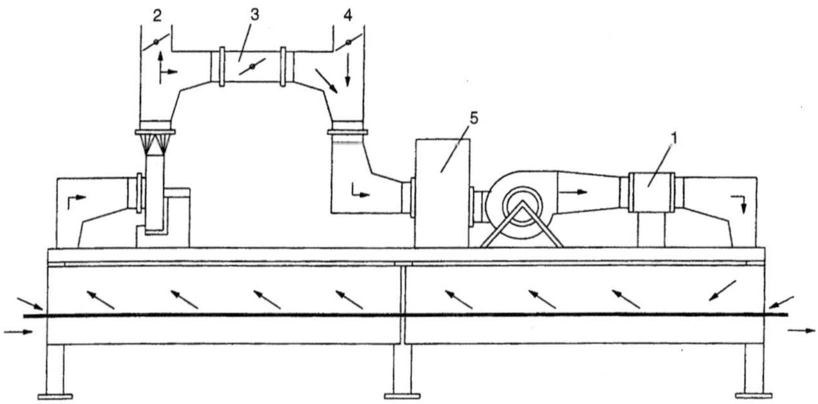

Abb. 3.63 Umluftkanal. 1 Lufterhitzer; 2 Abluft; 3 Umluft; 4 Frischluft; 5 Filter

3.5.1.2 Strahlenkanal

Der Strahlenkanal ist ähnlich wie ein einfacher Umluftkanal aufgebaut. In einem Kanal mit isolierten Decken-, Seiten- und Bodenplatten sind die meist elektrisch arbeitenden Strahler montiert. Die Ware wird durch die Abstrahlung ausgeliert. Eine geringe Luftzirkulation wird durch die Abluftventilatoren erreicht (Abb. 3.64).

Der Strahlenkanal ist in seinem Einsatz wegen der Explosionsschutzbestimmungen begrenzt, da die Strahlerwärmung weit über den zulässigen Zündtemperaturen liegt.

Als Vorteile können die hohe Strahlungsintensität, die leichte Regelbarkeit und sehr kurze Reaktionszeiten angesehen werden. Eine hohe Strahlungsintensität ist insbesondere dort gefragt, wo nur minimale Trocknungsstrecken zur Verfügung stehen. Auch die kurzen Reaktionszeiten sind von großer Bedeutung beim Anfahren der Produktionslinie, sodass die Wartezeiten zum Aufbau der Wärmewirkung auf ein Minimum reduziert werden können. Einige Hersteller von Infrarotstrahlern gewährleisten ein sofortiges Abkühlen der Strahler, damit sich die Ware bei einem Produktionsstop oder

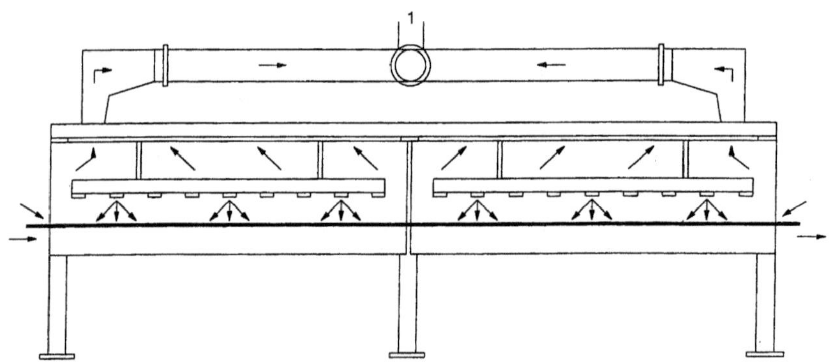

Abb. 3.64 Strahlenkanal (geringe Luftzirkulation durch 1 Abluftventilator)

einer Notaus-Betätigung nicht entzündet. Die Wellenlängen von Infrarotstrahlern liegen in der Regel in Bereichen von 2,6 bis 9,6µm, was den Bereichen von Mittelwellen und Langwellen gleichkommt. Die maximalen Temperaturen, die mit solchen Strahlern erreicht werden können, liegen bei ca. 800 °C (Krelus 1995) (Abb. 3.65).

Wichtig für die Konzeptionierung der Strahlerbreiten ist die Einberechnung des Streuwinkels. Bei Infrarotstrahlern wird von einem 45°-Winkel als einzubeziehendem Strahlungsbereich ausgegangen. So kann die Strahlung auf alle Punkte – insbesondere auch auf die Endpunkte – einwirken (Abb. 3.66).

Um die Strahlerlänge l_{St} zu berechnen, benötigt man den Abstand h_0 zwischen dem Strahler und dem Trägermaterial und die zu bestrahlende Länge des Trägermaterials l_{TM}.

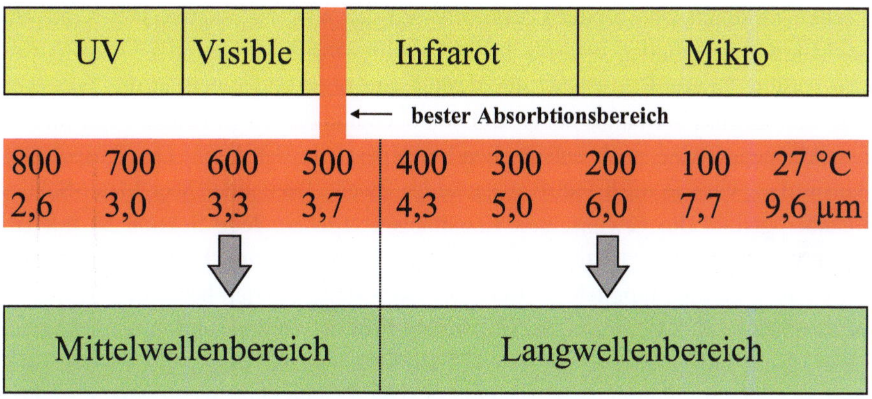

Abb. 3.65 Bereich der emittierten Wellenlängen

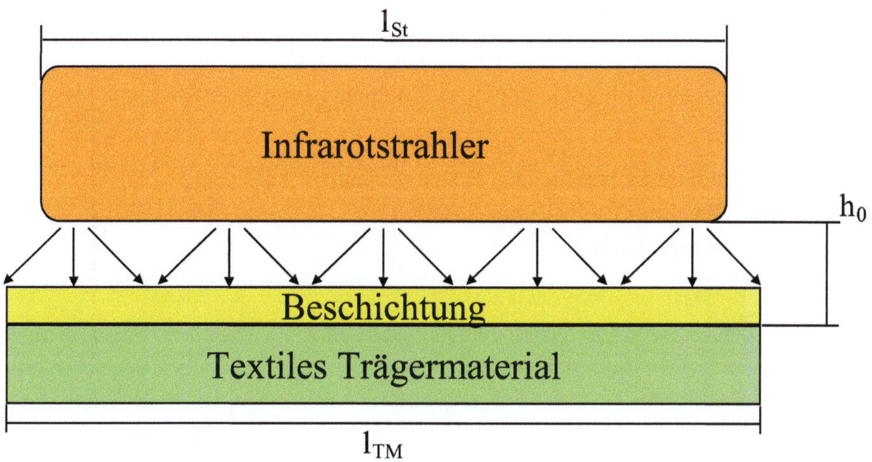

Abb. 3.66 Strahlungsbereich, bezogen auf die Arbeitsbreite

Aufgrund der sehr geringen Auftragsstärke der Beschichtung kann diese vernachlässigt werden (Krelus 1995).

$$l_{st} = l_{St} = l_{TM} + 2_x \cdot h_0$$

Wird der Strahler zu klein ausgelegt, besteht die Gefahr der Kaminwirkung an den Seitengrenzflächen. Der aufsteigende Wärmestrom würde an den Rändern zu unpräzisen Verhältnissen und somit zu unsauberen Ergebnissen führen. In der Praxis hat sich auch hier eine Faustformel bewährt: Es wird ein Breitenaufschlag pro Seite von etwa 10 cm zugerechnet.

3.5.1.3 Düsenkanal

Der wichtigste Kanal ist der Düsenkanal, der nach dem Grundprinzip arbeitet, die Heißluft senkrecht durch Düsen oder Lochbleche auf die Ware zu bringen. Der Kanal ist als Druckkammer ausgebildet, d. h. die heiße Umluft wird durch eine Art Diffusor zu den Düsen geführt. In der Regel wird die Umluft von oben und unten an die Ware herangebracht, wobei das Verhältnis bei ca. 2/3 von oben und ca. 1/3 von unten liegt, was durch Drosselklappensysteme noch entsprechend angepasst werden kann. Der Düsenkanal ist so konstruiert, dass je nach Fabrikat entweder Zwei-, Drei- oder Vier-Meter-Sektionen aneinander gereiht die gewünschten Kanallängen ergeben. Jede Sektion ist mit einem eigenen Ventilator, Heizregister und einer Temperatursteuerung bestückt, sodass damit eine Zonenregulierung möglich ist. Bei einer Drei-Meter-Sektion beträgt die Umluft z. B. zwischen 5000 und 8000 m^3/h. Die Düsen sind höhenverstellbar und in der Schlitzbreite variabel, damit Luftgeschwindigkeit und Strahlbreite variabel eingestellt werden können, ohne dass sich der Wärmehaushalt verändert. Die Kanäle sind bis zu 250 °C, teilweise sogar bis 285 °C ausgelegt. Die Temperatur muss über die Warenbreite konstant gehalten werden. In der Praxis findet man Kanäle zwischen 9 und 15 m Länge, wobei bei mehreren Streichköpfen der letzte Kanal eine Länge von bis zu 18 m und mehr aufweisen kann. Bei Einstrichanlagen sind Kanallängen von 21 m und mehr keine Seltenheit, damit akzeptable Produktionsgeschwindigkeiten erreicht werden können (Abb. 3.67).

Für die oben genannten Kanäle gelten nachstehende Temperaturen, die als Richtwerte dienen können.

1. Beschichtung mit treibmittelhaltigen Pasten (Schaum-PVC)	195–225 °C
2. Direktbeschichtung mit PVC (Kompakt-PVC)	175–185 °C
3. Kaschierung, je nach Kleber	110–140 °C
4. PU-Beschichtung	90–165 °C

Die eingestellten Temperaturen richten sich nach den verwendeten Rezepturen, dem Anlagenlayout und der Produktionsgeschwindigkeit, die die Verweilzeit der beschichteten Substrate im Kanal bestimmt. Das bedeutet, dass man die Länge des Kanals über die Auftragsmenge und unter Zugrundelegung der gewünschten Produktionsgeschwindigkeit ableiten kann.

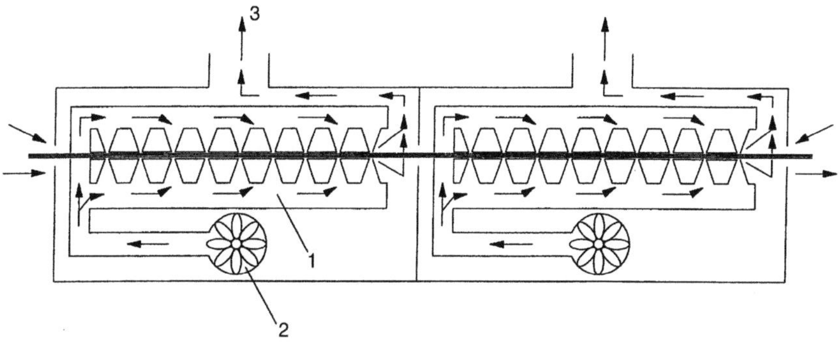

Abb. 3.67 Düsenkanal. 1 Düsen; 2 Zuluft; 3 Abluft

3.5.1.4 Heizwalze

Die Heizwalze kann für die unterschiedlichsten Aufgaben eingesetzt werden. Sie dient der Trocknung des zu verarbeitenden Materials, damit die verbliebene Restfeuchte sich nicht negativ auf die Beschichtung auswirken kann.

Neben der Kanaltrocknung ist die Kontakttrocknung das häufigste Einsatzgebiet. Letztere findet z. B. in der Teppichrückenbeschichtung Anwendung, wo die Warenbahn mittels einer beheizten Walze und einer möglichst großen Umschlingung getrocknet wird. Wenn nach der Beschichtung der Verbund über die Heizwalze trocknet, ist gleichsam ein Bügeleffekt zu verzeichnen. Die Beheizung, die bei Temperaturen von bis zu 185 °C stattfinden kann, geschieht meist mittels Thermalöl, manchmal auch mit Wasser, wenn keine Temperaturen über 135 °C gefordert werden. Dampf wird heute nur noch selten benutzt.

3.5.1.5 UV-Härtung

Die Trocknung oder Aushärtung von Tinten, Druckfarben, Lacken und Klebstoffen in der Beschichtungsindustrie mittels ultravioletter Strahlung (UV) ist eine zunehmend wachsende Technologie für zahllose Anwendungsgebiete.

Ultraviolette Strahlung ist die energiereichste – für den Menschen unsichtbare – in der Natur vorkommende Strahlung.

Die UV-Strahlen werden in Folgende unterteilt:

- UV-A-Strahlung (Wellenlänge 400–315 nm)
- UV-B-Strahlung (Wellenlänge 315–280 nm)
- UV-C-Strahlung (Wellenlänge 280–100 nm).

Die Trocknung bzw. Härtung erfolgt durch eine aufgrund der UV-Strahlen ausgelöste photochemische Reaktion, wobei ein fester Film durch Vernetzung bzw. Polymerisation entsteht.

Bei den UV-härtbaren Stoffen handelt es sich um speziell hergestellte reaktive Flüssigkeiten, d. h. es werden keine Lösungsmittel benötigt. Somit entstehen bei der

Härtung keine umweltschädlichen Emissionen außer dem durch die UV-Anlage selbst entstehenden Ozon. Erforderlich sind jedoch photosensitive Additive, die sogenannten Photoinitiatoren.

Photoinitiatoren sind z. B. beim Einsatz der Produkte im Freien problematisch, da sie nach einiger Zeit oft zur Vergilbung führen. Zudem sind sie ein wesentlicher Kostenfaktor.

Vorteile der UV-Härtung

- Energiesparend (keine thermische Trocknung lösemittelhaltiger Stoffe)
- Keine Rücksicht auf Lösemittelrichtlinie – Explosionsschutz
- Schneller Umsatz mit entsprechend hohen Produktionsgeschwindigkeiten
- Produkt ist unmittelbar nach Bestrahlung ausgehärtet und kann sofort weiterverarbeitet bzw. gelagert werden
- Geringe Erwärmung des Substrates
- Hohe Oberflächengüte
- Auftragsdicke ist gleich der gehärteten Beschichtungsdicke

Als UV-Lampen werden hauptsächlich Quecksilber-Mitteldruck-Strahler verwendet.

UV-Härtungs- bzw. UV-Trocknungsanlagen zeichnen sich aufgrund der kompakten Bauweise durch geringen Platzbedarf aus. Es wird keine Ablüftstrecke und in der Regel keine Kühlzone benötigt.

Der Trocknerbereich muss nicht aufwendig wärmeisoliert werden.

Aufgrund der hohen Reaktivität sind UV-Lacke vor ungewollter UV-Strahlung zu schützen. Die Anlagen sind entsprechend zu kapseln bzw. die Lampen oder Fenster können mit entsprechenden UV-Schutzfolien versehen werden.

Die UV-Härtung gewinnt zunehmend an Bedeutung für:

- UV-härtbare Druckfarben,
- kratz- und abriebfeste Beschichtungen von Holz, Laminaten, metallischen Werkstoffen u. v. a. mehr,
- Bedrucken von Folien für Verpackungen, besonders für Lebensmittel,
- Barriereschichten.

Härtungsvarianten

Radikalisch „Die radikalische Härtung entspricht einer Polymerisierungsreaktion alkengruppenhaltiger (ungesättigter) Moleküle (Acrylate, Vinylether).

Besondere Merkmale:

- Die Filmbildung ist irreversibel und entspricht einer Polymerisierung. Das entstehende Polymer ist unlöslich.
- Bei Verwendung ausreichend intensiver UV-Lichtquellen verläuft die Polymerisierung in Bruchteilen einer Sekunde.

- Die Polymerisierung findet nur unter UV-Lichteinwirkung statt.
- Die radikalische Härtung wird durch Sauerstoff (O_2) inhibiert“ (Tritron 2008).

Kationisch „Die kationische Härtung entspricht einer kationischen Polymerisierung oxirangruppenhaltiger Moleküle (Epoxide) oder ungesättigter Vinylether und wird durch Kationen bildende Photoinitiatoren ausgelöst.

Besondere Merkmale:

- Die Filmbildung ist irreversibel und liefert ein unlösliches Polymer.
- In Abhängigkeit von der verwendeten Strahlungsquelle verläuft die kationische Polymerisierung schnell, aber in der Regel langsamer als die radikalische Polymerisierung.
- Die Polymerisierung wird durch UV-Licht ausgelöst und läuft, einmal initiiert, ohne weitere Lichteinwirkung quantitativ weiter.
- Die kationische Härtung wird nicht durch Sauerstoff (O_2) inhibiert“ (Tritron 2008).

Ein klarer Vorteil der kationischen Härtung ist die Unempfindlichkeit gegenüber Sauerstoff, allerdings kann sich hier eine zu hohe Luftfeuchtigkeit ungünstig auf die Härtung auswirken.

Dual Beim Dual-Cure-Verfahren wirken zwei Vernetzungsmechanismen in einem Beschichtungsmedium, wodurch ein von der UV-Härtung unabhängiges weiteres Härtungsverfahren erfolgt.

Zwei Härtungsmechanismen wirken in einem System:

- UV-Härtung und anaerobe Härtung,
- UV-Härtung und thermische Härtung,
- UV-Härtung und Feuchtigkeitshärtung.

Durch den zweiten Härtungsschritt wird auch an Stellen, an die keine UV-Strahlung gelangt, eine zuverlässige Aushärtung erreicht.

Inertisierung (Sauerstoffinhibierung)

Um zu verhindern, dass der Luftsauerstoff in der Umgebung mit den reaktiven Doppelbindungen im radikalischen Beschichtungsmedium (alkengruppenhaltige Moleküle) reagiert und somit die weitere Polymerisation an der Oberfläche des Lackes oder der Druckfarbe verhindert, muss die Anlage inertisiert werden.

Der Sauerstoff muss also abgebunden werden, ansonsten bliebe der Lack oder die Druckfarbe an der Oberfläche klebrig, während tiefere Schichten ausgehärtet wären. Produkteigenschaften wie eine gute Kratzfestigkeit oder Chemikalienbeständigkeit wären so nicht realisierbar.

Eine UV-Härtung unter Inertatmosphäre bietet die Lösung.

Unter Inertgasen versteht man Gase, die mit anderen chemischen Komponenten im Lacksystem keine Reaktion eingehen. Als Inertgas können z. B. folgende Substanzen eingesetzt werden:

- Stickstoff,
- Edelgase wie Helium, Neon, Argon, Krypton …,
- Kohlendioxid.

Vorteilhaft wirkt ein dem UV-Trockner vorgeschalteter IR-Trockner. Zum einen wird die relative Luftfeuchtigkeit verringert, zum anderen bewirkt schon eine geringfügig höhere Temperatur eine deutliche Verbesserung der Reaktionsgeschwindigkeit bei der UV-Belichtung.

Wärme beschleunigt auch den Nachhärtungseffekt nach der Trocknung.

3.5.1.6 Elektronenstrahl-Härtung (ESH)

Die Elektronenstrahlhärtung (ESH) oder auf Englisch Electron Beam Curing (EBC) zählt zu den wirtschaftlich modernsten Härtungsverfahren für polymerisierende Systeme.

Die Elektronenstrahlen werden zur Vernetzung von Acrylat-Beschichtungen auf Papier, PET, Polyolefinen (PE und PP), PVC, Holz und Metallen sowie zur sogenannten kalten Härtung von Reaktivharzsystemen eingesetzt.

Die intensive Forschung entwickelt immer noch weitere Anwendungsgebiete.

Vor allem auf flächigen Produkten können Elektronenstrahlen eine monomerhaltige, noch flüssige Lackschicht durchdringen und zu widerstandsfähigen Schichten auspolymerisieren. Unabhängig von Farbe, Pigment oder anderen Füllstoffen erhält man sehr gut ausgehärtete Schichten, solange die Lackschichtdicke nicht die nutzbare Reichweite der Elektronen übertrifft. Die Eindringtiefe der Elektronen in die Lackschicht kann anhand genauer Kurven kalkuliert und festgelegt werden (Elektron Crosslinking AB). Die Trocknung und Härtung erfolgt in Sekunden. Weder Lösemittel noch Photoinitiatoren werden benötigt. Da die durch Elektronenstrahlen ausgelöste Polymerisationsreaktion keine relevante Wärmeentwicklung erzeugt, können auch wärmeempfindliche Substrate getrocknet werden.

Prinzip

Die Elektronenstrahlbeschleuniger sind analog zu einer Braunschen Röhre aufgebaut (Wikipedia – Braunsche Röhre 2009). Elektronen werden im Vakuum von einer Glühkathode emittiert, in einem elektrischen Feld beschleunigt, über ein Magnetfeld Richtung Anode abgelenkt und treffen auf die zu bestrahlende Fläche, welche mit unterschiedlicher Geschwindigkeit durch den Strahlenvorhang transportiert wird. Treffen die Elektronen auf die Fläche, reagieren die kurzkettigen Moleküle zu langkettigen Polymeren und härten so die Fläche.

Vorteile der ESH-Technik

- Umweltfreundlich und zukunftssicher durch den Einsatz lösungsmittelfreier Beschichtungsrohstoffe
- Keine Restlösemittel
- Keine Luft- und Wasserverschmutzung
- Gute Gebrauchseigenschaften durch hohen Aushärtungsgrad der Oberfläche
- Keine geruchliche oder geschmacklichen Beeinträchtigungen durch hohe Polymerisation
- Beschichtung dünner und temperaturempfindlicher Werkstoffe, Kunststoffrecycling möglich
- Keine langen Wartezeiten nach der Trocknung, schnelle Weiterverarbeitung

Erläuterung der Vorteile von ESH:

- Aushärtung dicker Lackschichten: Bei Elektronenstrahlern bewirken die Elektronenstrahlen die Aushärtung des Lackes, die Beschleunigungsspannung der Strahler bestimmt die Eindringtiefe in den Lack. Lackschichten bis ca. 300 g können in einem Durchgang sicher ausgehärtet werden.
  Bei anderen Techniken zur Lackaushärtung benötigt der Lack zum Aushärten einige Stunden (lösemittelhaltig) oder muss in vielen dünnen Schichten aufgetragen werden.
- Aushärtung von farbigen Lacken: UV-Licht zum Aushärten von Lackschichten unterliegt den Grenzen des sichtbaren Lichtes. Papier sowie farbige und dicke Lackschichten sind nicht in einem Durchgang mittels UV-Licht aushärtbar. Diese Grenzen gelten nicht für ESH.
- Witterungsbeständige Lackschichten: Die Elektronenstrahlen erzeugen eine sehr hohe Vernetzungsdichte des Lackes, d. h., nahezu alle beieinander liegenden Lackmoleküle werden miteinander vernetzt.
  Bei UV-Lacken vernetzen die Moleküle nur dort miteinander, wo Vernetzungsreaktionen gestartet werden, d. h. dort, wo Photoinitiatoren vorhanden sind. Dies führt zu einer Lackaushärtung, die einem Spinnennetz gleicht. Neben den einzelnen vernetzten Molekülen liegen viele nicht oder nur teilweise vernetzte Moleküle. Diese nicht richtig vernetzten Moleküle werden durch Witterungseinflüsse wie Sonnenlicht, Temperatur und Regen ausgewaschen (z. B. stumpfer Autolack).
- Leicht zu reinigen: Die hohe Vernetzungsdichte führt zu einer sehr feinen und dichten Oberfläche. Schmutz kann sich nicht in groben Poren festsetzen, die Oberfläche ist leicht zu reinigen (Delignit).

Nachteile der ESH-Technik

Durch Sauerstoffradikale kann die Polymerisationsreaktion sehr behindert werden, d. h., um einwandfreie Beschichtungsergebnisse zu erzielen, muss eine Inertisierung (siehe Abschn. 3.5.1.5 UV-Härtung) erfolgen.

Der Hauptnachteil dieser Anlagen besteht in den hohen Anschaffungskosten.

Der Einsatz von ESH-Anlagen rentiert sich deshalb erst bei hohen Durchsatzmengen.

3.5.2 Mindestabluft-Volumenstrom

Eine weitere wichtige Größe zum Konzipieren der Anlage ist der Mindestabluft-Volumenstrom, um die Trockner- und Ventilatorenkapazitäten berechnen zu können:

$$Q_{\min} = \frac{f \cdot G_{\max} \cdot (273 + T) \cdot Z}{U_{\mathrm{ex}} \cdot [1 - 0.0014(T - R)] \cdot K_{\mathrm{zul}} \cdot (273 + R) \cdot Z}.$$

Der Sicherheitsfaktor K_{zul} für Heizflächentemperaturen liegt bei 0,25, wobei der Lüftungsbeiwert f mit 1,34 kalkuliert wird.

Der Abluftvolumenstrom für diese Anlagen liegt in einem Bereich von 25.000–30.000 m^3/h.

3.5.3 Temperatur-Steuerungseinheit

Die Temperatur-Steuerungseinheit ist ein wichtiges Instrument, um qualitativ hochwertige Produkte herstellen und eine konstante Produktion gewährleisten zu können. Sie besteht aus den Messwertreglern und den Regelventilen, welche die Durchflussmenge des aufgeheizten Thermalöles bestimmen. Der Messwertregler steuert nach einer vorgewählten Temperatur die Regelventile, die dem Ofen durch Öffnen oder Schließen die für die Temperatur erforderliche Menge an Thermalöl zuführen (Samson 1994). Die geforderte Toleranz zwischen der eingestellten Temperatur und dem Ist-Wert beträgt 1 %. Dies bedeutet eine mögliche Temperaturabweichung von weniger als 2 °C. Der geringe Toleranzwert hängt vor allem mit dem Prozess des Schäumens zusammen. Nur wenn die Temperatur nahezu konstant ist, können auf der gesamten Fläche eine gleichmäßige Ausgelierung und damit eine gleichmäßige Dicke des Produktes entstehen. Die Temperatur-Steuerungseinheit ist sowohl an jeder einzelnen Sektion des Ofens als auch an den Heiztrommeln angebracht.

3.5.4 Thermalölboiler

Der Thermalölboiler sorgt für die Prozesswärme der Produktionsanlage. Er muss so ausgelegt sein, dass er die geforderte Betriebstemperatur innerhalb von 30–45 min nach dem Einschalten erreicht (AKB 1994). Auch bei Auslastung aller angeschlossenen Aggregate dürfen keine größeren Schwankungen der eingestellten oder vorgewählten Soll-Temperatur auftreten.

Die Ölboiler sind für eine Öltemperatur bis 300 °C ausgelegt; bei höheren Temperaturen besteht die Gefahr, dass das Thermalöl vercrackt und somit nicht mehr zu gebrauchen ist. Das erwärmte Öl wird in einem geschlossen Kreislaufsystem zu den entsprechenden Wärmetauschern der Trocknungskanäle bzw. direkt über Sekundärkreisläufe zu den Heizwalzen geführt. Im ersten Fall gibt das Öl seine Prozesswärme an die

Frischluft ab und erwärmt diese auf die eingestellte Produktionstemperatur. Das hierdurch abgekühlte Öl wird dem Thermalölboiler wieder zur Wärmebehandlung zugeführt.

Bei der in Abschn. 3.5.1.4 genannten Heizwalze läuft das Thermalöl durch die Walze hindurch und erwärmt so die Oberfläche der Walze von innen heraus. Der Sekundärkreislauf ist hier notwendig, da die benötigte vorgewählte Produktionstemperatur meist viel höher liegt als die Temperatur, die bei der Heizwalze benötigt wird. Um einwandfrei regeln zu können wird über den zweiten Kreislauf nur die benötigte Wärmeenergie zu den Walzen geleitet.

3.5.5 Kühlung

Die Kühlung der Warenbahn erfolgt i. d. R. über Kühlwalzen. Materialien, die in teilweise instabilem Zustand nicht über Walzen laufen dürfen, z. B. dicke Schäume, werden über Kühlkanäle gekühlt. Dieser Arbeitsgang ist jeweils hinter den Trocknungskanälen, d. h. nach Aufbringung einer erneuten Schicht auf das Trägermaterial und deren Vorgelierung, angebracht. So wird beim Weitertransport ein Anhaften der Paste an andere Maschinenteile verhindert.

Die Prägewalzen sind meistens ebenfalls gekühlt, um ein Aufheizen der Walzen zu verhindern. Beim Prägen wird die Oberfläche mit Infrarotwärme plastifiziert. Ohne diesen Arbeitsschritt wäre eine gleichbleibende Oberfläche – vor allem der gewünschte Glanzgrad – kaum zu realisieren.

3.6 Datenerfassung an Beschichtungsanlagen zur Qualitätssicherung

Für eine qualitativ hochwertige, reproduzierbare Ware ist eine Datenerfassung an einer modernen Beschichtungsanlage unumgänglich. Mit der Prozessdatenerfassung an einer Beschichtungsanlage werden u. a. Zugspannung, Geschwindigkeit, Trocknungs- bzw. Gelierungstemperaturen, die Strömungsgeschwindigkeiten in den Anlagen, Feuchte, Flächengewicht, Flächenmasse und Spannungsverhältnisse ermittelt und systematisch dokumentiert.

3.6.1 Messdatenerfassung

Die Steuerungstechnik an einer Beschichtungsanlage ermöglicht mithilfe der Prozessdatenerfassung eine Reproduzierbarkeit der Beschichtungsprozesse sowie eine Rezepturverwaltung. Hohe Prozesssicherheit ist vor allem in der Automobilzulieferindustrie für die Zertifizierung der Produkte gefordert. Hier sind Anlagen mit optimaler Prozessdatenerfassung und Automatisierungstechnologie gefordert.

Im Folgenden soll auf einige Datenvorgaben und deren präzise Einhaltung zur Qualitätssicherung eingegangen werden. Dabei werden die Auswirkungen bei falscher Prozessführung beschrieben. Die Erläuterung der Beispiele erfolgt anhand einer vielseitig einsetzbaren Technikumanlage, dem bereits vorgestellten Deskcoater zum Beschichten, Kaschieren und Laminieren (Fa. Coatema). Der Deskcoater ist wie eine industrielle Produktionsanlage aufgebaut, die jedoch dahingehend verändert wurde, dass sich sowohl Ab- als auch Aufwicklung auf der Bedienerseite befinden und die Arbeitsbreite nur 500 mm umfasst. Der Heißluft-Düsenkanal hat eine Trockenstrecke von 2 × 1,5 m jeweils mit individuell einstellbaren Temperaturzonen sowie Luftzufuhr oberhalb und unterhalb der Warenbahn.

Hinsichtlich der Auftragsverfahren ist ein modularer Austausch der Auftragsmodule (Abb. 3.68) möglich. Mittels einer SPS-Steuerung erfolgt ein direkter Abgleich zwischen Auftragseinheit und Ansteuerung durch die Maschine.

Mit der Eingabemaske können alle Maschinenparameter direkt eingegeben werden. Hierzu zählen die Zugspannungen bei der Ab- und Aufwicklung, die Produktionsgeschwindigkeit der Anlage sowie die Ab- bzw. Umluftmenge prozentual in Abhängigkeit von der Maximalleistung. Trocknungsdauer und Verweilzeit werden mithilfe der Materialgeschwindigkeit durch den Düsenkanal definiert.

Mit einem Liniendiagramm kann während der Beschichtungsversuche die Veränderung der Daten, wie z. B. die Temperaturen in den einzelnen Trocknungszonen sowie der Heiz- und Kühlwalzen, angezeigt werden. Störungen bzw. Einflüsse der Temperaturen können nachhaltig ausgewertet werden.

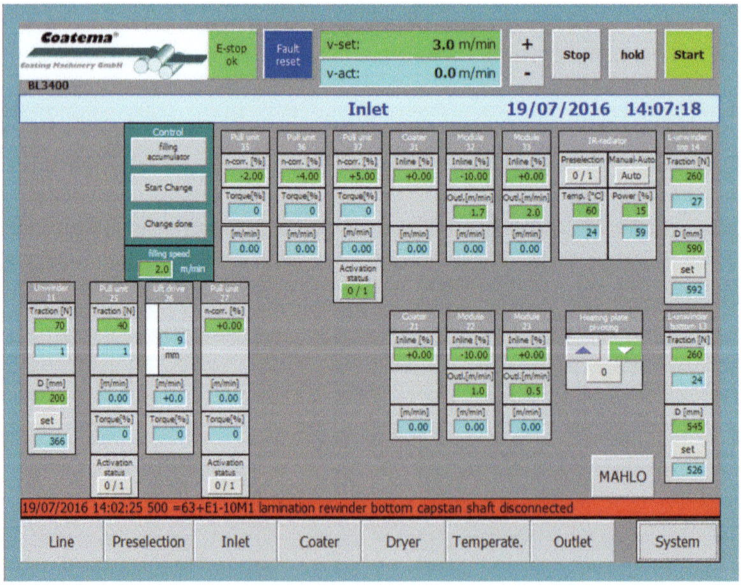

Abb. 3.68 Eingabemaske des Deskcoater

3.6.2 Zugspannung

Die Zugkraftsteuerung am Deskcoater erfolgt über Leistungsaufnahme und Geschwindigkeit. Der Computer bzw. die SPS-Steuerung errechnet anhand dieser beiden Daten, welche Zugkraft auf das Substrat sowohl auf der Ab- als auch an der Aufwicklungsseite wirkt. Beide Wicklungen sind motorisch angetrieben, sodass eine Gegensteuerung bei Veränderung der Zugkraft möglich ist. Des Weiteren bietet die motorische Abwicklung den Vorteil, dass die Ware nach der Beschichtung für den Auftrag einer zweiten Beschichtungsschicht zurückgewickelt werden kann. Gleichsam ist eine Verarbeitung von zugempfindlichen Materialien möglich, indem der Wickelmotor direkt abwickelt und hier nicht bremst.

Standardmäßig verfügt die Steuerung nicht über eine Ist-Ermittlung. Bei der vorgestellten Lösung handelt es sich um eine genaue Steuerung der Zugkraft, wobei mit dem Zug des Motors bei veränderter Leistungsabnahme gegengesteuert werden kann. Wunschgemäß kann beim Einsatz von Druckmessdosen auch die Kontrolle und Bestätigung der anliegenden Zugkraft ermittelt werden.

Für sehr elastische Waren können alle an der Anlage angetriebenen Walzen mit veränderten Geschwindigkeiten in Abhängigkeit zur Anlagengeschwindigkeit angetrieben werden. Das bedeutet, dass z. B. mit Vor- bzw. Nacheilung gearbeitet werden kann. Üblicherweise sind die Antriebe in der Lage, mit ± 15 % Abweichung zum Leitmotor zu arbeiten.

Die genaue Einhaltung der Zugspannung während des Beschichtungsprozesses ist von großer Bedeutung. Zum einen kann bei zu hoher Zugkraft oder bei sich während der Beschichtung verändernder Zugkraft eine abweichende Längenänderung des Substrates auftreten, was sich negativ auf den gesamten Prozess sowie auf die Gleichmäßigkeit der Beschichtung auswirkt. Zum anderen kann sich die aufgetragene Beschichtungsmenge wegen veränderter Zugkraft während des Beschichtungsprozesses im Luftrakelauftrag ändern, was ebenfalls zu einer ungleichmäßigen Beschichtung führt.

3.6.3 Temperaturen

An einer Beschichtungsanlage sind verschiedene Walzen heiz- bzw. kühlbar. So ist die Kühlwalze vor der Aufwicklung des Substrates genauso wichtig wie die Heizwalze am Prägekalander. Besondere Effekte können gezielt mittels temperierter Walzen beim Trocken- oder Nasskaschieren erreicht werden.

Die Temperaturgenauigkeit einer Anlage muss ständig gewährleistet sein. Die verschiedenen Beschichtungsrohstoffe benötigen definierte Temperaturen und Verweilzeiten. Dies soll am Beispiel der PVC-Beschichtung dargestellt werden (Abb. 3.69).

Beschichtungsanlagen sind i. d. R. in zwei Trockenzonen jeweils mit Ober- und Unterluft geteilt. Zone 1 und 2 können mit einer anderen Temperatur beheizt werden als Zone

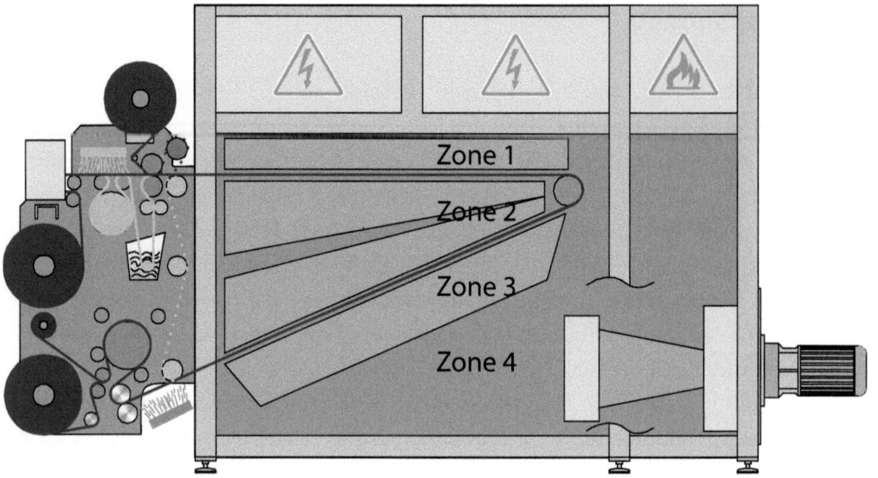

Abb. 3.69 Detailansicht des Deskcoater bezüglich der Temperaturzonen

3 und 4. Dies ist bei der Beschichtung mit bestimmten PVC-Typen von Bedeutung, wenn erst bei niedrigen Temperaturen um 150 °C angeliert werden soll (Zone 1 und 2) und die Ausgelierung bei 220 °C (Zone 3 und 4) garantiert werden muss. Bei Schaum-PVC wird die Oberfläche im ersten Kanalteil geschlossen, damit anschließend der chemische Prozess des Aufschäumens durchgeführt werden kann.

Die Temperatur wird in den Anlagen über Thermoelemente gemessen. Abweichungen während des Beschichtungsprozesses können den Ablauf der Beschichtung stark beeinflussen. Um für Trocknung, Vernetzung und Ausgelierung optimale Bedingungen zu haben, ist eine sehr genaue Einhaltung der Temperatur notwendig.

Wird z.B. die benötigte Temperatur zur Ausgelierung von PVC (220 °C) nicht erreicht, können bei der späteren Nutzung des Erzeugnisses die Oberflächenanforderungen hinsichtlich Abrieb, Knickfestigkeit u.a. nicht garantiert werden. Des Weiteren tritt ein ungenügendes Ausdampfen des Weichmachers ein und die Oberflächeneigenschaften entsprechen nicht mehr dem Anforderungsprofil.

Bei der Beschichtung mit chemischen Schäumen kommt das Treibmittel bei zu niedriger Trocknungstemperatur nicht ausreichend zur Wirkung. Die gewünschte Zellstruktur kann nicht erreicht werden, der Schaum ist instabil und ergibt eine ungleichmäßige Schichtdicke. Während der Nutzung genügt das Produkt nicht den Anforderungen.

Neben dem kontrollierten Heizprozess ist auf eine ausreichende Kühlung zu achten. Eine zu geringe Kühlung vor dem Aufwickeln kann zum Zusammenkleben der Materialbahnen führen. Ist eine Beschichtung zu warm gewickelt, kann es zu weiteren chemischen und physikalischen Reaktionen kommen, die unter Umständen nicht gewünscht sind. Auch im Bereich der Kühlung sind die Temperaturen daher genau einzuhalten.

3.6.4 Strömungsverhältnisse

In Beschichtungsanlagen sind sog. Strömungswächter eingebaut, die die Strömung der Luft ermitteln und an die SPS weiterleiten, damit weitere Maßnahmen ergriffen werden können.

Eine zu hohe Luftströmung im Kanal kann Probleme bei der Schaumbeschichtung, aber auch bei sehr leichten Materialien mit sich bringen. Beispielsweise ist bei der Schaumbeschichtung mit Latex-Compounds darauf zu achten, dass die Umluftströmung, das heißt die warme Luft, die über die Ware geblasen wird, eine definierte Einstellung nicht übersteigt, da sonst der aufgetragene Schaum zerstört werden kann. Je nach aufgetragener Schaumdicke kann auch eine Veränderung der Oberflächenstruktur erfolgen. Elastische und zugempfindliche Substrate können anfangen zu schwingen bzw. zu reißen. Bei sehr leichten Textilbahnen kann eine zu hohe Umluftströmung bei der Beschichtung ohne Nadelkette zu einem ungleichmäßigen Warenlauf führen. Auch dies führt – vor allem bei niedrigviskosen Rohstoffen – zu einer ungleichmäßigen Beschichtung.

3.6.5 Flächengewicht

Das Flächengewicht kann online überwacht werden. Eine Messung wird vor und nach der Beschichtung vorgenommen und kann mit verschiedenen Technologien erfolgen. Entsprechend der Differenz unter Einbeziehung des Feststoffanteils im Beschichtungsrohstoff kann die aufgetragene Beschichtungsmenge ermittelt werden.

Es ist möglich, das Flächengewichtsmessgerät direkt mit einem motorisch verstellbaren Auftragskopf zu koppeln. So können die ermittelten Dickenschwankungen automatisch durch Spaltverstellung des Rakels ausgeglichen werden. Die Gefahr einer automatischen Spaltverstellung ist eine gewisse Unruhe im Auftragssystem, wenn die Spalteinstellung ständig nachreguliert wird und sich die Auftragsgenauigkeit über die Warenlänge insgesamt verschlechtert. Diese Verfahrensweise ist nicht optimal und hat sich auf dem Markt auch nicht durchgesetzt. Zur Datenerfassung und Qualitätsüberwachung ist jedoch die Flächengewichtsermittlung generell von Bedeutung.

3.6.6 Warenfeuchte

Ähnlich wie bei der Flächengewichtsmessung gibt es hinsichtlich der Feuchtemessung zwei Messzonen an der Anlage: die Feuchte des Substrates vor der Beschichtung sowie die Feuchte der beschichteten Ware.

Um den Feuchtegehalt des Substrates vor dem Beschichtungsvorgang zu minimieren, werden Vorheiztrommeln in die Anlagen integriert. Dies ist notwendig, da bei bestimmten Substraten eine zu hohe Restfeuchte die Adhäsion zwischen Polymer und

Substrat herabsetzt. Gerade bei nicht klimatisierter Lagerhaltung der Substrate kann es hier zu erheblichen Schwankungen kommen. Die Feuchte der beschichteten Ware ist hinsichtlich der Ansteuerung des Trocknungsprozesses in Bezug auf Trocknungstemperatur und -zeit von Bedeutung. Wird nicht ausreichend getrocknete Ware aufgewickelt, kann es zum Zusammenkleben der Warenbahnen kommen. In den meisten Fällen ist eine nicht ausreichend getrocknete Ware auch hinsichtlich der Qualität der Beschichtung als negativ zu beurteilen. Der Beschichtungsrohstoff ist erst bei ausreichender Trocknung genügend ausfixiert und erreicht damit die geforderte Qualität bezüglich Abrieb, Oberflächenbeständigkeit usw.

Die Messung der Warenfeuchte wird überwiegend berührungslos mittels Mikrowellenstrahlen realisiert. Sie erfolgt dabei nach dem Prinzip der Absorption von Mikrowellen durch Wasser. Ein Halbleiteroszillator sendet Mikrowellenenergie durch die Warenbahn. Auf der Gegenseite wird der nichtabsorbierte Teil von einem Mikrowellensensor empfangen. Die absorbierte Menge der Mikrowellen entspricht dem absoluten Feuchtegehalt der Ware (s. Pleva, Firmeninformation). Eine direkte Kopplung mit der Maschinensteuerung ist dahingehend möglich, dass bei zu hoher Warenfeuchte die Maschinengeschwindigkeit entsprechend herabgesetzt werden kann, um die Verweilzeit im Trockner zu verlängern.

Die Erfassung von Daten an einer Beschichtungsanlage ist für die Sicherung des Prozesses und eine optimale Beschichtungsqualität wichtig. Eine direkte Kopplung zwischen den einzelnen Messsystemen und der Maschinensteuerung hinsichtlich Temperatur, Warenspannung, Feuchte u. a. garantiert an modernen Beschichtungsanlagen eine gleichbleibende Beschaffenheit der Warenoberfläche, der Beschichtungsstruktur und der textilphysikalischen Eigenschaften der Endprodukte. Die Ausführungen sind äußerst vielseitig, sodass Investitionen in Bezug auf die geforderte Qualität genau zu prüfen sind.

Abbildungsverzeichnis

Abbildung 1: Bild adaptiert von: Progress and Trends in Ink-jet Printing Technology, Hue P. Le, Le technologies, Inc., Beaverton, Oregon, Veröffentlicht in Recent Progress in Ink Jet Technlogies II. http://www.imaging.org/site/PDFS/Papers/1999/RP-0-92/1975.pdf (Progress and Trends in Ink-jet Printing Technology)

Abbildung 2: Bild adaptiert von: Progress and Trends in Ink-jet Printing Technology, Hue P. Le, Le technologies, Inc., Beaverton, Oregon, Veröffentlicht in Recent Progress in Ink Jet Technlogies II. http://www.imaging.org/site/PDFS/Papers/1999/RP-0-92/1975.pdf (Progress and Trends in Ink-jet Printing Technology)

Abbildung 3: Selbst erstellt

Abbildung 4: Bild adaptiert von: Wijshoff, H. (2008). Structure- and fluid-dynamics in piezo inkjet printheads Enschede. URL: https://research.utwente.nl/en/publications/structure-and-fluid-dynamics-in-piezo-inkjet-printheads-2 (Wijshoff 2008)

Abbildung 5: Bild adaptiert von: Progress and Trends in Ink-jet Printing Technology, Hue P. Le, Le technologies, Inc., Beaverton, Oregon, Veröffentlicht in Recent Progress in Ink Jet Technlogies II. http://www.imaging.org/site/PDFS/Papers/1999/RP-0-92/1975.pdf (Progress and Trends in Ink-jet Printing Technology)

4 Produktionsverfahren

Unter einem Beschichtungsverfahren versteht man, dass eine pastöse Masse so gleichmäßig wie möglich über die Gesamtbreite einer Trägerbahn verteilt und in geeigneter Weise fixiert wird (Schmidt 1967). Neben der Transfer- und der Direktbeschichtung gibt es die Lackierbeschichtung, die zur Veredlung von Halbzeugen dient. Des Weiteren sind das Drucken, Prägen, Inspizieren und das Konfektionieren als Produktions- und Veredlungsverfahren zu nennen. Als Konfektionieren bezeichnet man sowohl das Schneiden in Längs- und Querrichtung als auch die Fertigstellung von Verpackungseinheiten.

Beschichtungsanlagen werden aus Einzelaggregaten zusammengestellt und sowohl aufgaben- als auch kundenspezifisch ausgelegt. Alle Aggregate werden in Bezug auf Präzision, Arbeitsbreite, Antrieb und Automationsgrad aufeinander abgestimmt, wobei eine universelle Nutzung in die Investitionsüberlegungen einbezogen werden muss.

Beschichtungsanlagen bestehen im Wesentlichen aus:

- Abrollvorrichtung für das zu beschichtende Substrat oder das Release Paper;
- Warenspeicher mit Einzug und Auszugswalzen, kann ein Kompensator oder eine sog. I-Box sein;
- Arbeitspodest;
- Antragsmaschine, Streichmaschine, Walzenantragewerk oder Druckmaschine;
- Kaschierwerk mit Substratabwicklung;
- Trocken- und Gelierkanal mit Tragwalzen, mit oder ohne Spannrahmen oder Transportband, je nach gewünschtem Fertigprodukt;
- Kühlaggregat;
- Glätt- und Prägekalander, Warenspeicher in Form eines Kompensators mit Zugwalzen;
- Trennwalzenpaar, um Transferbeschichtungen zu ermöglichen;
- Aufwicklungen für beschichtetes Substrat und für Release Paper;
- Antrieb- und Steuerelemente für die Anlage.

A. Giessmann, *Substrat- und Textilbeschichtung*,
https://doi.org/10.1007/978-3-662-58494-1_4

Eine universell geplante Anlage sollte auch explosionsgeschützt ausgelegt sein, damit sie allen Anforderungen an wässrige und lösungsmittelhaltige Chemikalien genügen kann.

4.1 Beschichtungsmethoden

Bei den folgenden Betrachtungen der Produktionsverfahren wird von einer Universal-Dreikopf-Streichanlage (Universal Triple Head Coating Plant) ausgegangen. Bei der Konzipierung dieser Anlage wurde insbesondere die Forderung von Neuinvestoren berücksichtigt, in hoher Qualität alle gängigen Produkte – auch Dünnstbeschichtungen – bearbeiten zu können, um mit unterschiedlichen Produktpaletten in den internationalen Markt zu gelangen.

4.1.1 Transferbeschichtung

Für die Transferbeschichtung wird ein sog. Hilfsträger, das Release Paper, benutzt. Dabei handelt es sich um ein silikonisiertes Papier, das es mit verschiedenen Designoberflächen und in unterschiedlichen Glanzgraden gibt. Es kann normalerweise 10- bis 15-mal wiederverwendet werden, so lange, bis sich die Silikonoberfläche durch den Delaminierungsprozess soweit abgenutzt hat, dass sich die Beschichtung nicht mehr von der Oberfläche trennen lässt.

Bei der Dreikopf-Streichmaschine wird das Release Paper, von der Abwickelstation kommend, dem ersten Beschichtungsaggregat zugeführt. Dabei durchläuft es den für einen kontinuierlichen Betrieb notwendigen Klebtisch und den Kompensator mit Zugwalzen, welcher bei Rollenwechsel automatisch in Speicherung geht und nach dem Ankleben der Bahn und nach dem Leerprozess wieder in den Anlagengleichlauf übergeht. Nach Durchlaufen des Arbeitspodestes gelangt das zu beschichtende Release Paper kantengesteuert in die Auftragmaschine.

In diesem Aggregat wird mittels Roll-Coater oder Streichmesser die zu verarbeitende Paste gleichmäßig aufgetragen und im nachgeschlagenen Kanal (Trockenofen) vorgeliert oder vorgetrocknet. Nach Herabkühlen der Trockentemperatur (ca. 155–165 °C) im anschließend folgenden Kühlaggregat wird der sog. Schaumstrich aufgetragen. Dieser wird wiederum im nachfolgenden Kanal bei den genannten Temperaturen vorgeliert und getrocknet. Auch hier folgt das nachträgliche Abkühlen, bevor in der dritten Beschichtungsmaschine der letzte Auftrag, der sog. Haftstrich, erfolgt.

In dem der Beschichtungsmaschine nachgeschalteten Kaschierwerk wird das eigentliche Trägermaterial, ein Gewebe, Gewirke oder Vlies, in die nasse Paste einkaschiert und durch den folgenden Gelier- und Schäumungsprozess im Düsenkanal mit der Paste untrennbar verbunden. Hier herrschen Temperaturen von 185–225 °C. Nach dem Abkühlungsvorgang, bei welchem im Kühlaggregat jeweils die Ober- und Unterseiten zu kühlen sind, wird in der Trennstation das Trägerpapier von dem jetzt eine Einheit bildenden Paste-/Trägermaterial abgezogen und jedes getrennt aufgewickelt. Das Trägerpapier kann je nach Handhabung bis zu 10-mal und mehr benutzt werden. Das aufgewickelte Produkt wird den Nachfolgeanlagen für Präge- oder Druckvorgänge zugeführt, falls nicht schon eine Prägung durch das verwendete Release Paper gegeben war.

Bei der Universal-Dreikopf-Streichanlage sind bereits Glätt- und Prägewerk integriert, um bei der Direktbeschichtung sofort den gewünschten Prägeeffekt der Oberfläche zu erhalten, der durch das geprägte Release Paper vorgegeben wird.

Es gibt auch Stahlbandanlagen, die ebenfalls für die Umkehrbeschichtung eingesetzt werden. Bei diesen Anlagen besteht die Trägerbahn aus einem endlosen Edelstahlband, auf welches die Beschichtungspaste aufgebracht wird (Berndt 1990). Diese Art der Beschichtungsanlage hat sich wegen der Schwierigkeit der Bandführung und aufgrund des Temperaturverhältnisses der Bänder in der Praxis nicht durchgesetzt.

4.1.2 Direktbeschichtung

Die Direktbeschichtung kommt zur Anwendung, wenn Zeltplanen, Bekleidungsmaterialien und Kompaktkunstleder herzustellen sind. Je nach Verwendung sind hier eine oder mehrere Beschichtungsanlagen erforderlich. Das zu beschichtende Basismaterial wird von der Abwicklung kommend dem ersten Beschichtungsaggregat zugeführt. Um ein Schrumpfen des Trägermaterials in Querrichtung zu vermeiden, wird oftmals der schon erwähnte Spannrahmen eingesetzt. Es erfolgt der sog. Grundstrich oder Basiscoat. Nach Durchlaufen des Trockenkanals, in welchem bei ca. 165 °C das Vorgelieren stattfindet, und nach Abkühlen im nachgeschalteten Kühlaggregat wird der zweite Auftrag vorgenommen. Auch dieser wird im Düsenkanal vorgeliert und abgekühlt, um nunmehr den letzten Auftrag, den Topcoat, aufzubringen. Erst jetzt erfolgt das eigentliche Ausgelieren oder Schäumen je nach Endprodukt und Verwendung. Die Temperaturen bei diesem Prozess liegen bei 185–225 °C. Das Auftragen der Pasten geschieht nach dem Streichmesserprinzip (Wehlmann 1981). Nach dem Abkühlen der beschichteten Warenbahn wird diese in den Wickelaggregaten aufgewickelt und – wenn gewünscht – zur Nachbehandlung den entsprechenden Anlagen zugeleitet (Abb. 4.1).

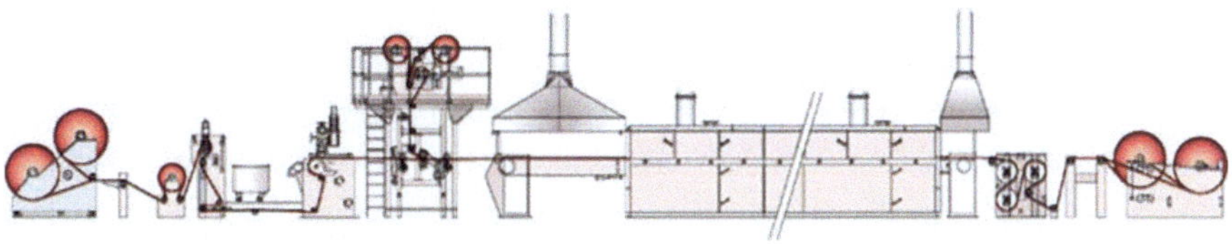

Abb. 4.1 Schemadarstellung einer Direktbeschichtungsanlage

Oberflächengestaltung
Mit der Gestaltung der Oberfläche wird dem Produkt das gewünschte Aussehen gegeben. Zur Oberflächengestaltung gehören:

Narbenstruktur	zu erreichen mittels Prägewalzen oder durch den Einsatz von negativ geprägtem Release Paper
Charakter der Oberfläche	Strukturen werden erreicht mittels Inhibitoren beim Druck, durch Ätzung der Prägewalzen bzw. durch geeignete Beflockung
Glanz- und Mattgrad der Oberfläche	zu erreichen mithilfe verschiedener hochglänzender oder tiefmatter Lacke bzw. durch den Einsatz von Release-Papieren oder durch Glättwalzen mit unterschiedlichen Glanzeffekten aufgrund der Oberflächenauswahl der Walzenkörper
Farbgebung und Designierung	zu erreichen mittels Druckwalzen unterschiedlicher Strukturen und durch Kombination verschiedener Druckwalzen

4.2 Drucken

Für das Bedrucken von Fußböden, Tischdecken und Kunstleder findet in der Beschichtungsindustrie das Tiefdruckverfahren Anwendung. Für den Tiefdruck ist das gewünschte Muster in die Walzen eingeätzt worden. Die Farbe wird den Druckwalzen über Farbübertragungswalzen zugeführt und die überschüssige Farbe über Streichmesser abgestrichen (Spitzner 1980). Je nach Maschinentyp können bis zu sechs Farben aufgetragen werden. Der Tiefdruck – auch Rouleauxdruck genannt – ist ein kontinuierlicher Druckvorgang (Echtermeyer 1986). Aufgrund der flexiblen Lagerung der Druckwalzen können die hintereinander angeordneten Walzen genau aufeinander abgestimmt werden, damit eine exakte Rapportierung erfolgen kann. Meist werden Wälzlager verwendet, da sie einen fast reibungslosen Lauf garantieren und anspruchslos in Pflege und Wartung sind (Matek 2001).

Eine in den Farbtrog eintauchende Schöpfwalze nimmt die Druckfarbe heraus und überträgt sie auf die schräg darüber liegende Druckwalze. In die Oberfläche dieser Walze ist das gewünschte Druckbild eingraviert oder eingeätzt, sodass die Druckfarbe in den Vertiefungen haften bleibt. Die überflüssige Farbe wird durch ein Rakelmesser abgestreift und fließt in den Farbtrog zurück. Damit nicht gelöste Farbpartikel nicht unter dem Rakelmesser festgehalten werden und u. U. Streifen verursachen, ist das Rakelmesser changierend ausgeführt. Auf diese Weise können die Partikel seitlich abfließen.

Die Farbe wird nun aus den Vertiefungen der gravierten Druckwalze an die zu bedruckende Warenbahn übertragen. Hierzu wird das Druckwerk bei etwa 5 bis 10 MN gegen den Presseur (gummierte Gegenwalze) gefahren und angedrückt.

Die Druckgebung ist von der jeweiligen Konstruktion abhängig und muss letztlich durch Versuche für die jeweilige Anlage ermittelt werden.

Bei Mehrfarbendruck durchläuft die Warenbahn mehrere Druckwerke mit entsprechend ausgelegten Zwischentrocknungen, um den nächsten Druckvorgang durchführen zu können, ohne die vorher aufgetragene Druckfarbe zu verwischen. Nach dem letzten Druckvorgang wird die Warenbahn in den Trockner eingeleitet.

Der weitere Prozess verläuft ähnlich dem Beschichtungsverfahren. Nach Herunterkühlen der bedruckten Bahn kann aufgewickelt werden.

Für die Herstellung von Tapeten wird hingegen der Rotationssiebdruck verwendet. Dieses Verfahren arbeitet mit einem Rakel, das im Inneren eines Druckzylinders angebracht ist. Die Farbe wird durch ein Rohr, das gleichzeitig als Rakelhalter dient, in den Zylinder gepumpt. Der Metallrakel presst die Farbe durch den Druckzylinder (Rotationssieb) auf die Trägerbahn.

4.3 Lackieren

Um eine beschichtete Substratoberfläche zu verbessern, sei es, um den Griff zu verändern, die Oberfläche matt oder glänzend zu gestalten, zusätzlich gegen Sonnenstrahlen und/oder andere äußere Einwirkungen zu schützen oder auch um modische Effekte zu erzielen, kann ein weiterer Arbeitsprozess – das Lackieren – nachgeschaltet oder bereits in die Anlage integriert werden.

Die Lackierung ist eine reine Oberflächenveredlung. Halbzeuge werden mit einer Feinstbeschichtung versehen, um die physikalischen Eigenschaften durch die Versiegelung der Oberfläche zu beeinflussen bzw. um den gewünschten Glanz- oder Mattgrad herzustellen. Kunstleder erhält durch dieses Finish z.B. einen angenehmeren Griff. Die Behandlung wird auch bei Echtleder angewandt; so benutzt die Lederindustrie z.B. Silikone, um den Griff weicher zu machen oder um ein Lackfinish in verschiedenen Farbtönen aufzubringen (Weinhold 1987).

Die Lacke werden mithilfe von Walzenantragssystemen auf das beschichtete Substrat aufgetragen. Der Auftrag eines Schlusslackes wird vielfach mit höherer Geschwindigkeit durchgeführt als die Beschichtung selbst, sodass in diesem Fall separate Drula-Anlagen oder separate Lackieranlagen zum Einsatz kommen.

Zweckmäßig ist der Lackauftrag mit einer Rasterwalze. Rasterwalzen sind gravierte Stahlwalzen mit sehr feiner Riffelung von 10 bis 80 Linien/cm oder auch sog. Tausend-Punkt-Walzen („mille-point-roll"), die punktförmige Vertiefungen aufweisen. Diese Vertiefungen können stumpf- oder spitzpyramidenförmig oder auch ballig ausgebildet sein, je nachdem, welche Lackart zum Einsatz gelangen soll. Unterschieden wird nach Viskosität, gewünschter Auftragsmenge und nach wässriger oder lösungsmittelhaltiger Konsistenz.

Die Rasterwalzen erlauben – je nach Viskosität und Feststoffgehalt der Lösung – einen Nassauftrag von 10 bis 85 g/m^2. Bei einer 10 %igen Lösung entspricht dies einem Trockenauftrag von 1 bis zu 8,5 g/m^2, was in den meisten Fällen ausreichend ist. In Sonderfällen, wie bei schweren Planenstoffen oder LKW-Planen, kann auch eine zweite Lackschicht aufgetragen werden. Glänzende Lacke können durch Zusatz von Mattierungsmitteln zu Mattlacken umgestaltet werden.

Lacke schützen die darunterliegende Druckmusterschicht vor allzu schnellem Abrieb, gestalten die Oberfläche klebriger Kunststoffe trockener und verhindern die Migration von Weichmachern aus der Beschichtung an die Kunstlederoberfläche.

4.4 Prägen

Unter Prägen versteht man ein Verformen der Kunststoffoberfläche. Als Vorlagen dienen Orginallederstrukturen bzw. Strukturen anderer Naturprodukte. Da das Relief in Negativform in die Walze eingraviert ist, tritt die Oberfläche der Prägewalze hervor. Bei der Prägung wird die Struktur unter hohem Druck in das durch Oberflächenhitze angeweichte Halbzeug gegen eine Gummiwalze gepresst. Hierbei wird das Halbzeug durch Heizwalzen und Infrarotfelder vorplastifiziert und nach der Prägung wieder abgekühlt. Neuerdings kann die Prägewalze mittels eines nachgeschalteten Druckwerkes noch eingefärbt werden, was einen Zweiton-Effekt ergibt. Druck, Temperatur und Andruckzeit sind die wichtigsten Parameter, um eine dauerhafte und gute Prägung zu erreichen (Dufke 1989).

Die für das Prägen beschichteter Substrate entwickelten Anlagen im kontinuierlichen Verfahren sind für Produktionsgeschwindigkeiten bis zu 60 m/min ausgelegt. Eine solche Anlage besteht aus:

- Großkaulenabwicklung,
- Zugwerk, wenn nicht die Abwicklung selbst angetrieben ist,
- Warenspeicher mit Auszugswerk,
- Vorheiztrommel,
- Infrarotfeld, mittel- oder kurzwellig,
- Prägewerk, wobei Prägewalze und Presseur wassergekühlt sein sollten,
- Druckprägewerk,
- Kühlaggregat,
- Warenspeicher mit Zugwerk,
- Großkauleaufwicklung,
- Antrieb.

Das Kernstück des Prägevorgangs ist das Infrarotfeld und die Wahl der Strahler. Die Leistungen liegen in Abhängigkeit von der Produktionsgeschwindigkeit bei 20–60 kW.

Der Abstand zur Warenbahn sollte einstellbar sein und i. d. R. mit ca. 100 mm vorgewählt werden. Der Walzenspalt ist ebenfalls feinfühlig einstellbar und über Mikrometeruhren reproduzierbar einzustellen.

Die Druckgebung erfolgt stufenlos und wird bis zu 200.000 N vorgegeben. Höhere Drücke sind auf Anforderung möglich.

Aus den genannten Oberflächengestaltungsmöglichkeiten ergeben sich viele Kombinationen, die in der Beschichtungsindustrie je nach Erfahrung und Know-how zum Einsatz kommen.

4.5 Tumbeln

Um einen besonderen Oberflächeneffekt, den sog. Knautscheffekt, bei beschichteten Substraten zu erhalten, können diese einer Tumbler-Behandlung, der mechanischen Knautschbehandlung, unterzogen werden. Bei einer Walzenanordnung in einem Kanal oder einer Trommel erfährt das Substrat eine Walkbehandlung, die durch feuchte warme Luft und das Einblasen von Wasserdampf noch unterstützt wird. Zusätzlich entsteht an der Oberfläche des beschichteten Substrats eine sog. Krispelung und der gewünschte Narbeneffekt.

Der so hervorgerufene Effekt wirkt, als ob ein beschichtetes Stück Substrat in warmes Wasser getaucht, zwischen beiden Händen hin- und hergeschoben und dabei noch verdreht wird. Man erzielt den sog. Knitter- oder Crasheffekt, bei dem das Substrat anschließend wie Knautschleder aussieht. Dieser Veredlungseffekt ist auch abhängig von der Art und Struktur des Beschichtungsfilmes (chemischer Aufbau des zur Beschichtung verwendeten Polymers) und von der Struktur und der physikalischen Beschaffenheit des zur Anwendung kommenden Substrats – Webware, Wirkware oder Vlies – und dem verwendeten Lackschlussstrich, der letztlich den Krispeleffekt hervorruft. Für eine solche Veredlungsart kommen in erster Linie polyurethanbeschichtete Substrate zum Einsatz, aber auch PVC-Schaumkunstleder, welche besondere Voraussetzungen hinsichtlich der Beschaffenheit des Schaumes und der Haftfestigkeit desselben an das Substrat (guter Klebeeffekt) verlangen.

Dieses Veredlungsverfahren kann diskontinuierlich oder in kontinuierlicher Arbeitsweise verlaufen.

Berechnung von Spalteinstellungen

Um eine gewünschte Auftragsstärke zu erreichen, ist eine bestimmte Spalteinstellung notwendig. Ihre Berechnung hängt ab von der individuellen Konsistenz und Viskosität der zu verarbeitenden Paste sowie von der Warengeschwindigkeit, mit welcher das zu beschichtende Substrat das Streichmesser passiert.

Daneben beeinflusst die Relativbewegung *Substrat zu rotierender Paste* die durch den Rakelspalt gebildete Auftragsstärke. Erfahrungen bestätigen, dass bei *Produktionsgeschwindigkeiten von 5–6 m/min* und darunter und einem *Rakelspalt von 1 mm ca. 1000 g/m² Plastisole* aufgetragen werden. Die Beispielrechnung gilt für eine PVC-Beschichtung, einen gewünschten Auftrag von 850 g/m^2, spez. Gewicht von 1:

$$v = 6\,\text{m/min},$$

$$\text{Spalt: } 0{,}85\,\text{mm} : 1{,}42\ (\text{spez. Gewicht}) = 0{,}6\,\text{mm Rakelspalt.}$$

Als grobe Richtwerte gelten:	1 mm Spalt = 1 000 g/m^2 0,1 mm Spalt = 100 g/m^2 0,01 mm Spalt = 10 g/m^2 0,001 mm Spalt = 1 g/m^2.

Ähnlich kann der Walzenspalt berechnet werden.

4.6 Kombinationsverfahren

Um eine dem Echtleder sehr nahe kommende Oberfläche zu erzielen und auch dessen Anfühleffekt zu erreichen, hat sich folgende Reihenfolge der Behandlungs- und Veredlungsprozesse in Expertenkreisen durchgesetzt:

1. Drucken,
2. Lackieren,
3. Drucken,
4. Lackieren,
5. Prägen,
6. Bügeln.

Diese Kombination dient insbesondere der Verkürzung von Transportwegen, dem Einsparen von Arbeitskräften und einem kontinuierlichen Veredlungsvorgang. Auf diese Weise entstanden sog. Drula-Anlagen (Druck-Lackieranlagen), Kombianlagen (kaschieren, drucken, lackieren) sowie Universal-Druck-Beschichtungsanlagen.

Um die genannten Prozesse inline fahren und die Nachbehandlung, z. B. das Bügeln, in hoher Qualität absolvieren zu können, wird eine hohe Prozessgenauigkeit für eine gleichmäßige Beschichtungsdicke, ein gleichmäßiger Klebeauftrag bei kaschierten Produkten und eine gleichmäßige Schäumung bei Schaum-PVC vorausgesetzt. Das Bügeln wird mithilfe einer beheizbaren Hochglanz-Spiegelwalze erreicht.

So werden heute Anlagen konzipiert und geliefert, die inline mehrere Substrate und/oder Folien miteinander kaschieren, diese beschichten, mehrfarbig bedrucken und lackieren und – um modische Effekte zu erreichen – auch noch einen Prägeprozess bewerkstelligen.

Der Automation der Anlagen sind nahezu keine Grenzen gesetzt, sie erfordert aber erhöhte Präzision der einzelnen Aggregate und eine entsprechende Ausbildung des eingesetzten Bedienungspersonals.

4.7 Beflocken

Einen weiteren Oberflächeneffekt bei Substraten wie Textilien, Folien, Papieren und Vliesen, den sog. Kunstvelour (Samt- und Plüscheffekt), erzielt man durch Beflocken. Die Beflockung geschieht mittels Aufbringen von kurz geschnittenen textilen Fasern, meist Baumwolle, Polyamid oder Viskose, in einer Länge von 0,5 bis 3 mm. Je nach gewünschtem Effekt und Verwendungszweck finden auch kürzere (fast puderartige) und längere Fasern Verwendung.

Unterschiedliche Kleber auf wässriger und/oder lösungsmittelhaltiger Basis werden für Baumwolle, Zellwolle, Jute und Synthesefasern – in Stapellängen zwischen 1 und 10 mm – zum Einsatz gebracht.

Zunächst wird das zu beflockende Substrat mit einem geeignetem Kleber mittels eines Streichaggregates – Messer gegen Walze oder Walzenantragewerk – beschichtet. Mithilfe einer Rüttelvorrichtung (Vibrationseinrichtung) wird der Flock durch entsprechende Siebe vollflächig, punktförmig oder auch als Motiv (gravierte Siebe, Druckdessin) auf das Substrat gestreut (beflockt) und elektrostatisch aufgebracht, wodurch sich die Fasern im Kleber fixieren, ausrichten und aufrichten.

Das Trocknen und Gelieren des Klebers erfolgt im den Flockwerken nachgeschalteten Trocken- und Gelierkanal, wobei sich die Kanaltemperaturen je nach Kleber in Temperaturbereichen von 150 bis 200 °C bewegen können. Bei vollflächigen Flockvorgängen sind Kleberaufträge im Bereich von 80–150 g/m^2 benannt.

Von den zu verwendenden Klebern wird eine sehr gute Haftfestigkeit, Flexibilität und Elastizität und je nach gewünschtem Einsatz des beflockten Substrates auch gute Wasser- und Lösungsmittelbeständigkeit sowie Wasch-, Koch- und Benzinfestigkeit verlangt.

Für die orientierte Beflockung – im Gegensatz zum verfilzten Flor, bei dem die Fasern durcheinanderliegen – wird das elektrostatische Verfahren eingesetzt.

Bei der am häufigsten vorkommenden Variante wird in einem elektrostatischen Feld bei etwa 100 kV Gleichspannung beschichtet. Die einzelnen Fasern richten sich auf und kommen im Kleber senkrecht zu stehen. Nach Trocknen und Kühlung sorgt eine Bürsteinrichtung für die Entfernung von nicht oder schlecht gebundenen Fasern (Abb. 4.2).

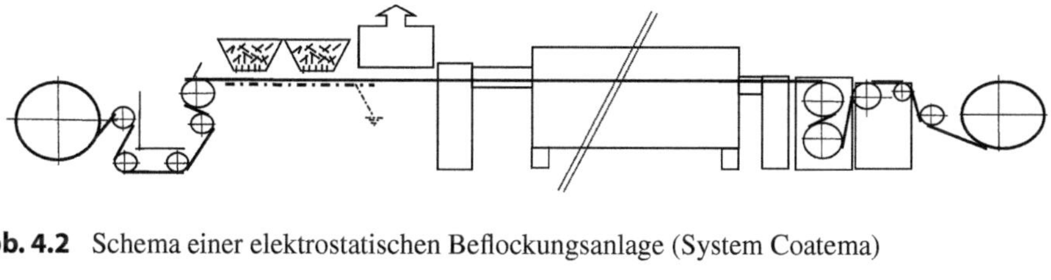

Abb. 4.2 Schema einer elektrostatischen Beflockungsanlage (System Coatema)

Das Anlagenlayout sieht wie folgt aus:

1. Aufbringen des Klebers in ausgesuchter Qualität mittels eines Streichaggregates oder mithilfe des Walzenantragewerkes;
2. Aufbringen der Flockfasern in einem elektrostatischen Gleichstrom-Kraftfeld mittels der Vibrationssiebe, vollflächig oder im Druckdessin;
3. Trocknen und Gelieren der beflockten Warenbahn in den der Flockeinrichtung nachgeschalteten Trockenkanälen (hierbei richten sich die Kanallängen nach den gewünschten Produktionsgeschwindigkeiten, Kanallängen von 18 m, 21 m und mehr sind hierbei keine Seltenheit);
4. Kühlen der beflockten Bahn bis auf Raumtemperatur;
5. Entfernen der überflüssigen Fasern (Flocken) mittels einer Bürst- und Absaugvorrichtung;
6. Aufwickeln der Bahn, wobei noch ein Kantenschnitt und Bahnsteuerung integriert werden kann.

4.8 Kaschieren

Werden mehrere Substrate oder Schichten in zwei Lagen miteinander verbunden, sodass am Ende ein Produkt entsteht, wird von Kaschierung gesprochen. Die Verbindung mehrerer Lagen wird Laminierung genannt. Im heutigen Sprachgebrauch werden diese Feinheiten jedoch nicht mehr getrennt.

Um den Begriff „Kaschierung“ zu erläutern, werden hier einige Anwendungsbeispiele vorgestellt.

Bei der Herstellung beschichteter Substrate unterscheidet man das direkte Beschichten, z. B. bei Planenware, Tischdecken, Camping- und Segelmaterialien, und das indirekte Beschichten, das für das klassische weiche Kunstleder, (Schuhobermaterialien, Täschnerware) gebraucht wird.

Bei der Herstellung von Kunstleder wird im Prozess der Topcoat, eine PUR- oder PVC-Lage auf einem Trägerpapier (Release Paper), mittels Streichmesser aufgetragen. Auf diesen Topcoat erfolgt der Auftrag einer Schaum-PVC-Lage. In diese oder in eine dritte aufgetragene Haftlage (kann ebenfalls eine PVC-Lage sein) wird nun das zu beschichtende Substrat aufgelegt und je nach gewünschtem Effekt mit Druck oder durch einen Walzenspalt fixiert, in die nasse Paste eingedrückt.

Nach Durchlaufen des Trocken- und Gelierkanals sind die Beschichtungslagen mit dem aufgelegten (kaschierten) Substrat fest verbunden und können vor dem Aufwickeln vom Trägerpapier (Release Paper) getrennt werden.

Das Kaschieraggregat besteht im Wesentlichen aus einer verchromten oder teflonisierten Kaschierwalze, die mit hoher Präzision und Rundlaufgenauigkeit arbeitet. Diese Kaschierwalze, bei Hot-Melt-Anlagen auch kühlbar ausgeführt, wird mittels pneumatischer oder hydraulischer Druckgebung gegen eine Presseurwalze gedrückt. Die Presseurwalze ist in der Regel gummiert ausgelegt, wobei eine Gummierung zwischen 65° und 87° Shore-Härte gewählt wird. Vorteilhaft ist eine Lösungsmittelbeständigkeit, da nicht immer im Vorfeld bekannt ist, welche Chemikalien verwendet werden. Die Kaschierwalze kann entweder mit Druck oder auf Spalt – gegenüber der Presseurwalze – gefahren werden.

Eine dritte Variante ist das sog. Luftkaschieren, das mit dem Presseur vor- und nachgeschalteten und in der Höhe einstellbaren Unterstützungswalzen abläuft. Mit dieser dritten Möglichkeit können zwei z. B. zugempfindliche Substrate leicht übereinander kaschiert werden, wobei sich diese nur durch das Eigengewicht und die durch den Warenzug aufgebaute Zugkomponente berühren. Das Verfahren wird gern beim Kaschieren von gerauten Geweben eingesetzt, um die geraute Oberfläche nicht zu verpressen und dennoch eine gute Haftung zu erlangen.

Abb. 4.3, 4.4 und 4.5 zeigen schematische Darstellungen der drei Kaschiermethoden.

Um spezifischen Kundenwünschen sowie der Verwendung unterschiedlicher chemischer Substanzen gerecht zu werden, wird in Sonderfällen das gesamte Kaschieraggregat in Längsrichtung verfahrbar angeordnet. Durch diese Verfahrbarkeit in Längsrichtung können der Abstand und somit die Abdunststrecke zwischen der eigentlichen Beschichtung und der Kaschierung auf die Topfzeit der aufgetragenen Chemie individuell angepasst werden (Abb. 4.6).

Abb. 4.3 Druckkaschieren

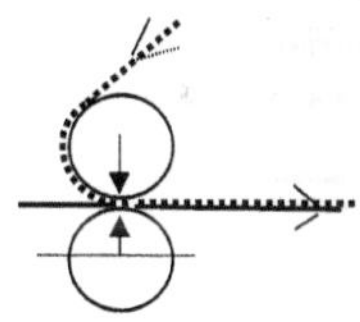

Abb. 4.4 Spaltkaschieren

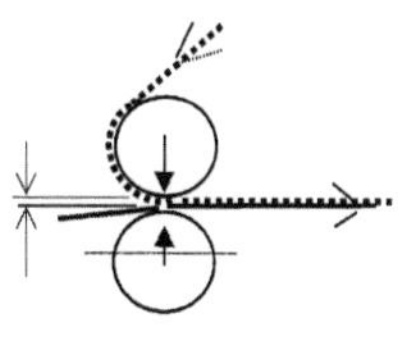

Abb. 4.5 Luftkaschieren

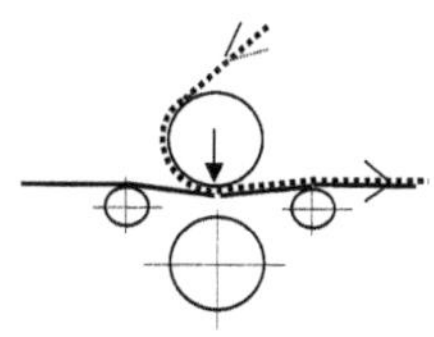

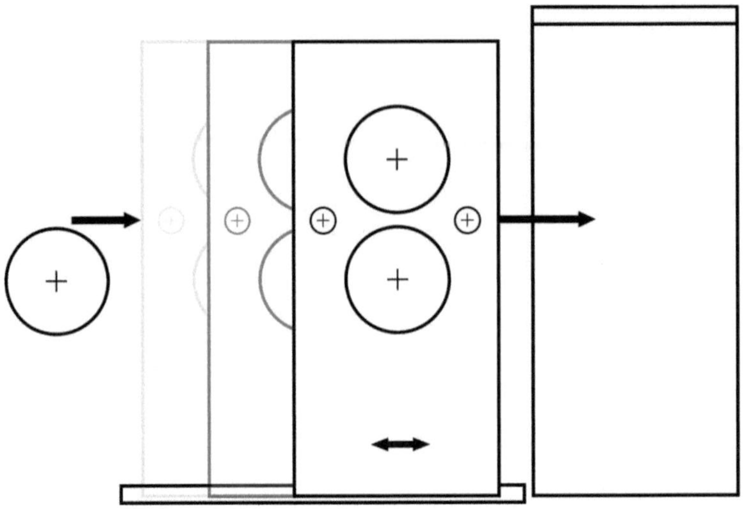

Abb. 4.6 Verfahrbare Kaschieranordnung

Dies hat zum einen den Vorteil, dass bei Arbeiten mit Lösungsmittelklebern sofort eine Abdeckung erfolgt und ein Freiwerden der Lösungsmittel begrenzt bleibt und man zum anderen den Abstand zum Kaschierspalt so vergrößern kann, dass ein Lufttrockeneffekt einsetzt und sich eine leichte Haut vor dem Kaschieren bildet, wobei bereits eine Kleberverfestigung eintritt, die eine Haftung vergrößern kann.

Es gibt drei verschiedene Kaschiermethoden: die *Trockenkaschierung,* die *Nasskaschierung* und die *Flammkaschierung.*

4.8.1 Trockenkaschierung

Die Trockenkaschierung wird angewandt, wenn offenporige Substrate kaschiert werden sollen. Diese Art der Kaschierung verhindert eine Penetration der Klebeschicht in das Substrat. Hierdurch ist eine wesentliche Grundlage des Griffs bzw. der Haptik gegeben.

Die Kaschiermittel werden auf eine Lage aufgebracht und anschließend vorgetrocknet. Der reaktiven Klebeschicht wird die Warenbahn unter Benutzung einer zweiten Wärmequelle und durch Anschmelzen hinzukaschiert und unter Druck verfestigt. Hierzu dienen zwei Walzen; eine befindet sich am Einlauf zur Heizwalze, die andere am Auslauf. Mit der anschließenden Kühlung ist der Prozess, der auch als One-Coat-System (OCS) bezeichnet wird, beendet. Beim Einlauf in das System werden die Materialien mit einer gummierten Walze fixiert und über Temperatur und Zugspannung miteinander verbunden. Die verchromte Auslaufwalze wird als druckgebende Walze angestellt (Abb. 4.7).

Wenn eine Klebefolie als Zwischenlage verwendet wird, ist ein konstanter Druck während des Verbundprozesses nötig, was mithilfe eines Spanntuches erreicht wird.

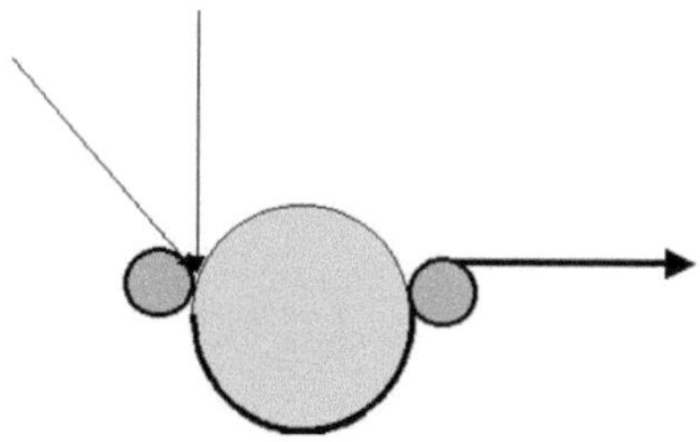

Abb. 4.7 OCS-Trockenkaschierung

4.8.2 Nasskaschierung

Bei der Nasskaschierung wird ein pastöses Medium durch ein Auftragssystem auf eine der zu verbindenden Bahnen aufgetragen, danach wird eine weitere Lage hinzugefügt. Der Fügeprozess wird durch Druck und/oder Wärme während des Kaschiervorgangs unterstützt.

Anschließend tritt die eigentliche Ausreaktion des Auftrags ein und als letzter thermischer Vorgang erfolgt die Kühlung. Abhängig vom Substrat wird i. d. R. auf 20 bis 25 °C heruntergekühlt, wobei z. B. für Aluminiumcoils auch 40 °C üblich sind.

4.8.3 Flammkaschierung

Bei der Flammkaschierung benutzt man eine offene Flamme, um die Oberfläche eines Substrats anzuschmelzen. Meist handelt es sich hierbei um einen PU-Schaum, der mit einem Bezugsstoff zusammengefügt werden soll. Die hierbei verwendeten Gasbrenner entwickeln eine Temperatur von ca. 200–250 °C und lassen durch den Anschmelzvorgang Produktionsgeschwindigkeiten bis zu 40 m/min zu. Bei dieser Art der Kaschierung ist jedoch mit einem Abbrand der Schaumfoliendicke zwischen 0,2 und 0,5 mm zu rechnen.

Aufgrund ökologischer Bedenklichkeiten gerät diese Technik immer mehr ins Abseits, sodass viele Hersteller das Verfahren nicht mehr anwenden. Es wird fieberhaft versucht, diese Form des Kaschierens durch andere Technologien zu ersetzen. Zurzeit werden die Hot-Melt-Applikation, der Pulverstreuauftrag und die Verwendung von Schmelzfolie untersucht. Unter dem Gesichtspunkt geringer Produktions- und Herstellungskosten konnte ein befriedigendes Ergebnis jedoch noch nicht erreicht werden.

4.9 Konfektionieren und Inspizieren

Für den Veredlungsprozess, sei es das Beschichten, Kaschieren oder das Bedrucken, ist eine Inspektion der Substrate notwendig, da diese meist nicht in den benötigten Längen angeliefert werden.

Daraus resultiert ein Aneinandernähen der Lieferlängen, um einen kontinuierlichen Beschichtungsprozess gewährleisten zu können. Vor allem bei importierten Substraten müssen auch fehlerhafte Stellen markiert und entfernt werden, die im Veredlungsprozess zu Unterbrechungen oder Ausschuss führen können.

Diese Arbeitsgänge sind in der Beschichtungsindustrie notwendig, um die fertige Ware den kundenspezifischen Anforderungen anzupassen. Die Arbeiten lassen sich heute weitgehend automatisieren, sodass die in Länge und Breite verkaufsfähigen Rollen automatisch verpackt und etikettiert werden. Abb. 4.8 und 4.9 zeigen Inspektionsmaschinen für Rollenware und beschichtete Substrate sowie zum Umrollen, Säubern und Inspizieren des Release Papers.

Bei beiden Versionen sind unterschiedliche Wickelsysteme in einer Anlage integriert, um sowohl von Großkaule auf Großkaule zu arbeiten als auch um unterschiedlichen Längenanforderungen gerecht zu werden. Damit lassen sich auch kleine Metragen für die Veredlung auf die gewünschten Längen zusammenfügen (Nähen, Schweißen, Heften).

Das bedeutet, dass das Endprodukt in die gewünschte Breite und Länge geschnitten werden muss. Daneben wird auch auf die richtige Etikettierung und den nötigen Papphülsendurchmesser geachtet. Des Weiteren wird die Ware beim Schneiden, wo sie über einen Schautisch läuft, einer Qualitätsprüfung unterzogen. Bei diesem Vorgang wird nur die Oberflächenbeschaffenheit überprüft. Die physikalischen und chemischen Eigenschaften werden in einem separaten Labor getestet. Das bei der Indirektbeschichtung benötigte Release Paper muss ebenfalls inspiziert und ggf. gesäubert und repariert werden. Den Abschluss der Arbeiten bildet die Verpackung in die vom Kunden gewünschten Losgrößen.

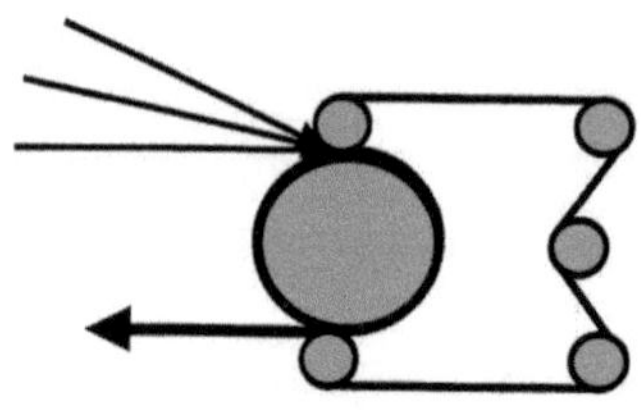

Abb. 4.8 Bandtrommeltrocknung

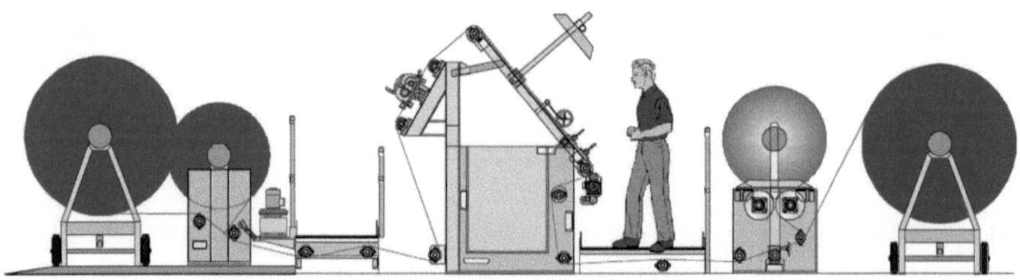

Abb. 4.9 Layout einer Substrat-Umroll-Schau- und Messmaschine

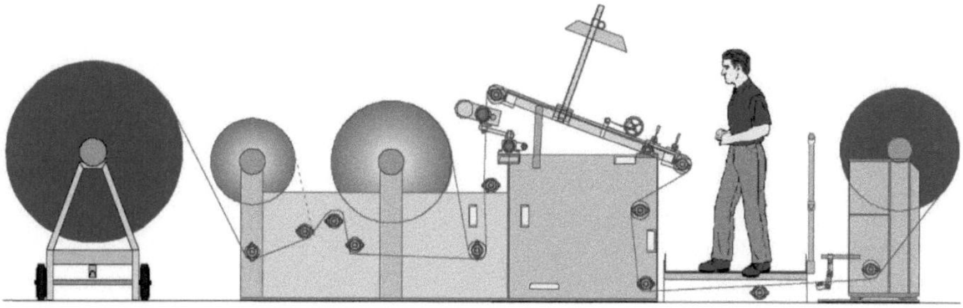

Abb. 4.10 Layout einer Papier-Umroll- und Schaumaschine

Bei der Papier-Umroll- und Schaumaschine sind zusätzlich Aufwicklungen und Leitwalzen eingebaut, um auch eine Trennung von Release Paper und beschichtetem Substrat vornehmen zu können. In der Praxis hat sich gezeigt, dass eine Trennung „inline" nicht immer günstig ist und eine Nachalterung der Beschichtung sich als geeigneter herausstellte. Hierbei spielen auch die verwendeten chemischen Produkte eine Rolle (Abb. 4.10).

Um die Rollenware – Substrate aller Art – den einzelnen Anlagen zuführen zu können, sind entsprechende Transportgeräte notwendig. Nicht alle Produktionshallen verfügen über die Einrichtung eines Hallenkranes, der Wicklungen von Beschichtungs- und Kaschieranlagen bedienen kann. Hier bietet sich die Großkaule als geeignetes Wickel- und Transportaggregat an, da diese verfahrbar ausgerüstet und mit Antriebskeil und Warenbremse ausgestattet ist.

Ein weiteres typisches Transportgerät für bahnenförmige Substrate ist der Ballentransportwagen. Hier muss jedoch erwähnt werden, dass durch das Ballengewicht eine gewisse Flächenpressung erfolgt, die nicht für jedes Material zulässig ist.

4.10 Richtrezepturen

Siehe Tab. 4.1, 4.2 und 4.3.

Neben den vorgestellten Produktionsverfahren gehören die Rezepturen, d. h. die Zusammenstellungen der zu verwendenden Chemikalien, zu den wichtigen Produktionsschritten. In Abhängigkeit von den gewünschten Produkteigenschaften werden die Chemikalien ausgewählt und in einem bestimmten Mischungsverhältnis gemischt. Die Mischung erfolgt in den in Kap. 5 beschriebenen Anlagen.

Die vorgestellten drei Richtrezepturen haben sich für das Beschichten als Grundlagenrezepturen durchgesetzt und lassen sich je nach Produktportfolio anpassen.

Bei der Benennung von Rezepturen hat sich die Einheit „Anteile pro Hundert" durchgesetzt. Dies bedeutet, dass die Hauptkomponente, z. B. PVC, mit 100 Anteilen vorgegeben wird und sich die restlichen Zusätze (Additive) immer auf 100 Anteile der Hauptkomponente beziehen.

Tab. 4.1 Richtrezeptur für Planenstoffe

Basisrezeptur	[kg/m²]
Deckstrich	0,3
Schaumstrich	0,2
Gesamtgewicht	0,5

Zusammensetzung der Richtrezeptur					
Rohstoff	Deckstrich	[kg/m²]	Schaumstrich	[kg/m²]	Gesamtgewicht [kg/m²]
S374MB	100,0	0,159151	100,0	0,10204	261,19
DINP	75,0	0,119363	75,0	0,07653	195,89
Interstab M767	2,5	0,003978			3,98
Interstab 802			2,0	0,00204	2,04
Estabex 2381	3,0	0,004774	3,0	0,003061	7,84
Interside ABF2	2,0	0,003183	2,0	0,00204	5,22
TiO_2 CL2220	6,0	0,009549	6,0	0,006122	15,67
Vulcabond VP			8,0	0,008163	8,16
Total	188,5	0,3	196,0	0,2	

Tab. 4.2 Richtrezeptur für Kunstleder (Polster)

Basisrezeptur	[kg/m²]
Deckstrich	0,11
Schaumstrich	0,23
Textil	0,1
Gesamtgewicht	0,44

Zusammensetzung der Richtrezeptur					
Rohstoff	Deckstrich	[kg/m²]	Schaumstrich	[kg/m²]	Gesamtgewicht [kg/m²]
S374MB	100,0	0,060439	100,0	0,115577	176,02
DINP	70,0	0,042307	70,0	0,080904	123,21
Genitron AC4			2,0	0,002311	2,31
Interstab M767	2,0	0,001208			1,21
Estabex 2307	3,0	0,001813			1,81
Sicostab M62			2,0	0,002311	2,31
Durcal 5			20,0	0,023115	2,31
TiO_2 CL2220	4,0	0,002417	2,0	0,002311	4,73
White spirit	3,0	0,001813	3,0	0,003467	5,28
Total	182,0	0,11	199,0	0,23	

Tab. 4.3 Richtrezeptur für Regenbekleidung

Basisrezeptur	[kg/m²]
Deckstrich	0,18
Schaumstrich	0,18
Textil	0,09

Zusammensetzung der Richtrezeptur					
Rohstoff	Deckstrich	[kg/m²	Schaumstrich	[kg/m²]	Gesamtgewicht [kg/m²]
S372 LD	100,0	0,108892	100,0	0,108892	217,79
DINP	60,0	0,065335	60,0	0,065335	130,67
Byk LPD 6296	0,3	0,000326	0,3	0,00326	0,65
Interstab M767	2,0	0,002177	2,0	0,002177	4,36
Estabex 2307	3,0	0,003266	3,0	0,003266	6,53
Total	188,5	0,3	196,0	0,2	

5 Pastenaufbereitung

Um die Beschichtungsanlagen individuell und flexibel bestücken zu können, werden Materialien aus Polyvinylchlorid (PVC) oder Polyurethan (PU), Acrylate oder Silikone sowie einer Reihe von Additiven benötigt. Diese Materialien werden von den jeweiligen Herstellern vor der Verarbeitung selbst angerührt. Abb. 5.1 gibt eine Übersicht über die hierfür notwendigen Geräte. Die Chemikalien können den Mischmaschinen auch über automatisch gesteuerte und durch Computer kontrollierte Wiege- und Silierungsaggregate zugeführt werden.

Es werden fünf verschiedene Geräte zur Pastenaufbereitung benötigt:

- Vakuum-Sinus-Dissolver (Vacuum-Sinus-Dissolver),
- Vakuum-Filter (Vacuum-Filter),
- Dreiwalzenstuhl (Three-Roller Mill),
- Wandschnellmischer (High-Speed Mixer),
- Lösemittelmischer (Solvent Mixer).

5.1 Vakuum-Sinus-Dissolver

Vakuum-Sinus-Dissolver sind Mischer, die über einen niedrig- bis hochtourig laufenden, senkrecht stehenden Rührer verfügen.

Der Rührer ist so konstruiert, dass seine Bewegungsenergie in hohem Maße in Misch- und Zerkleinerungsenergie und nicht in Reibungswärme umgesetzt wird (Finkmann 1986).

In den Dissolver werden die PVC-Pasten mit Weichmachern, Kickern (Treibmitteln), Stabilisatoren, Füllstoffen und Masterbatches (Farben) eingebracht und in diesem dispergiert und angeteigt, bis die gewünschte Viskosität erreicht ist. Gleichzeitig wird die Paste vakuumiert, um Lufteinschlüsse zu beseitigen.

A. Giessmann, *Substrat- und Textilbeschichtung*,
https://doi.org/10.1007/978-3-662-58494-1_5

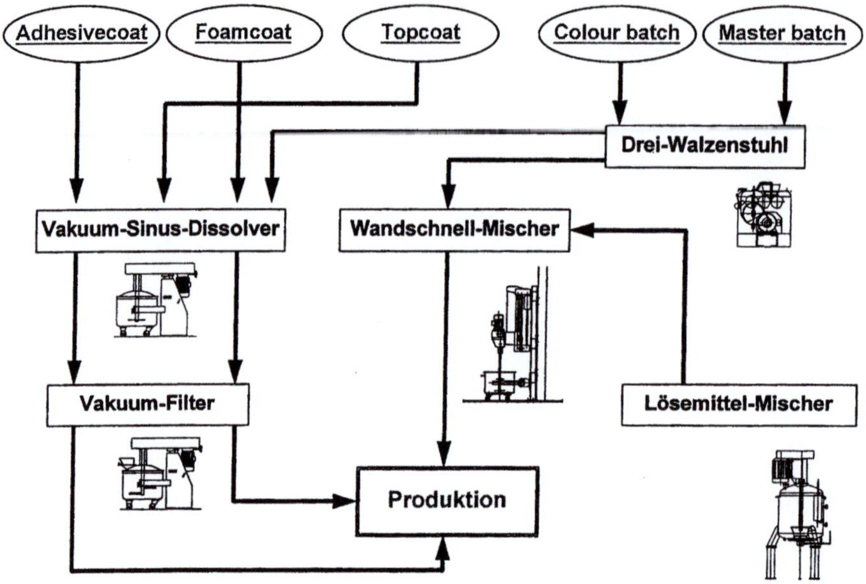

Abb. 5.1 Schema der Pastenaufbereitung. (Quelle: Coatema 1990)

Abb. 5.2 Vakuum-Sinus-Dissolver

Je nach Viskosität ist ein Randabstreifer zu empfehlen. Hierbei handelt es sich um ein im Gegenlauf rotierendes Messer, das die Paste vom Rand abstreift und der Dissolverscheibe zuführt. Hiermit wird eine gleichbleibende und homogene Mischung gewährleistet (Abb. 5.2).

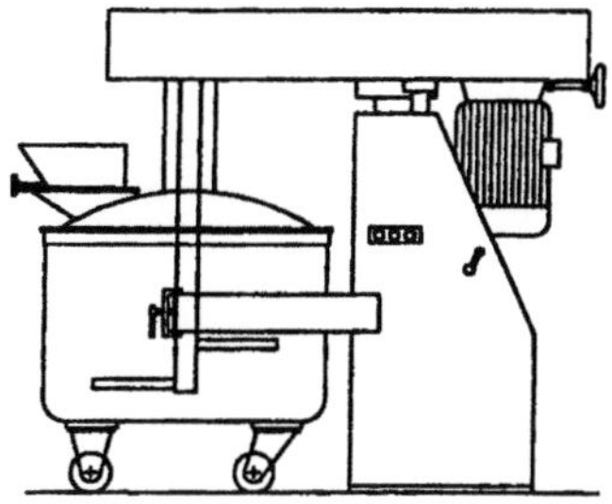

Abb. 5.3 Vakuum-Filter

5.2 Vakuum-Filter

Mit dem Vakuum-Filter wird der Oberflächenstrich, der sog. Topcoat, bei der PVC-Beschichtung zusätzlich gefiltert und endvakuumiert, um selbst kleinste Verunreinigungen oder Pigmentkonzentrationen, die nicht homogenisiert wurden, herauszufiltern. Er ist ähnlich aufgebaut wie der Vakuum-Sinus-Dissolver, verfügt aber über einen zusätzlichen Filter, der an einem Schnellwechsel-Siebrahmen befestigt ist. Der rotierende Schaft mit Rührscheibe ist durch einen langsam umlaufenden Rührarm ersetzt, der die Beschichtungsmasse langsam von unten nach oben bewegt und so den Vakuumierungsvorgang unterstützt (Abb. 5.3).

5.3 Dreiwalzenstuhl

Mit dem Dreiwalzenstuhl werden Masterbatches (Farben) und Füllstoffe abgerieben und homogenisiert, bevor sie dem PVC im Dissolver beigemengt werden (Werner 1988). Dies ist notwendig, da Farbpigmente und Füllstoffe in unterschiedlichen Feinheitsgraden auf dem Markt erhältlich sind, bei der Feinbeschichtung aber äußerst feine Beschichtungsmedien benötigt werden. Der Masterbatch wird der äußeren Walze zugeführt und von dieser über die mittlere auf die dritte Walze und infolge der Differenzgeschwindigkeit als Film übertragen. Die Abrieb- oder Mahlwirkung kommt durch den Anpressdruck zustande (Abb. 5.4).

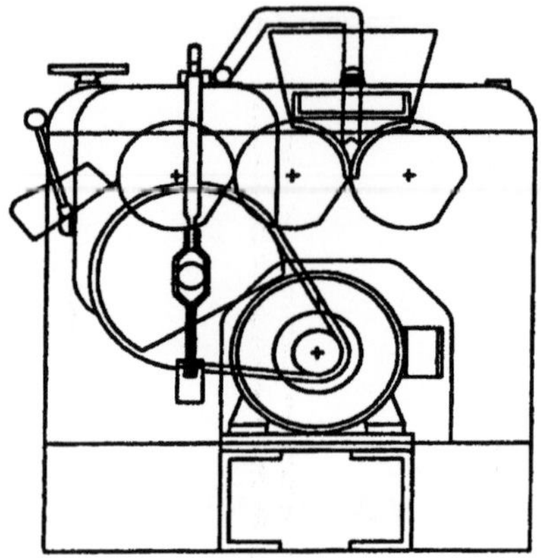

Abb. 5.4 Dreiwalzenstuhl

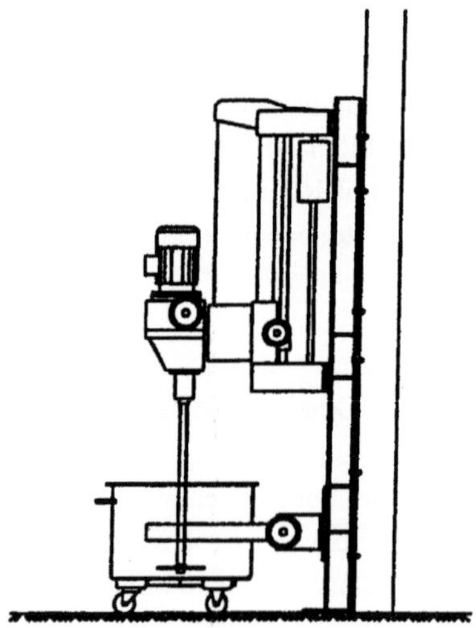

Abb. 5.5 Wandschnellmischer

5.4 Wandschnellmischer

Der Wandschnellmischer wird benötigt, um gelöste PU-Pasten einzufärben und – falls erforderlich – Viskositätsanpassungen vorzunehmen (Niemann 1991). Der Mixer arbeitet mit sehr hohen Drehzahlen in Bereichen von 600–6000 min^{-1} (Abb. 5.5).

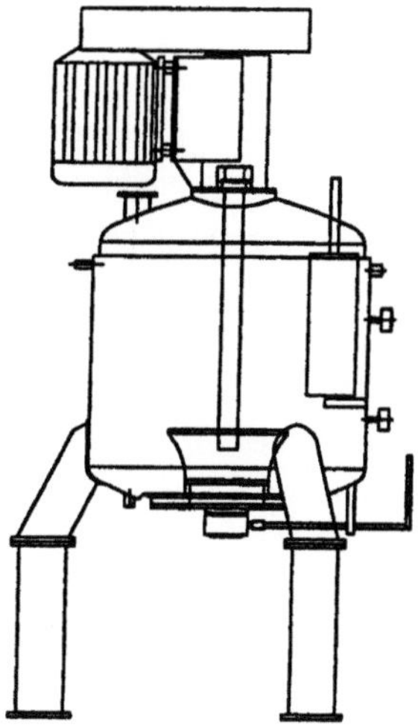

Abb. 5.6 Lösemittelmischer

5.5 Lösemittelmischer

In den Lösemittelmischer werden PU-Granulate gegeben, die mittels Zusatz von Lösungsmitteln wie Methylethylketon, Dimethylformamid, Toluol und anderen in eine streichfähige Paste umgewandelt werden. Ein langsam laufendes Rührwerk sorgt für einen homogenen Lösungsprozess, der sich über einige Stunden hinzieht. Die durch den Lösungsprozess entstehende Wärme wird durch die Kühlung der Behälterwandung abgeführt. Dies ist von äußerster Wichtigkeit, um ein Gelieren und Verdampfen von Lösungsmitteln zu vermeiden (Abb. 5.6).

Die PU-Lösung wird im Normalfall im Verhältnis von 20–30 % Festgehalt für den Beschichtungsvorgang angeliefert. Eine dem Kundenwunsch entsprechende Farbgebung kann unter Benutzung des Wandschnellmischers erfolgen.

5.6 Plastisol

5.6.1 Vorbereitungen

Für das maschinelle Verständnis wurden zunächst die Mischertypen beschrieben, im Nachfolgenden gibt es Hinweise zur Nutzung dieser verschiedenen Typen. Zur Vereinfachung lassen Sie uns die Mixertypen in zwei Kategorien einteilen: Mixer mit hoher und Mixer mit mittlerer bzw. geringer Intensität.

Die Wahl einer bestimmten Mixerart hängt hauptsächlich vom herzustellenden Endprodukt ab. Die Mixer mit mittlerer und geringer Intensität werden für die Herstellung von Pasten mit hoher Viskosität benutzt; bei industriell hergestellten Mastix-Harzen sollte solch ein Mixer benutzt werden. In einer Beschichtungsfabrik, bei der Plastisole eine geringe Viskosität bei hohen Schergeschwindigkeiten und eine geringe bis hohe Viskosität bei niedrigen Schergeschwindigkeiten aufweisen, sollte man je nach Beschichtung einen Mixer mit hoher Intensität verwenden. Dies ist natürlich generell Ansichtssache, weil andere Gesichtspunkte in Betracht gezogen werden müssen. Die Hauptfunktion des Mischens ist es, den Grad der Agglomeration, welcher in trockenen Pulvern vorhanden ist, beim Verteilen im flüssigen Medium zu reduzieren. Dies sollte zudem mit weniger Hitzeaufbau in der Paste erfolgen, um ein vorzeitiges Anschwellen des Harzes zu vermeiden. Sichere Mischtemperaturen können bei den verschiedenen Arten von Rezepturen signifikant variieren.

5.6.2 Nutzung Hochgeschwindigkeitsmixer

Beim Betrieb mit einer speziellen Rührschaufel und bei hoher Umdrehungszahl formt sich ein Strudel und die Partikel deagglomerieren aufgrund der Verwirbelung und Scherkräfte. Hochgeschwindigkeitsmixer sind generell mit einer Vakuumvorrichtung und manchmal mit einem Schaber am Rand ausgestattet. Während des Mischprozesses bei Hochgeschwindigkeitsmixern wird eine große Menge von Luft in die Paste gepumpt, welche vor der Beschichtung entfernt werden muss, um Blasen und Krater zu vermeiden. Die Paste kann dann im Mixer selbst oder nebenher bei der Vakuumfiltration vakuumbehandelt werden.

In Bezug auf die Viskosität werden Werte von 1–30, 1–25, 1–15 Pa s in der Literatur als Maximum erachtet. Persönlich würde ich sagen, dass die geringste Viskosität bei hohen Scherraten ein Ziel des Formelmischers sein sollte, wenn keine anderen spezifischen Anforderungen bestehen. Es ist offensichtlich, dass als generelle Regel hochviskose Materialien und hohe Schergeschwindigkeit einen hohen Hitzeanstieg ergeben. Es ist nicht unüblich, Temperaturen von 30–40 °C anzutreffen, wenn sie sich in Afrika oder Asien befinden. Der Formulierer muss unter solchen Bedingungen vorsichtiger arbeiten. Umgebungstemperaturen sind eine Sache, aber schlimmer sind hohe Temperaturunterschiede aufgrund zu hoher Schergeschwindigkeiten oder unzureichender Rezeptur. Also müssen beachtet werden:

- Umgebungstemperatur;
- Temperaturunterschied während des Mischvorgangs;
- Mixereffizienz vs. Umdrehung pro Minute, Suche nach kürzeren Zyklen ohne Hitzeaufbau;
- die Art des Rezeptes: hoch oder wenig plastifiziert, Anwesenheit oder Fehlen von Weichmachern mit hoher Löslichkeit, Füllstoffe, Pigmente.

Vom Standpunkt der Geräte aus betrachtet können doppelwandige Mixbehälter benutzt werden, um den Hitzeaufbau teilweise zu vermeiden, eine bessere Kontrolle der Viskosität zu erreichen und die verbleibende Rezeptur durch Temperaturkontrolle konstant zu halten.

Mischprozess

Die Flüssigkeiten werden zuerst in solche Mixer gegossen, homogenisiert und dann werden die festen Stoffe zugegeben (nicht immer alles auf einmal, abhängig von der Behälterkapazität). Die Reihenfolge jedes festen Stoffes hängt von der Rezeptur ab, generell kommt das PVC als Erstes. Im Anschluss daran sind die Reihenfolge und der Zeitpunkt vom Formulierer vorgegeben. Der Prozess muss immer eingehalten werden. Die Mischzeiten mit diesen Mixern variieren i. d. R. zwischen 15 und 30 min. Nachdem alle Zutaten vereint wurden und in Pastenform vorliegen, ist es wichtig, alle Feststoffe von den Behälterwandungen und der Schaufel zu entfernen. Das finale Mischen beginnt, wenn eine feinflüssige Paste vorliegt. In der Zwischenzeit wurde die Vakuumpumpe eingeschaltet, um eine angemessene Entlüftung zu gewährleisten. Wenn eingeschlossene Luft unter Vakuum herausgelöst wird, kann die Paste als Schaum anwachsen. Bei normaler Rezeptur sollte der Strudel, welcher durch den Propeller geformt wird, den Schaum innerhalb des Behälters halten, indem er teilweise zerstört wird. Bei einigen kritischen Rezepturen muss dafür Sorge getragen werden, dass der Schaum nicht zu hoch ansteigt und nicht durch den Luftaustrag gesaugt wird. Dann ist es notwendig, für diesen Moment ein geringeres Vakuum zu benutzen.

Auch andere Mixertypen wie Paddel- oder Bandschneckenmischer werden verwendet. Sie sind aber weniger effizient und die Zeitzyklen sind erhöht. Überhitzung ist selten ein Problem in diesen Fällen.

5.6.3 Niedriggeschwindigkeitsmixer

Für Pasten oder teigähnliche Mischungen, bei denen feste Zusätze verteilt werden müssen, werden Niedriggeschwindigkeitsmixer verwendet. Abhängend von der Menge werden zuerst flüssige oder feste Stoffe eingefüllt (bei kleinen Mengen die festen zuerst). Aber in beiden Fällen sind die Flüssigkeiten ausreichend zuzuführen, um eine steife Paste zu bilden (eine Mastix-Phase). Der Rest wird dann im Regelfall abwechselnd zugefügt, um die Mastix-Phase beizubehalten, dann werden alle verbleibenden Flüssigkeiten langsam zugefügt, um die fertige Paste zu erstellen. Es wird weiter gemischt, um eine gute Homogenität zu sichern. Die Entstehung der Mastix-Phasen ist sehr wichtig, um die Produktion einer klumpigen Paste zu vermeiden.

5.6.4 Entlüftung

Bei der richtigen Auswahl von Zusätzen kann der Lufteinschluss minimiert werden. Hochlösliche Weichmacher zum Beispiel neigen zur Erhöhung der Viskosität und mindern die guten Entlüftungseigenschaften. Die Verwendung einiger PVC-Harze ergibt manchmal eine schlechte Entlüftung. Es ist aufschlussreich, sich die Oberflächenspannung von Weichmachern anzuschauen und die Entlüftungseigenschaften der PVC-Harze zu testen.

Trotzdem werden während des Mischprozesses große Mengen an Luft in das Plastisol gepumpt, besonders bei Hochgeschwindigkeitsmixern. Auch wird eingeschlossene Luft von der Oberfläche der Pulverzusätze (wie Pigmente und Füllstoffe) in das Plastisol eingebracht. In der Vergangenheit wurden die Plastisole mit guten Resultaten für 24 h einem Reifeprozess überlassen. In diesem Fall ist es bei Pasten mit geringer Viskosität möglich, dass die Luft eigenständig entweicht. Dies ist zeitaufwendig. Tatsächlich benutzen die meisten Fabriken, die auf Produktivität bedacht sind, die Pasten praktisch direkt nach der Zubereitung. Die Verwendung von Zusätzen kann auch hilfreich sein: teilweiser Ersatz der primären Weichmacher durch DOA, wenn andere notwendige Eigenschaften wie Biegsamkeit bei geringen Temperaturen verbessert werden und ökonomisch erschwinglich sind. Die Verwendung eines Mittels zur Herabsetzung der Viskosität und die Verwendung von Zusätzen, welche die Oberflächenspannung reduzieren, helfen generell, die Luft schneller entweichen zu lassen. Byk 3155 ist ein hilfreicher Zusatz.

Heutzutage sind die meisten Mixer für Vakuumbetrieb ausgestattet. Der Vakuumbetrieb wird während des Mischvorgangs dynamisch durchgeführt. Die Entlüftung ist bis zu einem Druck von 5–6 mm empfohlen. Unerwünschte Feuchtigkeit kann zusätzlich mit hoher Effizienz entfernt werden.

In großen Anlagen kann eine zusätzliche Einrichtung benutzt werden. Das Plastisol wird ins Zentrum einer sich drehenden und im Vakuum rotierenden Scheibe eingeführt. Durch die Zentrifugalkräfte bildet das Plastisol eine dünne Schicht an der Oberfläche der Scheibe. Das ist hocheffizient. Selten werden einige Vakuumfiltrationsgeräte bei Mischern eingesetzt, die nicht im Vakuum betrieben werden. Wenn keine dieser Geräte vor Ort sind, kann auch unter richtigen Bedingungen eine Dreiwalzenmühle eingesetzt werden. Sie ist besser für schwerere Pasten geeignet und kann auch zusätzlich Luft einfangen. Es ist erforderlich, zwischen schlechter Luftabgabe und Luftaufnahme zu unterscheiden (wie im Kap. 7 „Eigenschaften und Anwendungen von Plastisolen und Additiven“ beschrieben).

5.6.5 Filtration

Wenn die manuelle Zugabe von festen Stoffen wie PVC und Füllstoffen in den Mixbehältern abgeschlossen wurde, kann es sein, dass einige Stücke Papier oder andere Materialien ungewollt zugeführt wurden. Darum muss das Plastisol gesiebt werden, um ein derartiges Beschichtungsproblem zu vermeiden. Dieser Vorgang kann im Vakuumfilter fortgesetzt werden. Der Vakuumfilter ist letztendlich aufgebaut wie ein Dissolver, jedoch in der Regel ohne Randabstreifer, aber mit einem vorgeschalteten Sieb, das sich im Deckel befindet. Mittels des Vakuums wird das Plastisol durch das Sieb gesaugt. Das Plastisol in den Behältern wird unter Vakuum gerührt, um sämtliche Lufteinschlüsse zu entfernen.

6 Substratbeschichtung

Der Schwerpunkt der Beschichtungsindustrie lag in den 1980er- und 1990er-Jahren in der Entwicklung neuer Technologien und Auftragssysteme sowie in der Integration von Zusatzaggregaten wie Corona- bzw. Plasmavorbehandlung, UV-Bestrahlung oder Trocknung mittels IR- und NIR-Feldern. Verstärkt vorangetrieben wurde die Entwicklung heißer Bindemittel, sog. Hot-Melts oder Schmelzkleber, und der erforderlichen Auftragstechnologien für den wachsenden Markt der Kaschierungs- und Laminierungsindustrie sowie der Folienbeschichtung. Für sehr spezielle Anwendungen wie Nano-, Folien-, aber auch Extrusionsbeschichtungen mussten neue Auftragswerke entwickelt werden. Die schnelle Reaktion auf Anforderungen des Marktes führte zu multifunktionalen Beschichtungsköpfen, die der Textilveredlungsindustrie eine hohe Variabilität bzw. Flexibilität ermöglichen. Dem Wunsch der Industrie nach Labor- und Technikumsanlagen wurde man mit der Entwicklung von Laboranlagen gerecht, die es ermöglichen, neue Beschichtungslösungen direkt auf einer Großanlage umzusetzen.

In den letzten Jahren lag der Fokus der Textilbeschichtung auf der Entwicklung neuer Rohstoffe. Beispiele hierfür sind die Hydrophobierung bei gleichzeitiger Wasserdampfdurchlässigkeit sowie die Vermittlung spezifischer Eigenschaften wie elektromagnetischer Abschirmung, elektrischer Leitfähigkeit sowie Isolation vor allem im Bereich der Schutztextilien. Sehr aktuell in der Textilbeschichtung ist die Entwicklung von wasserbasierenden Systemen unter dem Aspekt des Umweltschutzes und des Ersatzes von lösungsmittelbasierenden Systemen.

Heute ist die Beschichtung Grundvoraussetzung für einen großen Teil der technischen Textilien, die ohne die Aufbringung von speziellen Rohstoffen die hohen Anforderungen an Funktionalität und Anspruch nicht gewährleisten könnten. Trotz eines stagnierenden Textilmarktes ist der Trend zu hochwertigen Beschichtungen unvermindert steigend. Lösungen für Spezialbeschichtungen sowie eine immer schnellere Produktentwicklung erfordern dabei ein hohes Maß an Zusammenarbeit zwischen den Anlagenherstellern und den Rohstofflieferanten in der Chemieindustrie.

A. Giessmann, *Substrat- und Textilbeschichtung*,
https://doi.org/10.1007/978-3-662-58494-1_6

6.1 Eigenschaften des Endprodukts

Um die Eigenschaften des Endprodukts bestimmen zu können, müssen alle an der Beschichtung beteiligten Komponenten betrachtet werden. Das Profil des Endprodukts ist abhängig vom Faserrohstoff, vom verwendeten Garn, von der Art des Flächenbildungsprozesses und von der Oberflächenveredlung selbst.

Die drei Hauptkomponenten sind:

- Eigenschaften und Beschaffenheit des textilen Trägermaterials,
- Eigenschaften und Beschaffenheit des Beschichtungsmediums,
- Zusammenhalt und Beschaffenheit des Verbundes.

6.1.1 Trägermaterial

Das textile Trägermaterial setzt sich in seinen Eigenschaften aus dem Basisrohstoff der Faser, der Herstellungsmethode sowie der Art der Weiterverarbeitung zusammen.

6.1.1.1 Faserstoff

Der textile Faserstoff als Basismaterial ist ein längenbegrenztes (Spinnfaser) oder praktisch endloses (Filament) linienförmiges Gebilde. Alle Faserstoffe haben gemeinsame Eigenschaften: die im Vergleich zu ihrem Querschnitt große Länge sowie die gute Festigkeit und Biegsamkeit (Abb. 6.1).

Der Faserstoff besteht aus vielen Tausend gleichgroßen Molekülen, den Makromolekülen. Je nach Gewinnungsart wird unterschieden zwischen:

- Naturfasern,
- Chemiefasern aus natürlichen Rohstoffen,
- Chemiefasern aus synthetischen Rohstoffen.

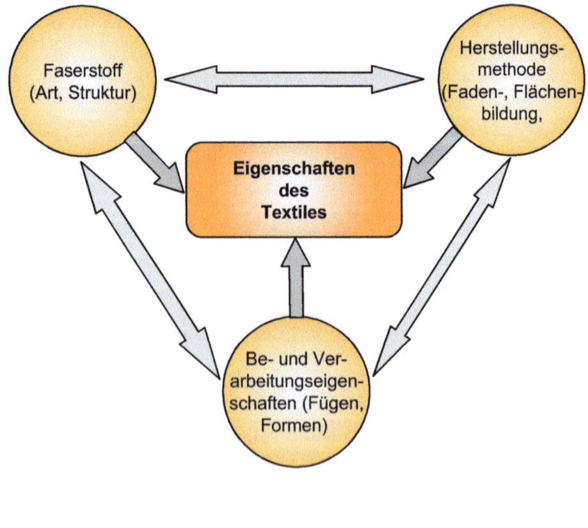

Abb. 6.1 Bestimmung der Eigenschaften des textilen Trägermaterials

Tab. 6.1 Eigenschaften von Chemiefasern

Filament- bzw. Garnrohstoff	Vorteile	Nachteile
PE	• Hohe Festigkeit • Sehr hoher E-Modul • Keine Feuchtigkeitsaufnahme • Gute Chemikalienbeständigkeit • Geringe Dichte	• Geringe Temperaturbeständigkeit • Niedriger Schmelzbereich • Leicht brennbar
PP	• Gute Scheuerfestigkeit • Geringe Dichte • Keine Feuchtigkeitsaufnahme • Gute Zugfestigkeit • Geringe Wärmeleitung • Geringe Aufladbarkeit	• Geringe Temperaturbeständigkeit • Nicht UV-beständig • Niedriger Schmelzbereich • Schlechte Einfärbbarkeit
PTFE	• Sehr gute Chemikalienbeständigkeit • Keinerlei Korrosion • Hohe Temperaturbeständigkeit • Gute Lichtbeständigkeit • Gute Wetterbeständigkeit	• Hoher Preis • Hoher Wärmeausdehnungskoeffizient • Geringe Festigkeit • Hohes spez. Gewicht
PES	• Gute Scheuerbeständigkeit • Geringe Feuchtigkeitsaufnahme • Gute Formbeständigkeit • Hohe Elastizität • Gute Chemikalienbeständigkeit	• Schlechte Laugenbeständigkeit
PA	• Gute Scheuerbeständigkeit • Hohe Elastizität • Gute Chemikalienbeständigkeit • Hohe Festigkeit	• Leicht brennbar • Hohe Lichtempfindlichkeit • Leichte Faserschädigung durch Thermooxidation • Hohe Faserquellung
PAN	• Gute Chemikalienbeständigkeit • Gute Lichtbeständigkeit • Gute Festigkeit	• Schlechte Einfärbbarkeit • Leicht brennbar

Das Ausgangsprodukt für den Faserstoff bringt neben dem Weiterverarbeitungsprozess die Basiseigenschaften der textilen Fläche mit. Tab. 6.1 und 6.2 zeigen Vor- und Nachteile von Chemiefasern bzw. anorganischen Fasern (Tab. 6.3 und 6.4).

Neben dem Ausgangsrohstoff bestimmen auch geometrische und physikalische Eigenschaften das Profil der Faser. In der linken Spalte von Tab. 6.4 sind die allgemeinen geometrischen Unterscheidungsmerkmale von Fasern aufgeführt. Aus der Beschaffenheit der Faser resultieren die physikalischen Eigenschaften der daraus gewonnenen Fläche.

Tab. 6.2 Eigenschaften anorganischer Fasern

	Vorteile	Nachteile
Glas	• Hohe Festigkeit • Gute Chemikalienbeständigkeit • Hohe Temperaturbeständigkeit • Gute Zugfestigkeit • Vollelastische Dehnung	• Geringe Querfestigkeit
Kohlenstoff	• Hohe Festigkeit • Gute Chemikalienbeständigkeit • Hohe Temperaturbeständigkeit • Hoher E-Modul • Elektrisch leitfähig • Geringe Materialermüdung	• Sehr teuer • Geringe Scheuerbeständigkeit

Tab. 6.3 Eigenschaften natürlicher Fasern

	Vorteile	Nachteile
Baumwolle	• Hohe Nassreißfestigkeit • Hohe Feuchteaufnahme • Biologisch abbaubar • Gute Anfärbbarkeit	• Geringe Temperaturbeständigkeit • Hohe Brennbarkeit • Geringe Chemikalienbeständigkeit
Wolle	• Gutes Wärmespeichervermögen • Gute Anfärbbarkeit	• Neigt zum Verfilzen • Geringe Temperaturbeständigkeit • Geringe Chemikalienbeständigkeit • Geringe Scheuerbeständigkeit
Jute, Hanf, Flachs	• Geringe Dichte • Geringe Abrasivität • Gute Wasseraufnahmefähigkeit • Hohe Festigkeit bei geringer Dehnung • Biologisch abbaubar • Gute Anfärbbarkeit	• Mittlere Temperaturbeständigkeit • Geringe Chemikalienbeständigkeit

Tab. 6.4 Eigenschaften textiler Flächen

Faserunterschiede	Glanz	Biegesteifigkeit	Packungsdichte	Optik	Griff	Bekleidungskomfort
Feinheit	+	+ + +	++	+	++	+ + +
Profil im	+ + +	+	++	+ + +	++	+
Querschnitt						
Schrumpf	−	−	+ + +	+	+ + +	++
Kräuselung	++	+	+ + +	+	++	++
Feuchteaufnahmevermögen	−	+	++	−	+	++

6.1.1.2 Herstellungsprozess

Über verschiedene Verfahrensschritte wird aus der Spinnfaser oder dem Filament zunächst ein Garn hergestellt. Folgende Arbeitsgänge müssen durchlaufen werden:

- Putzerei:
  - Öffnen der Ballen
  - Mischen der Faserflocken
  - Reinigen des Faserstoffes
- Karderie:
  - Auflösung der Flocke
  - Parallelisierung
  - Reinigung
  - Faserbandbildung
- Kämmerei:
  - Ausscheidung von Kurzfasern
  - Faserparallelisierung
- Streckerei:
  - Vergleichmäßigen
  - Ausrichten der Faser
  - Mischen
  - Staubausscheidung
- Spinnerei:
  - Verfeinern
  - Aufwindung

Das Garn wird anschließend zur Fläche weiterverarbeitet. Hier werden drei Grundtypen unterschieden:

Gewebe: Verkreuzen von zwei oder mehreren Fadensystemen

Maschenware: Maschenförmige Schleifenbildung eines oder mehrerer Fadensysteme

- Gestrick, Kuliergewirke (Querfaden)
- Kettengewirke (Längsfaden)

Vlies: Flächenbildung durch schlüssige, kohäsive bzw. adhäsive Verbindung der Fasern bzw. Fäden

Bei Geweben handelt es sich um textile Flächengebilde, die durch rechtwinkliges Verkreuzen von zwei oder mehreren Fadensystemen entstehen, wobei das Längssystem die sog. Kettfäden und das Quersystem die sog. Schussfäden enthält. Die Art der Verkreuzung beider Systeme wird als Bindung bezeichnet (Abb. 6.2 und 6.3).

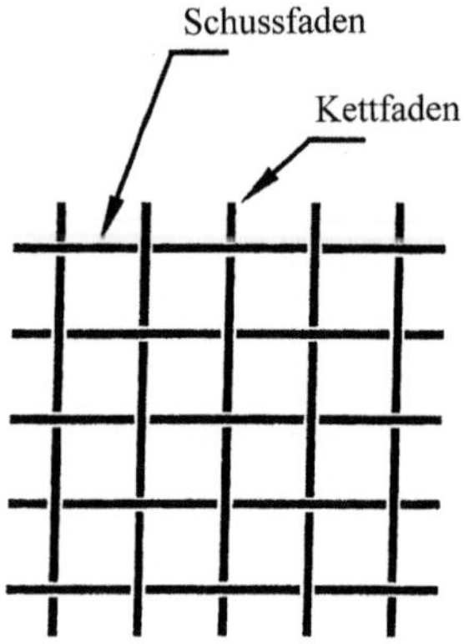

Abb. 6.2 Gewebestruktur

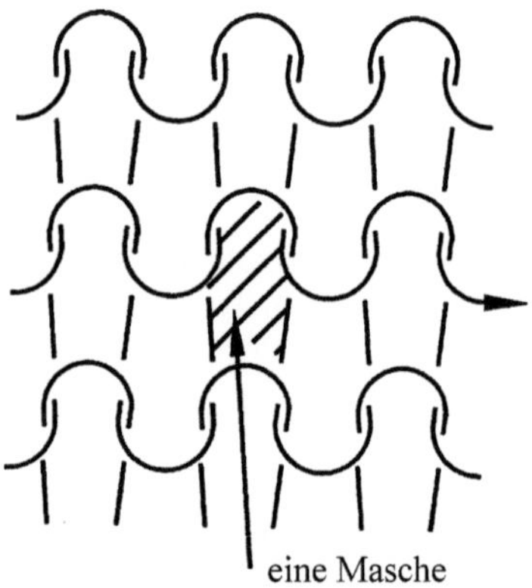

Abb. 6.3 Gestrickstruktur

Gewebe sind durch eine geschlossene Oberfläche gekennzeichnet. Ihre Kraftdehnungseigenschaften (KDE) richten sich nach jenen der verwendeten Fäden sowie der Dichte der Verkreuzungsstellen.

Gestricke und Gewirke werden unter dem Oberbegriff „Maschenwaren" zusammengefasst. Bei Maschenwaren handelt es sich um eine textile Flächenbildung durch maschenförmiges Verschlingen (Schleifenbildung) eines oder mehrerer Fadensysteme. Maschenwaren sind durch eine offene Oberfläche und die Eigenschaft der hohen Deformation bei geringer Krafteinwirkung gekennzeichnet. Darüber hinaus liegen Spannungen innerhalb der Flächengebilde vor, die zu einem Zusammenrollen an den Rändern führen können.

Gestricke entstehen aus einem Querfadensystem, indem einzeln und nacheinander Schleifen während des Ineinanderschiebens bzw. Verbindens mit einer Halbmaschenreihe herausgebildet werden.

Gewirke lassen sich in Kulierwirkwaren und Kettenwirkwaren unterteilen. Bei den Kulierwirkwaren handelt es sich – wie bei den Gestricken – um ein Fadensystem, das Maschenreihe für Maschenreihe waagerecht verarbeitet wird. Von der Art des Verbindens her gibt es zwischen Kulierwirkwaren und Gestricken keine Unterschiede, weshalb beide Begriffe auch häufig synonym gebraucht werden (Abb. 6.4).

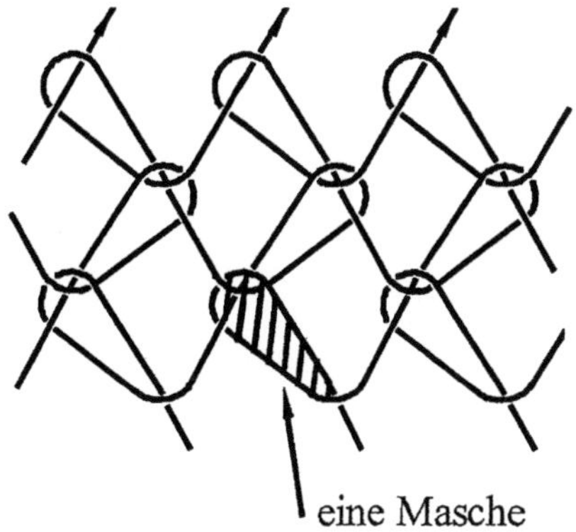

Abb. 6.4 Gewirkstruktur

Im Gegensatz zu den Gestricken entstehen Gewirke durch die gleichzeitige Bildung mehrerer Maschen innerhalb eines Längsfadensystems. Die Verbindung zwischen den parallel angeordneten Fäden geschieht durch eine gegenseitige seitliche Verschlingung.

Vliesstoffe weisen glatte bis voluminöse Oberflächen auf. Ihre KDE sind denen der zur Herstellung verwendeten Fasern bzw. Fäden sehr ähnlich.

Die Herstellung von Vliesstoffen erfolgt in drei Fertigungsstufen. Die erste Stufe ist die Bildung des Faservlieses. Diese kann nach unterschiedlichen Prinzipien erfolgen, die entweder zu einer Längs- bzw. einer Längs- und Querorientierung oder aber zu einer Verwirbelung der Fasern im Faserverband führen. Der Aufbau dieser Faservliese beeinflusst die Eigenschaften der Vliese z. B. hinsichtlich ihrer Festigkeit.

In der zweiten Stufe wird die Verfestigung des Faservlieses zum Vliesstoff vorgenommen. Hierzu können unterschiedliche Mittel wie das Vernadeln mit einer Nadelmaschine oder das Besprühen mit Bindemitteln zur Anwendung kommen.

In einem dritten Schritt werden die Vliesstoffe veredelt. Dies kann beispielsweise durch Waschen, Färben oder das Auftragen chemischer Appreturen geschehen.

Die Flächenbildung hat starken Einfluss auf die Stabilität des Substrates.

Des Weiteren ist das Textil bei einseitiger Beschichtung verantwortlich für die Eigenschaften an der Unterseite des Produkts, also für den Tragekomfort. So ist geraute Baumwolle bei direktem Hautkontakt angenehmer zu tragen als ungeraute.

Die Gewebestruktur bildet eine relativ geschlossene Oberfläche, wobei die KDE nahezu identisch mit denen der eingesetzten Fäden ist. Bei Maschenware sind die offene Oberfläche und eine hohe Verformung bei geringer Krafteinwirkung zu berücksichtigen. Deshalb wird bei Maschenware grundsätzlich die Indirektbeschichtung eingesetzt. Eine Benutzung des Spannrahmens würde das Textil verformen. Das Dehnungsvermögen bei dieser Herstellungsart ist – bedingt durch die Schleifenbildung – höher als das des einzelnen Fadens (Tab. 6.5).

Vliesstoffe haben ähnliche KDE wie die verwendeten Fäden bzw. Fasern. Sie sind durch eine glatte bis voluminöse Oberfläche gekennzeichnet. Die Methode der Vliesstoffherstellung, die Materialdicke sowie die verwendeten Materialien geben Auskunft über

Tab. 6.5 Eigenschaften verschiedener textiler Flächen

Eigenschaften	Vlies	Atlas-Gewebe	Köper Gewebe	Multiax.-Gewirk	Gestrick
Zugsteifigkeit	–	++	+–	+	–
Zugfestigkeit	–	+	+–	+	–
Drapierbarkeit	++	+–	+–	+–	++
Faservolumenanteil	+–	++	+	+	+–
Energieaufnahmevermögen	–	+–	+	+	++

die Verwendbarkeit dieser Substrate bezogen auf die Direkt- oder Indirektbeschichtungsfähigkeit.

6.1.2 Beschichtung der Oberfläche

Die Beschichtung beeinflusst alle Oberflächeneigenschaften des Produkts. Dazu zählen u. a.:

- UV-Beständigkeit,
- Wetterbeständigkeit,
- Hitzebeständigkeit,
- Chemikalienbeständigkeit,
- Abriebfestigkeit,
- Transparenz,
- Farbgebung,
- Schmutzabweisung,
- Geruch,
- Antistatik.

Die Intensität dieser Eigenschaften ist abhängig von den Rezepturen, d. h. den gewählten Chemikalien und deren Mischungsverhältnissen untereinander.

6.1.3 Beschichtete Textilien als Schichtverbundwerkstoff

Beschichtete Textilien gehören zu den Schichtverbundwerkstoffen. Diese Werkstoffe sind flächige, aus zwei oder mehreren zusammenhängenden Schichten bestehende Verbünde, durch deren Innigkeit der Werkstoff als Einheit betrachtet und als Gesamtheit verarbeitet werden kann (Abb. 6.6, Tab. 6.6).

Die Kombination aus Beschichtung und textilem Träger ist verantwortlich für Reißfestigkeit, Haftfestigkeit, Brennverhalten und Langzeitbeständigkeit des Endprodukts. So ist es z. B. bei der Kombination von PP-Garn als Trägermaterial und PVC als Beschichtungsmedium trotz vielfältiger Bemühungen der Industrie bis heute nicht gelungen, eine

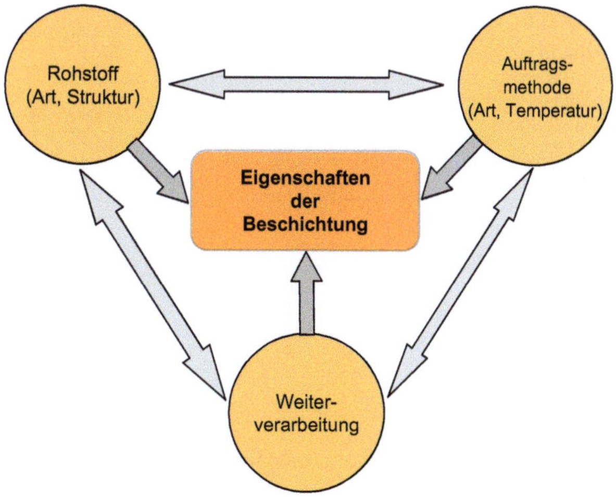

Abb. 6.5 Bestimmung der Eigenschaften der Beschichtung

Tab. 6.6 Vor- und Nachteile verschiedener Beschichtungsmedien

Beschichtungsmedium	Vorteile	Nachteile
PVC	• Preisgünstig • Leicht hochfrequent • Verschweißbar • Hohe Abriebfestigkeit • Gute Wetterfestigkeit	• Spröde (regulierbar durch Weichmacherzusatz) • Schlechte Kälteflexibilität • Keine chemische Reinigungs beständigkeit
PU	• Breite Variationsmöglichkeiten bezüglich Griff und Geschmei digkeit • Gute Knickfestigkeit • Hohe Abriebfestigkeit • Mikroporöse Beschichtung durch Koagulationsverfahren möglich	• Beschränkte Wetterfestigkeit • Nicht UV-beständig • Nicht hydrolysebeständig • Teuer
Acrylate	• Gutes Verwitterungs- und Alterungsverhalten • Preisgünstig	• Lösemittelanfällig • Beschränkte Knickfestigkeit • Beschränkte mechanische Eigenschaften
Silikon	• Gute Hitzebeständigkeit • Gute Hafteigenschaften	• Teuer

geeignete Haftung zu erhalten. Die auf dem Markt befindlichen Haftvermittler – wie sie bei Chemiefasern eingesetzt werden – können den Anspruch bei der genannten Kombination nicht befriedigen.

Abb. 6.6 Entstehung eines Schichtverbundwerkstoffs

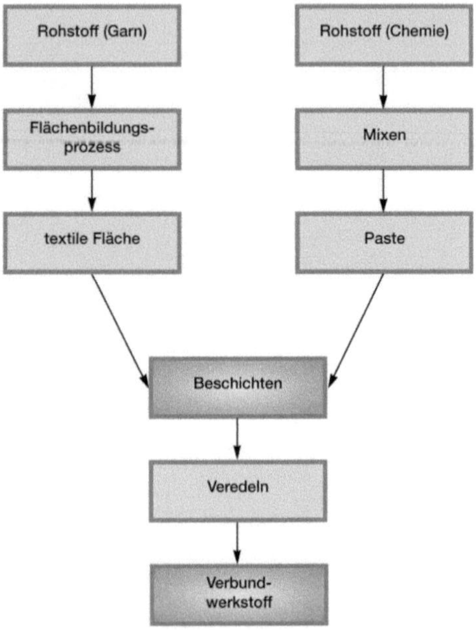

6.1.3.1 Verbunderzeugnisse durch Streichbeschichtung

Trägermaterialien wie Wirkware, Gewebe, Papier, Filz, Vliesstoffe sowie Folien und sonstige bahnenförmige Materialien lassen sich mittels Streichverfahren beschichten. Mit Pasten und Beschichtungsmaterialien aus Polyurethanen (PU), Polyvinylchloriden (PVC), Acrylaten und Silikonen können sie zu zahlreichen Endprodukten verarbeitet werden.

Produkte aus PVC

- Handtaschen und Koffermaterialien
- Buchbindematerial
- Polsterware für Haushalt und Autoindustrie
- Kunstleder für Schuh- und Oberbekleidung
- Dekorationsmaterialien
- Tischdecken und Badvorhänge
- Zelt- und Segeltuchmaterialien
- Regenbekleidung und Camouflagematerialien
- LKW- und Containerabdeckplanen
- Transportbandmaterialien
- Vinyltapeten
- Vinylfußböden
- Dichtungsmaterialien
- Technische Artikel

Produkte aus PU

- Polsterware für Haushalt und Autoindustrie
- Zelt- und Segeltuchmaterialien
- Kunstleder für Schuh- und Oberbekleidung
- Dekorationsmaterialien
- Regenbekleidung und Camouflagematerialien
- LKW- und Containerabdeckplanen
- Sonnenschutze
- Technische Artikel

Produkte aus Acrylaten

- Zelt- und Segeltuchmaterialien
- Regenbekleidung und Camouflagematerialien
- Dekorationsmaterialien
- Technische Artikel

Produkte aus Silikonen

- Zelt- und Segeltuchmaterialien
- Strumpfapplikationen
- Airbags
- Hitzeschutzbekleidung
- Technische Artikel

Anmerkung: Produkte für artverwandte Einsatzgebiete, die mit verschiedenen Beschichtungspasten hergestellt wurden, unterscheiden sich u. a. in Bezug auf Weichheit, Lichtechtheit, Abriebfestigkeit, Reißfestigkeit und menschliche Hautverträglichkeit. Je nach Anforderung muss also das geeignete Beschichtungs- und Trägermaterial ausgewählt werden.

6.1.3.2 Streichmaschinen zur Herstellung von Kunstleder

Es gibt drei Kunstlederarten: Kunstleder aus PVC, Kunstleder aus PU und Semi-PU-Kunstleder, das sowohl aus PU als auch aus PVC besteht. Alle drei Arten werden i. d. R. im Umkehrverfahren beschichtet. Der einzige Unterschied besteht darin, dass bei der Verwendung von PU-Pasten, die meistens auf Lösungsmitteln basieren, die Beschichtungsanlage explosionsgeschützt sein muss.

Ausgehend von einer Dreistrichmaschine wird bei der Produktion von Kunstleder ein genarbtes Trägerpapier – von einer Abwickelstation kommend – der ersten Streichmaschine zugeführt. Hier erfolgt der Auftrag des Topcoats, der je nach Verwendungszweck des Endproduktes ca. 20–185 g/m^2 beträgt. Im nachgeschalteten Trockenkanal wird die Warenbahn bei ca. 145–165 °C – in Abhängigkeit von der Geschwindigkeit – vorgeliert. Das beschichtete Papier wird anschließend im Kühlaggregat gekühlt und danach

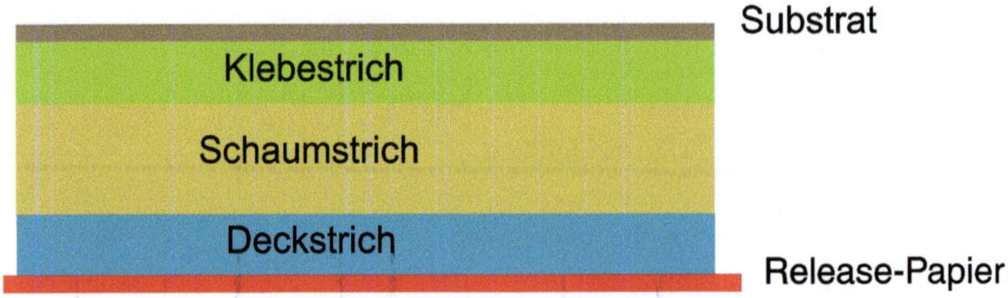

Abb. 6.7 Zusammensetzung von Kunstleder

der zweiten Streichmaschine vorgelegt, wo der Foamcoat ebenfalls mittels eines Streichmessers (Zehn-Millimeter-Phase) aufgetragen wird. Die Auftragsstärke liegt bei ca. 220–1 000 g/m^2. Im Trockenkanal erfolgt wieder eine Vorgelierung mit nachfolgender Kühlung auf dem Kühlaggregat. Auf der dritten Streichmaschine (Rakel mit Sechs-Millimeter-Phase) kommt zum Schluss der Adhesivecoat mit einer Stärke von ca. 65–185 g/m^2 dazu. Von der Abwicklung des Kaschierwerkes wird jetzt das Substrat, das eigentliche Trägermaterial, abgewickelt und in die noch nasse Paste einkaschiert. Bei einer Temperatur von ca. 185–225 °C wird der chemische Prozess – Ausgelieren und Schäumen – vollendet. Nach dem Kühlen der Warenbahn wird das beschichtete Substrat vom Trägerpapier in der Delaminiereinrichtung getrennt. Das beschichtete Substrat und das ursprüngliche Trägermaterial werden jeweils getrennt voneinander aufgewickelt.

Der in Abb. 6.7 gezeigte Aufbau ist typisch für hochwertiges Kunstleder. Daneben gibt es noch dünneres Kunstleder, das nur aus zwei Aufträgen besteht und z. B. in Buchbindereien verwendet wird. Hierbei entfällt der Foamcoat, sodass eine Zweistrichanlage für diesen Zweck genügen würde.

Früher wurde Kunstleder auch im Direktverfahren hergestellt. Heute fertigt die Industrie jedoch fast ausschließlich im Umkehrverfahren, was einige Vorteile gegenüber der Direktbeschichtung hat. Verschiedenartig geprägte oder auch glatte Release Paper ermöglichen unterschiedliche Oberflächenstrukturen und -qualitäten ohne nachträgliches Prägen mit einer sehr teuren Prägewalze. Das Release Paper kann bei geschickter Handhabung bis zu 10-mal, teilweise sogar bis zu 15-mal wiederverwendet werden. Da das Substrat nachträglich einkaschiert wird und somit keine direkten Zugkräfte wirken, ist auch der Einsatz von elastischen Trägermaterialien, z. B. Wirkware, möglich. Kunstleder kann auch ohne jeglichen Träger auf diese Weise hergestellt werden (Brathuhn 1986) (Abb. 6.8).

Kunstleder wird auf dem Markt in einer geschnittenen Breite von ca. 1,40 m angeboten, seltener in einer Breite von 1,60 m. Demzufolge liegt die gängige Maschinenbreite in einem Arbeitsbereich von 1,80 m, um den Randverlust beim Beschichten und vor allem beim Kaschieren auffangen zu können. Die gewünschten Dicken werden von den Kunden meist in den Stärken 0,85 mm, 1,0 mm, 1,3 mm und 1,5 mm angegeben. Bei Täschnerware werden sogar Materialien in einer Dicke von 3,0 mm gefordert.

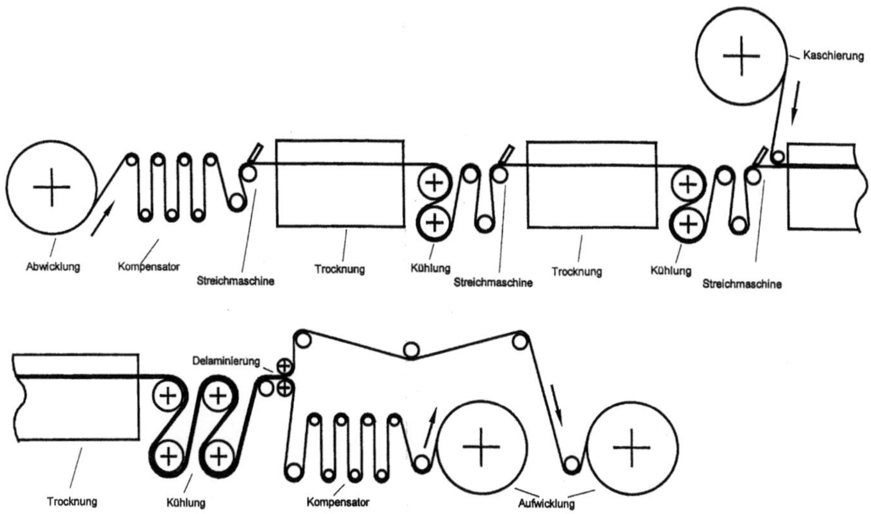

Abb. 6.8 Schematische Darstellung einer Kunstlederanlage

6.1.3.3 Streichmaschinen zur Herstellung von Fußböden

Fußböden werden immer im Direktverfahren hergestellt. Zum Einsatz kommen i. d. R. Zwei- oder Vierstrichmaschinen, wobei hier von einer Vierstrichanlage ausgegangen wird, da sie den höheren Output gewährleistet. Ein Basisträger (Glasvlies, Karton oder Mischsubstrat) wird von der Abwicklung kommend der ersten Streichmaschine zugeführt, wo der Rückenstrich (Foambacksidecoat) mit einer Auftragsstärke von ca. 80–225 g/m^2 erfolgt (Sechs-Millimeter-Phase). Die Warenbahn wird im Trockenkanal bei 150–185 °C vorgeliert, anschließend geprägt und gekühlt, um dann über die Wendeeinrichtung der zweiten Streichmaschine zugeführt zu werden.

Auf dieser Streichmaschine wird nunmehr der Adhesivecoat mittels eines Streichmessers (Zehn-Millimeter-Phase) in einer Stärke von ca. 200–650 g/m^2 aufgetragen und im Kanal bei ebenfalls 150–185 °C vorgeliert. Nach dem Kühlen erfolgt in der dritten Streichmaschine (Sechs-Millimeter-Phase) der Foamcoat mit einer Auftragsstärke von ca. 250–800 g/m^2. Nach dem Trocknen und dem Kühlen wird die Warenbahn der Vierfarbdruckeinrichtung zugeführt, wo der Druck erfolgt. In die letzte Druckpaste wird ein Inhibitor eingemischt, der ein Schäumen des Foamcoats an den von ihm benetzten Stellen verhindert. In der vierten Streichmaschine wird der Topcoat – ein transparenter Auftrag – auf die Laufschicht in einer Stärke von ca. 80–250 g/m^2 mittels Rakel (Sechs-Millimeter-Phase) aufgetragen, um dann im Trockenkanal bei ca. 185–225 °C ausgeliert und geschäumt zu werden. Nach dem Kühlen erfolgt die Aufwicklung der fertigen Warenbahn (Abb. 6.9).

Die Qualität des Fußbodens wird hauptsächlich vom verwendeten Substrat bestimmt. Die beste Qualität erzielt man mit Glasvlies, an zweiter Stelle folgt Spezialpapier, welches eine Kombination aus Glasvlies und Papier darstellt. An dritter Stelle ist reiner Karton zu nennen. Da sich der Markt für Fußböden im Gegensatz zu anderen Produkten in

Abb. 6.9 Zusammensetzung eines Fußbodenmaterials

den einzelnen Ländern gravierend unterscheidet, wird im Folgenden detailliert darauf eingegangen.

Märkte für Fußböden mit Glasvlies

Durch Glasvlies hat der Fußboden besonders gute physikalische Eigenschaften. Hervorzuheben wären hier die hervorragende Stabilität, die Recycelfähigkeit und die gute Haftung des Glasvlieses auf dem PVC. Die Böden werden sowohl mit als auch ohne Rückenbeschichtung angeboten. Sie werden – außer in den USA, wo solche Qualitäten nicht gefragt sind – unter dem Begriff Cushion-Vinyl verkauft. Die Dicken liegen zwischen 1,0 mm und 3,0 mm, in Sonderfällen bei 5,0 mm.

Märkte für Mischsubstrate (FÜR, FPS)

Dieses Trägermaterial hat ähnliche Eigenschaften wie das reine Glasvlies, liegt qualitativ aber darunter.

Europa:	1,2–2,0 mm Dicke	FPR 0,35 mm; 0,44 mm
Asien:	1,2–2,0 mm Dicke	FPR 0,35 mm; 0,44 mm

In den USA und der GUS ist das Material nicht verkäuflich.

Märkte für Fußböden mit Karton

Diese Böden haben keine Rückenbeschichtung. Den zu verwendenden Karton (Arjocast) gibt es in verschiedenen Stärken (Abb. 6.10).

Europa:	1,0 mm	Dicke Arjocast 0,35 mm; 0,60 mm
Asien:	1,2–1,4 mm	Dicke Arjocast 0,50 mm
USA:	1,0–3,0 mm	Dicke Arjocast 0,50 mm; 0,60 mm
GUS:	2,0–3,0 mm	Dicke Arjocast 0,60 mm

Fußböden werden in drei Breiten angeboten: 2 m; 3 m und 4 m, wobei die Marktanteile bei 50 %, 40 % und 10 % liegen.

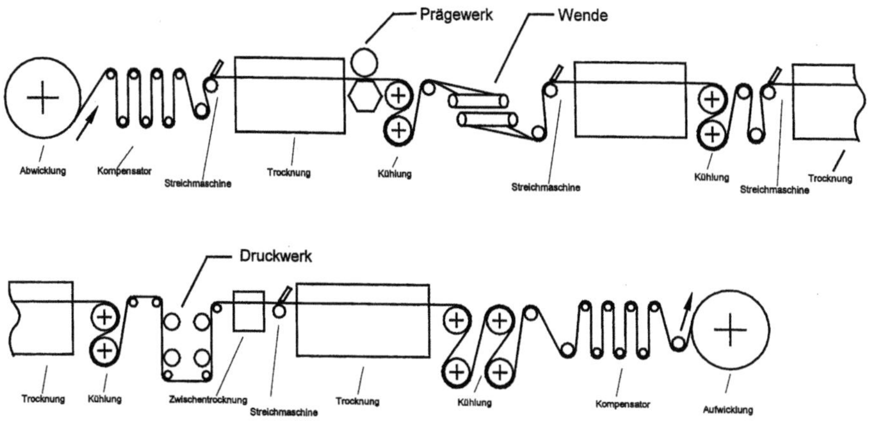

Abb. 6.10 Schematische Darstellung einer Fußbodenanlage

6.1.3.4 Streichmaschinen zur Herstellung von Planen

Bei der Herstellung von Planen wird im Direktverfahren gearbeitet. Das Substrat – Polyester- oder Polyamidgewebe – wird der ersten Streichmaschine zugeführt, wo zunächst der Basiscoat der Unterseite aufgetragen wird. Die Auftragsstärke liegt bei ca. 20–185 g/m^2 (Sechs-Millimeter-Phase). Über einen Spannrahmen gelangt das Substrat zunächst in den Trocknungskanal, der bei Temperaturen von ca. 145–185 °C arbeitet. Bevor es zur Kühleinrichtung weitergeleitet wird, verweilt das Substrat zur Erzielung eines Glätteffektes im Glättwerk. Unter Nutzung einer Wendestation, wo das Substrat um 180° gedreht wird, gelangt es zur zweiten Streichmaschine, wo der Adhesivecoat der Oberseite aufgetragen wird. Trocknung und Kühlung erfolgen im gleichen Verfahren wie bei der ersten Streichmaschine. Der Topcoat wird an der dritten Streichmaschine aufgetragen, wo bei der nachfolgenden Trocknung und Kühlung bei einer Temperatur von ca. 185–225 °C die Ausgelierung stattgefunden hat. Die Endlackierung als Finish wird über eine Rasterwalze aufgetragen, danach wird getrocknet, gekühlt und das fertige Endprodukt aufgewickelt.

Es gibt auch Planen, die neben dem Basiscoat der Unterseite ebenfalls ein Topcoat bzw. Topcoat und Finish aufweisen, dies sind allerdings Sonderfälle.

Bei Planen liegen die Verkaufsbreiten in den Bereichen von 1,40 m bis 3,0 m. Vor allen Dingen wird das Gewicht – bezogen auf die Fläche – als Qualitätsmerkmal hervorgehoben. Das Gewicht qualitativ hochwertiger Planen liegt bei 600–800 g/m^2 (Abb. 6.11 und 6.12).

6.1.3.5 Streichmaschinen zur Herstellung von Bekleidungsmaterialien

Unter Bekleidungsmaterialien werden leichte Stoffe verstanden, die mit einer PU-Schicht beschichtet sind, um Eigenschaften wie Wetterbeständigkeit und Abwaschbarkeit zu erzielen.

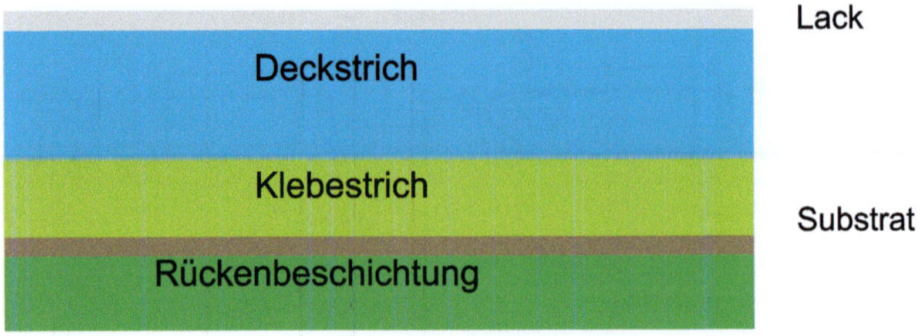

Abb. 6.11 Zusammensetzung eines Planenmaterials

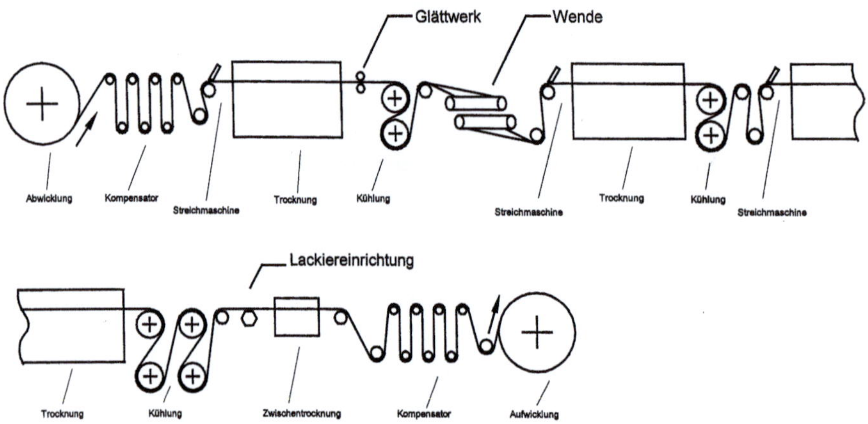

Abb. 6.12 Schematische Darstellung einer Planenanlage

Abb. 6.13 Zusammensetzung von Bekleidungsmaterialien

Bei diesem Endprodukt wird eine Einstrichanlage benötigt. In der Streichmaschine wird unter Zuhilfenahme eines Spannrahmens der Topcoat in einer Stärke von 10–250 g/m^2 aufgetragen und bei 185–220 °C ausgeliert. Anschließend wird gekühlt und aufgewickelt. Als Auftragssystem hat sich das Luftrakelsystem mit einer Phasenbreite von 6 mm durchgesetzt.

Für Bekleidungsstoffe liegen die verkäuflichen Warenbreiten bei 0,84 m, 1,50 m, 1,68 m und 1,80 m (Abb. 6.13 und 6.14).

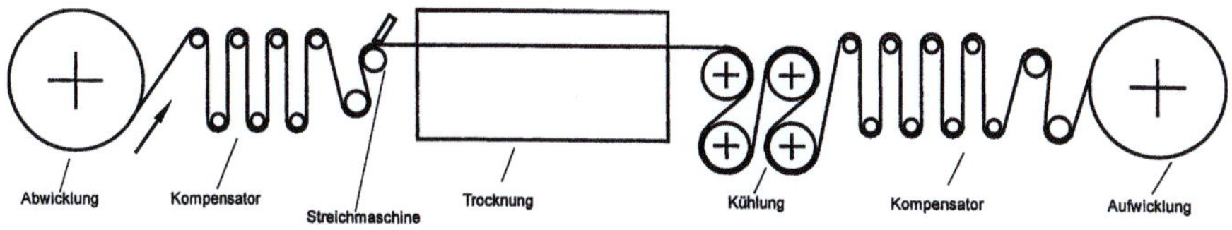

Abb. 6.14 Schematische Darstellung einer Bekleidungsmaterialanlage

6.2 Medizinische und Hygieneprodukte

Gerade in diesem Bereich ist die Funktionalisierung von Oberflächen ein wichtiges Kriterium. Die meisten Produkte entstehen erst durch die Beschichtung mit funktionsbringenden Chemikalien. Die einzelnen Produkte lassen sich in die im folgenden Abschnitt beschriebenen Bereiche/Märkte segmentieren.

6.2.1 Produktbeschreibung

Hygienische Produkte Hier findet man meist Low-Cost-Produkte, wie z. B. Windeln, Damenpflege und Wundauflagen, die in Massenherstellung erzeugt werden. Gefordert wird hier meist eine schnelle Aufnahme und Speicherung von Flüssigkeiten bei gleichzeitiger Atmungsaktivität.

Funktionstextilien Diese Produkte werden oft in medizinischen Einrichtungen verbraucht. Es handelt sich um Schutzkleidung, wie z. B. OP-Anzüge oder OP-Abdeckungen, aber auch um hygienische Verbrauchsmaterialien, wie z. B. Matratzenunterlagen. Die

geforderten Funktionen sind hier schon etwas mannigfaltiger. Alkohol- oder wasserabweisend und supersaugfähig sind klassische Merkmale.

Medizinische Anwendungen Bei diesen Produkten wird durch die Beschichtung nicht nur der Träger veredelt, sondern es wird die eigentliche Funktion aufgetragen. Bei Wundverbänden oder transdermalen Systemen werden notwendige Wirkstoffe hochpräzise auf die Träger aufgebracht. Transdermale Systeme sind beispielsweise Nikotin- oder Wärmepflaster, aber auch Hormonpflaster, die für eine niedrig dosierte Verhütung eingesetzt werden.

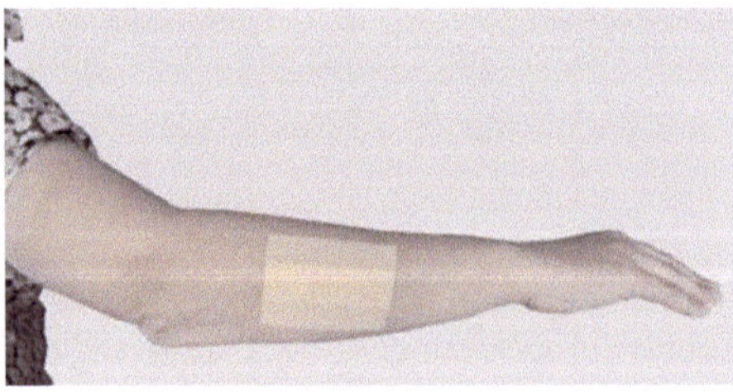

Sonstige Produkte Da die medizinische Versorgung eine Unmenge an unterschiedlichen Produkten hervorbringt, sind natürlich auch ganz andere Produkte in diesem Bereich beschichtet. Für die Diagnose werden z. B. Marker durch Beschichtung hergestellt, die Krankheitserreger oder andere Hinweise auf Krankheiten im Blut oder

Urin anzeigen. Eine Neuentwicklung sind mit entsprechenden Wirkstoffen beschichtete Gelatinestrips, die einfach gelutscht bzw. an den Gaumen geklebt werden und dort ihren Wirkstoff effizient und schnell abgeben. Selbst die Bleifolie, die für den Schutz vor Röntgenstrahlen benötigt wird, muss beschichtet werden. Ebenso werden einzelne Filamente, Garne oder Fäden für den medizinischen Einsatz beschichtet. Ob Zahnseide oder chirurgisches Nähgarn – auch diese Produkte erhalten durch Beschichtung erst die notwendigen Eigenschaften.

6.2.2 Substrate und Chemie

Die einzusetzenden Substrate und Chemikalien werden durch den zu erreichenden Effekt bestimmt. Folgende Funktionen möchte man durch Beschichtung erreichen bzw. verstärken:

Medizinische Applikation	Festigkeit Dehnung	Antistatik	Entflammbarkeit
Hydrophilie	Hydrophobie	Feuchtigkeitstransport	Oleophobie
Anorganische Schichten	Anschmutz verhalten	Selbstreinigung	Schutzfunktion

Für den hygienischen Bereich kommen als Substrat meist nur Zellstoffe infrage, da deren Flüssigkeitsaufnahme am größten und deren Herstellungsverfahren mit am günstigsten ist. Für das Erreichen von hydrophoben, also wasserabweisenden Oberflächen werden wasser- oder lösemittelhaltige Fluorcarbone eingesetzt. Für den gegenteiligen Effekt, Hydrophilie, werden Silikone, Copolymere und sogenannte „wetting agents" verwandt, um die Saugfähigkeit eines Substrates stark zu erhöhen.

Funktionstextilien werden ebenfalls meist als Wegwerfartikel ausgelegt und sind daher von minderwertiger Qualität. Zellstoffe oder einfache Textilien werden beschichtet, um neben anderen Effekten alkoholabweisend und antistatisch zu sein.

Weitere Aufgaben sind die Abtötung von Bakterien, Viren, Pilzen und Algen. Hierzu werden meist mit Silbernanopartikeln ausgerüstete Chemikalien eingesetzt.

Bei den medizinischen Anwendungen handelt es sich meist um Wundbehandlung und Pflaster mit zusätzlichen Wirkstoffen. Auf unterschiedliche Textilien wie Baumwollbänder, Gaze und Vliesstoff werden unterschiedliche Medikamente pastös aufgetragen. So gibt es schmerzstillende, heilende und präventive Pflasterarten, wie z. B. das ABC-Pflaster und das Nikotinpflaster, aber auch Pflaster, die mit Hormonen als Verhütung eingesetzt werden können. Solche sogenannten transdermalen Systeme haben den Vorteil, dass sie auf die Haut geklebt werden und dort kontinuierlich und recht genau das Medikament an den Blutkreislauf abgeben, ohne vorher Leber oder Niere zu passieren.

Bei den sonstigen medizinischen Produkten kann nahezu jedes bahnenförmige Material zum Einsatz kommen: Papiere, geätzte Folien, Metal Substrates etc. Jede Form und Größe ist denkbar – bis hin zum einzelnen Faden.

6.2.3 Verfahrenstechnik

Für die einzelnen Produkte und Produktgruppen kommen natürlich unterschiedliche Verfahren in Betracht. Grundsätzlich können aber die folgenden Punkte als typisch für die Produktion all dieser Produktgruppen genannt werden:

- Applikation von dünnen Schichten mit höchster Genauigkeit
- Spezielle Oberflächenbehandlung
- Reinheit der Beschichtungsprozesse (teilweise GMP-Standard)
- Genaueste Aufzeichnungsfunktionen (Quality Management)
- Flexibles Layout mit verschiedenen Beschichtungstechnologien
- Qualitätssicherungssysteme
- Konformität entsprechend allen geltenden Gesetzmäßigkeiten (z. B. Umweltrichtlinien wie Atex, VOC u. a.)

Hygienische und medizinische Produkte werden meist bei einer Arbeitsbreite von 1000 bis zu 2200 mm hergestellt. Für hygienische Low-Cost-Produkte werden teilweise Hochgeschwindigkeitsanlagen von bis zu 800 m/min eingesetzt. Bei hochwertigen medizinischen Produkten kann eine Anlagengeschwindigkeit von bis zu 5 m/min schon sehr schnell sein.

Besonderes Augenmerk ist auf die Reinheit des herzustellenden Produktes zu richten, da die meisten Produkte nicht nur am Körper kleben, sondern auch offene Stellen verdecken. Deswegen sind geschlossene Produktionsanlagen, die den gesamten Produktionprozess bis hin zur Verpackung der einzelnen Produkte abdecken, keine Seltenheit.

Ein mögliches Produktionsverfahren soll anhand des transdermalen Systems (TDS) veranschaulicht werden:

Es gibt zwei unterschiedliche Typen von solchen TDS, nämlich ein Matrix-TDS und ein Reservoir-TDS. Das Matrix-TDS wird einfach wie ein Film auf den Träger aufgebracht und kann maximal bis zu 5 mg/Tag verabreichen. Bei den meisten Matrix-TDS wird der Wirkstoff in den Kleber des Pflasters mit eingebracht. Für größere Mengen und für das Verabreichen von unterschiedlichen Medikamenten wird das Reservoir-TDS eingesetzt.

Grundsätzlich sind alle TDS eingepackt zwischen Träger und Trennpapier. Einige mögliche Strukturen sind hier dargestellt:

Matrix TDS	**Reservoir (Trocken) TDS**
--- Träger ---	--- Träger ---
### Klebstoff & Medikament ###	### Medikament ###
----- Trennpapier -----	--- Atmungsaktive Membran ---

Wie man an den Darstellungen bereits erkennen kann, wird meistens zuerst der Träger mit dem Wirkstoff beschichtet. Daraufhin wird der Kleber mit dem Trennpapier beschichtet. Im letzten Schritt werden beide Bahnen, Träger und Wirkstoff sowie Trennpapier und Kleber, miteinander kaschiert. Das heißt, der Ablauf in einer typischen Beschichtungsanlage für den medizinischen Bereich sieht wie folgt aus:

1. Abwicklung,
2. Beschichtung (s. Auftragssysteme),
3. Kalander bzw. Kaschierung,
4. Trocknung (meist Heißluft und nicht Infrarot oder UV),
5. Schneiden (Randbesäumung und Portionierung),
6. Aufwickeln oder Verpacken.

Als Auftragssysteme kommen meist folgende zum Einsatz:

1. Kisscoater, für ein Beschichtungsgewicht von 2–100 g/m^2, Viskosität von 10 bis 10.000 mPa;
2. Breitschlitzdüse, für ein Beschichtungsgewicht von 2–300 g/m^2, Viskosität von 100 bis 18.000 mPa;
3. Rasterwalze, für ein Beschichtungsgewicht von 5–120 g/m^2, Viskosität von 100 bis 10.000 mPa;
4. Messersysteme, für ein Beschichtungsgewicht von 8–1000 g/m^2, Viskosität von 1000 bis 50.000 mPa.

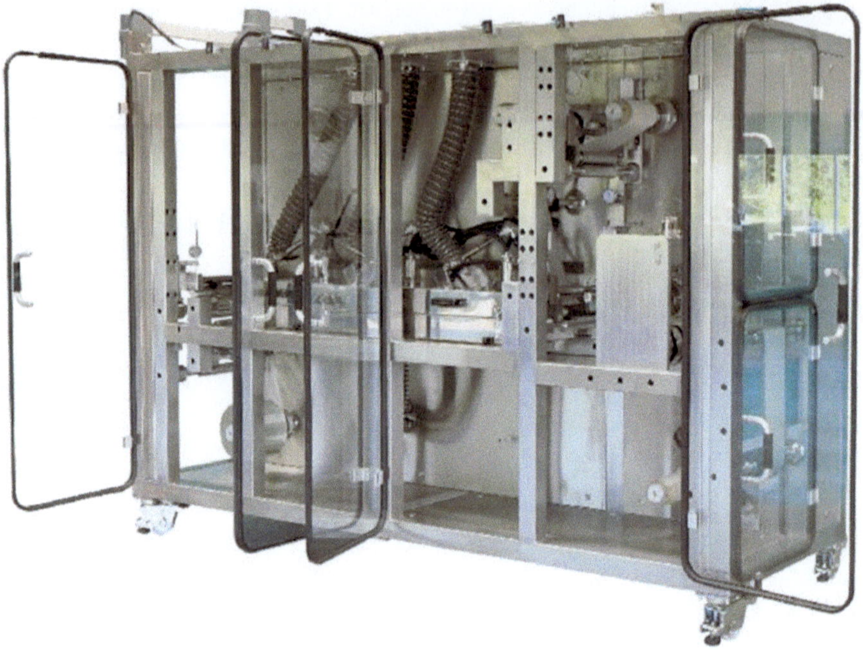

Abb. 6.15 Medizinbeschichtungsanlage in GMP-Ausführung

6.3 Prepreg

Unzählige Produkte des modernen Maschinenbaus müssen heutzutage anspruchsvolle Anforderungen erfüllen, die sich mit klassischen Konstruktionswerkstoffen, wie z. B. Stahl nicht immer optimal realisieren lassen.

Durch die Notwendigkeit einer CO2-Emissionsreduzierung wegen des wachsenden Umweltbewusstseins und immer strenger werdenden Umweltvorschriften nimmt die Nachfrage an hoch entwickelten Verbundwerkstoffen von Industrie und Forschung stark zu.

Wo andere Materialien an ihre Grenzen stoßen, können Faserverbundwerkstoffe (FVW), unter anderem kohlenstofffaserverstärkter Kunststoff, auch als Carbonfaserverstärkter Kunststoff (CFK) bekannt, neue Möglichkeiten eröffnen. Lengsfeld et al. (2015) fassen es folgendermaßen zusammen:

> In den letzten 70 Jahren haben Prepregs auf die technologische Entwicklung von Hochleistungsfaserverbundbauteilen einen erheblichen Einfluss ausgeübt. Diese Materialen sind inzwischen weltweit verbreitet und werden für die Herstellung von Composite-Bauteilen in der Luft- und Raumfahrt sowie für Hochgeschwindigkeitszüge, Automobile und Schiffe eingesetzt. Mehr als die Hälfte der weltweit hergestellten Kohlenstofffasern werden zur Herstellung von Prepregs verwendet (Lengsfeld et al. 2015).

Die Hersteller von Prepreg-Materialien suchen nach neuen und hoch innovativen Anlagenkonzepten, um Lösungen für die Herausforderungen zu erhalten, die die steigende Nachfrage aus Industrie und Forschung nach mehr, neueren und kostengünstigeren Produkten an sie stellt.

6.3.1 Stand der Technik

Während der zweiten Hälfte des letzten Jahrhunderts haben sich Verbundwerkstoffe und insbesondere die faserverstärkten Kunststoffe von exklusiven Hochleistungswerkstoffen zu einer eigenständigen Werkstoffgruppe entwickelt.

Einer der Vorteile von Faserverbundwerkstoffen (FVW) besteht in ihrem – im Vergleich zu anderen Materialien – geringeren Gewicht. So sind FVW bis zu 25 % leichter als Aluminium und 60 % leichter als vergleichbare Stahlstrukturen. In der Luft- und Raumfahrt bedeutet die Gewichtsersparnis eine höhere Nutzlastkapazität und im Automobilbau eine Effizienzsteigerung in der Energienutzung.

Abb. 6.16 und 6.17 zeigen

die Entwicklung des weltweiten CFK-Bedarfs bezogen auf die hergestellte Menge in Tonnen. Von 2014 auf 2015 ist ein Wachstum um etwa 10 % von 83 auf 91 Tsd. t zu verzeichnen. Daraus ergibt sich ein jährliches Wachstum (CAGR) von 2010 bis 2015 von 12,3 %. Für die weitere Entwicklung wird von jährlichen Wachstumsraten (AGR) von 10 bis 13 % ausgegangen, sodass 2022 ein CFK-Bedarf von 191 Tsd. t erreicht werden könnte. Der CAGR bleibt bezogen auf das Jahr 2010 bei rund 12 % (Witten et al. 2016).

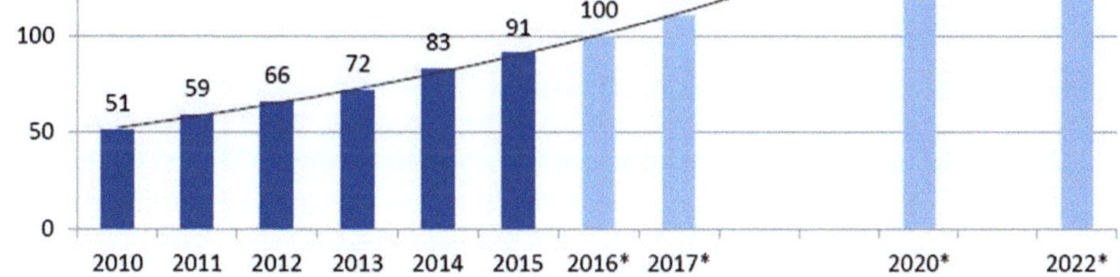

Abb. 6.16 Globaler CFK-Bedarf in Tsd. Tonnen 2010–2022. (Quelle: Abb. aus Witten et al. 2016)

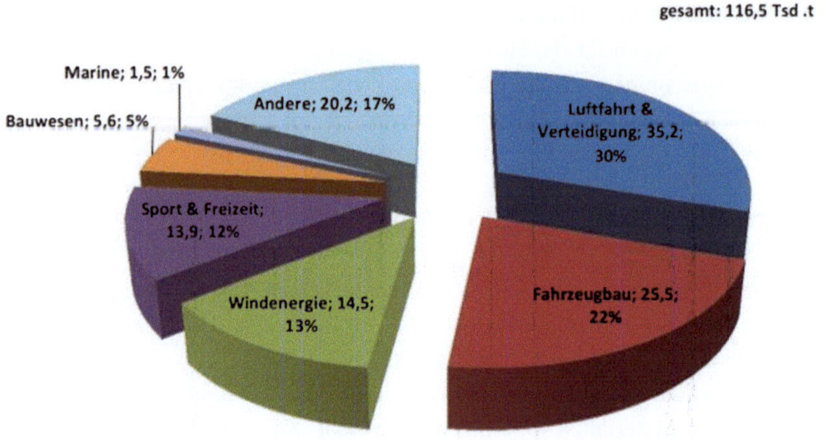

Abb. 6.17 Globaler CF-Bedarf in Tsd. Tonnen nach Anwendungen. (Quelle: Abb. aus Witten et al. 2015)

Der Einsatz von FVW findet in diversen Gebieten Verwendung. So werden sie

> bereits in zahlreichen Bereichen eingesetzt, in denen sehr leichte FVW-Werkstoffe mit besonders guten mechanischen Eigenschaften gefordert werden. Dazu zählen unter anderem der Energiesektor (Windkrafträder), die Luft- und Raumfahrt, das Militär und die Automobilbranche (Lengsfeld et al. 2015).

Der Bedarf an Carbonfasern im Jahr 2016 nach verschiedenen Anwendungsbranchen ist in der nachfolgenden Grafik dargestellt.

Auch in der Welt des Sports haben CFK bei der Herstellung von Rennrädern bzw. Mountainbikes, Tennisschlägern und Skiern längst Einzug erhalten, denn der leichte Verbundwerkstoff ermöglicht aufgrund seiner Qualität das Erreichen von sportlichen Höchstleistungen. Heute verdrängt dieser Werkstoff wegen seiner besonderen Eigenschaften auch in der Luftfahrt Aluminium und Stahl. Grund dafür ist, dass Designer von Flugzeugen, Autos, Bussen und sogar von Personenzügen auf der Suche nach gewichtsreduzierenden und damit energiesparenden Verbundwerkstoffen sind, die dennoch Anforderungen wie Beständigkeit, Sicherheit, Langlebigkeit und Produktionskosten gerecht werden.

Wegen ihrer massebezogenen strukturmechanischen Leistungsfähigkeiten könnten sich CFK zunächst vor allem in Hochtechnologiesektoren, wie z. B. der Raumfahrtindustrie oder der Wehrtechnik, etablieren. Aber auch aus der zivilen Luftfahrtindustrie ist die Anwendung der CFK heutzutage nicht mehr wegzudenken. Schon in den 1980er-Jahren begann Airbus diesen Werkstoff einzusetzen. Aufgrund ihrer Langlebigkeit sehen in Flugzeugen eingebaute Carbonteile trotz des mehr als 20-jährigen Einsatzes praktisch wie neu aus. In der neuen Generation von Flugzeugen (z. B. Boeing Dreamliner, Airbus A350) sind bereits mehr als 50 % an CFK verarbeitet (s. Abb. 6.18)

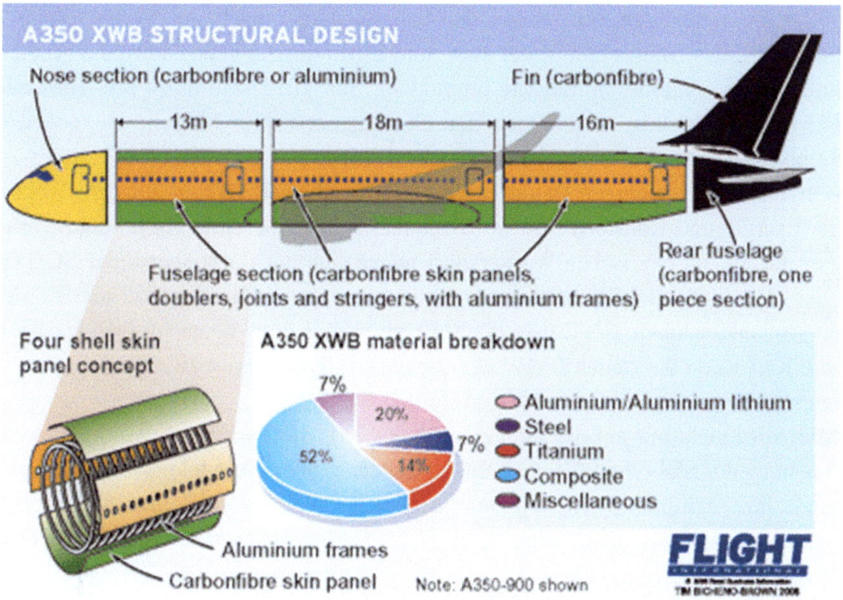

Abb. 6.18 A350 XWB strukturelle Gestaltung. (Quelle: Abb. aus Polek 2010)

(FOCUS-Online-Experte Michael Santo 2014). Das wohl prominenteste Beispiel ist das Leitwerk des neuen Airbus A380, in welchem Faserverbundwerkstoffe eingesetzt werden und so dieses Großflugzeug leichter, schneller, sicherer, ökologisch verträglicher und kostengünstiger machen.

Ein weiteres aktuelles Beispiel für einen erfolgreichen Einsatz von CFK ist der neue Langstreckenflieger Airbus A350, welcher dadurch effizienter und umweltverträglicher ist und dank seines leichten Gewichts Reichweiten von mehr als 15.000 km am Himmel realisieren kann. Milliarden wurden investiert, damit er in Serie gehen konnte. Abb. 6.18 zeigt uns die strukturelle Gestaltung des Airbus A350.

Doch CFK ist nicht nur sehr leicht und hochfest sondern auch korrosionsfrei, was für die Produktion von Bauteilen mit anspruchsvollen Eigenschaften von großem Interesse ist. Dies gilt besonders für den Bau von riesigen Windrädern. So ist die neue Generation von Rotorblättern ohne Carbon nicht denkbar, denn aufgrund seiner Eigenschaften kann der Werkstoff hier seine Vorteile perfekt ausspielen: Bei starken Winden müssen Materialien und Konstruktionen enormen Belastungen standhalten, wobei die Rotorblätter gleichzeitig sehr leicht sein sollen.

Auch die Baubranche strebt nach immer größeren, höheren und leichten Objekten. Innovative Werkstoffe wie CFK ermöglichen ehrgeizige Projekte. Bei der Herstellung von kleinen Stückzahlen oder Sonderanfertigungen bzw. maßgeschneiderten Bauteilen werden keine teuren, automatisierten Verfahren benötigt. Daher sind CFK effizient und energiesparend für die Branche. Die flexible Formgebung des Materials eröffnet Architekten und Designern einen völlig neuen Markt und Möglichkeiten.

Infolge des ständigen Bestrebens der Fahrzeugbauer nach der Verbesserung ihrer Produkte wird das, was schon in der Bau- und Luftindustrie neue Maßstäbe gesetzt hat, ebenfalls für die Automobilindustrie interessant. Seit 2015 sind alle PKW-Hersteller in der EU per Gesetz dazu verpflichtet, den CO2-Ausstoß ihrer Modelle zu senken (Verkehrsclub Deutschland e.V. (VCD) 2010).

So erzielen nur diejenigen Produzenten einen Wettbewerbsvorteil auf dem Weltmarkt, welche Energie und Rohstoffe sowohl ökonomisch als auch ökologisch verantwortungsbewusst nutzen. Im bayrischen Wackersdorf haben sich der Carbonhersteller SGL Group und der Autobauer BMW zusammengeschlossen, um sich dieser Herausforderung gemeinsam anzunehmen. Als Ergebnis für diesen Vorteil zeigt die nachfolgende Abb. 6.19, dass die Karosserie des neuen BMW i3 so leicht ist, dass sie von zwei Personen gehoben werden kann.

Dabei wird nicht nur auf die Reduzierung des Kraftstoffverbrauchs, sondern auch auf die Erhöhung der Sicherheit für die Fahrzeugnutzer großer Wert gelegt.

Durch ihre extreme Steifigkeit zeichnen sich CFK infolge einer Crashbelastung gegenüber Aluminium durch eine spezifische Energieabsorption aus. Hierbei werde möglichst viel Crashenergie von der Karosserie aufgenommen. Dies erfolge durch eine Vielzahl von komplexen mikro- und makromechanischen Bruchvorgängen, verbunden mit Beul- und Faltvorgängen, die zum Energieverzehr beitrügen, so Flemming und Roth (2015, 2003). Damit besitzt CFK hervorragende Sicherheitseigenschaften.

Nicht zu Letzt kommen CFK in vielen Anwendungen im Bereich der Medizintechnik zum Einsatz. Durch ihre Eigenschaften wie Röntgentransparenz und Steifigkeit eignen sie sich bestens dafür. Die Verwendung bei der Herstellung von Laufprothesen im Hochleistungssport soll an dieser Stelle ebenfalls nicht unerwähnt bleiben.

Die Entwicklung deutet eindeutig darauf hin, dass künftig CFK altherkömmliche konventionelle Materialien wie metallische Werkstoffe zunehmend ablösen werden. Es ist eine Revolution im Verborgenen und doch bereits jetzt für jeden von uns im Alltag spürbar. Auf langfristige Sicht haben diese Stoffe das Potenzial die Zukunft unseres Planeten zu sichern.

Abb. 6.19 BMW i3 CFK-Fahrgastzelle (Life-Modul), BMW i3 und i8. (Quelle: Abb. aus Aachener Zentrum für integrativen Leichtbau (AZL) 2016; BMW AG 2016)

Abb. 6.20 Einordnung von CFK in die Verbundwerkstoffe

6.3.2 Grundlagen Faserverbundwerkstoffe

Faserverbundwerkstoffe sind Werkstoffe, die aus einer Kombination von mindestens zwei verschiedenen Komponenten bestehen, deren unterschiedliche Eigenschaften sich beiderseitig zum Vorteil ergänzen. Eine Untergruppe der Verbundwerkstoffe sind faserverstärkte Kunststoffe, auch Faserverbundkunststoffe (FVK) genannt. Abb. 6.20 zeigt die Einordnung der CFK in die Gruppe der Verbundwerkstoffe.

In der folgenden Übersicht werden die in der FVK eingesetzten Kohlenstoffverstärkungsfasern sowie die duroplastischen und thermoplastischen Matrixpolymere mit ihren charakteristischen Eigenschaften dargestellt.

6.3.2.1 Faserverbundkunststoffe

Bei Faserverbundkunststoffen handelt es sich um eine Zusammenstellung aus Verstärkungsfasern und Matrixmaterial bzw. Kunststoff, die zu einer Verbesserung der mechanischen Eigenschaften führt. Um die mechanischen Stoffeigenschaften der Fasern nutzen zu können, werden diese zunächst als Einzelfasern, Faserstränge (Rovings), Faservliese, Fasermatten oder auch als Gewebe in das Matrixmaterial (z. B. Thermoplaste oder Duroplaste) eingebettet, wie in Abb. 6.21 zu sehen ist. Um die Belastbarkeit des Werkstoffs zu erhöhen, wird aus Einzelschichten das sogenannte Laminat[1] gebildet, indem mehrere Fasermatten schichtweise übereinander aufgebaut werden. Die Eigenschaften von Verbundwerkstoffen sind von der Faserorientierung, Verteilung und Benetzung abhängig.

---

[1]Abgeleitet vom Lateinischen „lamina", die Schicht.

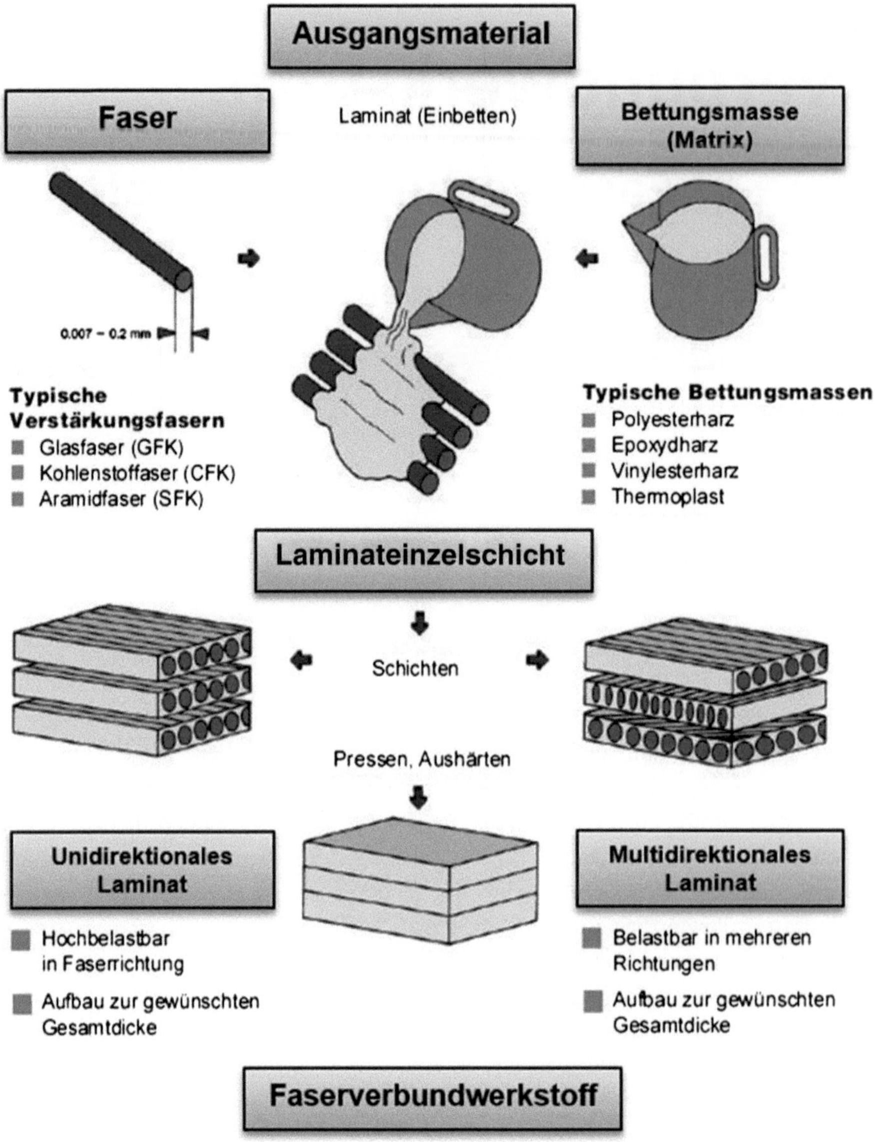

Abb. 6.21 Aufbau von Faserverbundkunststoffen. (Quelle: Abb. aus DLR Stuttgart (R&G) 2003)

Zusätzlich lassen sich sogenannte Füllstoffe[2] oder Additive hinzufügen, um bestimmte Eigenschaften des entstehenden Werkstoffes bei dessen späterer Anwendung zu unterstützen, z. B. werden spezielle Füllstoffe für die Gewichtreduzierung bei spezifischer

[2]Z. B. Minerale, Glaskugeln, Hohlglaskugeln, leitfähige Füllstoffe (Grafit, Aluminiumflakes).

Bauteildimension eingesetzt oder auch chemische Additive für die Senkung der Brennbarkeit benutzt. In dieser Arbeit wird ausschließlich das Teilgebiet der CFK betrachtet.

6.3.2.2 Matrixsysteme Kunststoffe

Als Matrixwerkstoffe werden heute in erster Linie organische Materialien benutzt. Grundsätzlich eignen sich bei der Prepreg-Herstellung sowohl Thermoplaste als auch Duroplaste als Matrixsystem für Faserverbundwerkstoffe. Die Verwendung von Duroplasten ist dabei die deutlich gängigere Alternative. Allerdings kommen auch Thermoplaste mittlerweile immer häufiger zur Verwendung.

Thermoplaste

Thermoplaste sind lineare Polymere, können häufig kristallisiert werden und lassen sich in einem bestimmten Temperaturbereich einfach verformen und verschweißen. Innerhalb der Gruppe der Thermoplaste unterscheidet man zwischen amorphen und teilkristallinen Thermoplasten. Diese Differenzierung basiert nur auf deren Strukturen und ihrer Temperaturbeständigkeit. Die amorphen Thermoplaste können nur unterhalb der Glasübergangstemperatur[3] Tg eingesetzt werden. Sie werden normalerweise oberhalb der Tg verarbeitet. Dagegen ist der Einsatz der teilkristallinen Thermoplaste nicht nur unterhalb sondern auch oberhalb der Glasübergangstemperatur möglich. Durch Erwärmung werden Thermoplaste elastischer, plastisch weicher und zuletzt flüssig. Bei ca. 100 °C findet der Übergang in den plastischen Zustand statt. Bei einer Temperaturerhöhung über die Grenztemperatur von ab ca. 200 °C zersetzen sie sich (Zersetzungstemperatur).

Wegen der ziemlich geringen Temperaturbeständigkeit kommen Thermoplaste wie z. B. Polypropylen (PP) oder Polyamid (PA) vor allem in der Automobilindustrie zum Einsatz. Hochleistungsthermoplaste auf Basis von Polyethersulfon (PES) oder Polyetheretherkton (PEEK) werden aufgrund der geforderten Temperaturbeständigkeit von 180 °C von der Luftfahrtindustrie verwendet (Lengsfeld et al. 2015). In der folgenden Tab. 6.7 werden die Daten zu den wichtigsten Eigenschaften von Thermoplasten angegeben.

Im Vergleich zu Duroplasten ist die Verarbeitung von Halbzeugen mit Thermoplasten deutlich schneller, da keine Härtung erfolgen muss. An dieser Stelle wird die Matrix vollständig polymerisiert und somit findet keine chemische Reaktion oder Vernetzung statt. Dadurch weisen Thermoplaste eine kürzere Bauteilherstellungszeit und eine fast unendliche Lagestabilität auf (Lengsfeld et al. 2015). Ein weiterer Vorteil der Thermoplaste ist das mögliche Recyclingpotenzial und demzufolge ihre Wiederverwendung. Jedoch werden im Vergleich zu Duroplasten eine höhere Porosität und folglich mehr Fehlstellen auf dem hergestellten Bauteil aufgewiesen. Grund dafür ist die hohe Viskosität von Thermoplasten.

[3]Glasübergangstemperatur Tg ist eine endotherme Zustandsänderung von starr in den gummiartigen bis zähflüssigen Zustand durch Wärmeenergiezufuhr. Sie ist keine konkrete Temperatur, sondern ein Temperaturbereich, in dem sich die Mobilität der Polymerketten signifikant erhöht (John et al. 2017).

Tab. 6.7 Typische Eigenschaften thermoplastischer Matrixwerkstoffe. (Quelle: Tab. aus Neitzel et al. 2014)

Thermoplast	Zug			Biegung		Dichte
	Modul *GPa*	Festigkeit *MPa*	Dehnung *%*	Modul *GPa*	Festigkeit *MPa*	*g/cm³*
(PP) Polypropylen	1,3–1,8	30–40	>50	1,1–1,6	30	0,90–0,91
(PA) Polyamid 66 – trocken	3,0–3,5	75–100	>20	2,8	110	1,13–1,20
(PET) Polyethylenterephthalat	2,8–3,5	55–80	>20	2,3	90	1,38–1,40
(PPS) Polyphenylensulfid	3,3–3,5	70–110	1,5	3,5–3,8	100–140	1,30–1,35
(PEEk) Polyetheretherketon	3,5–3,8	90–105	>50	3,6	150	1,32

Außerdem werden die Bauteile aus Thermoplasten exklusiv nur in einer sehr einfachen und kleinen Bauteilgeometrie in einer Presse hergestellt.

Duroplaste

Durch eine irreversible chemische Reaktion aus mindestens zwei niedermolekularen Stoffen entstehen Duroplaste (auch Duromere oder Thermodure genannt). In der Regel wird diese Reaktion als räumlich engmaschige kovalente Vernetzung oder als Härtung bezeichnet, z. B. wenn währenddessen das Harz und der Härter polymerisiert werden. Die Härtungstemperatur, die Härtungszeit und die potenzielle Nachhärtung können die resultierende dreidimensionale vernetzte Struktur beeinflussen. Nach der Aushärtung können Duroplaste nicht mehr plastisch verformt werden, ohne dabei Schaden zu nehmen. Das heißt ein Aufschmelzen und anschließendes Umformen ist nicht mehr möglich, weil bei einer Wärmezufuhr, die über die Zersetzungstemperatur hinausgeht, sich Duroplaste zersetzen und zerstört werden. Dies hat zur Folge, dass Duromeren oberhalb der Tg eingesetzt werden können. Ebenso ist deren Einsatz auch unterhalb der Tg möglich, in dem Fall zählen sie zu Elastomeren.

Zu den verbreiteten Duroplasten für Prepreg-Anwendungen gehören die ungesättigten Polyesterharze (UP), Vinylesterharze (VE), Epoxidharze (EP) sowie die Phenolharze (PF). In Tab. 6.8 sind die Daten zu den wichtigsten Eigenschaften von Duroplasten angegeben.

Zum Teil ist die mechanische Stabilität von duroplastischen Produkten für die Fertigung von Karosserieteilen oder auch Schutzhelmen von Vorteil. „Duroplaste kennen keinen Erweichungsbereich, der Werkstoff behalte bei hohen Temperaturen seine Festigkeit und verfüge über eine hohe Wärmeformbeständigkeit. Duroplaste zeichnen sich durch ihre Härte und Steifigkeit aus. Der geringe Ausdehnungskoeffizient bringe eine hohe Maßstabilität. Auch das Brandverhalten von Duroplasten sei vorteilhaft“ (Duromer Kunststoffverarbeitungs-GmbH 2006). Ein werkstoffliches Recycling wie bei Thermoplasten ist bei Duroplasten nicht möglich.

Tab. 6.8 Typische Eigenschaften duroplastischer Matrixwerkstoffe. (Quelle: Tab. aus Neitzel et al. 2014)

Duroplast	Zug			Biegung		Dichte
	Modul *GPa*	Festigkeit *MPa*	Dehnung *%*	Modul *GPa*	Festigkeit *MPa*	*g/cm³*
(UP) Ungesättigte Polyesterharze	2,8–3,5	40–75	1,3–3,3	3,4–3,8	80–130	1,25–1,30
(VE) Vinylesterharz	2,9–3,1	80	3,5–5,5	3,0–3,7	120–140	1,1
(EP) Epoxidharze	2,8–3,4	45–85	1,3–5,0	2,6–3,6	100–130	>1,16

6.3.2.3 Verstärkungsfasern

Die verwendeten Fasern für Verbundwerkstoffe können nach unterschiedlichen Charakteristiken differenziert werden, u. a. Gewinnung (künstlich oder natürlich), Aufbau (anorganisch oder organisch) oder nach mechanischen Eigenschaften wie Festigkeit, Steifigkeit und Dichte. Als Verstärkungsfasern werden i. d. R. Kohlenstofffasern, Glasfasern, Polymerfasern (z. B. Aramid[4]) und Naturfasern[5] gebraucht.

„Faserverbundwerkstoffe besitzen von allen Werkstoffen die höchste spezifische Steifigkeit und Zugfestigkeit" (Bonnet 2009), was aus dem Vergleich in Abb. 6.22 hervorgeht.

Neben dem Weiterverarbeitungsprozess bringt das Ausgangsprodukt für den Faserstoff die Basiseigenschaften der FVK-Fläche mit. Während die Matrix überwiegend für den Zusammenhalt des Faserverbunds sorgt, übernehmen die Verstärkungsfasern den größten Teil der mechanischen Belastung. Die Fasern bewirken eine deutliche Verbesserung des Kunststoffs hinsichtlich Festigkeit und Steifigkeit. Die einzelnen Verbundfasern hingegen besitzen eine niedrige Dichte, sogar noch geringer als die von Aluminium, was auf ein hohes Leichtbaupotenzial hindeutet.

6.3.3 CFK-Prepreg

CFK-Composite[6] setzen sich in ihren Eigenschaften aus der Faser (Basisrohstoff), der Herstellungsmethode sowie der Art der Weiterverarbeitung zusammen.

Im Allgemeinen entstehen Prepregs, sobald man ein Verstärkungsmaterial in einer Matrix tränkt. Als aushärtbare Halbzeuge sind sie Bestandteil der Verarbeitungskette zur Herstellung von Faserverbundwerkstoffen.

[4]Synthetisch hergestellt aus Monomeren Para-Phenylendiamin und Terephtaloyldichlorid (AVK, Industrievereinigung Verstärkte Kunststoffe 2014).

[5]Z. B. Pflanzenhaare, tierische Haare oder auch mineralische Fasern (Asbest).

[6](engl. für Verbundwerkstoffe).

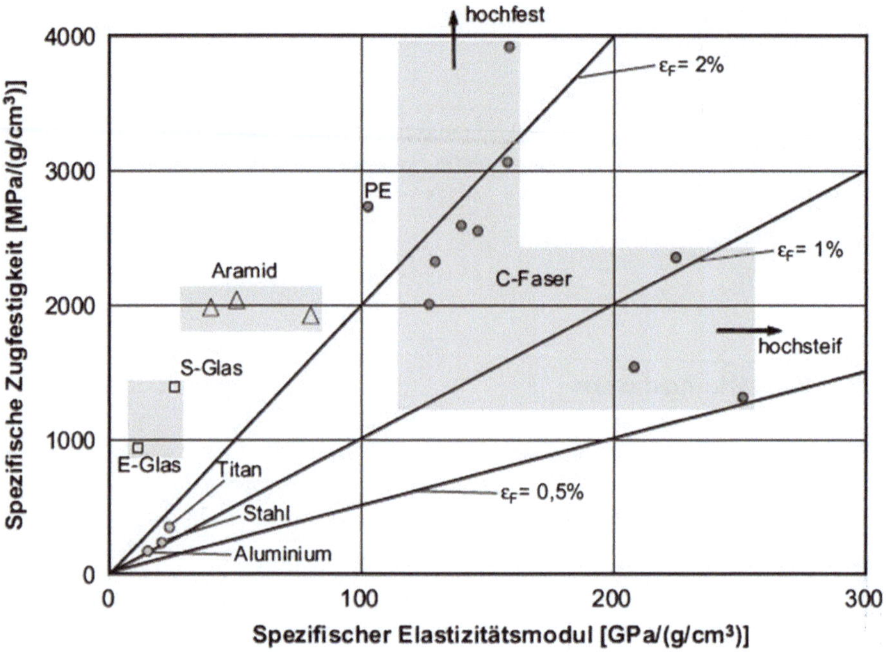

Abb. 6.22 Spezifische mechanische Eigenschaften verschiedener Werkstoffe im Vergleich. (Quelle: Abb. aus Bonnet 2009)

Abb. 6.23 Strukturdarstellung von CFK-Gewebe und Rohre. (Quelle: Abb. aus Carbon-Deutschland 2017; Opitz 2015)

CFK-Prepregs bestehen aus einem definierten Verhältnis zwischen einem hochviskosen Reaktionsharzsystem und endlosen Carbonfasern. In der folgenden Abb. 6.23 ist die typische Optik einer veredelten Oberfläche von CFK anhand der beispielhaften Bauteile Gewebe bzw. Rohr dargestellt. Diese Grafik illustriert die mit Carbonprodukten assoziierte klassische Struktur bzw. Erscheinungsbild von CFK.

Im Folgenden wird auf die eingesetzten Carbonfasern und die Matrixsysteme sowie die Herstellungsmethoden und Parameter für CFK-Prepregs eingegangen. Außerdem wird ein prinzipieller Aufbau einer Prepreg-Anlage vorgestellt.

Abb. 6.24 Carbon-Roving 50 K und der Vergleich der Größe einer Kohlefaser und eines menschlichen Haares. (Quelle: Abb. aus Wikipedia, Toho Tenax Europe GmbH 2016)

6.3.3.1 Carbonfasern, Herstellung und Anordnung

Kohlenstofffasern, auch als Carbonfasern bekannt, werden seit Mitte der 1970er-Jahre im industriellen Maßstab hergestellt. Was in Abb. 6.24 wie eine Haarsträhne aussieht, ist der Urstoff für die CFK-Produktion. Etwa 1000 bis 50.000 Einzelfasern werden zu einem Bündel zusammengefasst. Eine einzelne Carbonfaser hat eine Stärke von 5–8 *Mikrometern* und entspricht damit in etwa nur einem Zehntel der Stärke eines menschlichen Haares. Außerdem kennzeichnen sie sich durch eine Zugfestigkeit von 1000 bis 7000 *MPa* und einem Elastizitätsmodul von 200 bis 700 *GPa.*

Laut Handbuch des deutschen Fachverbands für Faserverbundkunststoffe/Composites gibt es verschiedene Grundstoffe für die Herstellung von Carbonfasern:

> Carbonfasern basierend auf drei Ausgangsmaterialien sind aktuell am Markt verfügbar. 86 % der 2012 hergestellten Fasern basieren auf PAN. Weitere Ausgangsmaterialien sind Cellulose (11 %) und Pech (4 %). Filamente für Verstärkungsanwendungen werden nur aus PAN und Pech hergestellt (AVK, Industrievereinigung Verstärkte Kunststoffe 2014).

In chemischer Hinsicht besteht Carbon zu über 90 % aus reinstem Kohlenstoff. Zur Herstellung von Carbonfasern werden meist strukturell vorgeformte, hochmolekulare, organische

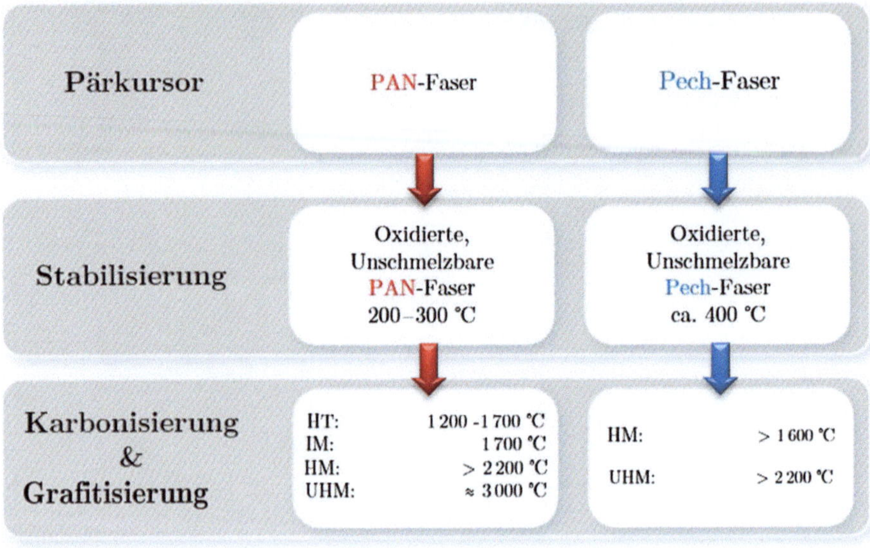

Abb. 6.25 Prozessstufen zu Herstellung von Carbonfasern

Ausgangsmaterialien (z. B. organische Fasern oder Pech[7]), auch als Präkursor[8] bezeichnet, eingesetzt. In einem aufwendigen Verfahren wird dieser Grundstoff wechselnden kontrollierten Bedingungen von Temperatur und Atmosphäre ausgesetzt, wodurch er seine gewünschten Eigenschaften erhält. Aus technischer Sicht unterscheidet man heutzutage zwei Produktionsprozesse. Die Unterscheidung erfolgt je nachdem, ob bei der Vorstufe Polyacrylnitril (PAN[9]) oder Pech eingesetzt wird. Abb. 6.25 skizziert die Produktionsprozesse und welche Prozessstufen dabei grundlegend gleich sind.

Polyacrylnitril wird in der Regel aus Rohöl gewonnen und ist das am weitesten verbreitete Verfahren zur Herstellung von Carbonfasern. Aus diesem Grund konzentriert sich diese Arbeit nur auf diese Art der Carbonfasern. Der in Abb. 6.26 grob beschriebene Herstellprozess ist relativ zeit- und energieaufwändig.

Die Umwandlung des Präkursors in eine Carbonfaser beträgt dabei mehrere Wochen (Giessmann 2010). Während des technisch bedeutsamsten Verfahrens wird aus dem Präkursor durch Oxidation bei einer Temperatur zwischen 200 °C und 300 °C zunächst an

[7]Auch Teer Pech, (lateinisch „pix“). Schmelzbare Rückstände, die bei der Destillation von Teeren und organischen Substanzen entstehen. Sie haben eine braune bis schwarze Farbe und eine teerartige bzw. bituminöse Struktur (Wikipedia).

[8]Vorläufer (engl.: „precursor“ aus lateinisch „praecursor“). Ist ein Ausgangsprodukt bzw. ein Rohstoff, der zu einer weiteren synthetische Verarbeitung dient.

[9]Polyacrylnitril ist ein Polymer. In seiner Reinstoffform zeichnet es sich als hart, steif, chemikalien- und lösungsmittelresistent aus. Der Schmelzpunkt ist oberhalb der Zersetzungstemperatur (DLR Stuttgart R&G 2003).

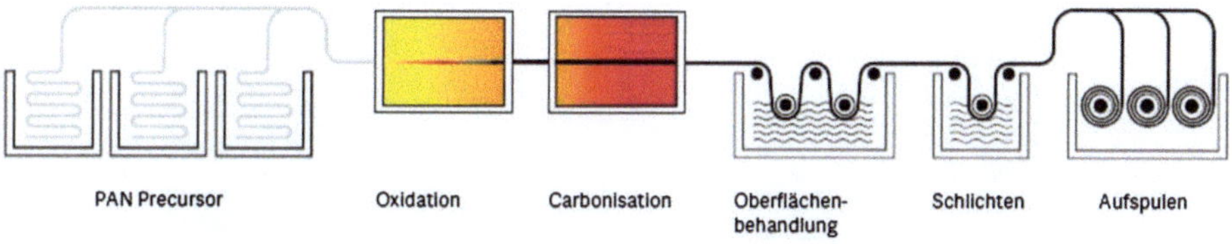

Abb. 6.26 Herstellungsprozess der Carbonfasern. (Quelle: Abb. aus SGL GROUP THE CARBON COMPANY 2016)

der Luft und dann unter Schutzgas Pyrolyse produziert. Um höhere Festigkeiten und Steifigkeiten der Fasern bei der Carbonisierung zu erreichen, wird die Orientierung der atomaren Strukturen in den Fasern durch Verstreckung verändert. Anschließend werden bei der Karbonisierungsbehandlung alle Elemente bis auf den Hauptanteil des Kohlenstoffs gasförmig abgespalten. Wie in Abb. 6.25 zu sehen ist, werden die hochfesten Fasern (HT) zwischen 1200 °C und 1700 °C, die Zwischenmodulfasern (IM) bei ca. 1700 °C, Hochmodulfasern (HM) oberhalb 2200 °C und Ultrahochmodulfasern (UHM) bis ca. 3000 °C zum Glühen erhitzt. Demzufolge wird oberhalb von 1800 °C vor allem die Struktur der grafitischen Kohlenstoffschichten bei der Grafitierung mehr und mehr optimiert. Zur Verbesserung der Benetzbarkeit und Haftung der Fasern mit der Matrix stehen geeignete Oberflächenbehandlungsverfahren zur Verfügung, welche die Carbonfasern mit einem geeigneten Schlichtemittel versehen. Die Aufgaben der Schlichte sind einerseits der Faserstrangzusammenhalt, die Faserglätte und -weichheit, die Spreizbarkeit, die Flusenbildungsresistenz, die Abriebfestigkeit sowie eine leichte und zerstörungsfreie Abwickelbarkeit der gewöhnlich auf Spulen gelagerten Carbon-Rovings. Andererseits soll die Schlichte eine chemische Kompatibilität mit dem jeweiligen Matrixmaterial aufweisen. Laut Toho Tenax Europe GmbH sind oft

> Epoxidharze die Basis für Präparationen von Kohlenstoff-Fasern, die auch in Epoxidharzen eingebettet werden. Bei anderen duromeren und thermoplastischen Matrixsystemen führen solche Präparationen oft zu nicht optimaler Ausnutzung der mechanischen Eigenschaften der Faser. Dies liegt an chemischen Inkompatibilitäten (z. B. Epoxidpräparation/PVE-Matrix), störenden Ausgasungen bei hohen Verarbeitungstemperaturen (z. B. Epoxidmatrix/PEEK) oder schlechter Benetzbarkeit und Imprägnierbarkeit der Faser mit dem Matrixsystem (z. B. Polyurethanpräparation/Phenolharzmatrix) (Toho Tenax Europe GmbH 2009).

Zusätzlich bietet die Schlichte Schutz für die Carbonfasern bei sich ständig wechselnden Bedingungen hinsichtlich Temperatur und Feuchtigkeit (Kroker und Vargiu 1990).

Nach dem Herstellungsprozess werden die Carbonfasern als Garn verdreht oder mit herkömmlichen Nähmaschinen oder klassischen Webstühlen aus der Textilindustrie in Strängen (sog. Rovings), i. d . R. zwischen 1000 (1 K) und 50.000 (50 K) Einzelfasern, auf Spulen aufgewickelt. Je nach Anwendung werden sie anschließend entweder direkt eingesetzt oder zu Geweben mit unterschiedlichen Bindungen bzw. Gelegen mit Lagen in verschiedenen Faserrichtungen weiterverarbeitet. Abb. 6.27 zeigt die verschiedenen Anordnungen bzw. Aufmachungen von hergestellten Carbonfasern.

Abb. 6.27 CFK-Anordnungen. (Quelle: Abb. aus Kunststodde.de, „Faser-leichte Werkstoffe Kunststoffe.de," Carl Hanser Verlag GmbH & Co. KG 2015; Coatema Coating Machinery GmbH 2015; Herbert Hänchen GmbH & Co. KG 2017)

6.3.3.2 CFK-Matrixsystem

Ein Carbonfaser-Roving ist mit einem Seil vergleichbar. Der Faserstrang ist dadurch gekennzeichnet, dass er biegeschlaff und dadurch formunstabil ist. Indem die Carbonfasern ihre besonderen Eigenschaften ausschließlich in Faserlängsrichtung aufweisen, sind sie anisotrop. Deshalb werden Carbonfasern im Verbundmaterial belastungsgerecht angeordnet, um die Kraftübertragung entsprechend übernehmen zu können (xperion components GmbH & Co. KG). Die Hauptfunktion der Matrix ist die Gewährleistung der Kraftübertragung zwischen den Fasern und den unterschiedlichen Faserschichten. Dafür bettet die Matrix die Fasern ein, stützt diese und bringt sie in Form. Außerdem schützt sie die Fäden vor mechanischen Schädigungen. In dieser Arbeit werden nur die Verarbeitungsprozesse mit duroplastischen Matrixwerkstoffen für die sogenannten Thermoset-Prepregs auf Basis von Epoxidharzen behandelt, da diese die wichtigste Klasse der Duroplaste darstellen.

Durch eine Polyadditionsreaktion zwischen Monomeren mit einer Epoxidgruppe und den dazu passenden Härtern wird eine Verbindung erzeugt. Das Verhältnis aller Komponenten beeinflusst den Grad der Vernetzung. Es besteht die Möglichkeit, verschiedene

Härter zur Vernetzung mit den Epoxidharzen anzuwenden. Dabei werden Amine[10] als das gängigste Reaktionsmittel eigesetzt.

Die unterschiedlichen Vernetzungsgrade von Epoxidharzen sind von der Kombination der Zeit-/ Temperaturparameter und der Aushärtemethode abhängig, beispielsweise Umlufttrockner, Heizplatte oder Infrarotstrahler. Dabei liegt die Spitze der exothermen Härtung eines typischen Epoxidharzes zwischen 140 °C und 150 °C. Bei der Überschreitung dieser Temperaturgrenze kann das Verbundmaterial nicht mehr weiter verarbeitet werden. Allerdings beginnt das exotherme Verhalten schon bei etwa 80 °C, wobei eine längere Härtungszeit als bei 140 °C notwendig ist. Wenn zum Beispiel die Härtungszeit bei 80 °C vier Stunden betragen würde, wären bei der Spitzentemperatur von 140 °C nur 10 min zur vollständigen Vernetzung bzw. Aushärtung ausreichend. Eine höhere Härtungsgeschwindigkeit erzeugt mehr Stress im Material, was unter Umständen und in Abhängigkeit der Zielvorgaben nicht immer zu den gewollten Eigenschaften führt (John et al. 2017). Deswegen es ist wichtig, dass beim Prepreg-Produktionsprozess die Zeit-/ Temperaturparameter und insbesondere die Präparation des Matrixsystems genau kontrolliert werden. Weil Prepreg-Materialien bei tiefen Temperaturen gelagert werden, kann die *Tg* des Epoxidharzes durch Aufnahme von Feuchtigkeit reduziert werden. Dies muss bei der weiteren Verarbeitung berücksichtigt werden. Entsprechend den Zielvorgaben, die abhängig von der späteren Anwendung des hergestellten Prepregs sind, beträgt der Gewichtsanteil des Harzes in etwa 30 bis 40 % (Giessmann 2010). Der Harzgehalt ist ein relativ leicht beherrschbarer Parameter, der zum Gesamtgewicht des Prepregs bzw. Prepreg-Flächengewicht PAW beiträgt. Dabei wird die rechnerische Lageneinzeldicke CPT einer Prepreg-Lage durch den Harzgehalt und das Faserflächengewicht FAW während der Aushärtung bestimmt. Die Angabe des Harzgehaltes wird relativ zum FAW in Gewichtsprozent ermittelt (Lengsfeld et al. 2015).

6.3.3.3 CFK-Prepreg Herstellungsmethoden und Parameter

Thermoset-Prepregs wurden bereits in den 1960er-Jahren von der Firma Boeing entwickelt, wobei es sich damals um *„unidirektional faserverstärkte duroplastischen Harze für die Herstellung von Strukturbauteilen“* handelte (AVK, Industrievereinigung Verstärkte Kunststoffe 2014).

Durch den heutigen Stand der Technik hinsichtlich Verfahren und Prozessabläufen für die Herstellung von Prepregs sind die produzierenden Unternehmen in der Lage, eine kontinuierlich hohe Qualität des Produkts zu gewährleisten. Die zu verarbeitende Carbonfaser kommt entweder als Rovings, auf Spulen aufgewickelt, oder als flächenförmige Substrate in unterschiedlichsten Aufmachungen vor (s. Abb. 6.27). Diese werden als Gewebe, uni-, bi- und multidirektionale Gelege oder Vliese angeordnet. Abb. 6.28 zeigt die zwei klassischen Aufmachungen als unidirektional (UD) sowie Gewebe des hergestellten Prepreg-Materials.

[10]Als Amine werden organische Abkömmlinge (Derivate) des Ammoniaks (NH3) bezeichnet, bei denen ein oder mehrere Wasserstoffatome durch Alkyl- oder Arylgruppen ersetzt sind.

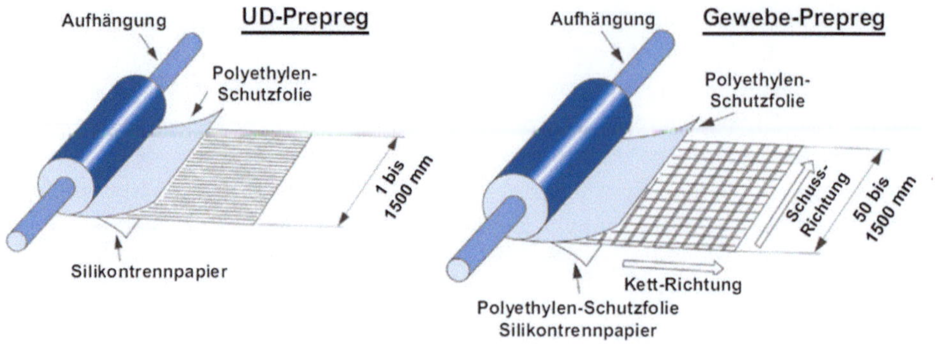

Abb. 6.28 Aufmachung von UD-Prepreg und Gewebe-Prepreg auf Rolle. (Quelle: Abb. aus Lengsfeld et al. 2015)

Die Ausgangsmaterialien sind extrem sensibel. Aufgrund dessen ist vor dem Durchlauf aller wichtigen Prozessphasen, wie z. B. die Abwicklung, die Imprägnierung, die Trocknung und insbesondere die Zugspannung, eine individuelle Anpassung unbedingt erforderlich. Das geschieht durch eine optimale Positionierung und Einstellung. Dabei muss die Zuführung des Substrats zu dem Imprägnierungssystem sehr präzise, vorsichtig und feinfühlig erfolgen, ohne dabei Spaltungen der Endlosefasern, aus dem einzelnen Roving sowie aus einem Gewebe, im Faserbett zu verursachen bzw. auszulösen. In dieser Prozessphase besteht praktisch kein physikalischer Zusammenhalt zwischen den Faserbündeln (Giessmann 2010). Diese Versetzungen der Fasern können einen sehr negativen Einfluss auf die mechanischen Eigenschaften des Endprodukts haben, indem die geforderte Festigkeit aus der resultierenden Faseranordnung verloren gehen könnte. Das kann zu einer hohen Ausschussrate bei der Produktion führen. In der Regel werden die flächenförmigen Substrate über eine Rollenabwicklung oder die Rovings über entsprechende Fadengatter für die Prepregs-Verarbeitung durchgeführt. Bei UD-Prepregs werden die Fäden mittels eines Spreizmoduls unter Spannung parallel gespreizt und bilden anschließend ein homogenes dünnes Faserbett. Um die anspruchsvollen Anforderungen zu erfüllen, wie z. B. das Beschichten von verschiedenen Fasermaterialien und Bandbreiten mit unterschiedlichen Matrixkombinationen, ist auf dem Markt eine Vielzahl an Methoden und Verfahren sowie Anlagenkonzepten bereits verfügbar. Beschichtungsverfahren, die heutzutage zur Imprägnierung von Thermoset-Prepregs genutzt werden, sind unter anderem (Giessmann 2010):

- Beschichtung mittels Walzensystemen
- Beschichtung mittels Rakeltechnik (oft beheizt) (engl.: „knife system")
- Lösemittelverfahren bzw. Tauchverfahren (engl.: „dipping process")
- Hot-Melt-Verfahren
- Pulverbeschichtung (engl.: „powder scattering")
- Beschichtung mittels Düsenauftrag (engl.: „slot die system")

Die Wahl und Beurteilung der Auswahl des entsprechenden Beschichtungsverfahrens müsse gemäß der Chemie, des geforderten Auftragsgewichtes und der Viskosität des Beschichtungsmaterials erfolgen. Des Weiteren sei die Unterscheidung zwischen einer kompletten Durchtränkung des Materials bzw. einer einseitigen Beschichtung bei der Auswahl entscheidend (Giessmann 2010).

Die meist bevorzugten Imprägnierverfahren sind das Lösemittelverfahren (s. Abb. 6.29 rechts), das Hot-Melt-Verfahren (s. Abb. 6.29 links) und die Beschichtung mit einem beheizten Messer bzw. Rakeltechnik.

Wie im linken Teil der Abb. 6.29 dargestellt ist, werden beim Prepreg-Herstellungsprozess zwei Schritte benötigt. Beim ersten Schritt wird das Harz auf einem Trägerpapier, i. d. R. Silikonpapier oder Trennfolie, aufgetragen und damit ein Harzfilm erzeugt. Dieser Vorgang wird mehrmals wiederholt, sodass letztendlich zwei Silikonpapiere oder Trennfolien mit einer applizierten Harzschicht zur Verfügung stehen. Im zweiten Schritt werden zunächst die Verstärkungsfasern bzw. das Faserbett von der oberen sowie unteren Seite mit dem silikonbeschichteten Trägerpapier, auf dem sich der Harzfilm befindet, in der ersten Imprägnierungzone mithilfe eines beheizten Kalandrier-Laminier-Systems zusammengeführt bzw. verheiratet, übereinander positioniert und durchgezogen. Nach weiterem Aufheizen über einem Heiztisch wird das Material durch die nächste Imprägnierungzone, meistens bestehend aus mehreren hintereinander angeordneten beheizten Kalandern und Tischen, weitergeführt. Unter Druck und erhöhter Temperatur werden währenddessen die Carbonfasern mit dem Harz durchtränkt. Anschließend werden die Trägerpapiere anhand einer Delaminiereinheit vom Faserbett abgezogen. Danach werden die Prepregs abgekühlt und mit einem Trennpapier laminiert. Dadurch sollen Verschmutzungen vermieden und ein Verkleben der auf Rollen gelagerten Prepregs verhindert werden. Vor der Aufwicklung werden schließlich die Ränder bzw. die geforderten Breiten zugeschnitten. Die sorgfältige Lagerung findet im Idealfall in einem luftdichten Raum und bei niedrigen Temperaturen statt. Eine vorzeitige Reaktion zwischen dem Harz

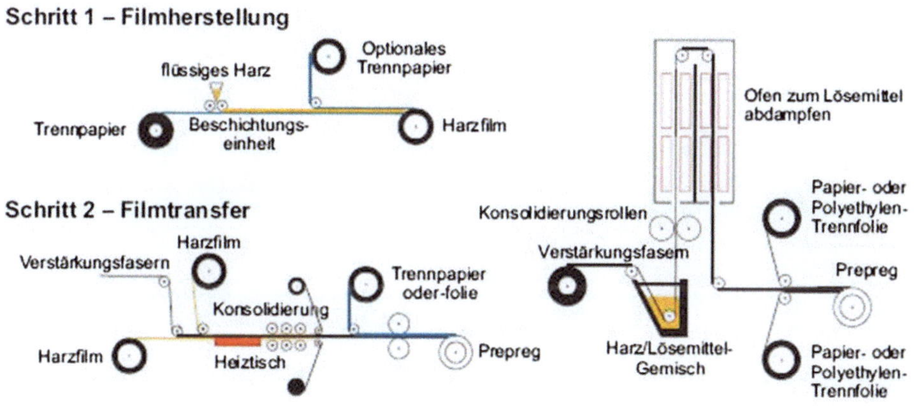

Abb. 6.29 Prepreg-Herstellungsverfahren. (Quelle: Abb. aus Lengsfeld et al. 2015)

und dem Härter kann durch Tiefkühlen bis zu -20 °C verhindert werden. Dadurch kann das Material nach dem Auftauen mit einer Vielzahl von Verarbeitungstechnologien weiter verarbeitet, gehärtet und gefertigt werden.

6.3.3.4 Aufbau einer Prepreg-Anlage

Eine typische Prepreg-Anlage besteht aus den folgenden Stationen:

1. Abwicklungsstation (Spulengatter für Rovings oder Rollenabwickler für Gewebe)
2. Spreizstation (für Rovings)
3. Beschichtungsstation
4. Imprägnierungsstation (beheizte Kalander)
5. Trocknungsstation (beheizte Tische)
6. Kühlungsstation
7. Delaminierungsstation
8. Laminierungsstation
9. Randschnittstation
10. Aufwicklungsstation für UD- oder Gewebe-Prepreg

Eine Prepreg-Anlage wird auf Basis von Ausgangsmaterial sowie des benötigten Herstellverfahrens zusammengestellt. Abb. 6.30 zeigt die Layoutzeichnung einer bereits installierten Prepreg-Anlage.

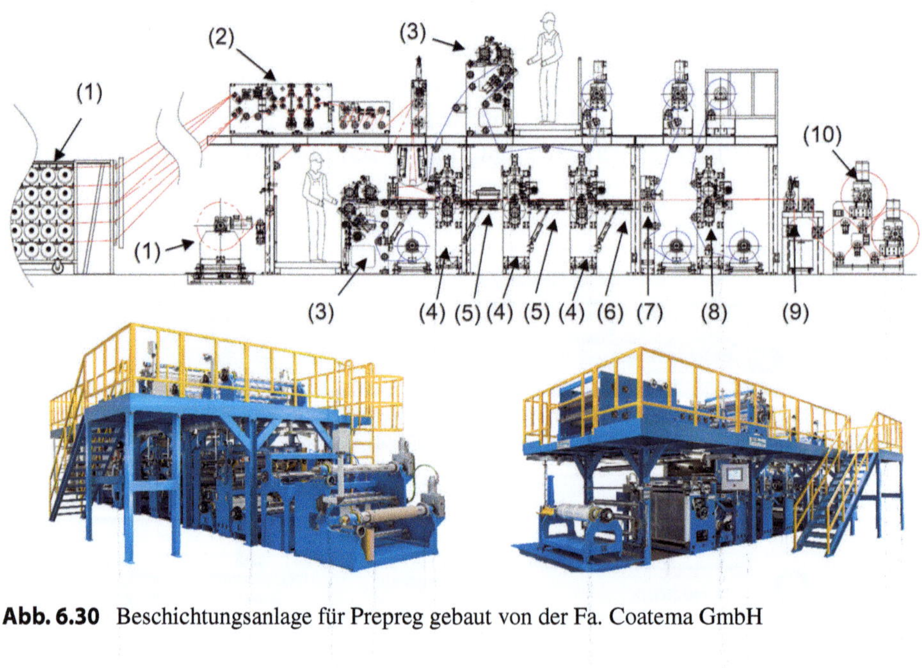

Abb. 6.30 Beschichtungsanlage für Prepreg gebaut von der Fa. Coatema GmbH

6.3.4 CFK-Eigenschaften

Carbonfasern besitzen vielseitig verwendbare Eigenschaften. Die besondere Benetzbarkeit und Haftung der Carbonfasern mit Epoxidharzen spiegelt sich in einer hohen dynamischen Festigkeit von kohlefaserverstärkten Werkstoffen wider. Diese gewünschten Eigenschaften resultieren aus der Art der chemischen Bindungen der Kohlenstoffatome in der grafitähnlichen Struktur der Fasern. Zudem weisen sie eine sehr hohe Festigkeit und Steifigkeit, aber eine geringe Bruchdehnung auf. Außerdem haben die Carbonfasern eine sehr gute Dauerfestigkeit bei dynamischer Belastung. Neben dem mechanischen Eigenschaftsprofil gelten sie als chemisch weitgehend inert, elektrisch leitend, unschmelzbar, thermisch stabil, biokompatibel und durchlässig für Röntgenstrahlen. Weitere Vorteile gegenüber anderen Werkstoffen sind die geringe Materialdichte, das geringe Gewicht, die außergewöhnlich geringe Materialermüdung, die geringe Hitzedehnung sowie Korrosions- und hohe Vibrations-Widerstandsfähigkeit. Infolgedessen ist ein Einsatz in den unterschiedlichsten Bereichen (s. Abschn. 6.3.1) realisierbar. Die hochfesten HT-Fasern (High Tensity) zählen zu den am weitesten verbreiteten unter den Kohlenstofffasern-Typen. Grund dafür ist, dass die bei höheren Temperaturen geglühten Hochmodulfasern im Vergleich relativ günstig zu beziehen sind (Fibretech composites GmbH 2006). In Abb. 6.31 werden die unterschiedlichen Faserklassen von Zugfestigkeit und Zugmodulen beispielhaft dargestellt.

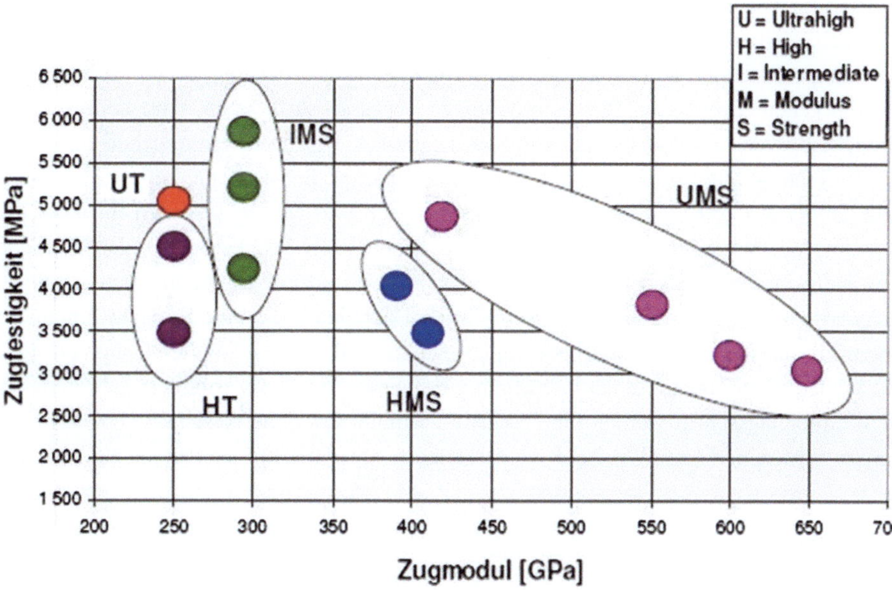

Abb. 6.31 Charakteristik der Kohlenstofffaser. (Quelle: Abb. aus AVK, Industrievereinigung Verstärkte Kunststoffe 2009)

Doch der hochwertige Werkstoff hat nicht nur Vorteile, sondern auch seine Nachteile. Das Ursprungsmaterial wird aus Erdöl erzeugt, das bekanntlich endlich ist.

Wegen dieser schwerwiegenden Tatsache sucht die Industrie nach alternativen Ausgangsmaterialien, im Idealfall nach einem nachwachsenden Rohstoff. Bis es so weit ist, wird das Vorprodukt der Carbonfasern aber weiterhin aus Erdöl bestehen. Des Weiteren ist die Carbonverarbeitung nicht nur teuer und aufwändig bzw. kompliziert, sie verursacht auch Abfall, der auf natürlichem Wege nicht zersetzbar ist. Daraus entsteht eine nicht zu vernachlässigende Belastung für die Nachwelt. Zusätzlich gilt in Deutschland seit 2005 die Entsorgung dieses Abfallmaterials auf Deponien als gesetzeswidrig. Außerdem werden die WHO[11] -Kriterien für die Alveolen-Gängigkeit[12] durch die Entstehung von Faserbruchpartikeln der Carbonfasern bei der industriellen Verarbeitung nicht erfüllt. Grund dafür ist, dass diese sehr kleinen Faserbruchstücke über die Atemwege aufgenommen werden können. Diese kleinen Partikel werden nicht als Fremdstoff vom Immunsystem des Menschen erkannt. Somit lassen sie sich durch die Körperflüssigkeit nicht lösen und verbleiben daher im Körper. Zusätzlich können die im Raum verteilten Faserstäube in den elektrischen Maschinen und Anlagen Kurzschlüsse auslösen (Neitzel et al. 2014).

6.3.5 CFK-Recycling

Bei der Produktion von Carbonfasern werden organische Materialien in grafitartig angeordnete Kohlenstoffe umgewandelt. Da diese Prozesse Temperaturen von über 1000 °C benötigen, sind sie sehr energieaufwändig. Damit der Einsatz des neuen Materials wirklich energieeffizienter wird, darf die beim Herstellungsprozess eingesetzte Energie nicht verloren gehen. Um diesen Herausforderungen begegnen zu können, wird bereits an der Entwicklung von neuen Recyclingverfahren gearbeitet, welche es ermöglichen sollen, aus dem Hi-Tech-Abfall wieder neues Material zu generieren. Bei der CFK Valley Stade Recycling GmbH & Co. KG, eine Tochtergesellschaft der Karl Mayer AG, wird für das CFK-Recycling das sogenannte Pyrolyse-Verfahren benutzt, um den Verbundwerkstoff wieder vollständig in den Wertstoffkreislauf für einen neuen Lebenszyklus einzuführen. Für ein hochwertiges Recycling von unterschiedlichsten Bauteilen muss eine Rückgewinnung der Fasern mit maximalen mechanischen Eigenschaften und einer definierten Länge erfolgen. Des Weiteren darf es zu keiner Schädigung der Faseroberfläche kommen. In einem ersten Verarbeitungsschritt werden die Produktionsabfälle aus dem Verschnitt oder aus Fehlchargen sortiert und zum Teil händisch zerkleinert. Anschließend werden sie auf spezielle,

[11]Die Weltgesundheitsorganisation (eng. World Health Organisation).

[12]Unter der alveolen-gängigen Fraktion (A-Staub) versteht man den Teil des einatembaren Staubes, der so fein ist, dass er bis in die kleinsten Verzweigungen der Lunge, in die Alveolen (Lungenbläschen), vordringen kann (Deutsche Gesetzliche Unfallversicherung e.V. (DGUV), „FA GK: A-Staub Definition DGUV).

vordefinierte Roste gelegt. Auf diesen es ist auch möglich, ganze Bauteile aus Fehlchargen, wie z. B. ein Fahrradrahmen aus CFK, zu positionieren. Die organischen Verbindungen werden bei der sogenannten pyrolytischen Zersetzung bei Temperaturen von über 500 °C durch die thermochemische Spaltung gelöst, d. h. nur durch Wärme und Sauerstoff werden große langkettige Moleküle in kleinere aufgebrochen. Im Falle eines Fahrradrahmens werden die zusammengehaltenen Carbonfasern durch das aus langen Ketten bestehende Epoxidharz aufgespalten. Die kleineren Moleküle gehen bei den hohen Temperaturen sofort in die Gasphase über, die Gase werden aufgefangen und zu einem speziellen Brenner geführt. Dort werden sie verbrannt und treiben so den Pyrolyse-Prozess an. Bei einem stabilen Prozessverlauf sollte keine zusätzliche Energie erforderlich sein. Nach der Pyrolyse bleiben nur reine Carbonfasern zurück. Die metallischen Ablagerungen werden durch Magnete abgeschieden. Die Oberfläche der Carbonfasern ist durch die saubere Prozessführung nahezu unbeschädigt. Da es zu keiner Verbrennung gekommen ist, bleiben auch keine Aschepartikel an den Fasern haften. Auch die wichtige Stabilitätseigenschaft in der Kohlenstoffstruktur bleibt unverändert. Die vom Harz befreiten Carbonfasern sind bereit für den nächsten Aufbereitungsschritt.

Durch den Einsatz von speziellen Maschinen kann das Material beispielsweise zu Perlits oder Fasermehl verarbeitet werden. Darüber hinaus werden unterschiedlich lange Fasern zum Teil mit einer speziellen Beschichtung versehen, sodass sie in andere Kunststoffmatrixstrukturen eingebunden werden können. Somit können aus CFK-Abfällen wichtige Rohstoffe für die Werkstoffindustrie entstehen.

6.4 Dünnfilmbeschichtung (im elektronischen Bereich)

Prozessschritte

Einleitend folgt zunächst die schematische Darstellung einer vereinfachten Prozesskette, wie sie exemplarisch für die Dünnfilmbeschichtung angenommen werden kann:

Da auch in einem augenscheinlich technologisch gut abgrenzbaren Feld wie der Dünnfilmbeschichtung die Verfahrenstechnik durchaus Unterschiede aufweisen kann, erhebt der in Abb. 6.32 dargestellte Prozess keinen Anspruch auf Vollständigkeit, sondern soll vielmehr als Leitfaden dienen. Die einzelnen Elemente der Prozesskette werden nachfolgend sukzessive dargestellt und erläutert.

6.4.1 Substrat-Vorbehandlung

Die Vorkonditionierung eines Substrates kann insbesondere durch Beeinflussung der Oberflächenenergie erfolgen. Zwei verbreitete Verfahren sollen unten kurz charakterisiert werden. Eine weitere Möglichkeit, Substrateigenschaften vor dem eigentlichen Beschichtungsprozess zu verändern bzw. die Substratoberfläche im Hinblick auf den Beschichtungsprozess zu

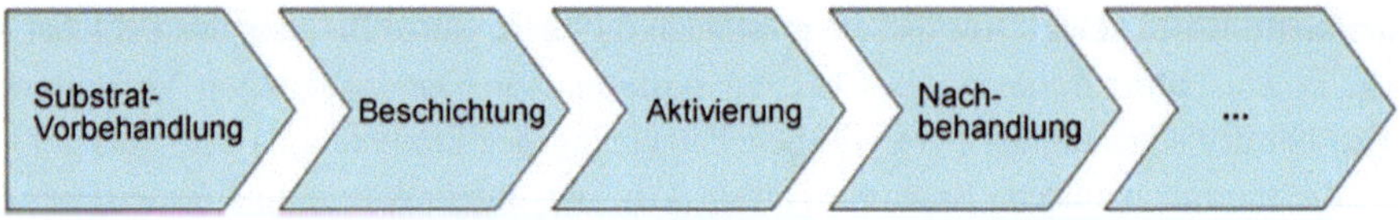

Abb. 6.32 Prozesskette für die Dünnfilmbeschichtung (vereinfachtes Schema)

optimieren, besteht in unterschiedlichen Reinigungsverfahren, auf deren Erläuterung an dieser Stelle aufgrund der untergeordneten Relevanz für das Kapitel allerdings verzichtet wird.

6.4.1.1 Corona-Behandlung

Die sogenannte Corona-Behandlung (auch Corona Treatment oder Air Plasma im angelsächsischen Sprachgebrauch) ist ein Prozess zur Oberflächenbehandlung, der auf die Verbesserung der Adhäsionseigenschaften von Substraten abzielt. So lassen sich durch Modifikation der Oberflächenenergien von Substraten, wie beispielsweise Papier oder polymerbasierten Filmen und Folien sowie anderen Trägermaterialien, durch Anhebung des sogenannten Dyne Levels Hafteigenschaften und Oberflächenbenetzbarkeit nachhaltig beeinflussen.

Generell sind Corona-Systeme zur Oberflächenbehandlung auf nahezu alle Substrate anwendbar, 3D-Objekte eingeschlossen. Die Corona-Behandlung hat sich als Industriestandard etabliert, wenn es um die Modifikation von Polymerfilmen geht, und hat auch einen hohen Stellenwert in der Extrusions- sowie der Converting-Industrie.

6.4.1.2 Atmosphären-Plasma

Das Atmosphären-Plasma ist der Corona-Behandlung grundsätzlich sehr ähnlich, jedoch es gibt einige Unterschiede zwischen den Systemen. Beide Systeme verwenden eine oder mehrere Hochspannungselektroden, welche die in der Umgebungsluft vorhandenen Ionen positiv aufladen. Beim Atmosphären-Plasma ist allerdings das Verhältnis der Sauerstoffmoleküle, die sich an die Molekülenden des jeweiligen Substrates heften, bis zu 100-mal größer. Aus diesem gesteigerten Sauerstoffanteil resultiert ein ungleich größerer Ionenbeschuss. Das Ergebnis sind stärkere Hafteigenschaften des Materials und gesteigerte Aufnahmefähigkeit für flüssige Beschichtungsmedien (Wikipedia (1) 2009).

Erfahrungen aus der praktischen Anwendung zeigen, dass die Wirkung der o.g. Methoden zur Vorkonditionierung über die Zeit einer substratunabhängigen Abnahme unterliegt. Das heißt, je größer der zeitliche Abstand zwischen Vorbehandlungsschritt und Beschichtungsprozess ist, desto geringer fällt der zu erwartende Effekt im Sinne einer Verbesserung der Hafteigenschaften aus. Im Beschichtungsanlagenbau wird diesem Umstand dadurch Rechnung getragen, dass die entsprechenden Komponenten in *einer* Anlage (inline) verbaut sind, um so die Beschichtung in unmittelbarem Anschluss an die Vorkonditionierung durchführen zu können.

6.4.2 Beschichtung

6.4.2.1 Beschichtungsgenauigkeit/Anforderungsprofil

Der Beschichtungsgenauigkeit wird insbesondere bei Dünnfilmapplikationen eine größtmögliche Bedeutung zugeschrieben, da hier auch kleinste Abweichungen aufgrund der geringen Gesamtschichtstärke des Films die spätere Funktionsweise der Komponente bzw. des Endproduktes stark beeinflussen können. Mit anderen Worten: Je präziser die Beschichtung in Längs- und Querrichtung auf die Warenbahn erfolgt, desto höher ist die Qualität des Endproduktes. In vielen Fällen wird gar erst durch Gewährleistung einer definierten Beschichtungspräzision die gewünschte Funktion überhaupt erreicht. So stellt Edward D. Cohen in seinem Werk „Modern Coating and Drying Technology" heraus: „At best, we can control to about ± 2 % of the target coverage, using gravure, precision slot, slide or curtain coatings. Reverse roll coating with precision rolls and air bearings, can do as well. Other coating methods tend to give poor control" (Cohen 1992). Spätestens durch die Erkenntnisse Cohens wird klar, dass nur eine geringe Anzahl von Applikationssystemen überhaupt in der Lage ist, die extremen Anforderungen eines hochpräzisen und homogenen Schichtauftrages im unteren Mikrometerbereich (des Nassfilms) zu erfüllen. Geringfügig abweichend von Cohens Empfehlungen beleuchtet dieses Kapitel die weiter o. g. Systeme genauer – „reverse roll" sowie „slide" und „ curtain coating" bleiben in diesem Kontext jedoch unberücksichtigt.

6.4.2.2 Typische Applikationssysteme

Im Vordergrund der Überlegungen dieses Kapitels sollen Applikationssysteme stehen, denen typischerweise die Eigenschaft zugeschrieben wird, extrem dünne und gleichzeitig homogene Schichten/Filme auftragen zu können. Hierzu zählen insbesondere Auftragssysteme wie die substratunabhängige (da berührungslose) Breitschlitzdüsentechnologie, das sog. Kisscoater-System sowie Beschichtungssysteme basierend auf gravierten Walzen. Für einen vertiefenden Einblick in die vorgenannten Systeme sei das Studium des 3. Kapitels bei Cohen angeraten (Cohen 1992, S. 25, „Grundelemente von Beschichtungsanlagen"). Hier finden sich jeweils detaillierte Darstellungen zur Düsen- und Gießtechnologie (Abschn. 3.2.6), zum Kisscoater-System (Abschn. 3.2.2.4) sowie zum Gravurwalzen-System (hier: Raster-Roller, Abschn. 3.2.2.3). Darüber hinaus findet sich unten stehend eine kurze Charakterisierung drei der bedeutendsten Auftragssysteme zur Applikation dünner Schichten (Abb. 6.33):

I) **Die Breitschlitzdüse („slot die")**

Generell bietet die Düsen- bzw. Gießtechnologie, unter die die Breitschlitzdüse als eine Unterart zu subsumieren ist, die Möglichkeit des kontaktlosen und somit substratunabhängigen Auftrages flüssiger Beschichtungsmedien. Ein Düsensystem besteht i. d. R. aus dem Auftragskopf (hier: der Breitschlitzdüse), der Zuführeinheit in Form von Pumpentechnologie mit Vorratsbehälter zur Förderung des flüssigen Mediums sowie einer entsprechenden Schlauchverbindung. Somit bietet diese Technologie ein

Abb. 6.33 Auftragssystem Breitschlitzdüse (Slot-die-System)

in sich geschlossenes System, was insbesondere bei Verwendung lösemittelhaltiger Beschichtungsmedien insofern von Vorteil sein kann, dass eine vorzeitige Evaporation (Abdampfen) verhindert wird und es nicht zu exogenen Einwirkungen (Verunreinigungen) vor dem Auftrag kommen kann. Ein weiterer Vorteil dieser Technologie liegt in der Möglichkeit, durch entsprechende Modifikation der Düse streifige und sogar intermittierende Beschichtungen zu realisieren. Die Auftragsstärke wird über den zugeführten Massenstrom, die Geschwindigkeit der Warenbahn sowie durch den Abstand zum Substrat und die Beschaffenheit des Düsenkopfes kontrolliert. Eine präzise gefertigte Breitschlitzdüse zeichnet sich durch exzellente Genauigkeit beim Auftrag dünner Schichten aus und ist somit in Verbindung mit möglichst pulsationsarmer Pumpentechnologie (bspw. einer Zahnradpumpe) für den Dünnfilmauftrag prädestiniert.

II) **Das Kisscoater-System**

Der sog. Kisscoater gehört zur Familie der Walzenauftragssysteme und ist ebenfalls für präzise Dünnschichtaufträge geeignet. An dieser Stelle soll nicht zwischen dem Kisscoater auf der einen und dem sog. Mirco-Roller-System auf der anderen Seite unterschieden werden, da die Systeme sehr ähnlich sind und die Begrifflichkeiten oft gar synonym verwendet werden.

Das Prinzip des Kisscoaters sieht den Schichtauftrag über eine Auftragswalze vor, die das Medium auf die Warenbahn überträgt und bei der Wahl eines entsprechend kleinen, nahezu tangentialen Kontaktwinkels diese lediglich sanft berührt (daher: „kiss“). Dabei schöpft die Auftragswalze das Beschichtungsmedium aus einem klein dimensionierten Becken, welches unterhalb der Walze positioniert ist. Die Leitwalzen, über die sich ein entsprechender Winkel realisieren lässt, sind vertikal verstellbar. Das System bietet zudem eine hohe Flexibilität, da über Variation des Kontaktwinkels zur Auftragswalze neben sehr dünnen Schichten auch dickere Schichten aus einer höheren Viskositätsbandbreite realisiert werden können.

III) **Gravierte Walzensysteme (Raster-Roller)**

Diese Systeme zählen, wie auch der Kisscoater, zur Familie der Walzenauftragsysteme. Das heißt, auch hier wird der Schichtauftrag durch direkten Kontakt der Auftragswalze zur Warenbahn (zum Substrat) realisiert. Der Unterschied zu anderen

Walzenauftragsystemen besteht hauptsächlich in der Möglichkeit der Definition des Auftrags über eine entsprechende Rasterung/Gravur der Auftragswalze. Durch ausgefeilte Fertigungstechnik (etwa Mikro-Gravur o. ä.) kann die Rasterung im Hinblick auf das zu verarbeitenden Medium optimiert werden.
Dadurch lassen sich auch über ein vom Prinzip her einfach ausgelegtes Auftragssystem dünne Beschichtungen realisieren. Qualität und Präzision bei Verwendung eines Gravurwalzensystems hängen, ebenso wie auch beim Kisscoater, in hohem Maße von der Fertigungsgenauigkeit der Walzen und der Präzision der verwendeten Lager ab (Abb. 6.34 und 6.35).

6.4.3 Aktivierung

Unter den gegebenen Voraussetzungen und Annahmen dieses Kapitels erfolgt nach dem Fluidauftrag i. d. R. eine – wie auch immer geartete – Aktivierung der chemischen Bestandteile bzw. die Herstellung der Integrität des Beschichtungsmediums. Da es in den meisten Fällen gilt, Lösungsmittel (z. B. Wasser oder Alkohole wie Methanol oder Ethanol) gleichmäßig durch Einbringung thermischer Energie zu evaporieren, ist das Mittel der

Abb. 6.34 Auftragssystem Micro-Roller-System

Abb. 6.35 Auftragssystem Gravierte Walzensysteme (Engraved-Roller-System)

Wahl hier vielfach die Trocknung durch Öfen, basierend auf dem Prinzip der Konvektion (Cohen 1992, ab S. 69). Weiterhin finden sich in typischen Beschichtungsmedien im Dünnfilmbereich häufig UV-reaktive Bestandteile, die erst bei Bestrahlung mit UV-Licht ausreagieren. Auch kombinierte Prozesse, etwa Evaporation von Lösungsmitteln im ersten Schritt durch Konvektion und anschließende Aushärtung durch UV-Bestrahlung in einem zweiten, nachgelagerten Schritt, sind keine Seltenheit und finden auch im Anlagenbau entsprechend Berücksichtigung. Die entsprechenden Informationen zu den Hintergründen der UV-Technologie finden sich ebenfalls im Abschn. 3.5.

An dieser Stelle unberücksichtigt bleiben soll die Möglichkeit der Strahlungstrocknung via Infrarot(IR)-Strahlung. Aufgrund der Substratbeschaffenheit und des häufigen Vorhandenseins alkoholischer Lösungsmittel in typischen Medien des elektronischen Dünnfilmbereiches und der damit verbundenen Problematiken bei Einsatz einer IR-Quelle ist diese Trocknungsart hier von untergeordneter Relevanz.

Nachfolgend seien die beiden erstgenannten Systeme (Konvektion und UV) mit Fokus auf ihre Bedeutung für die Dünnfilmbeschichtung kurz erläutert:

6.4.3.1 Thermisch

Eine erschöpfende Aufführung der Möglichkeiten thermischer Trocknungsverfahren findet sich in Abschn. 3.5 ab Seite 69. Exemplarisch sei im Folgenden auf diejenigen Aspekte hingewiesen, die für die Trocknung dünner Schichten von besonderer Bedeutung sind. Ausgehend davon, dass die Trocknung als Nachfolgeprozess zu einem Applikationsprozess erfolgt, nimmt man einen präzise aufgebrachten Nassfilm einer definierten Schichtdicke an (in der Regel im einstelligen oder unteren zweistelligen Mikrometerbereich), den es gleichförmig zu trocknen gilt, ohne negativ auf die nasse Schicht einzuwirken. Je nach Beschaffenheit dieser Schicht kann beispielsweise eine zu hohe Luftgeschwindigkeit/Luftmenge die Schicht verwirbeln oder „verblasen", was zu einem unhomogenen und somit unbrauchbaren Beschichtungsbild führt. Auch den Temperaturbereich, in dem getrocknet werden soll, gilt es möglichst perfekt zu definieren – sowohl den Temperaturtoleranzen der Trägermaterialien (oft Polymere!) sowie den Anforderungen des Beschichtungsmediums ist Rechnung zu tragen. Nicht selten ist die Aufteilung in unterschiedliche Temperaturzonen empfehlenswert, um so über eine Temperaturkurve durch separat regelbare Ober-/Unterluftmengen und Temperaturen optimale Trocknungsbedingungen zu schaffen.

6.4.3.2 Reaktiv (UV)

Im Sinne dieses Kapitels kompakt dargestellt beschreibt die reaktive Aktivierung die Trocknung bzw. chemische Aushärtung eines Beschichtungsmediums mittels ultravioletter Strahlung. Dieser Prozess erfolgt durch eine durch die UV-Strahlen ausgelöste photochemische Reaktion, wobei ein fester Film durch Vernetzung bzw. Polymerisation entsteht. Unabdingbarer Bestandteil eines für die UV-Aktivierung geeigneten Beschichtungsmediums sind photosensitive Additive, sogenannte Photoinitiatoren. Neben den hohen erreichbaren Produktionsgeschwindigkeiten zeichnet sich die UV-Härtung durch eine vergleichsweise geringe Wärmeabstrahlung auf das Substrat (insbesondere bei polymerbasierten Folien interessant), eine hohe Oberflächengüte und sofortige Weiterverarbeitbarkeit aus.

6.4.4 Substrat-Nachbehandlung (und Folgeprozesse)

Nach einer möglichen Vorkonditionierung des Substrates, der Beschichtung und der thermischen und/oder UV-reaktiven Aktivierung (Trocknung/Aushärtung) folgen oft weitere Prozesse. Diese können mannigfaltig sein und dienen meist der Finalisierung des Halbzeugs oder Endproduktes. Typische Beispiele sind eine Kühl- oder Relaxierstrecke, die das Substrat vor dem Aufwickeln auf eine definierte Wickeltemperatur kühlt oder auch nachfolgende Reinigungs- oder Ätzprozesse. Folgeprozesse können beispielsweise das Ausstanzen bestimmter Geometrien sein, Seiten- und/oder Mittenschnitt, das Kaschieren eines oder mehrerer Substrate oder das Versehen mit einer Schutzfolie vor dem Wickeln.

Typische Substrate und Beschichtungsrohstoffe
Aufgrund der hohen Beschichtungspräzision, die i. d. R. bei der Applikation dünnster Nassfilme gefordert wird, fällt auch die Substratauswahl entsprechend limitiert aus. Dies bedeutet, dass der Beschichtungsträger (das Substrat) nur geringe Dickentoleranzen aufweisen sollte, um eine entsprechend dünne Beschichtung sinnvoll erscheinen zu lassen. Edward D. Cohen konkretisiert diese Anforderungen in seinem Werk bereits in der Einleitung zur Trocknung dünner Filme: „The discussion will concentrate on those coatings that retain their integrity, have an impermeable substrate, and do not penetrate the web“ (Cohen 1992, S. 267). An dieser Stelle sollen daher Substrate von Relevanz sein, die in den Dunstkreis der zur Herstellung flexibler Elektronik denkbaren Trägermaterialien einzuordnen sind. Konkret wird die Beschichtung auf polymere Trägerfolien oder Metallfolien angenommen, eine den Anforderungen hochpräziser Beschichtungsmethoden genügende Qualität bei der Herstellung dieser Substrate wird vorausgesetzt (geringe Dickenschwankungen in Längs-/Querrichtung).

Die Auswahl der für die Dünnfilmbeschichtung geeigneten Beschichtungsmedien (Fluide) ist in der Hauptsache durch einen bestimmenden Faktor determiniert: die Viskosität. Entsprechende Informationen zu rheologischen Eigenschaften sind bei Cohen in Abschn. 3.2 (Cohen 1992, „Rheologische Grundlagen“) nachzulesen. Allgemein gilt, dass für die Dünnfilmbeschichtung Medien aus einem niedrigen bis mittleren Viskositätsbereich geeignet sind, wobei eine Reihe anderer Einflussfaktoren berücksichtigt werden muss, wie etwa der Feststoffgehalt oder Art und Anzahl der enthaltenen Lösungsmittel. Erst nach Klärung aller physikalisch-rheologischen Größen kann ein optimales Beschichtungssystem ermittelt werden. In der Praxis wird jedoch auch bei Vorliegen entsprechender Informationen einer empirischen Verifikation durch entsprechende Laborversuche der Vorzug gegeben, um mit gegebenen Mitteln ein optimales Beschichtungsergebnis zu erreichen. Es sei kurz darauf hingewiesen, dass Veränderungen der Scherkräfte als Einflussfaktoren auf das Beschichtungsergebnis hier bewusst ausgeklammert werden.

Was die Art der Beschichtungsrohstoffe anbelangt, so werden häufig Schichten mit konduktiven (=leitfähigen) Eigenschaften erzeugt, die auf Endanwendungen, wie bspw. Touchscreens, abzielen. Ein weiteres Beispiel sind Sperr-/Barriereschichten, wie sie in der flexiblen Photovoltaik Anwendung finden. Den meisten nasschemisch aufgetragenen Dünnfilmapplikation ist gemein, dass sie einen etablierten, aber aufwendigen und teuren Herstellprozess, meist aus der Vakuumdepositionstechnik o. ä. kommend, ökonomisch sinnvoll substituieren sollen. Die Forschung ist hier entsprechend weltweit aktiv und gut aufgestellt.

Eine kleine Besonderheit bilden die nanoskaligen Funktionsschichten, d. h. nasschemisch erzeugte Beschichtungen, die nach dem Aktivierungsvorgang Schichtstärken im oberen bis mittleren Nanometerbereich annehmen können. Solche extrem dünnen Schichten sind über konventionelle Auftragssysteme, welche für die Rolle-zu-Rolle-Beschichtung flexibler Substrate konzipiert wurden, nicht realisierbar. Dennoch gibt es Möglichkeiten, durch entsprechend präparierte Nasschemie (Beschichtungsmedien) in diese Sphären vorzudringen. Eine dieser Möglichkeiten besteht im Auftrag sog. Sol-Gele, deren Herstellungsprozess wie folgt kurz charakterisiert wird:

„Der Sol-Gel-Prozess ist ein Verfahren zur Herstellung nichtmetallischer anorganischer oder hybridpolymerer Materialien aus kolloidalen Dispersionen, den sogenannten Solen. Die Ausgangsmaterialien werden auch als Precursoren bezeichnet. Aus ihnen entstehen in Lösung in ersten Grundreaktionen feinste Teilchen. Durch eine spezielle Weiterverarbeitung der Sole lassen sich Pulver, Fasern, Schichten oder Aerogele erzeugen. Wegen der geringen Größe der zunächst erzeugten Solpartikel im Nanometerbereich lässt sich der Sol-Gel-Prozess als Teil der chemischen Nanotechnologie verstehen“ (Wikipedia (2) 2009).

Somit lassen sich Sol-Gel-Partikel, mit Lösungsmittel angereichert, über die in diesem Kapitel vorgenannten Auftragssysteme im Mikrometerbereich auftragen und bilden nach dem Aktivierungsprozess (i. d. R. nach der Trocknung) nanoskalige Funktionsschichten aus.

Eigenschaften und Anwendungen von Plastisolen und Additiven 7

7.1 Einführung

Neben den bekannten PVC-Suspensionsharzen mit einer breiten Palette an verschiedenen Produkten, die von starren Profilen und Rohren bis hin zu weichen Gartenschläuchen oder elektrischen Kabelummantelungen reicht, wird eine weitere Kategorie von Harzen, die sogenannten Dispersionsharze, mit vollständig unterschiedlichen Technologien verarbeitet.

Während Suspensionsharze aus Pulver oder Pellets bei hoher Temperatur weiterverarbeitet werden, werden diese Harze bei Raumtemperatur als flüssige Verbindungsphase, das „Plastisol", umgewandelt. Das Plastisol wird aus einer Vermischung aus einer flüssigen Komponente, einem Weichmacher und dem PVC-Dispersionsharz hergestellt. Folglich sind Fertigprodukte immer von flexibler Art. Diese Dispersionsharze machen schätzungsweise 10 % der gesamten PVC-Herstellung aus.

7.1.1 Geschichte

Die Geschichte des Plastisols begann in Deutschland, als sich die IG Farben diesem Gebiet widmete. Die kommerzielle Produktion startete im Jahre 1938. Im Zweiten Weltkrieg produzierte Deutschland 3000 Tonnen Plastisol pro Jahr. Die erste Nutzung bestand im Ersetzen einer löslichen Beschichtung in beschichteten Geweben. Später wurden Schuhsohlen und Folien produziert.

7.1.2 PVC-Harze für Plastisol

PVC-Harze werden gewöhnlich durch Emulsions- und Mikrosuspensionspolymerisation hergestellt. Im Vergleich zu Suspensionsharzen ist ihre Partikelgröße wesentlich kleiner,

A. Giessmann, *Substrat- und Textilbeschichtung*,
https://doi.org/10.1007/978-3-662-58494-1_7

was in ein nicht fließfähiges Pulver resultiert. Äußerlich sieht ein Suspensionsharz wie Kristallzucker aus, Pastenharze hingegen ähneln Mehl. Die meisten Harze sind homopolymer, andere dagegen copolymer. Generell werden VC-VAC produziert. Wichtige Parameter der Pastenharze sind:

- ihre Partikelgröße und Partikelgrößenverteilung, primär und sekundär;
- ihre Art des genutzten Emulgators;
- ihre Weichmacherabsorption;
- ihr *K*-Wert.

Die primäre Partikelgröße, welche während der Polymerisation auf dem Latex-Level gehalten wird, bestimmt die Viskosität.

Die sekundäre Partikelgröße, welche durch die Trocknungsmethode und den Mahlprozess bestimmt wird, beeinflusst auch die Viskosität und darüber hinaus das Altern der Paste. Die Art des Emulgators hingegen beeinflusst die Viskosität, das Schäumungsvermögen, die Wasserabsorption usw.

Die absorbierte Menge an Weichmacher ist in der Tat diejenige Menge an Weichmacher, die notwendig ist, um eine verarbeitungsfähige Viskosität der Paste zu erhalten. Der *K*-Wert, die inhärente Viskosität sowie der Viskositätsindex, die hauptsächlich das Molekulargewicht darstellen, beeinflussen die Fähigkeit zur Schaumbildung und in erhöhtem Maße die mechanischen Eigenschaften des Endprodukts.

Die meisten Harze werden in einem Autoklaven polymerisiert. In diesem Autoklaven wird ein Latex, dessen Zusammensetzung eine Emulsion aus P von VC Primärpartikeln in Wasser ist, in höchstmöglicher stabiler Konzentration geformt. Um das PVC-Pulver zu erhalten, muss das Wasser durch Evaporation aus dem Latex entfernt werden. Dieser Prozess wird in großen Trocknern durchgeführt. Der Latex wird oben im Trockner zerstäubt und mittels einer Heißluftströmung absteigend abgeschleudert. Das Wasser der Latextröpfchen verdampft und hinterlässt eine Cenosphäre. Die Cenosphäre ist eine hohle, sphärische Hülle, die aus gesinterten Primärpartikeln des Latex besteht. Danach wird das Pulver, bestehend aus Cenosphäre, gemahlen. Es entsteht ein definitives PVC-Pulver aus mehreren Cenosphären, Cenosphärenstückchen und Primärpartikeln in einer Sekundärpartikelgröße. In Vermischung mit dem Weichmacher werden die Cenosphären und die Cenosphärenstückchen in Abhängigkeit des Grades der Versinterung je nach Temperatur der Trocknerluft teilweise oder vollständig desegregiert.

7.1.3 Was ist nun eigentlich ein Plastisol?

Wir haben dieses Gebiet bereits berührt, als wir über eine Flüssigkeit und die sogenannte Weichmacherabsorption redeten. Die anerkannte Definition lautet: Ein Plastisol ist eine *Dispersion* von PVC-Harzen in einem Weichmacher. Deshalb wird die Bezeichnung Dispersionsharz genutzt, während die Bezeichnung Sol im Wort Plastisol sich auf die

Chemie der Kolloide, den kolloiden Zustand eines Systems in zwei Phasen, bezieht: eine kontinuierliche Phase, der Weichmacher, und eine disperse Phase, das PVC. Tatsächlich ist das einfachste Plastisol ein E-PVC, welches in einem Weichmacher mit einer notwendigen Menge eines thermischen Stabilisators fein verteilt ist. Ausgehend von einem Feststoff ist es notwendig, eine Flüssigkeit, den Weichmacher, einzumischen, um eine Paste von niedriger bis hoher Viskosität zu erhalten. Wir werden später sehen, wie es möglich ist, einem Endprodukt durch das Formulieren eines Plastisols verschiedene Eigenschaften zu verleihen. Wenn die Paste mittels vielfältiger Technologien in ihre endgültige Form überführt ist, soll sie ausgehärtet und bei der richtigen Temperatur verschmolzen werden. Nach Abkühlung wird das homogene gewünschte Endprodukt erhalten.

7.2 Rheologie

Wenn wir über Flüssigkeiten mit unterschiedlicher Konsistenz bis hin zu einer Paste sprechen, muss man selbstverständlich über Rheologie reden. Rheologie ist der Wissenschaftszweig, welcher sich mit der Deformation und dem Materialfluss unter Belastung befasst. Die Art, in welcher ein Plastisol strömt, also seine rheologischen Eigenschaften, beeinflusst sein Verhalten in praktischen Anwendungen. Je nach Art der Anwendung (Beschichten, Tauchlackierung usw.) muss eine bestimmte Rheologie des Plastisols vorausgesetzt werden.

Lassen Sie uns etwas Theorie machen.

7.2.1 Die Viskosität nach Newton

Lassen Sie uns eine Ebene β und im Abstand h dazu einen Ebenenschnitt mit einer Oberfläche S parallel zu β annehmen. Wir stellen uns vor, dass β fixiert ist und dass wir eine Kraft F parallel zu β ausüben. Unter der Wirkung der Kraft F soll der Abschnitt S sich mit einer Geschwindigkeit V parallel zu β bewegen. Newton stellte das folgende Prinzip auf:

- Die Flüssigkeitsebenen zwischen der Ebene β und dem S -Abschnitt sollen mit Geschwindigkeiten zwischen 0, der Geschwindigkeit der Ebene β und V, der Geschwindigkeit des Abschnitts S, angetrieben werden. Deshalb gilt $v = Vx/h$, wobei x der Abstand der betrachteten Flüssigkeitsebene von der Ebene β ist.
- Es existiert eine proportionale Darstellung zwischen der Schubspannung F/S, welche auf die Flüssigkeit ausgeübt wird, und der Schergeschwindigkeit v/x.

Daraus folgt $F/S = \eta v/x$ oder $\mathrm{d}F/\mathrm{d}S = \eta \mathrm{d}v/\mathrm{d}x$, wobei τ definitionsgemäß die Viskosität der Flüssigkeit und gleich der Schubspannung dividiert durch die Schergeschwindigkeit ist. Diese Viskosität ist eine Materialeigenschaft, welche nach Newton eine Konstante ist. Die Schubspannung wird allgemein mit dem Buchstaben τ und die Schergeschwindigkeit mit dem Buchstaben D symbolisiert.

Folglich gilt:

$$\tau = F/S = \mathrm{d}F/\mathrm{d}S \quad \text{und} \quad D = v/x = \mathrm{d}v/\mathrm{d}x$$

und gemäß Newton

$$\tau = \eta D \quad \text{und} \quad \eta = \tau/D.$$

7.2.2 Schubspannung $\tau = F/S$ ist in dyn/cm

Für die Schergeschwindigkeit D gilt: $D = v/x$ in cm/s/cm, somit s^{-1}.

Die Viskosität $\eta = \tau/D$ in dyn s/cm wird Poise (P) genannt. Tatsächlich ist die Maßangabe in Pa s = 10 P.

Definitionsgemäß folgt die Konsistenz eines Materials dem Newtonschen Gesetz. Die Konsistenz wird mit seiner Viskosität gemessen. Substanzen, welche dem Newtonschen Gesetz gehorchen, gelten als mehr oder weniger konstant, je nachdem ob ihre Viskosität mehr oder weniger hoch ist. Nach nur einem Jahrhundert, d. h. Mitte/Ende des 18. Jahrhunderts, konnte bewiesen werden, dass einige Substanzen das Newtonsche Gesetz befolgen. Bei der Untersuchung einer Flüssigkeitsströmung durch Kapillaren stellte Poiseuille ein Gesetz auf, welches die Flüssigkeitsströmung durch eine Kapillare als Funktion der Kapillargröße und des Druckunterschieds zwischen den beiden Kapillarenden bestimmt. Das Poiseuille-Gesetz geht davon aus, dass die Viskosität einer Flüssigkeit bei einem konstanten η-Wert, entsprechend τ/D, dem Newtonschen Gesetz gehorcht. Die meisten reinen Flüssigkeiten mit niedrigem Molekulargewicht (Wasser, Alkohole, Leichtöle …) folgen dem Newtonschen Gesetz, einige Flüssigkeiten aber nicht. Im letzten Fall haben wir keine Proportionalität zwischen τ und D. Hier gehorcht die Viskosität nicht dem Newtonschen Gesetz. Diese Flüssigkeiten werden nicht Newtonsche Flüssigkeiten genannt.

7.2.3 Nichtnewtonsche Flüssigkeiten

Lassen Sie uns das rheologische Verhalten von nichtnewtonschen Flüssigkeiten beschreiben, indem wir uns eine Kurve vorstellen, welche die relativen Variationen von τ und D aufzeigt: $\tau = f(D)$ oder $D = f(\tau)$.

Die Konsistenz nichtnewtonscher Flüssigkeiten wird bei jeder Schergeschwindigkeit mittels des korrespondierenden Viskositätskoeffizienten gemessen, dieser hängt von der Schergeschwindigkeit ab. Drei Typen von nichtnewtonschem Verhalten können beschrieben werden:

a) Kunststoff
Bingham bezeichnete einen Kunststoff als ein Material, welches nicht fließt, bevor die Schubspannung tau nicht den Wert $\tau(c)$, die untere Fließgrenze, erreicht hat. Wenn aber die untere Fließgrenze einmal überschritten ist, fließt der Kunststoff in solch einer Weise, dass die Zunahme der Schergeschwindigkeit D eine lineare Funktion der Schubspannung τ ist.

b) Pseudokunststoff
Wenn die Kurve $D = F(\tau)$ keine gerade Linie ist, sondern eine Kurve mit einer konvexen Krümmung zur τ-Achse darstellt, dann wird die Substanz Pseudokunststoff mit oder ohne untere Fließgrenze genannt. In diesem Fall sinkt der Viskositätskoeffizient mit zunehmender Schergeschwindigkeit. Es ist nicht mehr möglich, dieses Verhalten anhand von einem Parameter oder zwei Parametern, wie im Fall von Newtonschen Stoffen oder Bingham-Kunststoffen, zu beschreiben. Es ist notwendig, die Kurven zu zeichnen.

c) Dilatante Substanzen
Zeigt die Kurve $D = f(\tau)$ eine konvexe Krümmung zur D-Achse, dann wird der Stoff dilatant genannt. Der Viskositätskoeffizient nimmt mit D zu.

7.2.4 Rheologische Kurven

Die Kurven $D = f(\tau)$ und $\eta = f(D)$ sind komplementär zueinander. Wir nutzen die Kurve $\eta = f(D)$ für unsere Darstellung, weil sie deutlich das pseudoplastische Verhalten und das Dilatant-Verhalten verbessert, welche für Beschichtungen sehr wichtig sind.

7.2.5 Ein Blick in die Praxis

Wir haben gesehen, dass Kunststoffe unter verschiedenen Bedingungen verschiedene Viskositäten zeigen und haben Schergeschwindigkeiten in den Blick genommen. Bei der Scherung eines Werkstoffs bewegen sich die verschiedenen Schichten des Materials in unterschiedlichen Geschwindigkeiten.

Stellen Sie sich nun einen Kartenstapel vor. Die relative Bewegungsgeschwindigkeit der Schichten ist nur ein Faktor der Schergeschwindigkeit. Ein weiterer ist der Abstand zwischen den scherenden Ebenen. Wenn Sie Butter mit einem Messer auf Ihrem Brot verteilen, dann hängt die Schergeschwindigkeit von der Schnelligkeit Ihrer Messerbewegung und vom Abstand zwischen der Schneide und Ihrem Brot ab. Wenn Sie sich nun vorstellen, Sie seien in einer Beschichtungsanlage und verteilen mit einem Streichmesser ein Plastisol auf ein Zwischenträgerpapier mit einer Geschwindigkeit von 12 m/min und einem Abstand von 0,08 mm zwischen Papier und Messer, dann wird die Schergeschwindigkeit durch eine einfache Gleichung ausgedrückt:

Schergeschwindigkeit (in s^{-1}) = Geschwindigkeit des Papiers (in mm/s)/Abstand zwischen Messer und Papier (in mm).

Folglich gilt:

$$\text{Schergeschwindigkeit } D = 200\,\text{mm/s}/0{,}08\,\text{mm} = 2500\,\text{s}^{-1}.$$

Demzufolge gilt: Mit zunehmender Beschichtungsgeschwindigkeit steigt auch die Schergeschwindigkeit.

Mit zunehmender Beschichtungsdicke (Abstand zwischen Messer und Papier) sinkt die Schergeschwindigkeit.

Dies gilt natürlich auch in umgekehrter Weise.

Der Viskositätsbegriff ist bekannt und allgemein anerkannt. Die Viskosität kann wie folgt beschrieben werden:

$$\eta\ (\text{Viskosität}) = \tau\ (\text{Schubspannung})/D\ (\text{Schergeschwindigkeit}).$$

Wie Sie wissen, ist τ der Widerstand zur angreifenden Kraft (oder anders gesagt, die Kraft, welche die Scherung hervorgerufen hat).

Da angegeben wurde, dass einige Flüssigkeiten bei verschiedenen Schergeschwindigkeiten verschiedene Viskosität aufzeigen können, drückt ein Diagramm, welches die Viskosität gegenüber der Schergeschwindigkeit zeigt, generell die Rheologie eines Plastisols aus.

Festzuhalten ist:

- Newtonsches Verhalten: Die Viskosität bleibt bei allen Schergeschwindigkeiten gleich.
- Pseudokunststoff: Die Viskosität sinkt mit steigender Schergeschwindigkeit.
- Dilatant: Die Viskosität nimmt mit der Schergeschwindigkeit zu.

Wenn Sie auf Ihre Viskositätskurve schauen, sollten Sie in der Lage sein, die Viskosität Ihrer Paste bei Ihren Arbeitsbedingungen zu erkennen. Wir gehen später auf die Bedeutung dieser Materie ein.

7.2.6 Thixotropie und Härten

Zwei andere wichtige rheologische Verhaltensweisen eines Plastisols sind die Thixotropie und das Härten.

7.2.6.1 Thixotropie

Die Thixotropie ist die Beschaffenheit einer Substanz, deren Viskosität mit der Zeit aufgrund einer konstanten Belastung abnimmt. Bei einer konstanten Schergeschwindigkeit sinkt die Viskosität mit der Zeit und strebt einem Grenzwert entgegen. Dieser Effekt ist reversibel. Wird die Viskosität einer thixotropen Substanz zuerst mit zunehmender Schergeschwindigkeit, dann mit abnehmender Schergeschwindigkeit bestimmt, entspricht die Kurve der abnehmenden Schergeschwindigkeit nicht der Kurve der zunehmenden Schergeschwindigkeit. Wir können eine Hysterese beobachten. Eine unbestätigte Theorie besagt, dass sich in der Substanz eine geregelte Struktur ergibt, sodass die verschiedenen in der Flüssigkeit vorkommenden Moleküle sich selbst in einer gegebenen geometrischen Ordnung anordnen. Wenn solch eine Substanz bewegt wird, wird die gegebene geometrische Ordnung gestört und die Kräfte, welche die Partikel und Moleküle zusammenhalten, werden abgebaut. Folglich wirkt keine Kraft mehr gegen die Flüssigkeitsströmung und wir können eine Abnahme der notwendigen Schubspannung zum Aufrechterhalten einer gegebenen Schergeschwindigkeit beobachten.

7.2.6.2 Härten

Wenn ein Plastisol bei Raumtemperatur verharrt, nimmt die Viskosität des Plastisols zu. In Abhängigkeit von der Art des verwendeten Harzes, der Art des Weichmachers, der Temperatur usw. kann die Zunahme der Viskosität langsamer oder schneller erfolgen. Es wird erachtet, dass die Geschwindigkeit der Zunahme in den ersten 24 h größer ist und danach absinkt. Wenn man nach den ersten 24 h weiterhin umrührt, stellt man fest, dass die Viskosität nach dem Rühren geringer ist als unmittelbar zuvor. Den Unterschied zwischen beiden Messungen nennt man Thixotropie. Die verbleibende Zunahme der Viskosität zwischen der letzten Messung und der Viskosität eines frisch hergestellten Plastisols nennt man Härten.

7.2.7 Elemente der Zusammensetzung eines Plastisols

Wie wir bereits gesehen haben, setzt sich ein elementares Plastisol aus einem PVC-Dispersionsharz, einem Weichmacher, der das Harz löst und somit die flüssige Form herstellt, und einem Stabilisator zusammen, der die Wärmestabilität gewährleistet. Wir werden feststellen, dass viele Arten von Rohstoffen zur Rezeptur hinzugefügt werden können bzw. müssen, um dem Plastisol verschiedene spezifische Eigenschaften zu verleihen. In diesem Kapitel beschreiben wir alle möglichen Inhaltsstoffe und die Eigenschaften, welche mit ihnen übertragen werden können. Wir beginnen mit dem PVC, gefolgt vom Weichmacher und von den Additiven, die nicht weniger wichtig sind, aber in kleineren Mengen gebraucht werden.

7.2.8 PVC-Harze für Plastisole

In einem PVC-Katalog für Plastisol-Hersteller werden die folgenden Haupteigenschaften beschrieben:

- der K-Wert, der Viskositätsindex oder die inhärente Viskosität;
- die Verwendung in Kompaktprodukten, Schäumen oder Endprodukten;

- die Viskosität für verschiedene Konzentrationen an Weichmachern, allgemein das DOP;
- einige Informationen zur Partikelgröße;
- die Wärmestabilität (manchmal).

Wenn man ein Plastisol formulieren möchte, sollte man zuerst herausfinden, welches Harz zu verwenden ist. Deshalb ist es notwendig, ein paar Fragen zu stellen:

- Viskosität: Welche Weichmacherkonzentration wird gebraucht?
- Schäumungsfähigkeit: Ist ein gut schäumendes Harz notwendig?
- K-Werte: Sind Festigkeitseigenschaften wichtig?
- Partikelgröße: Brauchen wir ein Harz mit feiner Partikelgröße?
- Wärmestabilität: Setzt der Prozess eine hohe Wärmestabilität voraus?
- Absorption von Wasser: Ist die Absorption von Wasser ein wichtiger Faktor (Außenanwendung)?
- Schleierbildung: Brauchen wir ein gering verschleierndes Produkt (Automobilindustrie)?

Nun entwickeln wir all diese Fragen eine nach der anderen.

7.2.8.1 Viskosität

Zuerst sollte man wissen, welcher Weichheitsgrad benötigt wird. Der Weichheitsgrad wird durch die Shore-Härte angegeben, welche in direkter Beziehung zur Konzentration des Weichmachers steht. Einige Tabellen zum Weichheitsgrad als Funktion der Konzentration des Weichmachers sind in der Literatur zu finden (siehe Kapitel „Weichmacher“). Wir wissen bereits, dass die Viskosität in direkter Beziehung zur Konzentration der Flüssigkeit (Weichmacher) steht. Wenn wir also die benötigte Shore-Härte des herzustellenden Produkts kennen, dann ist die benötigte Konzentration des Weichmachers fixiert. Jetzt können die Harze selektiert werden, welche die durch den Prozess benötigte Viskosität mit der benötigten Konzentration des Weichmachers liefern. Dies ist nur eine sehr grobe Betrachtung des Problems. Später können mehrere Anpassungen vorgenommen werden, wie wir im folgenden Kapitel sehen werden. Es gibt viele andere Faktoren, welche die Viskosität eines Plastisols beeinflussen, wie zum Beispiel:

- das Härten,
- der Typ des Weichmachers,
- der Typ des Stabilisators,
- die Zugabe und der Typ des Füllstoffs,
- die Typ- und Pigmentkonzentration.

Einige Korrekturen können auf folgende Weise vorgenommen werden:

- durch Mischen von Harzen geringer Weichmacherabsorption mit Harzen hoher Weichmacherabsorption,
- durch Zugabe eines Extenderharzes,
- durch Zugabe eines Viskositätsdämpfers,
- durch Zugabe eines Thixotropie-Mittels.

Bitte bedenken Sie, dass wir nicht die Viskosität des Harzes erwähnt haben, denn das Harz selbst ist ein Pulver.

7.2.8.2 Extenderharz

Neben dem Dispersionsharz haben wir nun das Extenderharz als eine Möglichkeit der Viskositätskorrektur erwähnt. Konkret kann die Rheologie durch die Zugabe von Steinen verschiedener Größe geändert werden. Ein ähnlicher Effekt kann im Bereich der Plastisole beobachtet werden. Wir sprachen bereits über den bestimmenden Einfluss der primären und sekundären Partikelgröße von Harzen auf die Viskosität der Paste.

Das Extenderharz wird mittels der Suspensionspolymerisation hergestellt. Die Besonderheit dieses Harzes ergibt sich aus einer sehr geringen Absorption des Weichmachers, einer geringen mittleren Partikelgröße zwischen 30 und 40 µm und einer regelmäßigen Partikelform. Die Zugabe eines Extenderharzes senkt und stabilisiert die Viskosität. Die Abnahme der Viskosität hat ihren höchsten Einfluss bei Schergeschwindigkeiten zwischen 100 und 2000 s^{-1}. Die Abnahme der Viskosität beeinflusst hauptsächlich die Dilatanz einiger bestimmter Harze.

7.2.8.3 Schäumungsfähigkeit

Infolge ihrer Polymerisationsrezeptur schäumen einige Harze weniger als andere. Diese Eigenschaft wird im Katalog immer aufgeführt.

7.2.8.4 *K*-Wert

Der K-Wert basiert auf der Viskosität einer Lösung von 0,5 g/100 ml PVC in Cyclohexanon bei 25 °C gemäß der DIN 53726. Eigentlich spiegelt er das Molekulargewicht wider. Auf denselben Bedingungen basierend, aber mit anderer Berechnung, kann man die spezifische Viskosität und den Viskositätsindex der ISO R 174-1961 (E) erhalten. Die ASTM-A-Methode 1243-58 T or 1243-66 basiert auf der Viskosität einer Lösung von 0,2 g PVC in Cyclohexanon bei 30 °C. Dies sind die hauptsächlich verwendeten Ausdrücke. Andere Ausdrücke findet man, wenn andere Lösungsmittel, wie z. B. Nitrobenzol und 1,2-Dichlorethan, verwendet werden. Wir müssen beachten, dass der Viskositätsindex oder die relative Viskosität unabhängig von der Viskosität des Plastisols sind. Aber wenn das Plastisol gelagert wird, ist die Solvatisierung des PVC durch den Weichmacher bei einem niedrigeren K-Wert ausgeprägter als bei einem höheren K-Wert.

Der *K*-Wert spielt bei der Gelbildung des Plastisols und den mechanischen Eigenschaften des Endprodukts eine bedeutende Rolle. Es ist offensichtlich, dass ein PVC mit niedrigerem *K*-Wert und kurzen Molekülketten schneller geliert als ein höheres PVC mit höherem *K*-Wert. In einem Endprodukt können Festigkeitseigenschaften, die Reißfestigkeit sowie die Abnutzungsbeständigkeit bei ausreichender Gelierung des Produkts höher sein, sofern ein PVC mit hohem *K*-Wert genutzt wird.

7.2.8.5 Gelbildung

Nach dem Vermischen des Harzes mit dem Weichmacher und all den anderen benötigten Additiven erhalten wir ein Plastisol einer gegebenen Konsistenz oder Viskosität. Aber das Ziel der Umwandlung zum Endprodukt ist es, ein festes, weiches Produkt herzustellen. Um dieses Ergebnis zu erreichen, wird das Plastisol mittels eines vorgegebenen Prozesses, auf den wir später näher eingehen werden, in seine endgültige Form gebracht. Anschließend erfolgt eine Gelierung der Flüssigphase in eine feste Phase mittels eines Härtungsverfahrens. Nach dem Kühlen hat die plastifizierte PVC-Komponente all die vorzüglichen Eigenschaften eines Vinyl-Kunststoffes, mit denen wir vertraut sind. Diese Evolution wird auch „Theorie des verlorenen verfügbaren Raumes“ genannt. Das Aufquellen der Polymer-Partikel mittels der Absorption des Weichmachers unter Wärmezufuhr hinterlässt den aufgequollenen Partikeln immer weniger Raum (und weniger Flüssigphase), um sich zu bewegen, bis ein fester Zustand erreicht ist.

Bei höheren Temperaturen werden die aufgequollenen Partikel zusammengeschweißt, wobei ein homogener Zustand entsteht; der Festzustand wird erst auftreten, nachdem die Schmelze auf das *D*-Niveau abgekühlt wurde.

Der Feststoff ist dann in einem spröden Zustand und erreicht seine eigentlichen Festigkeitseigenschaften erst nach vollständigem Verschmelzen. Die angegebenen Temperaturen zu den verschiedenen Phasen können je nach dem zur Herstellung des Plastisols verwendeten Weichmacher und je nach Harz variieren.

Das ist sehr wichtig, denn der verwendete Weichmacher und das verwendete Harz können den Prozess der Gelbildung beschleunigen oder hemmen und auch die Viskosität der Schmelze nach der Fusion ändern. Später werden wir sehen, dass es möglich ist, die Viskosität der Schmelze zu ändern, um die richtige Viskosität zu erhalten, die benötigt wird, um einen guten chemischen Schaum herzustellen. Wenn ein Gas in einem viskosen Produkt freigesetzt wird, hängt die resultierende Zellstruktur hauptsächlich vom Viskositätszustand ab.

Das veranlasst uns, über Additive und Weichmacher in einer Plastisol-Rezeptur zu sprechen.

7.2.8.6 Partikelgröße

Einige spezielle Anwendungen, wie zum Beispiel sehr dünne Schichten mit einer Schichtdicke $< 100\,\mu m$, die mittels einer Rakel mit Walzenprofil aufgetragen werden, benötigen Harze mit kleinen Partikelgrößen. Ein Harz mit einer maximalen Partikelgröße von $130\,\mu m$ kann offensichtlich Streifen erzeugen, wenn der Abstand zwischen Rakel und Papier $100\,\mu m$ beträgt und mittels eines serigrafischen 100-penta-Siebs gedrosselt wird.

7.2.8.7 Wärmestabilität

In einigen Anwendungen, wie Rotations- oder Sturzgießverfahren, Unterbodenbeschichtungen am Auto, Leder für Armaturenbretter im Auto usw. werden Plastisole mit hoher Wärmestabilität benötigt. Hier sind Harze mit hoher Wärmestabilität von Vorteil.

7.2.8.8 Wasserabsorption

Im Fall von Außenanwendungen wie Abdeckplanen, Überdachungen etc. und sogar für Innenanwendungen wie bodenbedeckende Verschleißlagen, ist eine geringe Wasseraufnahme erwünscht. PVC spielt diesbezüglich eine bedeutende Rolle.

7.2.8.9 Schleierbildung

Für alle Automobilanwendungen müssen gering verschleiernde Harze und Rezepturen benutzt werden. Künftig werden sehr strenge Vorschriften bezüglich der PVC-Harze erwartet. Betrachten Sie hierzu auch die DIN-Norm 75201.

7.3 Die Weichmacher

7.3.1 Funktion

Weichmacher verleihen dem PVC-Dispersionsharz eine gewisse Fluidität. Sie sind daher ein wesentlicher Bestandteil, der die Herstellung von Plastisol überhaupt erst ermöglicht. Neben dem benötigten Weichheitsgrad kann der Weichmacher dem Endprodukt spezielle Eigenschaften, wie z. B. Biegsamkeit, Feuerfestigkeit oder geringe Migration, verleihen, wie wir später anhand der entsprechenden Eigenschaften sehen werden.

Und so funktioniert es:

Es gibt viele Theorien zur Plastifizierung. Zusammenfassend können wir sie wie folgt beschreiben:

a) PVC besteht hauptsächlich aus einer amorphen Masse mit einigen kristallinen Bereichen.
b) Beim Erhitzen verringern sich die elektrostatischen Kräfte zwischen den PVC-Ketten, wodurch Weichmachermoleküle zwischen den Ketten geschoben werden können.

Es ist offensichtlich, dass das Weichmachermolekül einen gewissen Polaritätsgrad haben muss, um sicherzustellen, dass es zwischen den Ketten gehalten und nicht einfach aus dem flexiblen PVC abgesondert wird. Polarität wird üblicherweise durch Carbonyl-Gruppen >C=O im Weichmacher und gegebenenfalls mittels aromatischer Ringe, falls vorhanden, erzeugt. Die Alkoholgruppen im Weichmacher sind nicht polar und mildern die elektrostatischen Kräfte zwischen den PVC-Ketten ab. Dadurch wird die Flexibilität des PVC erhöht. Auf dieser Grundlage würde man erwarten, dass die Länge und die Linearität der Alkoholketten einen deutlichen Einfluss auf die Leistungsmerkmale ausüben. Tatsächlich sind Leistungsmerkmale eine Funktion der Linearität und des Molekulargewichts. Die Linearität hängt sowohl vom verwendeten Alkohol als auch von der verwendeten Säure ab. Die Linearität des Alkohols variiert von hauptsächlich verzweigten OXO-Alkoholen (Isooctanol bis Isodecanol oder Tridecanol) über semilinearen (ca. 75 %igen) Alkoholen, wie z. B. Linevol 79, bis hin zu vollständig linearen Alkoholen, welche durch Ethylen-Wachstum hergestellt werden, wie z. B. Alfol 610 und 810.

7.3.2 Woraus werden Weichmacher hergestellt?

Weichmacher werden hauptsächlich durch Veresterung von Alkoholen mit Säuren oder Anhydriden hergestellt. Die bei der Herstellung von Weichmachern verwendeten Alkohole variieren zwischen C4 und C13. Diese Alkohole können sowohl aus Erdöl als auch aus Materialien auf pflanzlicher Basis gewonnen werden. Bei der Veresterung werden diverse zweibasige aromatische und aliphatische Säuren oder Anhydride verwendet.

7.3.3 Ihre Leistungsmerkmale

Ohne weiter auf ihre speziellen Eigenschaften einzugehen, sind ihre Haupteigenschaften folgende:

- Effizienz;
- Kompatibilität;
- Volatilität;
- Solvatisierung, Gelbildung und Fusion;
- spezifische Dichte.

Andere Eigenschaften, welche durch Auswahl der Weichmacherart erreicht werden, sind:

- Resistenz gegen Wasserextraktion, Seife und Benzin;
- Resistenz gegen Hydrolyse;
- geringe Migration;
- Resistenz gegen Hitze, Licht und Verwitterung;
- gute Biegsamkeit;
- Feuerbeständigkeit;
- keine Verfärbung, kein Geruch und keine Toxizität.

7.3.3.1 Effizienz

Die Effizienz entspricht der benötigten Konzentration, um einen gewissen Weichheitsgrad zu erhalten, wobei das DOP als Referenz dient. Diese Effizienz wird ausgedrückt durch plus oder minus Weichmacheranteile auf einhundert PVC-Anteile „phr“. Das ist der benötigte „phr“-Wert des DOP, um einen Weichheitsgrad „x“ zu erreichen.

7.3.3.2 Kompatibilität

Die Fähigkeit des Weichmachers in Vermischung mit einem PVC-Harz besteht darin, eine homogene Zusammensetzung zu bilden. Diese Zusammensetzung muss bestimmten Umweltbedingungen widerstehen, die zur Absonderung des Weichmachers führen könnten. Die Kompatibilität hängt in der Tat von der Anzahl und der Art der funktionalen Gruppen des Weichmachers sowie von der Größe und Form seiner Moleküle ab. Außerdem beeinflussen auch noch andere Additive, sekundäre Weichmacher sowie chloriertes Paraffin, Stabilisatoren und die Art des PVC (Emulgator) die Kompatibilität.

7.3.3.3 Solvatisierung, Gelbildung und Fusion

Die Solvatisierung des PVC mittels Weichmacher und seine Kompatibilität sind eng miteinander verbunden. Sogar bei Raumtemperatur haben BBP, DBP und TCP eine beachtliche Solvatisierungsstärke. Sie können das PVC im Gegensatz zum weniger kompatiblen DOS sogar bei niedrigeren Temperaturen verschmelzen. Diese Eigenschaft ermöglicht das Vorantreiben oder Verzögern der Gelbildung und die Verschmelzung durch Auswahl eines richtigen Weichmachers.

7.3.3.4 Volatilität

Es ist wichtig, Weichmacher mit geringer Volatilität zu beseitigen. Die Volatilität führt im Härteprozess zu Weichmacherverlusten, was nicht sehr ökonomisch und ökologisch ist. Sogar bei Raumtemperatur verliert das Endprodukt seine Flexibilität. Bei technischen Anwendungen in der Automobilindustrie kann eine Armaturenbrettfolie hinter der Windschutzscheibe bei Sonnenbestrahlung einen Anstieg der Oberflächentemperatur auf bis zu 103 °C erleiden. Nachts kann sich die Temperatur der Windschutzscheibe drastisch vermindern. Der Weichmacher schlägt sich auf der Windschutzscheibe nieder. Dieses Phänomen wird Schleierbildung genannt. In der Automobilindustrie werden nun strenge Auflagen angewandt.

7.3.3.5 Spezifische Dichte

Der Mengenpreis wird signifikant durch diese Eigenschaft beeinflusst. Beim Entwerfen von Speichereinrichtungen kann es auch von Bedeutung sein, ob freies Wasser im Tank absinkt oder nach oben steigt.

Hiernach betrachten wir die Klassifikation der verschiedenen Weichmacher und die jeweils spezifischen Eigenschaften, die durch Nutzung dieser Weichmacher gewährt werden.

7.3.4 Klassifikation

Wie bereits oben erwähnt, werden diverse Alkohole und Säure-Anhydride bei der Herstellung von Weichmachern genutzt. Das führte zu einer Klassifizierung der Weichmacher in eine gewisse Anzahl von chemischen Familien, wie z. B. Phthalate, Phosphate und Adipate. Eine andere, allgemeinere Klassifizierung unterteilt die Weichmacher wie folgt:

- primäre Weichmacher,
- sekundäre oder spezielle Weichmacher,
- Verdünnungsmittel.

Zusammenfassend können wir sagen, dass der Ansatz zur Klassifikation der Weichmacher in dieser Art und Weise zu zwei verschiedenen Interpretationen führt, vorausgesetzt, dass sie sich nicht sehr stark voneinander unterscheiden.

Die erste Interpretation
In dieser Interpretation haben die Begriffe primär, sekundär und verdünnend die folgenden Bedeutungen:

- Primärer Weichmacher: bis zu 120 phr kompatibel.
- Sekundärer Weichmacher: weniger kompatibel. Er verleiht spezielle Eigenschaften.
- Verdünner: sehr schwach kompatibel. Er wird niemals einzeln verwendet.

Die zweite Interpretation
Der primäre Weichmacher ist die hauptsächlich verwendete Komponente in der Rezeptur.

Der sekundäre Weichmacher ist die andere in der Rezeptur vorkommende Komponente mit einer speziellen Funktion. Er überträgt spezielle Eigenschaften.

Der Unterschied zwischen diesen beiden Klassifikationen besteht darin, dass der sogenannte sekundäre Weichmacher gemäß der zweiten Version als primärer Weichmacher gemäß der ersten Interpretation angesehen werden kann. Da die zweite Interpretation keine Spezifizierung (wie z. B. Kompatibilität) eines bestimmten Weichmachers enthält, berücksichtigt die Beschreibung der Weichmacher in der nachfolgenden Tabelle die erste Klassifikation der primären und sekundären Klassen.

7.3.4.1 Primäre Weichmacher

Im Folgenden klassifizieren wir die Weichmacher in primäre und sekundäre Weichmacher und gruppieren sie in Familien.

Phthalate
Sie werden aufgrund ihres Leistungsverhaltens und ihres Preises am häufigsten in der Beschichtungsindustrie eingesetzt. Die erhaltenen Eigenschaften hängen von der Kettenlänge der Alkoholmoleküle und ihrer Struktur (linear/verzweigt) ab. In eben dieser Gruppe können wir auch das DOP (Dioctyl-Phthalat) finden, welches aufgrund seiner Kompatibilität, Effizienz und Volatilität, gemessen am Verhältnis der Qualität zu den Kosten, der beste Weichmacher ist. Deshalb wird es weltweit als Referenz für alle Weichmacher angesehen. Die für die Plastisole nützlichen Weichmacher werden von C4 bis C13 entnommen. Das C13 (Di-Tridecyl-Phthalat) wird als die obere Grenze der Kompatibilität angesehen. Wenn wir von C4 zu C13 gehen, gilt:

- Die Effizienz der Erweichung und die Kompatibilität nehmen ab.
- Bei gleicher Härte steigt die Kältebeständigkeit.
- Die Volatilität nimmt ab.
- Die Wasserbeständigkeit nimmt zu.
- Die Beständigkeit gegenüber Kohlenwasserstoffen nimmt ab.

Für die Struktur (linear/verzweigt) gilt: Eine zunehmende Verzweigung, z. B. bei DINP, bedeutet:

- verminderte Kältebeständigkeitseigenschaften,
- kürzere Verschmelzungszeit,
- höhere Viskosität,
- höhere Effizienz im Weichheitsgrad.

DBP – Dibutyl-Phthalat

- hohe Volatilität,
- ausgeprägtere Gelbildungsstärke,
- schnelleres Aushärten,
- erhöhte Kompatibilität eines chlorierten Paraffins,
- geringere Dehnungsverformung,
- höhere Dichte,
- wird niemals allein verwendet.

BBP – Butylbenzyl-Phthalat

- volatil,
- schnelle Gelbildung,
- schnelles Aushärten,
- gute Fleckenbeständigkeit,
- induziert Dilatanz in der Plastisol-Viskosität,
- hohe Dichte,
- schlechte Witterungsbeständigkeit,
- geringe Biegsamkeit,
- Fleckenunempfindlichkeit.

DHP – Dihexyl-Phthalat

- volatil,
- eher schnelle Verschmelzung,
- aushärtend,
- vernünftige Biegsamkeit,
- hohe Dichte,
- in Europa bekannt als Jayflex 77 Exxon.

BOP – Butyloctyl-Phthalat
In Europa ist das BOP bekannt als Weichmacher 216 Monsanto. Unter der Bezeichnung BOP gibt es zahlreiche Produkte unterschiedlicher Abmischung. Zur Evaluation muss bekannt sein, was beschichtet werden soll.

DOP auch DEHP – Dioctyl-Phthalat – Diethylhexyl-Phthalat
Wie bereits erwähnt, ist dies der beste Weichmacher hinsichtlich der Qualität pro Kosten, guter Kompatibilität, der Effizienz, des Volatilitätskompromisses sowie hinsichtlich geringer Kosten. Kein Wunder, dass es als Referenz für Weichmacher gewählt wurde.

DIOP – Diisooctyl-Phthalat
Diisooctyl-Phthalat kann DOP substituieren. Es besteht eine geringere Viskosität als beim DOP. Aufgrund der Verzweigung wird vermutet, dass dieser Weichmacher mutagen und schlechter biologisch abbaubar ist. Deshalb ist das DIOP vom europäischen Markt verschwunden.

DINP – Diisononyl-Phthalat

- geringeres Aushärten der Paste,
- immer gute Gelbildungsgeschwindigkeit.

Unter bestimmten ökonomischen Umständen können DOP und DINP den gleichen Preis haben. Aufgrund der geringeren Volatilität wird DINP gegenüber DOP bevorzugt. Eine Studie von Dr. Popp von der Firma Exxon besagt, dass sogar bei Preisunterschieden das DINP aufgrund seiner geringeren Volatilität und geringeren Dichte das DOP aus ökonomischer Sicht ersetzen kann.

Einige Formen enthalten ein Antioxidans (wie z. B. Bisphenol A), welches bei bestimmter Schaumzubereitung eine pinke Verfärbung liefert.

DIDP – Diisodecyl-Phthalat

- weniger effizient,
- geringe Volatilität,
- geringes Aushärten der Pasten,
- geringe Wasserempfindlichkeit.

Um sicherzustellen, dass mit dem DOP dieselbe Shore-Härte A80 erreicht wird, benötigen wir zusätzlich 4 phr DINP und 6 phr DIDP. Das DINP und das DIDP sind weniger effizient als DOP.

Um bei Verwendung von DINP und DIDP dieselbe Gelbildung wie mit DOP zu erreichen, ist eine Temperaturerhöhung um 3–6 K nötig.

DUP – Diundecyl-Phthalat
Das DUP eignet sich für spezielle Anwendungen, die eine geringe Volatilität und Wasserextraktion oder -absorption erfordern.

DTDP – Ditridecyl-Phthalat

- sehr niedrige Effizienz und Volatilität,
- geringe Extraktion.

Das DTDP wird im Bereich der Plastisole als ein Weichmacher genutzt, der für längere Molekülketten kompatibel ist.

Alfol-Phthalate in C6–C8–C10 und C8–C10
Ein langkettiges Alkohol-Phthalat bietet im Vergleich zum DOP:

- höhere Effizienz;
- geringere Volatilität;
- eine gute Kältebeständigkeit, die durch Beimischen von DOP/DOA im Verhältnis 70/30 erreicht werden kann;
- geringe Viskosität der Paste;
- wenig Verschleierung.

Alfol-Phthalate sind in ihrer Anschaffung teuer.

Linevol-Phthalat in C7–C9 und C9–C11
Es bestehen ähnliche Eigenschaften bei Alfol und Linevol. Der Unterschied zwischen C7–C9 ist größer als der Unterschied eines Alfol C6–C10 und C8–C11.

Phosphate

Die Haupteigenschaft von Phosphaten ist, dass sie flammhemmend sind.

In flammhemmenden plastifizierten Rezepturen, in denen das PVC selbstlöschend ist, ist der Weichmacher das Hauptproblem. Zum Beispiel hat nichtelastisches PVC einen Chlorgehalt von 57 % und einen ungefähren Sauerstoffindex von 37. Falls dieses mit 60 phr DOP weichgemacht wird, sinkt der Gesamtchlorgehalt auf 36 % und der Sauerstoffindex auf 22. Deshalb werden Weichmacher auf Phosphatbasis genutzt. Während einige flammhemmende Produkte auf anderen Rohstoffen, wie z. B. Sb_2O_3 beruhen, werden z. B. Martinal (Altrihydrate) oder chloriertes Paraffin entweder einzeln oder in Verbindung mit Phosphat-Weichmachern bzw. anderen Materialien verwendet, um einen Synergieeffekt zu erzielen. Andere Flammhemmer als Phosphat-Weichmacher bieten lichtundurchlässige Schichten. Für transparente Schichten können aber nur Weichmacher genutzt werden.

Das Flammverzögerungsverhalten ist für viele Bereiche relevant, z. B. für:

- Wand- und Bodenbeläge in öffentlichen Gebäuden,
- Luftführungen und Transportbänder im Bergbau,
- Kunstleder für Polstermöbel in öffentlichen Gebäuden,
- Kunstleder und Persennings in der Automobilindustrie,
- öffentliche Verkehrsmittel (Bahn, Schiff, Bus und Flugzeug).

Die allgemeine Struktur von Phosphat-Weichmachern ist:

R1-O			Aryl	Alkyl	Alkyl
R2-O	P=O	R kann sein	Aryl P=O o.	Alkyl P=O o.	Alkyl P=O
R3-O			Aryl	Alkyl	Alkyl

Folglich existieren drei Gruppen:

TAP – Triaryl-Phosphat

In der Vergangenheit wurden TCP (Trikresyl-Phosphat), TPP (Triphenyl-Phosphat) und CDP (Kresoldiphenyl-Phosphat) genutzt. Aber das Ortho-Isomer in der Kresolsäure verringert die Verwendung. Das TPP hingegen hat einen Gefrierpunkt von 48,3 °C und tendiert zur Auskristallisation aus PVC. Heute produziert man neue Phosphate aus Phenolen mit einem hohen Molekulargewicht. Dazu gehören auch jene, die auf *p-tert*-Butylphenol und vermischten isopropylierten Phenolen basieren. Deren Flammhemmung ist mit derjenigen von TCP und CDP vergleichbar. Sie zeigen aber schwache Wärmeeigenschaften. Tatsächlich hängt die Flammhemmung eines Phosphat-Weichmachers vom Gehalt an Aromaten ab, während der Gehalt an Alkyl-Gruppen hingegen nachteilig ist. Aber die Eigenschaften der Alkylgruppe gewähren höhere Effizienz und bessere Niedrigtemperatureigenschaften. Dies kann manchmal als ein nützlicher Kompromiss angesehen werden.

TOF oder TOP – Trialkyl-Phosphate
Diese sind erfolgreich aufgrund ihrer Niedrigtemperatureigenschaften, nicht wegen ihrer schwachen Flammhemmung.

Alkyl-Diaryl-Phosphate
Wie aus dem bereits Geschriebenen erahnt werden kann, ist dies ein Kompromiss zwischen Niedrigtemperatureigenschaften und guter Flammhemmung. In Abhängigkeit von der Testmethode und der Rezeptur kann das Alkyl-Diaryl bessere oder schlechtere Flammhemmung oder Rauchemission als das TAP zeigen. Eine dieser Weichmacherklassen, das 2-Ethylhexyldiphenyl-Phosphat, wurde von der FDA für den Einsatz in Verpackungen und bei Klebstoffauftragungen reguliert.

Da Phosphatweichmacher schwer an ihrem Handelsnamen erkennbar sind, stellen wir Ihnen eine Liste mit einer Klassifizierung der Weichmacher zur Verfügung.

Die Citrate
Häufiger wird Acetyltributylcitrat Citroflex A4 von Pfizer und Estaflex ATC von Nouryland verwendet. Ihr größter Vorteil ist die Geruchs- und Geschmacksfreiheit, sowie die Tatsache, dass sie lange Zeit die einzigen Weichmacher waren, die von der Gesetzgebung, wie z. B. der FDA, für den Nahrungsgebrauch und für den medizinischen Gebrauch zugelassen waren.

7.3.4.2 Sekundäre oder spezielle Weichmacher

Diese Klasse enthält Weichmacher, welche hinsichtlich des Preises und der geringen Kompatibilität ausschließlich für bestimmte Eigenschaften des Plastisols verwendet werden.

In dieser Kategorie finden wir:

- „Niedrigtemperatur"-Weichmacher,
- „Hochtemperatur"-Weichmacher,
- Weichmacher mit gering ausgeprägtem Extraktions- und Migrationsverhalten.

Weichmacher, welche eine Niedrigtemperaturbeständigkeit verleihen
Diese Weichmacher sind Nebenprodukte von aliphatischem Alkohol von C4 bis C10 und zweibasigen Säuren:

- Adipate (Butandicarbon-Säure),
- Azelate (Heptandicarbon-Säure),
- Sebacate (Oktandicarbon-Säure).

Aus diesen Gruppen wird DOA Dioctyladipat aus ökonomischen Gründen häufiger verwendet. Heutzutage fordern spezielle Anwendungen eine niedrigere Volatilität. Einige andere Adipate mit längeren Ketten, wie z. B. DINA oder DIDA, sind auf dem Markt.

Mit zunehmender Kettenlänge des Alkohols oder der zweibasigen Säure gilt:

- Abnahme der Niedrigtemperatureigenschaften,
- Sinken der Volatilität,
- Sinken der Gelbildungsstärke und der Effizienz,
- Anstieg des Preises.

Sie werden immer mit einem primären Weichmacher in einem Verhältnis genutzt, welches vom zu erreichenden Kältegrad abhängt.

7.4 Stabilisatoren, Beschleuniger und Co-Stabilisatoren

Wie bereits erwähnt, wird ein Stabilisator gebraucht, um eine geringere Plastisolrezeptur zu erlangen. Wir erinnern uns, dass PVC ein Pulver ist und somit eine Flüssigkeitskomponente, einen Stabilisator, für die Herstellung einer Paste oder eines Plastisols benötigt. Des Weiteren muss das Plastisol eine oder mehrere Stufen der Wärmebehandlung durchlaufen, um zum Fertigprodukt zu gelangen. Bei chemisch aufgeschäumten Plastisolen kann der Stabilisator vollständig oder teilweise durch einen Beschleuniger ersetzt werden. Dies wird im Abschnitt „Beschleuniger“ erklärt.

Während dieses Vorganges muss das Plastisol Temperaturen zwischen 140 und 210 °C aushalten. Dabei kann das PVC aufgrund der hohen Temperatur zerfallen und etwas Chlorwasserstoff (HCl) unter Ausbildung von Doppelbindungen freisetzen. Die Anzahl an Doppelbindungen, welche chromophore Gruppen darstellen, nimmt zu und zeigt sich als Färbung zwischen einer Vergilbung bis hin zu orange und rot bei nicht genügender Stabilisierung sowie schwarz bei vollständigem Zerfall. Dieser Zerfall findet unter Anwesenheit von Sauerstoff schneller statt. Der freigesetzte HCl katalysiert diesen Zerfall.

Die Hauptaufgaben eines Stabilisators sollten also sein:

- den während des Zerfalls freigesetzten HCl aufzufangen, ohne dabei schädliche Nebeneffekte auf die Fertigprodukte oder die weitere Wärmestabilität zu erzeugen;
- sich selbst an die verbliebenen Doppelbindungen zu hängen, um die geschwächte PVC-Struktur zu stärken;
- das PVC gegen einen Angriff von Sauerstoff und UV-Licht zu schützen.

Des Weiteren sollte er keine Nebeneffekte auf die Eigenschaften des PVC haben, wie z. B. auf die Transparenz, die Färbung, das Schäumungsmittel, die Toxizität usw.

Natürlich wäre das der ideale Stabilisator, aber in der Praxis werden von den Anbietern vielfältige Kompromisse angeboten, weil dieses Idealprodukt eben nicht existiert. Jeder dieser vorgeschlagenen Stabilisatoren hat seine Eigenschaften und es liegt am Hersteller, diese so zu wählen, dass die gewünschten Eigenschaften für die jeweilige Anwendung erreicht werden. Natürlich sollten im Bereich der Plastisole flüssige Stabilisatoren genutzt werden. In einigen speziellen Anwendungen, in denen z. B. ZnO oder Calciumstearat als Pulver benötigt werden, sollte vor dem eigentlichen Vermischen eine Vormischung *(Master Batch)* aus Stabilisator und Weichmacher angefertigt werden.

7.4.1 Vorgeschichte

Zu Beginn handelte es sich bei den maßgeblichen Stabilisatoren um Bleiverbindungen.

Die wichtigsten waren:

- Dreiwertige Basen, dreibasisches Bleisulfat: 3 PbO, $PbSO_4$, H_2O sehr wirksam;
- Dyphos, zweibasisches Bleiphosphat: 2 PbO, $PbHPO_3$, 1/2 H_2O guter Lichtstabilisator;
- flüssige Bleistabilisatoren, in hoch siedenden Lösungsmitteln gelöst, weniger wirksam als die anderen.

Sie alle sind giftig, führen zur Lichtundurchlässigkeit, reagieren mit Schwefel, und einige sind sehr gute Beschleuniger.

Barium/Cadmium und Barium/Cadmium/Zink wurden ebenfalls verwendet. Die für Plastisole verwendeten flüssigen Stabilisatoren setzen sich aus Salzen kurzkettiger oder zyklischer Säuren mit organischen Phosphit-Gruppen und etwas Verdünnungsmittel zusammen. Letzteres ist zur Herabsetzung der Viskosität der Verbindung erforderlich. Vielen von ihnen wird etwas Zn zugesetzt, um die Beständigkeit gegenüber Schwefelablagerungen sicherzustellen.

Stabilisatoren sind kristallklar und besitzen gute lichtbeständige Eigenschaften. Einige von ihnen sind gute Beschleuniger. Barium diente der Langzeitstabilisierung, Cadmium sowie Zink wurden für die Kurzzeitstabilisierung verwendet.

In Europa ist ihre Verwendung wegen der neuen Gesundheitsvorschriften verboten.

Derzeit sind folgende Stabilisatoren übrig geblieben: die Zinn-, die Cadmium/Zink-, die Calciumstearat- und die Barium/Zinkstabilisatoren.

Die Zinnstabilisatoren sind die stärksten thermischen Stabilisatoren für PVC, aber auch die teuersten.

Sie können in zwei Gruppen eingeteilt werden:

- Mercaptide (enthalten Schwefel),
- Carboxylate (schwefelfrei),

wobei wir in diesen beiden Gruppen Butyl- oder Octylderivate finden.

7.4.2 Mercaptid-Gruppe

Beispiel: Dibutylzinnthioglycolat oder Dibutylzinnthiobenzoat weisen hervorragende thermische Beständigkeit, hervorragende Durchsichtigkeit, unangenehmen Geruch sowie schlechte Lichtbeständigkeit auf.

Beispiel: Di-*n* -Octylzinnthioglycolat

Oktyl S $\diagdown$ $\diagup$ –CH_2-COO-ethylhexyl
Sn
Oktyl $\diagup$ $\diagdown$ S-CH_2-COO-ethylhexyl.

7.4.3 Carboxylat-Gruppe

Beispiel: Zinnmaleat oder -laura. Sie besitzen einen geringeren Wärmewirkungsgrad, aber eine bessere Lichtstabilität und einen besseren Geruch.

Beispiel: Dibutylzinndilaurat

C_4H_9 $\diagdown$ $\diagup$ OOC-$C_{11}H_{23}$
Sn
C_4H_9 $\diagup$ $\diagdown$ OOC-$C_{11}H_{23}$.

Sie stellen die Grundelemente der Zinnstabilisatoren dar. Auf dem Markt werden aber mittlerweile Zinnstabilisatoren angeboten, die manchmal eine technisch komplexere Mischung darstellen oder eine sorgfältige Zusammenstellung während des Verfahrens, um beispielsweise bei einem Stabilisator die Lichtstabilität zu erhöhen oder bei anderen den Geruch nach Mercaptid zu mindern.

7.4.4 Barium/Zinkstabilisatoren

Nach dem Verbot cadmiumhaltiger Stabilisatoren (Ba/Cd und Ba/Cd/Zn) kamen die Barium/Zinkstabilisatoren auf den Markt. Seitdem wurden große Fortschritte erzielt. Mittlerweile werden sie praktisch bei den meisten Anwendungen verwendet. Es handelt sich bei ihnen um Salze aliphatischer oder aromatischer Säuren oder um komplexe Verbindungen aus verschiedenen Salzen, die mit etwas Verdünnungsmittel und organischen Phosphiten vermischt werden. Wie wir später sehen werden, können einige Synergien gefunden werden, wenn man sie zusammen mit Expoxy-Weichmachern oder Co-Stabilisatoren verwendet (epoxidiertes Sojabohnenöl oder mit dem Stabilisator einer anderen Fettsäure).

7.4.5 Calcium/Zinkstabilisatoren

Die Calcium/Zink-Gruppe besitzt die gleiche Struktur wie die Barium/Zinkstabilisatoren. Sie sind aber nicht ganz so starke Wärmestabilisatoren. Während sie früher hauptsächlich für Anwendungen mit Lebensmittelkontakt verwendet wurden, beispielsweise für Plastisole oder Kronenkorken, finden wir sie mittlerweile infolge der jüngsten Fortschritte in Anwendungen von einigen Deckanstrichen für dämpfende Vinyl-Bodenbeläge und in Mischungen sogar für Anwendungen in der Automobilindustrie (Armaturenbretter, Seitenwände usw.) und wegen ihrer guten Verträglichkeit mit Isocyanaten (Polyisocyanurat-Haftvermittler) für Beschichtung von PES- und PA-Fasern. Einige von ihnen werden unter ihrem chemischen Namen angeboten, wie z. B. Zinkoxid, Calciumstearat oder Zinkoktoat.

7.4.6 Beschleuniger

In den chemisch geschäumten Plastisolen ersetzt der auf ähnlichen Molekülen basierende Beschleuniger zum Teil oder fast vollständig den Stabilisator. Vor einigen Jahren wurden zweibasische Blei-Phosphite und Barium/Cadmium/Zink verwendet. In den USA wird Bariumcadmium-Zink noch hergestellt und in Asien wird er noch verwendet. In Europa werden sie momentan durch Barium/Zink, Calcium/Zink, Kalium/Zink, Magnesium/Aluminium/Zink, Zinkoxid oder Zinkoktoat ersetzt, wobei diese Liste nicht vollständig ist. Tatsächlich wird der Beschleuniger neben seiner Aufgabe als Stabilisator auch zur Herabsetzung der thermischen Zersetzungstemperatur des Treibmittels verwendet, das überwiegend vom Typ Azodicarbonamid ist. Die Aufgabe besteht darin, dieses Treibmittel bei der optimalen Schmelzviskosität zu zersetzen, um eine feine und regelmäßige Schaumstruktur zu gewährleisten. Später werden wir sehen, wie das funktioniert.

7.4.7 Schlussfolgerungen

Eine wichtige Regel im Plastisolbereich ist die Verwendung flüssiger Stabilisatoren und Beschleuniger. Sie lassen sich im Weichmacher leicht verteilen. Falls einmal ein festes Pulver benötigt wird, muss man vor seiner Anwendung zuerst eine Vormischung daraus herstellen. Man kann es in Pastenform bringen, indem man es gegebenenfalls mit einem Weichmacher und einem Dispergiermittel vermischt.

Im Fall der Stabilisatoren muss man wissen, dass alle Stabilisatoren spezifische Eigenschaften und Gegenanzeigen aufweisen. Ihre Einflüsse auf folgende Punkte müssen unbedingt bekannt sein:

- die Viskosität des Plastisols,
- das sogenannte vorstabilisierte PVC-Harz,
- die Durchsichtigkeit,

- die ursprüngliche Färbung,
- die Langzeitbeständigkeit,
- die Lichtbeständigkeit,
- die intensive Gelb- oder Rötlichfärbung,
- die Wirksamkeit,
- die Schleierbildungseigenschaften,
- die Reaktion mit Polyisocyanuraten,
- die Verträglichkeit,
- die Toxizität,
- die physiologischen Eigenschaften.

Für die Beschleuniger gilt, dass sie Einfluss haben auf:

- physiologische Eigenschaften,
- die Reaktion mit Isocyanaten,
- Schleierbildungseigenschaften,
- Inhibitoren,
- die Rheologie des Plastisols,
- die Schnelligkeit des Beschleunigers (sehr schnell, schnell, mittel, langsam oder sehr langsam).

All diese Eigenschaften müssen im Herstellerkatalog sorgfältig durchgelesen oder mit einem Techniker besprochen werden. Auch für Spezialisten ist ständiges Lernen keine Schande. Manchmal können selbst in einfachen Gesprächen nützliche Ideen entstehen.

7.4.8 Co-Stabilisatoren

In der Literatur kann man einige selten verwendete Co-Stabilisatoren finden, beispielsweise Polyalkohole, beta-Diketone und Aminocrotonate. Dagegen sind Alkyl- oder Aryl-Phosphite, wie Diphenyldecyl-Phosphit (DPDP) und Trinonylphenyl-Phosphit (TNPP) schon zum großen Teil in kommerzielle Stabilisatoren integriert.

Dieser Abschnitt beschäftigt sich mit der weit verbreiteten Familie der epoxidierten Öle. Man hat eine Synergie hinsichtlich der Wärmebeständigkeit gefunden, wenn diese Co-Stabilisatoren zusammen mit Ba/Zn- oder Ca/Zn-Stabilisatoren verwendet werden. In manchen Büchern werden sie im Abschnitt der Weichmacher als sekundäre Weichmacher beschrieben, möglicherweise, weil sie in den USA in größeren Mengen verwendet werden. Es ist offensichtlich, dass diese Mengen bei Rezepturen, in denen 5–10 phr verwendet werden, in den gesamten Plastifiziervorgang miteinbezogen werden müssen, damit die Shore-Härte des Endproduktes voraussehbar ist. Sie werden auch als Epoxy-Stabilisatoren bezeichnet.

7.4.9 Epoxy-Stabilisatoren oder Weichmacher

Sie werden über ihren Oxiran-Sauerstoffring charakterisiert, der über eine Epoxidierung olefinischer Doppelbindungen gebildet wird.

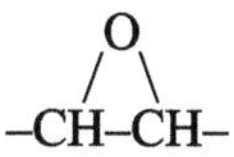

7.4.10 Epoxidiertes Sojabohnenöl

Das epoxidierte Sojabohnenöl ist das bekannteste Öl pflanzlicher Herkunft. Es verleiht eine gute Wärme- sowie Lichtstabilität und kann im Kontakt mit Nahrungsmitteln verwendet werden. Infolge seines hohen Molekulargewichts weist es eine gute Öl- und Lösungsmittelextraktion sowie eine geringe Flüchtigkeit auf. Es wird auch als ESBO bezeichnet. Die Oxiran-Zahl beträgt 6,8.

7.4.11 Epoxidiertes Leinsamenöl

Dieses besitzt einen höheren Oxiran-Sauerstoffindex, nämlich 9,0. Es verfügt über eine bessere Beständigkeit bei der Kohlenwasserstoff- und Mineralölextraktion als das ESBO, hat aber ein schlechteres Extraktionsverhalten in Seifenwasser.

7.4.12 Octylepoxytallat und Isooctylepoxytallat

Infolge des geringeren Oxiran-Sauerstoffindexes sind diese weniger wirksam als das ESBO. Als Weichmacher sind sie wirksamer als das ESBO und verleihen dem Plastisol einige bessere Niedertemperatureigenschaften und eine niedrigere Viskosität als dem ESBO. Sie sind auch flüchtiger.

7.5 Treib- oder Schäumungsmittel

Nachdem wir uns im vorherigen Kapitel mit Beschleunigern beschäftigt und die Abnahme der Zersetzungstemperatur eines Treibmittels infolge der Zugabe eines Beschleunigers zur Rezeptur angesprochen haben, möchten wir uns nun dem Schäumen zuwenden. Zum Schäumen eines Plastisols gibt es drei Möglichkeiten:

- chemisches Schäumen,
- mechanisches Schäumen,
- das, was wir als physikalisches Schäumen bezeichnen können.

7.5.1 Chemische Schäume

Chemische Treibmittel sind Additive, die sich unter Hitzeeinwirkung zersetzen in:

- Stickstoff (62 Gew.-%),
- Kohlenmonoxid (35 Gew.-%),
- Ammoniak (3 Gew.-%).

Je nach Art des Treibmittels werden zwischen 120 bis 220 ml/g Gas bei Temperaturen zwischen 140 und 220 °C freigesetzt. Dieser Bereich ist groß, aber notwendig. Die ganze Kunst besteht darin, das Treibmittel im richtigen Moment zu zersetzen, indem das richtige Treibmittel und der richtige Beschleuniger sowie die richtige Menge (phr) davon gewählt werden. Das bedeutet, dass die Freisetzung von Gas auftreten soll, wenn das Polymer die richtige Schmelzviskosität erreicht hat. Sehen wir uns an, was die Temperatur der Gasfreisetzung als erstes verändert:

- die Art des verwendeten Treibmittels,
- die Partikelgröße des Schäummittels,
- den Stabilisator- oder Beschleuniger-Typ,
- die Beschleunigermenge,
- allgemein wird die Aktivierung eines AZDM (Treibmittel vom Typ Azodicarbonamid) im basischen Milieu erhöht und folglich im sauren Milieu gehemmt.

Wird etwas Luft durch einen AG4-Filter (Sinterglas) in Wasser eingeblasen, so entstehen große Luftblasen, da die eingeblasene Luft auf keinen Widerstand trifft. Nach Austausch des Wassers durch Öle verschiedener Viskosität sollten bei vorgegebener Viskosität kleine regelmäßige Blasen erhalten bleiben. Ist die Schmelzviskosität eines Plastisols zu klein, so beobachtet man möglicherweise große Blasen. Ist die optimale Schmelzviskosität erreicht, so erhält man kleine regelmäßige Blasen. Wird das Gas bei einer zu niedrigen Schmelzviskosität erzeugt, so erhält man einen Schaum mit einem niedrigeren Expansionsfaktor, einer rauen oder unregelmäßigen Oberfläche und einer schlechten Schaumstruktur. Sehen wir uns nun den Einfluss einiger Additive auf die Schmelzviskosität an:

7.5.2 PVC-Harz

PVC-Harze unterscheiden sich voneinander durch ihre Alkalinität oder Azidität, ihre Partikelgrößenverteilung, die Art des Emulgators und anderer Additive sowie durch ihren *K*-Wert, der das Molekulargewicht darstellt. Wie oben aufgezeigt, fördert ein basisches Milieu die Aktivierung von AZDM. Bei gleichem *K*-Wert lassen sich die Harze umso leichter schmelzen, je feiner sie sind. Vorausgesetzt, der Emulgator ist nicht durch andere Polymerisationszusätze verschmutzt, ist die Art des Emulgators für eine gute Schaumstruktur maßgebend. Somit können Harze mit gleichen *K*-Werten aufgrund der unterschiedlichen Polymerisationsrezepturen unterschiedliche Schaumeigenschaften erbringen. Ein Harz mit niedrigem *K*-Wert hat eine niedrige Schmelztemperatur und eine niedrige Viskosität der Heißschmelze. Dennoch wird für einige Anwendungen für das Thermoformen partiell geschäumter Folien ein Harz mit hohem *K*-Wert benötigt.

Üblicherweise erhält man eine geschlossene Zellstruktur; manche Harze ergeben jedoch eine offene Zellstruktur und einige von ihnen ergeben sogar einen weißeren Schaum als die anderen, üblichen Qualitäten.

Werden sehr niedrige Schmelztemperaturen benötigt, so können die Copolymere VC-VAC (Vinylacryl) alleine oder in Mischung mit Homopolymeren verwendet werden. Je höher der VAC-Gehalt ist, desto niedriger ist die Schmelztemperatur (der VAC-Gehalt variiert i.A. zwischen 3 und 15 %).

7.5.3 Weichmacher

Weichmacher haben ebenfalls einen bedeutenden Effekt auf die Schmelztemperatur. Ein polarer Weichmacher wie BBP (Butylbenzyl-Phthalat) erzeugt im Vergleich mit dem DOP am schnellsten eine Schmelze. Dennoch müssen Nebenwirkungen eines vorgegebenen Weichmachers auf andere Eigenschaften in Betracht gezogen werden. Wird ein BBP-Weichmacher ausgewählt, um die Verarbeitung durch Beschleunigen des Schmelzvorgangs zu verbessern und um dem Endprodukt gute Einfärbungseigenschaften zu verleihen, müssen Nebenwirkungen wie verminderte Viskositätsstabilität während der Lagerung des Plastisols, eine negative Auswirkung auf die Kaltbiegefestigkeit, das höhere spezifische Gewicht dieses Weichmachers und nicht zuletzt die Wirtschaftlichkeit in Betracht gezogen werden.

7.5.4 Beschleuniger

Die Zersetzung eines Treibmittels wie Azodicarbonamid beginnt zwischen 210 und 215 °C. Da im gewöhnlichen Schäumverfahren Temperaturen zwischen 170 und 205 °C benötigt werden, verwendet man Beschleuniger. Beschleuniger sind metallische Seifen aus Barium, Calcium, Zink, Aluminium, Kalium oder Magnesium. Auch Zinkoxid wird oft verwendet. Praktisch alle in normalen Mengen verwendeten Kickers wirken auch als Stabilisator, wodurch ein zusätzlicher Stabilisator nicht erforderlich ist. Ohne Beschleuniger beginnt die Zersetzungskurve von Azodicarbonamid bei etwa 200 °C, bei 215 °C ist sie abgeschlossen. Wird ein Beschleuniger zugegeben, so wird die Zersetzungskurve zu niedrigeren Temperaturbereichen hin verschoben, je nach Menge und Art des zugegebenen Beschleunigers. Man kann dadurch die Zersetzungstemperatur an die Temperatur angleichen, bei der die optimale Schmelzviskosität erreicht wird. Dies ist natürlich Theorie. In der Praxis ist es schwierig, diese Temperaturen zu messen. Der Formulierer von Wirkstoffzubereitungen ist informiert:

- welches PVC verwendet wird, über den *K*-Wert, die Anwendung und andere Faktoren, falls bekannt (Emulgator usw.);
- welche/welcher Weichmacher verwendet wird/werden sowie über die Art und Menge;
- über die benötigte Expansion;
- über den gewünschten Bereich der Produktionsparameter (Temperatur, Durchlaufgeschwindigkeit);
- über weitere gewünschte Eigenschaften: besonders weißer Schaum, geringe Schlierenbildung usw.

Er sollte den richtigen Beschleuniger (schnell, mittel, langsam) auswählen, falls gewünscht mit weiteren Eigenschaften. Die Hersteller bieten ein großes Sortiment an Beschleunigern mit Benennung der Haupteigenschaften. Ist erst eine vorgegebene Treibmittelmenge ausgewählt, so werden im Labor drei Konzentrationen (phr, %-Satz von Harz) festgelegt und ausprobiert. Werden die Erwartungen nicht erfüllt, ist es einfacher zu erkennen, in welche Richtung jeweils die Menge oder die Art von Treibmitteln und/oder Kicker geändert werden muss. Zugegebenermaßen erfordert diese Suche etwas Erfahrung.

7.5.5 Treibmittel

Tatsächlich werden im Beschichtungsverfahren nur Verbindungen aus der Familie der Azodicarbonamide und Sulfohydrazide verwendet und in ganz speziellen Fällen Hydrocerole. Theoretisch können wir noch das AZDN (2,2′-Azobisisobutyronitril) und das NTA (*N*,*N*′-Dinitroso-*N*,*N*′-Dimethylterephthalamid) erwähnen und der Vollständigkeit wegen einige nicht organische Verbindungen wie Natriumhydrogencarbonat oder Natriumborhydrid.

7.5.6 Azodicarbonamid

Es wird häufig abgekürzt als AC oder AZDM (dem gebräuchlichsten Namen). Exakt heißt es 1,1′-Azobisformamid oder ABFA. Alle Beschleuniger werden auf dieses Treibmittel bezogen. Eine Eigenschaft ist, dass ein basisches Milieu die Aktivierung von AZDM fördert. Im Kapitel über Fußbodenbeläge werden wir sehen, dass die Aktivierung unter sauren Bedingungen behindert ist. Da das Pulver gelborange ist, ist es manchmal besonders einfach, ein schaumbeschichtetes Plastisol zu identifizieren. Nach abgeschlossener Zersetzung unter Erzeugung von 220 ml/g Gas ist der Rückstand farblos und ungiftig.

Einige Erzeuger bieten das AZDM in unterschiedlicher Partikelgröße an. Dies kann nützlich sein, um eine langsamere Zersetzung zu erzielen. Zwischen dem AZDM mit feiner und mit grober Partikelgröße kann eine Zunahme der Verweilzeit von 30 % beobachtet werden. Es wurde gezeigt, dass sich ein AZDM mit feiner Partikelgröße schneller zersetzt als ein AZDM mit grober Partikelgröße. Die mittlere Partikelgröße der feineren Sorten liegt zwischen 3 und 5 μm.

Entscheidend ist, dass das Treibmittel vollständig im Plastisol verteilt ist. Man kann sich vorstellen, dass beim Vorliegen einiger Agglomerate keine regelmäßige Schaumstruktur erzielt werden kann. Früher, als feinere Sorten noch nicht zur Verfügung standen, wurden einige sogenannte Schaumregulatoren verwendet, beispielsweise das Galoryl PL386 (Compagnie Française de Produits Industriels) und das VS 103 (Air Products). Mittlerweile ist das AZDM fein genug, damit es direkt als Pulver in den Mixer gegeben werden kann. Aber es werden im Allgemeinen immer noch Vormischungen verwendet. Das AZDM-Pulver wird alleine oder zusammen mit einem Beschleuniger in Pulverform (ZnO), mit TiO_2, mit einem Weichmacher oder mit etwas epoxidiertem Sojabohnenöl vermischt. Die Masse wird dann auf einer Dreiwalzenmühle gemahlen und homogenisiert. Wird das Pulver direkt in den Mixer gegeben, so wird diese Vorgehensweise vermieden. Dagegen sind einige AZDM-Sorten in Pulverform erhältlich, in denen Partikel mit einem Dispergiermittel überzogen sind. Übliche AZDM-Sorten sind: Porofor ADCM/C1 (Bayer), Luvopor (Lehmann & Voss), Genitron ACSP4 (Bayer) usw.

7.5.6.1 Gebrauchsfertige Verbindungen

Für Bodenbeläge oder Produkte aus Hartleder gilt
In diesem Fall wird das AZDM-Pulver mit einem Beschleuniger beschichtet. Dadurch ist das Verhältnis vom Treibmittel zum Beschleuniger festgesetzt. Da es aber hauptsächlich als Dekorschaum für Fußbodenbeläge verwendet wird, ist es für die Inhibierung geeignet und für eine Standardrezeptur angepasst. Der große Vorteil besteht darin, dass es in Pulverform zugegeben werden kann. Da der Beschleuniger die AZDM-Partikel beschichtet, verläuft die Aktivierung sehr schnell und vollständig. Als Folge davon ist der Schaum weißer und man spart etwas vom erforderlichen Titandioxid ein. Die Menge, die man benötigt, um einen Schaum zu erhalten, ist grob gerechnet die Summe von dem Beschleunigergewicht und dem AZDM in phr (Prozentsatz von Harz). Verwendungsbeispiele sind: Genitron SCE (Bayer) oder Luvopor 365 (Lehmann & Voss).

Für Schäumen bei niedriger Temperatur und für die Rückenschicht von Teppichen gilt
Das Prinzip ist das gleiche wie oben, aber die Art des Kickers und seine Menge werden so berechnet, dass eine Zersetzung bei niedriger Temperatur erzielt wird (etwa bei 160 °C). Man erhält ebenfalls sehr weiße, selbst dispergierbare Schäume. Verwendungsbeispiele sind: Genitron LE (von Bayer) oder Luvopor LUV/N (Lehmann & Voss).

7.5.7 Sulfonhydrazide

Hierzu zählen 4-4′-Oxybis(benzolsulfonhydrazid) bzw. OBSH (OB). Die freigesetzte Gasmenge beträgt 125 ml/g. Es handelt sich um ein weißes Pulver, dessen Zersetzung bei 130 °C beginnt und bei 150 °C abgeschlossen ist. Der Rückstand ist ungiftig, geruchlos und weiß. Aus wirtschaftlichen Gründen wird es nur verwendet, wenn ein mit Kicker beschichtetes AZDM nicht perfekt angepasst ist und im Bereich niedriger Schmelztemperaturen, beispielsweise bei Appreturen von PVC-Belägen und bei der Schaumstoffbeschichtung temperaturempfindlicher synthetischer Fasern im Teppichsektor. Da keine Kicker benötigt werden, muss eine zusätzliche Stabilisierung bereitgestellt werden. Verwendungsbeispiel: Genitron OB (Bayer).

7.5.8 Hydrocerol BIF (Böhringer Ingelheim)

Hierbei handelt es sich um ein anorganisches Treibmittel. Bei einem Anteil von 4 phr ergibt es eine Schaumdichte von 0,4 mit einer Temperatur von 190 °C und einer Expansionszeit von 90 s. Die Vorteile sind: Man benötigt keinen Beschleuniger, der Schaum ist sehr weiß und weist eine absolut geringe Schlierenbildung auf.

7.5.8.1 Schaumeigenschaften

Die Charakterisierung des Schaums :	Zellstruktur :	Regelmäßigkeit
	Zellgröße	
	Form	(Kugelförmig, oval)
		Offen oder geschlossen
	Oberfläche	Glatt Rau
	Farbe	
	Expansionsfaktor	
	Schaumdichte	
	Expansions- geschwindigkeit	

Regelmäßigkeit
Auf einem Laborgerät werden Schäume von gleicher Dicke mit einer groben bis feinen Zellstruktur hergestellt (fünf Proben). Der zu bewertende Schaum wird mit der Skala verglichen und mittels einer Zahl von 1 bis 5 eingestuft. Die Bewertung wird mithilfe einer großen beleuchteten Lupe (Vergrößerungsfaktor 10) vorgenommen.

Zellabmessung
Unter einem Mikroskop mit Polaroidkamera und bekannter Vergrößerung wird ein Bild gemacht. Ein standardisierter viereckiger Rahmen wird auf das Foto gelegt und es wird die Anzahl der Zellen im Quadrat gezählt. Die Bewertungen erfolgen durch Vergleich.

Form
- rund oder oval
- offene oder geschlossene Zelle

Prinzip
Eine Probe mit bekannten Abmessungen wird unter Standardbedingungen gewogen. Nach Eintauchen in Wasser wird der Schaum herausgeholt, die äußere Oberfläche mit einem Tuch grob abgetrocknet und dann gewogen. Das Gewicht von in Volumen umgerechnetem absorbierten Wasser wird mit dem Trockenvolumen verglichen. Letzteres entspricht dem aus den äußeren Abmessungen der Probe berechneten Volumen abzüglich des zuvor beschichteten Volumens vor der Expansion.

Oberflächenrauheit
Es werden wieder ein paar Referenzproben hergestellt und es wird die Oberfläche des Schaums verglichen und notiert.

Farbe
Der Gelbindex wird mit einem Kalorimeter gemessen. Einige Harze oder Rezepturen geben einen weißeren Schaum als andere. Dagegen können unerwünschte Farben auftreten (beispielsweise rosa oder braun), wenn ein mit Bisphenol A stabilisiertes DINP mit einem AZDM-Zersetzungszwischenprodukt unter Bildung einer Verfärbung reagiert, deren Intensität und Farbe vom Metallion des Beschleunigers abhängt. Mit dem Antioxidationsmittel Topanol CA stabilisierte Weichmacher zeigen keine Verfärbung. Allerdings ist Topanol CA teurer.

Expansionsfaktor
Der Expansionsfaktor entspricht:

$$\frac{\text{Dichte des ungeschäumten Materials}}{\text{Schaumdichte}} = \text{Expansionsfaktor des Schaums.}$$

Schaumdichte

Die Schaumdichte entspricht:

$$\text{Schaumdichte} = \frac{\text{Dichte des ungeschäumten Materials}}{\text{Expansionsfaktor}}.$$

Expansionsgeschwindigkeit oder -verhältnis

Die Expansionsgeschwindigkeit oder das Expansionsverhältnis entspricht:

$$\text{Expansionsgeschwindigkeit} = \frac{\text{Schaumdicke}}{\text{aufgetragene Dicke}}.$$

7.5.9 Praktische Aspekte

Kurz gesagt gilt Folgendes: Bei vorgegebenem Gewicht des Plastisols möchte man eine Schaumdicke erhalten, die über die Expansionsgeschwindigkeit, die Schaumdichte oder über einen gegebenen Expansionsfaktor ausgedrückt wird. Wenn alle gewünschten Eigenschaften des hergestellten Schaums und die gewünschten Verfahrensparameter (Temperatur und Expansionszeit) erfüllt sind, wird der Formulierer seine Rezeptur bezüglich PVC, Weichmittel, Treibmittel, Füller und Pigment erstellen. Das berechnete Gewicht je Quadratmeter Plastisol wird auf ein Substrat gezogen und durch den erhitzten Ofen bei der geforderten Temperatur gefahren. Während des Härtens setzt das durch den Kicker aktivierte Treibmittel sein Gas frei und schäumt die Schicht, bis die festgelegte Expansionszeit erreicht ist. Der aus dem Ofen kommende Schaum wird dann gekühlt. Die Expansionszeit ist entscheidend für die Geschwindigkeit der Anlage. Tatsächlich stellt die Ofenlänge den Engpass der Anlage dar. Zweifellos ist der Produktmanager bestrebt, diese auf ein Minimum zu reduzieren. Wird die gewünschte Schaumdicke nicht erreicht, müssen nachfolgende Aktionen vorgenommen werden:

- Veränderung der Temperatur,
- Veränderung der Expansionszeit,
- Veränderung der Treibmittelkonzentration (phr).

Der Einfluss von Temperatur, Expansionszeit und Treibmittelkonzentration (phr) sieht wie folgt aus:

- Bei Senkung der Temperatur müssen die Expansionszeit und die Treibmittelkonzentration erhöht werden.
- Bei Erhöhung der Temperatur müssen die Expansionszeit und die AZDM-Konzentration erniedrigt werden.
- Bei Herabsetzen der Dauer müssen die Temperatur und der AZDM-Anteil erhöht werden.
- Bei Heraufsetzen der Dauer müssen die Temperatur und der AZDM-Anteil gesenkt werden.

- Wird der AZDM-Anteil erhöht, muss die Temperatur herabgesetzt und die Dauer verkürzt werden.
- Wird der AZDM-Anteil erniedrigt, muss die Temperatur erhöht und die Dauer verlängert werden.

Bei weißen oder naturfarbenen Plastisolen ist die vom AZDM stammende gelbe Farbe leicht zu beobachten. Ist der Schaum nach der Expansion gelblich, ist dies ein Hinweis darauf, dass sich nicht das gesamte Treibmittel zersetzt hat. Bei einer guten Rezeptur sollte eine maximale Zersetzung des Treibmittels erreicht werden. Idealerweise sollte eine vorgegebene Dicke des Schaums in einer vernünftigen Zeit (wirtschaftlich) und bei angemessener Temperatur erreicht werden, ohne Rückstände von nicht zersetztem Treibmittel zu hinterlassen.

Werden diese Bedingungen nicht erreicht, muss die Rezeptur angepasst werden. Für Unerfahrene müssen x Rezepturen ausgearbeitet werden. Die beste davon muss jeweils verändert werden, bis das gewünschte Ergebnis erreicht wird. Es dürfen nur ein, höchstens zwei Parameter gleichzeitig verändert werden.

7.5.10 Mechanische Schäume

Im Gegensatz zu chemischen Schäumen, bei denen ein ungeschäumtes Plastisol beschichtet wird und wo der Schäumprozess in einem Härteofen stattfindet, wird das Plastisol hier bei Raumtemperatur auf einem speziellen Gerät geschäumt und als Schaum beschichtet, bevor es geliert. Das Plastisol (5–6 Pa s) wird in den Trichter eines speziellen Mixers eingespeist und mit Luft verschlagen (gemischt). Das Plastisol wird mit einem Turbinenmischer unter leichter Wärmebildung stark geschlagen, weswegen eine Kühlvorrichtung empfohlen wird, um frühzeitiges Gelieren des PVC an der Oberfläche zu vermeiden. Der Schaum wird mit einer oberflächenaktiven Substanz stabilisiert, um weiteres Zusammenbrechen der Zellen zu vermeiden. Es werden zwei unterschiedliche oberflächenaktive Substanzen verwendet:

- Eine hydrophile Seife als oberflächenaktive Substanz mit geschlossener Zellenstruktur. Sie muss mit dem PVC-Harz verträglich sein.
- Ein hydrophobes Silicon als oberflächenaktive Substanz mit offener Zellenstruktur.

Die oberflächenaktive Substanz auf Seifenbasis hat den Vorteil, dass man der Masse keinen Stabilisator zusetzen muss, da die Art der verwendeten Seife eine stabilisierende Wirkung hat. Verwendet man eine oberflächenaktive Substanz auf Silikonbasis, so muss ein Stabilisator zugesetzt werden. Nicht alle PVC-Harze erzeugen mechanische Schäume von gleicher Qualität. Die Art des Weichmachers ist ebenfalls wichtig. Manchmal kann ein Harz sogar einen akzeptablen Schaum erzeugen, der mit einer oberflächenaktiven Substanz auf Silikonbasis stabilisiert ist, aber mit einer Seife gibt es keinen Schaum.

Daher muss äußerste Sorgfalt bei der PVC-Auswahl getroffen werden. Es werden nicht immer die Eigenschaften der PVC-Harze angegeben. Die mit beiden oberflächenaktiven Substanzen hergestellten Schäume zeigen eine sehr glatte Oberfläche, wohingegen die Oberflächen chemischer Schäume rauer sein können und Glätten häufig erforderlich ist. Es muss in Betracht gezogen werden, dass die Schicht eines mechanisch geschlagenen Plastisols als Schaum in den Ofen eintritt. Da ein Schaum Wärmeschutzeigenschaften besitzt, muss eine Aushärtezeit eingeplant werden. Rezepturen mit Copolymer-Harzen und mit schnell gelierenden Weichmachern sind in manchen Fällen nützlich. Bei chemischen Schäumen wird der Schaum im Ofen geschäumt, unter exothermer Zersetzung des Azodicarbonamids. Bei mechanischen Schäumen als Rückschicht können Schäume mit Dichten zwischen 0,3 und 0,5 g/ml erreicht werden, wohingegen mit einem chemischen Schaum solche mit einer Dichte von 0,25 g/ml erreicht werden können. Das Schäumen, das während des Schmelzens des Plastisols im chemischen Verfahren auftritt, gewährleistet nur ein Minimum an mechanischen Eigenschaften. Bei mechanischen Schäumen können die Temperaturen erhöht werden, allerdings mit Vorsicht, damit die Schaumzellen nicht in sich zusammenfallen.

7.5.11 Oberflächenaktive Substanzen

Hauptproduzenten sind: Byk Chemie, Dow Corning und Wacker.

7.5.12 Mixer für mechanische Schäume

Zu nennen sind: Hansa Mixer, Mondomix oder Oakes.

Grundrezeptur:

PVC, Homo oder Copolymer, oder gemischt	60	100
Verschnittmittel	40	–
Weichmacher oder gemischt mit BBP	70	100
Füller (Vorsicht bzgl. der Viskosität)	–	50
Oberflächenaktive Substanz (je nach Art)	4	5

7.5.13 Physikalische Schäume

Während sie in den USA weit verbreitet sind in Anwendungen im Zusammenhang mit dem Auftrieb, ist ihr Gebrauch in Europa auf ein paar Produzenten dicker Schäume limitiert. Stickstoff, Kohlendioxid, flüchtige Flüssigkeiten (Trichlorfluormethan, chlorierte Kohlenwasserstoffe usw.) werden in Plastisol gelöst (mit oder ohne Druck). Beim

Erhitzen unter Druck wird Gas freigesetzt. Dieses Gas entweicht bei Druckentlastung. Je nach Verfahren erhält man eine offene oder geschlossene Zellstruktur.

Nachdem jetzt die einfachsten Rezepturen für kompakte Anwendungen und Schaumanwendungen festgesetzt sind, sollten wir nun einen Blick auf zahlreiche Rohstoffe werfen, die im Allgemeinen verwendet werden, um den Plastisolen spezifische Eigenschaften zu verleihen oder deren Preis zu mindern. In einigen Rezepturen werden Füller in größeren Mengen verwendet.

7.6 Füllstoffe

Wir sollten die Füllstoffe in drei Kategorien einteilen:

- Carbonat-Füllstoffe,
- carbonatfreie Füllstoffe,
- Additive mit einer Füllstofffunktion.

7.6.1 Carbonat-Füllstoffe

7.6.1.1 Natürliche Herkunft

Diese Füller werden normalerweise Calciumcarbonat genannt und am meisten im Plastisolbereich verwendet. Die anderen verwendeten Verbindungen werden in weitaus geringeren Mengen verwendet. Die Kalksteinlagerstätten kommen auf der Erdoberfläche sehr häufig vor.

Calcit

Dieses Mineral besteht überwiegend aus Calciumcarbonat. Nach Quarz ist es das am häufigsten vorkommende Mineral auf der Erde. Kalkstein, Kalk und Marmor gehören zu diesen massiven Gesteinen. Sie sind die häufigsten Formen dieses Minerals.

Kalkstein

Dies ist ein sehr häufig vorkommendes Sedimentärgestein, das zu mindestens 50 % aus *Calcit* ($CaCO_3$) besteht. Oft zusammen mit Kalkstein gefunden werden: *Dolomit* und *Aragonit*. Nichtsdestotrotz weisen einige Lagerstätten einen $CaCO_3$-Gehalt von mindestens 97 % auf. Dies ist hoch genug, um direkt als industrielles Rohmaterial verwendet zu werden.

Dolomit

Geläufiges Mineral ist das $CaMg(CO_3)_2$. Beim Behandeln mit Schwefelsäure bildet es $CaSO_4$ und $MgSO_2$.

Aragonit
Hierbei handelt es sich um eine mineralische Abart von Calciumcarbonat $CaCO_3$, das in orthorhombischer Form kristallisiert.

Kreidegestein
Dies ist eine Kalksteinform.

Marmor
Marmor ist die kompakte und kristalline Form eines metamorphen Kalksteins.

Diese aufgrund ihrer Zusammensetzung und Lagerstätten unterschiedlichen Füllerarten ergeben unterschiedliche Eigenschaften durch den Rohstoff.

Das Endprodukt kann chemisch untersucht werden im Hinblick auf:

- den Weißgrad, abhängig von der chemischen Zusammensetzung und den Verunreinigungen (Fe);
- den Brechungsindex;
- die Absorption von DOP oder von Öl, abhängig von der Porosität;
- die Oberflächenbehandlung. Manche Güteklassen können behandelt oder unbehandelt gekauft werden. Bei behandelten Güteklassen sind die Partikel beschichtet (üblicherweise mit Calciumstearat);
- die Partikelgrößenverteilung, abhängig vom Vermahlen;
- die Partikelform;
- den pH-Wert (bei einigen Rezepturen wichtig);
- das spezifische Gewicht (für die Preiskalkulation);
- den Wassergehalt, abhängig vom Trocknungsprozess.

Für Plastisole sind einige dieser Eigenschaften wichtiger als andere. Am wichtigsten sind:

Viskosität
Die Viskosität wird hauptsächlich durch die DOP-Absorption, die Oberflächenbehandlung und die Partikelgrößenverteilung beeinflusst.

DOP- oder Ölabsorption, Oberflächenbehandlung
Wenn ein großer Teil des Weichmachers durch den Füllstoff absorbiert wird, so ist es offensichtlich, dass sich das freie flüssige Volumen vermindert, in dem sich das PVC und andere Feststoffpartikel bewegen können. Dadurch nimmt die Viskosität zu. Einige oberflächenbehandelte (üblicherweise mit Calciumstearat beschichtete) Füllstoff-Güteklassen vermeiden im Vergleich zu den gleichen unbehandelten Güteklassen dieses Problem teilweise.

Partikelgrößenverteilung
Die Hauptfüllstoffgüteklassen werden in unterschiedlichen Partikelgrößen angeboten. Üblicherweise unterschreiten natürliche Güteklassen eine mittlere Partikelgröße von 2µm nicht, um eine wirtschaftliche Verarbeitung zu gewährleisten. Tatsächlich sind die Viskosität und der Preis umso höher, je feiner die Partikelgröße ist. In PVC-Harzen erfüllen die Füller die Mooney-Gleichung, welche folgende Bedingung beschreibt:

$$\mathrm{Ln}(\eta/\eta_1) = (K_\mathrm{E} V_\mathrm{f})/(1 - V_\mathrm{f}/P_\mathrm{f}).$$

η	entspricht der Viskosität der Mischung.
η_1	entspricht der Viskosität des suspendierenden Mediums.
V_f	entspricht der Volumenfraktion von Füllstoff und PVC-Harz.
P_f	entspricht dem Packungsanteil von Füllstoff und PVC-Harz.
K_E	ist der Einsteinkoeffizient.

Somit ist es theoretisch möglich, die Viskosität von Plastisolen mit hohem Füllstoffanteil zu regulieren, indem Füllstoffe unterschiedlicher Partikelgröße zugemischt werden. Ein Vergleich: Es ist bekannt, dass bei der Betonherstellung die Fließeigenschaften hauptsächlich über das Zumischen von Kieselsteinen unterschiedlicher Größe bestimmt werden.

Brechungsindex
Dieser gibt einen Hinweis auf die Lichtundurchlässigkeit des Plastisols.

Weißgrad
Im Kapitel „Anwendung“ werden wir die Bedeutung dieser Eigenschaft behandeln.

Feuchtgehalt
Die Gegenwart von Wasser kann in verschiedenen Schichten Blasen hervorrufen und zu Nebenreaktionen mit anderen Additiven, wie beispielsweise Isocyanaten, führen.

Spezifisches Gewicht
Dieses ist wichtig für die Preiskalkulation.

7.6.2 Gefällte Calciumcarbonate

Ein reiner Kalkstein wird unterschiedlichen Behandlungen unterzogen:

$$\mathrm{CaCO_3}\ \text{Kalzinierung oberhalb von 900}\,^\circ\mathrm{C} \longrightarrow \mathrm{CaO} + \mathrm{CO_2}{*}$$
$$\mathrm{CaO} + \mathrm{H_2O} \longrightarrow \mathrm{Ca(OH)_2}$$
$$\mathrm{Ca(OH)_2},\ \text{mit}\ \mathrm{CO_2}\ \text{versetzt}{*} \longrightarrow \mathrm{CaCO_3} + \mathrm{H_2O} \downarrow \quad (\mathrm{PCC}).$$

Es können unterschiedliche Kristallisationsarten und Feinheiten erhalten werden. Die mittlere Partikelgröße kann eine Feinheit bis zu 7 µm aufweisen. Sie verleiht der Schicht eine gute Lichtundurchlässigkeit (jedoch weniger als TiO_2), einen ausgezeichneten Weißgrad und hat einen deutlichen Einfluss auf die Viskosität. Gefällte Calciumcarbonate werden mit oder ohne Oberflächenbehandlung angeboten. Der Einfluss auf die Viskosität wird im Kapitel der thixotropen Mittel und Anwendungen behandelt.

7.6.3 Carbonatfreie Füllstoffe

Diese sind im Plastisolbereich weniger in Gebrauch, allenfalls um spezielle Eigenschaften zu verleihen.

7.6.3.1 Silikate

Silikate sind allesamt Minerale, die über unterschiedliche Verfahren hergestellt werden. Sie stellen die größte Klasse der carbonatfreien Füller dar.

7.6.3.2 Tone

Sie stammen vom Sedimentärgestein und sind eine Folge der Zersetzung von silikathaltigem Gestein wie Gneis, Schiefer und Granit.

7.6.3.3 Kaolin

Kalzinierter Kaolin verbessert den elektrischen Widerstand.

7.6.3.4 Porzellanerde

Diese wird in großem Maß in der Kabelindustrie verwendet.

7.6.3.5 Feldspat

Bei Feldspat erfolgt nur ein begrenzter Einsatz im Plastisolbereich, als Antihaftmittel. In Anteilen bis zu 7 phr bleibt die Transparenz erhalten.

7.6.3.6 Barium- und Calciumsulfat

Bariumsulfat

Infolge seiner hohen Dichte (4,35 g/cm^3) ist es ziemlich teuer. Es wird dort eingesetzt, wo die Drapierbarkeit erhöht werden muss oder eine Ebenheit wichtig ist (z. B. Teppichrücken). Bariumsulfat besitzt eine hohe Klarheit und verleiht eine Lichtundurchlässigkeit gegenüber Röntgenstrahlen.

Calciumsufat (wasserfrei)

Dieser Füllstoff wird in säurebeständigen Lebensmittelverpackungsfolien verwendet.

7.6.4 Additive mit einer Füllerfunktion

Viele Additive, die für ganz spezielle Zwecke eingesetzt werden, sind feste Pulver und können als Füller unerwünschte Auswirkungen haben, wie z. B. die Erhöhung der Viskosität, die Erniedrigung der mechanischen Eigenschaften usw.

7.6.4.1 Aluminiumhydroxid, Antimontrioxid oder -pentoxid, Magnesium, Molybdän, Zink-Verbindungen

Sie werden als Flammschutzmittel und Rauchverminderer eingesetzt. Siehe Kapitel „Flammschutzmittel".

7.6.4.2 Pyrogene Kieselsäure, Bentonit, gefällte Kieselsäure

Sie werden als Verdickungsmittel verwendet. Siehe Kapitel „Rheologische Modifikatoren als Additive".

7.6.4.3 Titandioxid, Ruß, Pigmente

Diese werden zum Färben verwendet. Das TiO_2 kann in Mengen bis zu 10 phr verwendet werden, Ruß und andere Pigmente hingegen nur in ganz kleinen Mengen. Sie können jedoch einen merklichen Einfluss auf die Rheologie aufweisen. Siehe Kapitel „Farbe", auch für metallische Pulver.

7.6.4.4 Metallpulver

Metallpulver werden für elektrische Eigenschaften oder für eine metallische Wirkung auf die Farben verwendet.

7.6.5 Allgemeine Einflüsse von Füllstoffen

Die Hauptwirkungen eines Füllstoffs auf ein Plastisol oder ein anderes Endprodukt werden durch die Partikelgröße und -verteilung, die Packdichte, die Oberfläche, das Vorhandensein oder Nichtvorhandensein einer Beschichtung, durch die verwendete Menge und den Weichmachergehalt hervorgerufen.

Die Partikelgröße der in Plastisolen verwendeten Füller liegt für PCC-Füllstoffe im Allgemeinen zwischen 0,07 μm und 25 μm, der normale Bereich liegt aber bei ca. 5–15 μm. Ausnahmen kommen bei Teppichrücken vor, bei denen gröbere Güteklassen verwendet werden können. Es wird allgemein anerkannt, dass Füllergehalte bis zu 10 phr hinsichtlich der mechanischen Eigenschaften keinen merklichen Einfluss auf das Endprodukt haben. Für mittlere Füllstoffkonzentrationen ändern sich folgende Eigenschaften:

Bei Plastisolen:

- die Viskosität.

Bei Endprodukten:

- die Kosten (Abnahme);
- die Lichtundurchlässigkeit (Zunahme);
- die Zugfestigkeit;
- die Dehnung;
- die Härte;
- die Niedertemperatureigenschaften;
- die elektrische Isolierung, mit Ausnahme von Porzellanerde.

Dies sind allgemeine Richtwerte, da der Einfluss auf diese Eigenschaften von der Art des Füllers und dessen Eigenschaften abhängt, z. B. von der elektrischen Isolierung.

Bisher haben wir gesehen, dass der Typ des PVC-Harzes, des Weichmachers und die Weichmachermenge, der Stabilisatortyp, der Typ und die Menge an Füller einen merklichen Einfluss auf die Viskosität haben können. Andererseits haben wir gesehen, dass die Viskosität eines Plastisols für die Verarbeitung von großer Bedeutung ist. Was geschieht, wenn eine gründliche Ausarbeitung einer Rezeptur zu einer ungeeigneten Viskosität für die zu verwendende Verarbeitung führt? Wir werden im folgenden Kapitel sehen, dass die Viskosität mithilfe einiger rheologischer Modifikatoren angepasst werden kann.

7.7 Rheologische Modifikatoren

Plastisole müssen so formuliert werden, dass sie die Leistungen des Endprodukts erfüllen. Gleichzeitig muss immer ein Blick auf die Wirtschaftlichkeit geworfen werden. Ferner muss darauf geachtet werden, dass die Verfahrensbedingungen, die Gelbildung und die Viskosität erfüllt werden. Um dieses Ziel zu erreichen, ist es mit einigen Einschränkungen zunächst möglich, mit der Auswahl der Rohmaterialien zu experimentieren. Erste Änderungen würden bewirkt:

Am PVC: Der *K*-Wert wäre ähnlich. Geschäumte oder kompakte Qualität kann man im Bereich niederer, mittlerer oder hoher Viskosität finden. Möglich ist auch eine Kombination dieser zwei Arten: solche, die Weichmacher stark absorbieren und solche, die Weichmacher wenig absorbieren. Bei der Variation der Mengen beider Arten kann ein großer Viskositätsbereich abgedeckt werden. Die Zugabe eines Verschnittharzes ist möglich.

Am Weichmacher: Es können unterschiedliche Arten mit den gleichen Möglichkeiten oder Kombinationen gefunden werden.

Am Stabilisator: Einige von ihnen sind Mittel zur Herabsetzung der Viskosität. Zu empfehlen ist die Verwendung einer Flüssigkeit anstatt eines Feststoffes.

Am Füllstoff: Ändern können sich der Typ, die mittlere Partikelgröße, die Ölabsorption, ob er beschichtet ist oder nicht sowie die Auswahl einer Kombination aus zwei Partikelgrößenqualitäten.

Wenn dann trotz dieser Veränderungen noch einige Viskositätsanpassungen durchgeführt werden müssen, ist die Hilfe rheologischer Modifikatoren erforderlich. Folgerichtig werden diese dann in zwei Gruppen eingeteilt:

- die Verdickungsmittel,
- die Mittel zur Herabsetzung der Viskosität.

7.7.1 Die Verdickungsmittel

Diese werden verwendet, um die Materialmenge zu erhöhen, eine Thixotropie zu erzielen oder nur, um die Viskosität zu erhöhen. Die momentan hauptsächlich verwendeten Verdickungsmittel sind:

7.7.1.1 Gefällte Calciumcarbonate (PCC)

Die mögliche mittlere Partikelgröße ermöglicht eine größere Oberfläche und somit eine größere Ölabsorption was zu einer merklichen Erhöhung der Viskosität eines Plastisols bei niedriger Schergeschwindigkeit führt und nur zu einer kleineren Erhöhung der Viskosität eines Plastisols bei hoher Schergeschwindigkeit und in kleinerem Maß die Erhöhung der Viskosität bei hoher Schergeschwindigkeit. Sie verleihen dem Plastisol ein pseudoplastisches Verhalten und erhöhen die Lichtundurchlässigkeit, allerdings in geringerem Umfang als Titandioxid. Im Allgemeinen werden sie in Konzentrationen von 2 bis 20 phr verwendet, andere Konzentrationen sind aber auch möglich. Eine häufig verwendete Güteklasse für Plastisol hat eine mittlere Partikelgröße von 0,07 µm und eine Oberfläche von 20 m^2/g.

7.7.1.2 Pyrogene Kieselsäure

Plastisolgüteklassen setzen sich aus kugelförmigen primären Partikeln von etwa 10 nm mittlerer Partikelgröße zusammen, die eine Oberfläche von 200 bis 300 m^2/g haben. Die auf der Partikeloberfläche gefundenen Silanol-Gruppen sind über Wasserstoffbrücken miteinander verbunden. Dadurch entsteht ein dreidimensionales Netzwerk, das die Viskosität erhöht. Beim Rühren oder bei einer schnelleren Bewegung des Plastisols, wie es z. B. beim Rakeln passiert, d. h. das Plastisol wird unter einem Rakelmesser mit einer bestimmten Geschwindigkeit hindurch gezogen, bricht das Netzwerk und die Viskosität nimmt ab. Je intensiver die Bewegung ist oder je länger sie anhält, umso mehr nimmt die Viskosität ab. Lässt man das Plastisol wieder ruhen, so baut sich das dreidimensionale Netzwerk erneut auf. Dieser Prozess ist als Thixotropie bekannt. Der Eindickungs- und Thixotropie-Effekt hängt von der Polarität des Systems ab. Die besten Systeme sind die unpolaren. Ferner beeinflussen die Intensität und Dauer des Rührvorgangs die Effizienz, also ist es entscheidend, welchen Mixer man verwendet. Je kleiner die mittlere Partikelgröße und je größer die Oberfläche ist, umso mehr nimmt nämlich die Viskosität zu. Im Vergleich mit einem gefällten Calciumcarbonat wird klar, dass kleinere Mengen benötigt werden. Die mittlere Konzentration von pyrogener Kieselsäure beträgt 0,3–4 phr.

7.7.1.3 Organisches Calcium-Thixotropiermittel

Dieses besondere Verdickungsmittel besteht aus sehr kleinen Calcit-Kristallen (0,03 μm), die mit einem Calciumsulfonat aus langen Kohlenwasserstoffketten als oberflächenaktive Substanz benetzt sind. Es besteht eine Wechselwirkung zwischen dem PVC-Harz, den Pigmenten und der Kohlenwasserstoffkette. Durch die Verwicklung der Ketten untereinander entsteht eine Gelstruktur bzw. ein Gel, das mechanisch gebrochen und nach Ruhen wieder zurückerhalten werden kann. Ircogel ist der Name dieser firmeneigenen Chemikalie von Lubrizol. Einige Qualitäten werden in DOP verdünnt. Der große Vorteil dieses thixotropen Mittels liegt in seiner flüssigen Form, wodurch keine leichten, davonfliegenden Partikel auftreten. Ferner hat es eine gute Läuferbeständigkeit, selbst unter Hitze, und eine niedrigere Viskosität bei hohen Schergeschwindigkeiten. Andererseits bleibt im Gegensatz zu Pulvern die Transparenz erhalten, wenn sie sich nicht gar verbessert. Eine auftretende Gelbfärbung kann durch Zugabe eines speziellen Stabilisators unterdrückt werden. Die mittleren Konzentrationen liegen zwischen 2 und 6 phr.

7.7.1.4 Modifizierter Harnstoff als thixotropes Mittel

Dieses Additiv wird von Byk Chemie hergestellt. Es gibt nicht viel Literatur zu diesem Additiv. Es handelt sich um eine Flüssigkeit, die damit den gleichen Vorteil wie Ircogel besitzt. Beim Erhitzen beobachtet man eine hohe Durchbiegungsbeständigkeit. Das Plastisol bleibt nach dem Mischen flüssig. Durch Anlegen eines Vakuums kann Luft gut abgezogen werden und die Gelstruktur entsteht erst nach einer gewissen Zeit. Empfohlene Konzentrationen liegen zwischen 0,5 und 5 phr.

7.7.1.5 Mittel zur Herabsetzung der Viskosität

Wie am Anfang dieses Kapitels bemerkt, ist es im Rahmen der geforderten Eigenschaften des Endproduktes möglich, die Viskosität durch Wahl der entsprechenden Weichmacherart zu vermindern. Es ist allgemein bekannt, dass einige Weichmacher, wie z. B. lineares 9–11 oder DOA, eine niedrige Viskosität verleihen. Solche Weichmacher sind jedoch im Vergleich zu Allzweckweichmachern „GP" (General Purpose, Allzweck) teuer, selbst wenn sie in einer Mischung verwendet werden. Eine andere Lösung ist der teilweise Ersatz des GP durch z. B. TXIB (Texanolisobutyrat), eine hochflüchtige Verbindung. In einigen Fabriken ist es auch üblich, etwas GP zuzugeben, falls die Viskosität angepasst werden muss. Dadurch nimmt natürlich die Weichheit des Endprodukts zu. Experimentiert man mit einem Weichmachertyp, so sollte man immer an die Gesamteffizienz des Weichmachers denken. Als letzter Ausweg wird die Hilfe eines Mittels zur Herabsetzung der Viskosität benötigt.

7.7.2 Lösungsmittel

Früher konnten die Formulierer Lösungsmittel verwenden. Bei diesen Chemikalien handelte es sich um Lösungsbenzin, Naphthas, flüchtige aliphatische und naphthenische Kohlenwasserstoffe oder Mineralöl-Kohlenwasserstoffe, wobei sie als Lösungsmittel und Verdünner betrachtet werden. Bei PVC-Plastisol ist dies nicht der Fall. Wäre das PVC gelöst, so würde es quellen und seine Verwendung würde nicht die tatsächliche Anforderung an ein Mittel zur Herabsetzung der Viskosität erfüllen. In Europa wird hauptsächlich Terpentinersatz und geruchsarmes Kerosin verwendet. Diese sind effizient bezüglich der Viskositätsabnahme und auch preisgünstig. Infolge der Emissionskontrolle, die immer strenger wird, hat sich jedoch ihre Anwendung drastisch verringert.

7.7.2.1 Kohlenwasserstoffe als Verschnittmittel

Diese werden gegenüber „Lösungsmitteln" bevorzugt.

Lineare Paraffine

Sie sind sehr flüchtig und von begrenzter Verträglichkeit.

Alkylierte Aromaten

Diese sind verträglicher als die linearen Paraffine.

7.7.2.2 Mittel zur Herabsetzung der Viskosität

Die meisten Mittel zur Herabsetzung der Viskosität bestehen aus einem nichtionischen oberflächenaktiven Mittel. Beispiele dafür sind:

- Fettsäuren,
- Ethoxylate einwertiger Alkohole,
- Alkylphenole.

Die Anionen sind Natriumdioctyl oder Ditridecylsulfosuccinat.

Sie können die Viskosität bei niedriger Schergeschwindigkeit bei 2 phr um 30 % herabsetzen. Die Viskosität bei hoher Schergeschwindigkeit wird ebenfalls herabgesetzt.

Bei der Auswahl eines Mittels zur Herabsetzung der Viskosität muss man auf Nebenwirkungen achten, wie z. B. der Einfluss auf:

- die Wärmebeständigkeit,
- die Lichtbeständigkeit,
- die Färbung,
- den elektrischen Widerstand,
- die Wasseraufnahme.

Ferner hängt ihr Wirkungsgrad auch von der endgültigen Rezeptur ab. Sie wird beeinflusst durch:

- den verwendeten Harztyp, der von der Art der in der Polymerisationsrezeptur verwendeten, oberflächenaktiven Substanz abhängt;
- die Oberflächenspannung des Weichmachers;
- die Gegenwart oder Abwesenheit von beschichteten oder unbeschichteten Füllstoffen.

Byk bietet Mittel zur Herabsetzung der Viskosität für Plastisole mit und ohne Füller an.

Einige oberflächenaktive Substanzen auf Silikonbasis setzen die Viskosität ebenfalls herab und zudem auch die Luft besser frei. Bei der Anwendung solcher Produkte muss man vorsichtig sein, da diese für Kraterbildung und eine schlechte Bedruckbarkeit verantwortlich sein können.

7.7.3 Mittel zur Flammverzögerung und Rauchverminderung

Das PVC selbst ist ein Flammverzögerer. Die meisten organischen Inhaltsstoffe einer Rezeptur verringern diese Eigenschaft jedoch, je nach Molekülart und deren Konzentration. Am meisten verantwortlich für diesen Verlust der Flammverzögerung ist der Weichmacher, der im Plastisolbereich in großem Maß eingesetzt wird. Im Kapitel „Weichmacher" haben wir gesehen, dass Phosphat-Weichmacher wie auch chlorierte Paraffine verwendet werden, um flammhemmende Endprodukte zu erhalten. Wir werden ferner noch sehen, dass auch anorganische Additive verwendet werden.

7.7.3.1 Flammhemmende Weichmacher

Dies ist eine Zusammenfassung des Kapitels „Weichmacher". Die meisten sind Phosphat-Weichmacher und chlorierte Paraffine.

Phosphat-Weichmacher

Die wichtigsten Phosphat-Weichmacher sind die Triaryl-Phosphate und die Alkyldiaryl-Phosphate.

Triaryl-Phosphate

Das meist verwendete ist das TCP (Trikresyl-Phosphat), das auf einem natürlichen Rohstoff basiert. Infolge des Ortho-Isomers in Kresylsäurederivaten hat jedoch seine Bedeutung abgenommen. Aus synthetischen Rohstoffen gibt es ein Sortiment von TPP (Triphenyl-Phosphat), das kommerziell verfügbar ist und weit verbreitet angewendet wird.

Alkyldiaryl-Phosphate

Es wurde beobachtet, dass Phosphorverbindungen allgemein starke Verkohlung fördern, vermutlich über die Bildung von Phosphorsäuren, welche die Inkohlung über Dehydrierung oder ähnliche Mechanismen katalysieren. Für eine gute Wirksamkeit muss der Phosphor im festen Zustand bleiben, wobei die Kohle als eine effektive Barriere wirkt, um die Wärmeübertragung von der Verbrennung in den Pyrolyse-Teil zu minimieren. Zusätzlich zur Beeinflussung der Wärmeübertragung durch die Kohlebildung ändert Phosphor den Pyrolyse-Mechanismus, sodass weniger Heizgas erzeugt wird.

Je nach Rezeptur und Test zeigen sie eine schlechtere oder bessere flammhemmende und rauchmindernde Wirkung als Triaryle. Vergleicht man aber die Triaryle mit den Alkyldiarylen, so können wir Folgendes festhalten:

Im Vergleich mit den Triarylen sind die Alkyldiaryle besser hinsichtlich:

- ihrer Wirksamkeit,
- ihrer Biegsamkeit bei niedriger Temperatur,
- ihrer Wirtschaftlichkeit (geringeres spezifisches Gewicht).

Diese Ergebnisse stammen aus Rezepturen mit Phosphaten als alleinige Weichmacher. In der Praxis werden sie aber aus wirtschaftlichen Gründen oder infolge anderweitiger Gründe immer als Teil eines Weichmachersystems verwendet. Vom Plastisol aus betrachtet ist ihre Wirksamkeit praktisch gleich der von BBP. Es können jedoch in hohen Konzentrationen Probleme mit der Lagerbeständigkeit sowie eine Zunahme der Viskosität bei hoher Schergeschwindigkeit auftreten. Da sie auch hinsichtlich der Wärmebeständigkeit schlechter sind, muss ein zusätzliches stabilisierendes System als Zusatz zu epoxidierten Weichmachern eingeplant werden. Monsanto hat darauf hingewiesen, dass ein Anteil von 5 % Santicizer 141 die Lichtstabilität erhöht, wohingegen hohe Konzentrationen an Phosphat-Weichmachern die Lichtstabilität senken. Es ist schwierig, die unterschiedlichen Arten an Phosphat-Weichmachern hinsichtlich ihrer flammhemmenden Wirkung einzustufen, da ihre Leistungsfähigkeit nicht nur von der Rezeptur, sondern auch von der speziellen Art der durchgeführten Prüfung abhängt.

Die meist verwendeten Prüfungen sind:

Sauerstoffindex (ASTM 2873): Dieser gibt den Mindestprozentsatz von Sauerstoff in einem Gemisch aus Stickstoff und Sauerstoff an, um das Verbrennen einer Probe ähnlich dem Brennen einer Kerze zu unterstützen.

NBS-Rauchkammer (ASTM E662): Der Rauch geht durch einen Lichtstrahl und die Rauchdichte wird gemessen.

FMVSS 302 „Federal Motor Vehicle Safety Standard" (Kraftfahrzeugsicherheitsstandard): Die Probe ist horizontal angeordnet und eine Flamme wird für 15 s angenähert. Die maximale Flammausbreitung ist auf 101,6 m/min begrenzt.

Französischer Test mit elektrischem Brenner (NFP 92-503).

Französischer Epiradiateur-Test (NF 501).

ASTM E 84 (UL723), Steiner Tunneltest: Dieser wird für Baustoffe angewendet.

ASTM D 3801: Dies ist ein vertikaler Brenntest für elektrische Bauteile und Ausrüstung.

7.7.3.2 Chlorierte Paraffine

Man glaubt, dass Halogenverbindungen in der Verbrennungszone hauptsächlich über die Bildung von Wasserstoff-Halogeniden wirken. Diese schließen die an der Oxidation von Heizgas beteiligten freien Radikal-Kettenreaktionen ab. Manche erhöhen auch die Verkohlung.

Diese sekundären Weichmacher, die 42–64 % Chlor enthalten, sind weniger verträglich als die Phthalate. Ihre Verträglichkeit hängt ab von:

- dem verwendeten Harz,
- der Art des Emulgators,

- der Verträglichkeit des verwendeten primären Weichmachers,
- der Zunahme des Chlorgehalts (je höher, desto besser),
- der Gegenwart anderer sekundärer Weichmacher.

Verträglichkeitsdiagramme werden vom Hersteller ausgehändigt, z. B. von ICI, Witco, Dover usw.

Mit ihrem sehr geringen Wirkungsgrad, ihrem niedrigen Preis und selbst bei ihrem hohen spezifischen Gewicht (1,15–1,25 N/m^3) kann man mit ihnen sehr niedrige Umsatzkosten erreichen. Sie haben einen leichten Geruch und stabilisieren die Viskosität. Je höher der Chlorgehalt ist, desto höher ist allerdings die Viskosität. Infolge ihrer geringen Wirksamkeit verleihen sie eine schlechte Biegsamkeit bei niedriger Temperatur. Sie können in einigen Rezepturen die in Kombination mit anderen Weichmachern verwendeten Phosphat-Weichmacher teilweise oder ganz sowie einen Teil der anorganischen Flammschutzmittel ersetzen. Man muss darauf achten, dass man im Bereich der Verträglichkeit bleibt, ansonsten können Bedruckprobleme auftauchen.

7.7.3.3 Anorganische Flammschutzmittel

Neben den Weichmachern können zahlreiche anorganische Materialien als Flammschutzmittel dienen, z. B.:

- Aluminiumoxidhydroxid;
- Magnesiumhydroxid, Calciumcarbonat oder -hydroxycabonat;
- Antimontrioxid und -pentoxid.

Andere, die aber hauptsächlich als Rauchverminderer wirken, sind:

- Molybdän,
- Zink-Verbindungen.

Aluminiumhydroxid $Al(OH)_3$

Wir können diese als Kühlmittel bezeichnen. Tatsächlich rufen sie eine allgemeine Verlangsamung der ablaufenden Reaktionen nach physikalischen Umformungen oder endothermen Zersetzungen hervor. Die Kraft der Flammschutzmittel basiert auf folgendem Prinzip:

- Die Zersetzung $2\,Al(OH)_3 \longrightarrow Al_2O_3 + 3\,H_2O$ verläuft stark endotherm, es entsteht etwa 300 kJ/mol Aluminiumoxid, welches das Kunststoffmaterial vor einer schnellen Zersetzung schützt. Die Zersetzungstemperatur liegt bei 204 °C.
- Das Al_2O_3 erzeugt eine Schutzschicht auf der Oberfläche, die ein weiteres Abbrennen begrenzt.
- Das bei der obigen Reaktion erzeugte Wasser bildet eine Schutzgasbarriere, indem es den Sauerstoff vertreibt.

Tests haben gezeigt, dass es eine Synergie gibt mit:

- Phosphat-Weichmachern;
- Boraten, hier speziell Zinkborat.

Mit Antimontrioxid, einem anderen Flammschutzmittel, liegt allerdings kein synergetischer Effekt, sondern ein additiver vor.

Bei Plastisolen ergibt die Anwendung von Aluminiumhydroxid ein pseudoplastisches Verhalten, das proportional zur Feinheit der ausgewählten Güteklasse ist. Am besten lassen sich die gefällten feinen Güteklassen dispergieren, dazu sind sie auch noch viel effizienter. Die Aluminiumoxidhydroxide haben manchmal ein größeres Ölabsorptionsvermögen als Calciumcarbonate. Einige beschichtete Güteklassen stehen für den Plastisolbereich zur Verfügung. Das spezifische Gewicht von Aluminiumhydroxid beträgt 2,4 N/m^3.

Magnesium-Verbindungen

Die flammhemmende Wirkung dieser Verbindungen beruht auf dem gleichen Verhalten wie bei Aluminiumtrihydraten. Gegenüber Aluminiumtrihydrat haben sie besonders einen Hauptvorteil: Sie besitzen eine viel höhere Zersetzungstemperatur. Dadurch besitzen sie einen größeren Spielraum zwischen der Zersetzungs- und der Verarbeitungstemperatur.

Magnesiumhydroxid und -hydroxycarbonat werden synthetisch aus einer Magnesiumoxid-Salzlösung hergestellt. Das macht sie teurer als Aluminiumhydroxid.

Im Gegensatz dazu sind *Magnesiumhydroxycarbonat und Magnesiumcalciumcarbonate* natürlich vorkommende Verbindungen. Es wurden sehr reine Minerallagerstätten von Hydromagnesit (Magnesiumhydroxycarbonat) mit Huntit (Magnesiumcalciumcarbonat) gefunden. Sie sind konkurrenzfähiger gegenüber Aluminiumhydroxid. Aber wie bei allen Rohstoffen müssen sie bezüglich ihrer speziellen Eigenschaften und ihrem Wirkungsgrad miteinander verglichen werden und nicht nur über den Preis.

Magnesiumhydroxid	$Mg(OH)_2$
Magnesiumcarbonate sind	$MgCO_3$, $MgCO_3$, $Mg(OH)_2$, $3H_2O$
Calciummagnesiumcarbonate sind	$CaCO_3$, $MgCO_3$, $3CaCO_3$, $MgCO_3$

Magnesium und Aluminiumoxidhydrate müssen in hoher Konzentration angewendet werden, damit sie die flammhemmende Wirkung erzielen; zwischen 20 und 30 phr in Plastisolen. Beide wirken als Rauchverminderer.

Antimon-Verbindungen

Antimontrioxid

Alle Antimonoxide (Tri- und Pentoxid) verhalten sich wie Brandschutzmittel. Stoffe, die mit freien Radikalen reagieren, sind für die Flammenausbreitung verantwortlich.

Antimontrioxid wird häufiger verwendet. Antimonoxide funktionieren nur in Kombination mit halogenhaltigen Verbindungen: PVC, chloriertes Paraffin etc. Der Mechanismus ist eine Gasphaseninhibition bezogen auf die Entstehung von Antimon-Halogen-Produkten. Aufgrund seines hohen Brechungsindexes und seiner feinen Partikelgröße hat Antimontrioxid einen hohen Pigmentierungseffekt. Für leuchtende Farben ist also eine hohe Pigmentkonzentration erforderlich, welche zu kostspieligen Rezepturen führt. Hohe Tönungsstufen sind verfügbar, aber natürlich teurer. Die Benutzung von Antimontrioxid ist mehr auf graue Farben, schwarze Farbe und auf Pastellfarben beschränkt. Bei diesen Farben könnte das Weißpigment TiO_2 eingespart werden, aber nicht bei Verwendung im Außenbereich, da der UV-Abschirmungseffekt nicht der gleiche ist. Das Konzentrationsniveau (bis 7 phr) ist viel niedriger als für Al- oder Mg-Hydrate. Deshalb werden diese Antimon-Verbindungen viel im PVC-Sektor verwendet. Der Hauptteil von Antimon kommt aus China und ist fast monopolistisch, welches zu großen Marktfluktuationen und von Zeit zu Zeit zu unbezahlbaren Preisen führt. Für bessere Transporteigenschaften in einigen Fällen wird die Konsistenz einer Paste vorgeschlagen. Bei 20 °C beträgt die spezifische Dichte 5,5 g/cm^3.

Antimonpentoxid
Dies beschränkt sich auf die PVC-Anwendungen. Es hat eine sehr geringe spezifische Tönungsqualität, ist viel teurer als Antimontrioxid und dabei weniger effizient. Die spezifische Dichte beträgt 3,8 g/cm^3.

Verbindungen auf Antimontrioxidbasis
Viele Produzenten bieten vorgemischte Verbindungen basierend auf einer Antimontrioxidbasis mit zusätzlichem Zink, Molybdän usw. an. Diese Verbindungen reichen von gestrecktem Antimontrioxid über zusätzliche Rauchunterdrückung bis zu synergetischen Eigenschaften. Man muss bei der Komposition solcher Mixturen vorsichtig sein.

7.7.3.4 Andere Verbindungen mit Zink und Molybdän

Zinkborat (Zinkderivate)
Das häufiger benutzte Zinkborat (ersetzt teilweise das Antimontrioxid) erreicht eine gute Rauchunterdrückung. Ein Nachteil ist der negative Effekt auf die thermische Stabilität des Plastisols. Die spezifische Dichte beträgt 2,5 g/cm^3.

Zinkoxid (Zinkderivate)
Es erreicht unterschiedliche Resultate zur Flammhemmfähigkeit. Es ist aber genauso wie Zinkborat ein Rauchminderer. In großen Mengen vermindert es die Wärmestabilität des Plastisols.

Molybdän-Verbindungen
Sie sind ziemlich teure Verbindungen und eher Rauchminderer als Flammhemmer.

7.7.3.5 Pigmente

Neben ästhetischen Gründen kann die Färbung von Vinylprodukten dazu benutzt werden, die UV-Beständigkeit, die Verwitterungsbeständigkeit etc. zu erhöhen. Pigmente oder Farbstoffe können in unterschiedlichen Formen bezogen werden. Für Plastisol kann es eine Pulverform oder eine Vormischung sein, welche feinstverteilte Pigmente mit unterschiedlichen Zusätzen (Plastifizierer, Streustoffen) enthält, die in Hochgeschwindigkeitsmixern vermischt und in einer Dreirollenmühle zermahlen wurden. Die Auswahl eines Farbstoffes sollte in Bezug auf seine physikalischen und chemischen Charakteristika mit großer Sorgfalt getroffen werden, um sicherzustellen, dass seine Eigenschaften mit der Verarbeitungsmethode und den gewünschten Eigenschaften des Endproduktes kompatibel sind. Wichtige Faktoren sind:

- die Wärmestabilität,
- die Lichtbeständigkeit,
- die Knetleichtigkeit,
- die chemische Trägheit,
- die Trübheit und Transparenz,
- das Anfärbvermögen,
- der elektrische Widerstand.

Bevor wir uns in den Färbungsdschungel begeben (eine unglaubliche Anzahl von Pigmenten ist verfügbar), sollten wir über zwei spezifische Farben sprechen: Weiß und Schwarz. Beide werden in der Literatur manchmal getrennt voneinander behandelt. Dies basiert auf ihren spezifischen Eigenschaften, die sie auf die Endprodukte übertragen können.

Weiße Farbe

Titandioxid (TiO_2)

Die Vorherrschaft von Titandioxid als Weißpigment für Plastik ist aufgrund seiner Opazität, seiner hohen Strahlungsbrechung, seiner Weißkraft, seiner chemischen Stabilität und seiner Aufhellung unübertroffen. Es ist das wichtigste aller Pigmente (anorganisch und organisch) im PVC-Sektor. Titandioxid existiert je nach Anwendungsprozess in zwei kristallinen Formen: Anatas und Rutil. Wegen seiner Lichtbeständigkeit wird praktisch nur Rutil in der Plastisolzubereitung benutzt. Rutil hat einen signifikant höheren lichtbrechenden Index und daher eine tönende Kraft. Verglichen mit Anatas hat Rutil eine höhere spezifische Dichte (4,4/3,9 g/cm^3) und ist etwas teurer. Sehr feine Qualitäten, beschichtet mit Siloxan oder organisch behandelt, zeigen eine verbesserte Kneteigenschaft und eine niedrigere plastische Absorption.

Typische Endgebrauchskonzentrationen sind:

Äußere Anwendung als Abdeckplane	8–15 phr
Polsterung	5–10 phr
Tapeten	15–25 phr
Fußbodenbeläge	3–8 phr

Über 10 phr ist der Anstieg der Reflektion sehr gering. Für dünne Beschichtungen, wie z. B. bei Blenden, erhöht ein Zusatz von 0,05 % (bei TiO_2) sehr feinem Aluminiumpulver oder von 0,02 % Kohlenstoffschwarz die Opazität, ohne eine inakzeptable Minderung der Helligkeit hervorzurufen.

Neben Titandioxid können einige andere Weißpigmente mit niedriger Opazität gefunden werden. Sie werden seltener genutzt, können aber den Preis reduzieren, wenn sie anderen Rezepturen zugesetzt werden. Das sind z. B.:

- **Blei-Weißpigment**, aufgegeben wegen toxischer Probleme;
- **Zink-Weißpigment**, kann auch Blei enthalten;
- **Lithopon**, benutzt als Streckmittel für das Bleichen, besteht aus 30 % Zinksulfid und 70 % Bariumsulfat;
- **Antimontrioxid**, wurde als Pigment in Rezepturen für Flammverzögerer verwendet.

Schwarzpigment (Kohlenstoffschwarz)
Kohlenstoffschwarz kann benutzt werden als:

- einfacher Farbstoff,
- UV-Absorber,
- leitende Füllmasse.

Es gibt eine erstaunliche Anzahl an Kohlenstoffschwarz-Materialien für Hunderte von Anwendungen auf dem Markt. Ein Vorschlag: Suchen Sie ein paar Produzenten wie Degussa, Cabot oder Columbian auf und fragen Sie nach einer Broschüre über Kohlenstoffschwarz für Vinyl-Plastisole. Dies ist der einzige Weg, eine Liste der richtigen Qualitätsstufen zu bekommen.

Zusammenfassend gilt: Wenn Sie es nur als Farbstoff benutzen, sind die Konzentrationen von 0,5–3 phr abhängig von der gewünschten Tiefe und Opazität zu verwenden. Für einen UV-Schutz sind 2–3 phr ausreichend, um die notwendige Opazität zu erzielen. Als leitende Füllmasse könnte es jedoch schwierig sein, weil die Weichmacherabsorption von Kohlenstoffschwarz sehr hoch ist, genauso wie die Dosis für ein antistatisches Material (bis 20 phr). Wenn Sie also Kohlenstoffschwarz benutzen, beachten Sie:

- es gut zu vermengen, um Agglomerate zu vermeiden. Eine fertig hergestellte Grundmischung kann helfen, aber beachten Sie deren prozentuale Weichmacherabsorption, sonst könnte es Überraschungen geben;
- dass für eine antistatische Rezeptur einiger Qualitätsstufen bei 1 phr die Viskosität um das 3–4-fache erhöht werden kann;
- dass es ein billiger UV-Schutz ist, wenn Schwarz als Farbe akzeptiert wird.

Alle anderen Farbpigmente

Wir werden sehen, dass es zwei große Pigmentfamilien gibt – anorganische und organische.

Beide haben ihre Besonderheiten und sind in andere chemische Gruppen unterteilt. Bei der Auswahl einiger Pigmente ist es für den Formulierer wichtig, einige Fragen zu beantworten:

- Welche Farbe wird benötigt? (Nuance, Helligkeit, Grundton, Transparenz etc.)
- Was sind die Anforderungen an das Endprodukt? (Lichtbeständigkeit, Wetterbeständigkeit, Toxizität, Farbfestigkeit)
- Kann es den Fertigungsprozess überstehen? (Hitzestabilität)
- Wie ist die Dispersionsfähigkeit, die Flotation?

Der generelle Aspekt des Produktes ist eine Sache, aber die Eigenschaften des Endproduktes müssen erhalten werden. So gibt es z. B. keine Verwendung für eine Baufolie, die keine wittterungsbeständige Farbe besitzt. Ist die Farbe nicht witterungsbeständig, könnte sie sich abstufen und, schlimmer noch, die mechanischen Eigenschaften verringern, was zur Reklamation führt.

Was sind die Vorteile und Nachteile der einzelnen Gruppen? (Tab. 7.1)

Organische Pigmente

Vorteile:
- Transparenz
- Helligkeit
- Hohe Tönungskraft

Nachteile:
- Verwitterungssensibel
- Lichtbeständigkeit
- Hitzebeständigkeit
- Tendenz zum Verlaufen
- Dispersionsfähigkeit

Anorganische Pigmente

Vorteile:
- Opazität
- Hitzebeständigkeit
- Dispersionsfähigkeit
- Lichtbeständigkeit
- Resistenz gegen Verlaufen
- Verwitterungsbeständig

Nachteile:
- Stumpfe/blasse Farben
- Geringe Tönungskraft

Spezialeffektpigmente

Perlmut

Perlmut ergibt einen perlmutartigen oder metallischen Effekt (Gold, Silber). Es ist viel sicherer als Metallflocken und nicht reaktiv, wie z. B. Bronzemetallflocken mit Säure. Lieferant ist z. B. Merck Darmstadt.

Metallpulver

Hierzu zählen Aluminium, Bronze oder Kupfer. Feines Aluminiumpulver ist explosionsgefährlich. Wenn es als feines Pulver genutzt wird, ergibt es einen Satin-Effekt. Wenn gröberes Pulver benutzt wird, dann ergibt sich ein verbesserter metallischer Effekt.

Fluoreszierend

Pigmente mit fluoreszierender Wirkung sind für eine große Anzahl an Farben einsetzbar, aber ihre Lichtbeständigkeit im Außenbereich bei Tageslicht ist schlecht. In höheren Konzentrationen kann man sie vorsichtig mit anderen Pigmenten mischen, der Zusatz von UV-Stabilisatoren kann ihre Lebensspanne verlängern.

Phosphoreszierend

Diesen Effekt erzielen hauptsächlich Zinksulfide oder Zinksulfide in Kombination mit anderen Metallen. Der Helligkeitsertrag ist im blauen und gelben Spektralbereich größer. Das längste Nachleuchten hat Blau.

Optische Aufheller

Sie werden benutzt, um den Gelbstich einiger weicher PVC-Produkte zu überwinden und um die Helligkeit von schwarzen und weißen Produkten zu erhöhen. Der Langzeiteffekt ist aber nicht garantiert. Bayer produziert das Uvitex OB, 2,2′-(2,5-thiophenediyl bis 5-*tert*-butylbenzoxazol) sehr effizient, aber der Preis für solche Produkte bleibt sehr hoch, obwohl die empfohlenen Konzentrationen gering sind: 50–100 ppm.

Tab. 7.1 Verschiedene Farb- und Pigmentfamilien

Farbe	Organische Pigmente	Anorganische Pigmente
Weiß		Titandioxid aus Anatas oder Rutil
Bleiweiß		Lithopon
		Zinksulfid
Rot	Monoazo	*Cadmiumrot*
	Disazo	Eisenrot
	Basische wasserlösl. Farbe	Molybdatrot
	Chinacridon	
	Anthrachinon	
	Pyrazolochinazolon	
	Diketopyrrolopyrrol	
	Isoindolin	
Gelb	Anthrachinon	*Cadmiumgelb*
	Monoazo	Eisenoxid
	Disazo	*Bleichromat*
	Basische wasserlösl. Farbe	Nickeltitanat
	Isoindolin	Chromtitanat
	Tetrachlorisoindulin	
	Azomethin	
Orange	Monoazo	Molybdatorange
	Disazo	*Cadmiumorange*
	Chinacridon	
	Anthrachinon	
	Isoindulin	
	Tetrachlorisoindulin	
	Pyrazolochinazolon	
Braun	Disazo	Eisenoxid
	Isoindulin	Zinkferrit Braun
Grün	Basische wasserlösl. Farbe	Chromoxidgrün
	Phthalocyanin-grün	Kobaltgrün
	Nitroso	
Blau	Basische wasserlösl. Farbe	Kobaltblau
	Phthalocyanin-blau	Ultramarinblau
	Anthrachinon	
	Alkaliblau	

(Fortsetzung)

Tab. 7.1 (Fortsetzung)

Violett	Calco-Ölviolett	Mangan
	Anthrachinon	Ultramarinviolett
	Basische wasserlösl. Farbe	Kobaltviolett
Schwarz	Rauchschwarz	Schwarzes Eisenoxid
	Anilin	

Stoffe in Schrägschrift werden aus ökologischen Gründen nicht mehr verwendet

7.8 UV-Licht-Stablilisatoren

Steifes oder weiches PVC ist von Natur aus kein wetterbeständiges Plastik. Nach einer Weile im Freien zeigt es Verfärbungen, Farbverlust, Auskreiden und den Verlust seiner mechanischen Eigenschaften – es zersetzt sich. Um das PVC vor dem Fotoabbau zu schützen, gibt es eine ganze Palette von UV-Lichtabsorbern. Produkte, die UV-Licht von 295–400 nm absorbieren, sind abhängig von ihrer Struktur. Gewöhnlich sind die meistbenutzten Hydroxyphenylbenzotriazole und Hydroxybenzophenone. Die Effektivität solcher Produkte wird beeinflusst:

- von der Konzentration,
- von der Probenstärke,
- aber auch von Rohmaterialien, welche im Gemisch vorliegen.

Es ist offensichtlich, dass im Plastisolsektor aufgrund von niedrigen spezifischen Gewicht im Vergleich zu PVC ein großer Teil des Volumens vom Weichmacher, welcher deshalb vorsichtig ausgewählt werden muss (siehe Kapitel „Weichmacher“), in Anspruch genommen wird. Genauso wichtig, aber nur in kleiner Konzentration, wird der Hitzestabilisator benutzt. Die Benutzung von Carboxylatdialkyl anstatt Mercaptid (siehe Kapitel „Stabilisatoren“) ist empfohlen. Aber nicht nur die Art des Stabilisators (gute oder schlechte Wetterbeständigkeit) sollte beachtet werden, sondern auch die Effizienz der Hitzestabilität. Auch die Art und die Konzentration sind von höchster Wichtigkeit. Wenn die Zusammensetzung des Plastisols schlecht hitzestabilisiert ist oder eine Überhitzung während der Herstellung überstehen muss, dann beginnt bereits die Zersetzung. Die Zersetzung aufgrund einer zu geringen Hitzestabilität ist mit der Belichtung durch UV-Licht vergleichbar. Beständigkeit gegenüber UV-Licht und Beständigkeit gegenüber Hitze sind voneinander abhängig. Deshalb hängt die Wahl eines UV-Licht-Stabilisators extrem von dem Hitzestabilisationssystem ab. Natürlich müssen auch alle anderen Zutaten sorgfältig ausgewählt werden.

7.8.1 Andere Erfolge bei der Wetterbeständigkeit

Wie bereits genannt, absorbieren UV-Licht-Stabilisatoren die schädlichen Wellenlängen des UV-Lichts, um eine Fotozersetzung des PVC zu vermeiden. Aber es gibt noch einen anderen Weg (siehe Kapitel „Pigmente"), PVC-Mischungen undurchlässig gegen UV-Licht zu machen – weiße und schwarze Pigmente. Mengen von 5–15 phr von Rutil-Titandioxid oder 2–3 phr von schwarzem Pigment sind ausreichend, um eine gute Wetterbeständigkeit zu gewähren. Für die anderen Farben gilt: Wenn das Endprodukt lichtundurchlässig ist und wenn die richtige Färbung mit einem Titandioxid-Hintergrund von 5 phr plus einer Konzentration von anderen Pigmentfarben erreicht werden kann, dann wird vielleicht kein zusätzlicher Lichtstabilisator gebraucht – es sei denn, ein hoher Grad an Lichtbeständigkeit ist erwünscht. Zusätzliche Farbpigmente sollten obligatorisch von der lichtstabilen Sorte verwendet werden, dass wenn Titandioxid aufgrund eines Farbstoffes, eines Kostenproblems oder einfach weil das Endprodukt transparent sein muss, nicht benutzt werden kann, dann für einen bestimmten Grad von Lichtbeständigkeit ein anderer UV-Licht-Stabilisator als Alternative benutzt werden kann.

7.8.2 Wesentliche UV-Licht-Stabilisatoren

In weichmacherhaltigen Anwendungen sollten die UV-Licht-Stabilisatoren löslich und kompatibel mit den verwendeten Weichmachern sein.

7.8.2.1 2-{2 -Hydroxy-3 ,5 -(di-*tert*-butyl(oder amyl))phenyl}benzotriazol

Es ist charakterisiert durch einen hohen Extinktionskoeffizienten bei 400 nm mit einer maximalen Absorption bei 340–355 nm. Sehr effizient sind: Tinuvin 320 und 328 nm von Ciba Geigy und Cyasorb UV541, ein 2-(2′ -hydroxy-5′ -*tert*-octylphenyl)benzotriazol von American Cyanamide Co.

7.8.2.2 2-Hydroxy-4-*n* -octoxy-(oder 4-methoxy)benzophenon

Hier liegt die maximale Absorption generell unter 300 nm. Es absorbiert etwas Strahlung über 400 nm, was zu Vergilbung in höheren Dosen führen kann. Es ist billiger als Benzotriazol und dabei sehr effektiv. Zu nennen sind Chimassorb 81, Cyasorb UV 531 und Uvinul 408 (BASF).

7.8.2.3 Sterisch gehinderte Amine (engl. HALS „hindered amine light stabilisers")

Die oligomeren HALS-Typen sind löslich und kompatibel mit den Hauptweichmachern. Sie sollten nicht alleine mit Zinn-Mercaptid benutzt werden. Hierunter fallen Chimassorb 944 FL, Tinuvin 622 LD und Cyasorb UV 3346.

7.9 Adhäsionsbeschleuniger für Plastisole

Im Plastisolsektor betreffen zahlreiche Anwendungen die direkte Ummantelung oder Laminierung eines Textils mit Plastisol. In beiden Fällen wird eine Haftspezifikation benötigt. Soweit Textilien mit natürlichen Fasern, wie z. B. Baumwolle, benutzt werden, ist die Haftung an rauen Textilfasern kein Problem. Auf der anderen Seite ist bei der Fabrikation von synthetischen Fasern, welche aus glatten Monoendlosfasern bestehen und an denen Plastisole sehr schlecht haften, ein spezifisches Haftmittel in der Rezeptur notwendig. Dieses Haftmittel entwickelt eine starke chemische Bindung an der Übergangsstelle zwischen Gewebe und PVC. Zwei Arten von Haftmittel sind auf dem Markt verfügbar.

7.9.1 Ein-Komponenten-Haftmittel

Bei dieser Art von Haftmittel wird bevorzugt ein Polyisocyanurat in den Weichmacher verteilt. Die hoch reaktive Isocyanurat-Gruppe sollte mit der polaren Gruppe der Fasern reagieren und vernetzte Verbindungen bilden. Aber jedes Material in der Umgebung, welches polare Gruppen, wie z. B. –NH, H^+ , –OH oder –SH beinhaltet, sollte genauso gut mit der Isocyanurat-Gruppe des Haftmittels reagieren. Alle Additive, die solche polaren Gruppen beinhalten, sollten vermieden werden. Zu nennen sind Vulcabond VP von Akcros, Haftvermittler 2001 oder 2007 von Bayer.

Haftvermittler 2001 ist ein aromatisches Polyisocyanurat in DBP, es ist lösungsmittelfrei.

Haftvermittler 2007 ist ein aromatisches Polyisocyanurat in DOP, es ist ebenfalls lösungsmittelfrei.

Vulcabond VP ist ein Polyisocyanurat in DBP.

7.9.2 Zwei-Komponenten-Haftmittel

Dies ist eine Mixtur aus Haftvermittlern, z. B.:

a) TN/50: ist eine hydroxylgruppenhaltiger Polyester 4–8 %,
b) Desmodur N100: ist ein aliphatisches Polyisocyanat 2,1–4,3 %,
c) Desmodur N75: ist ein aliphatisches Polyisocyanat 2,1–4,3 %,
d) Desmodur L75: ist ein aromatisches Polyisocyanat in Ethylacetat 2,7–5,4 %,
e) Stabilisator 1097 0,2–0,6 %,
f) VPKA9142 (wenn eine zusätzliche Verlängerung des Verarbeitungsspielraums benötigt wird) 0,2–0,6 %.

Wir werden mehr über ihre Benutzung in dem Kapitel „Abdeckplanen“ erfahren.

7.10 Biozide

Wenn ein plastifiziertes PVC-Endprodukt einer kritischen Umgebung, hoher Feuchtigkeit und hoher Temperatur ausgesetzt ist, kann es Gegenstand von mikrobiologischen Angriffen wie Bakterien, Pilzen und Algen werden. Während PVC per se eher unwahrscheinlich von diesen Lebensformen angegriffen wird, darf man nicht vergessen, dass PVC nur ein Teil einer Rezeptur ist. Trotzdem müssen wir uns mit E-PVC auseinandersetzen. Restliche Emulgatoren sind eine zusätzliche Kohlenstoffquelle. Folgende Endprodukte sind anfällig für mikrobiologischer Angriffe:

Verwendung im Innenbereich:

- Duschvorhänge,
- Badematten,
- Bodenbeläge,
- Tapeten,
- Wassertanks.

Verwendung im Außenbereich:

- Abdeckplanen,
- Zelte,
- automobile Innenverkleidung,
- Swimmingpoolabdeckung.

Anzeichen für solche Angriffe sind:

- Verfärbungen;
- rosa Flecken;
- gelbe Flecken;
- schwarze Flecken;
- schlechter Geruch;
- Verlust der mechanischen Eigenschaften, z. B. Dehnung;
- Klebrigkeit.

Um diese Probleme zu überwinden, ist die Benutzung einiger Biozide, welche das mikrobiologische Wachstum hemmen oder zerstören, erforderlich.

7.10.1 Mikrobiologische Angriffe

Bestimmte Bedingungen sind für das Wachstum und die starke Vermehrung von Mikroorganismen, die für alles Leben essenziell sind, erforderlich:

- Wasser, direkter Kontakt, Nässe, hohe Luftfeuchtigkeit, 60–80 %;
- Sauerstoff (nicht immer anaerob);
- Temperatur;
- „Nahrung";
- ein bestimmter pH-Wert;
- Licht.

7.10.2 Pilze

Pilze sind am zerstörendsten.

Sie bevorzugen eine Temperatur zwischen 22 und 30 °C und einen pH-Wert zwischen 3 und 10.

Nahrung: Wie wir bereits bei den Plastisolen gesehen haben, sind die Weichmacher signifikant vorhanden. Was sie brauchen, ist eine organische Kohlenstoffquelle. Neben den Weichmachern helfen auch die Stabilisatoren und die Co-Stabilisatoren. Nicht alle Weichmacher werden im gleichen Maße angegriffen:

Schwer angreifbar sind: DINP (verzweigt), DHP, DIOP, Polyester (polymerisch) und TXP.
Mittelschwer angreifbar sind: DOP, DBP.
Einfach angreifbar sind: DOA, SBO.

Viele Pilze produzieren Farbstoffe oder Pigmente von Pink, Gelb bis zu Schwarz. Eine Pinkfärbung wird generell von Streptoverticillium Reticulum produziert, welches in Boden und Wasser vorhanden ist. Es ist nicht entfernbar, weil es im Weichmacher löslich ist. Diese Pilze greifen nicht nur PVC an, sondern auch Textilien. Zum Beispiel: An den Gewebekanten bei Bootsplanen kann Wasser den Fasern durch die Kapillarwirkung in das Gewebe folgen und schwarze Linien entlang der Fäden transparent erscheinen lassen *(Aspergillus niger),* auch wenn das Plastisol ein Biozid enthält. Oder aber ein einfach laminiertes Textil kann angegriffen werden und die Mikroorganismen auf das PVC übertragen. Darum sollten Textilien auch behandelt werden.

7.10.3 Bakterien

Sie sind weniger zerstörerisch als Pilze.

Ihre bevorzugte Temperatur liegt zwischen 25 und 37 °C, der ihnen angenehme pH-Wert ist neutral bis basisch.

Einige Bakterien (anaerobe) können ohne Sauerstoff leben.

7.10.4 Algen

Der Wachstumsfaktor bei Algen ist die Fotosynthese.

7.10.5 Gebräuchlichste Biozide für Plastisol

Die flüssigen Biozide werden wegen der Leichtigkeit bei der Vermengung bevorzugt, aber sie sind nicht die stabilsten.

Die Biozide werden in der Regel eingesetzt bis zu einem Mischungsverhältnis von bis zu maximal 2,5 Gew.-%.

OBPA 10,10′-Oxybisphenoxarsine
Bei Innenanwendungen liegt der Gewichtsanteil in der Rezeptur bei bis zu 1,5 % und bei Außenanwendungen bei bis zu 2,5 %.

Als Produkte sind hier zu nennen z. B. Intercide ABF von Harckros oder Vinizene von Morton International.

Octhilinone 2-*n*-Octyl-4-isothiazolin-3-1
Bei dieser Chemikalie liegt der Gewichtsanteil bei bis zu 1,0 % im Innenbereich und bei bis 2,5 % im Außenbereich.

Ein Produkt hierzu ist z. B. Micro-Check von Ferro.

Alle diese Produkte sind Gifte und sollten vorsichtig gehandhabt werden.

Außer bei Chemikern, die PVC entwerfen, ist Biochemie kein Allgemeinwissen und wenn der Zusatz von einem bekannten Biozid nicht ausreichend ist, ist es notwendig, dem Produzenten von Bioziden das Problem darzulegen und nach einer spezifischen Lösung zu fragen.

7.11 Andere Rohmaterialien

7.11.1 Antistatische Mittel

Sie finden Verwendung in Bereichen, in denen Funken Schaden verursachen können, bei:

- Luftbeförderungssystemen oder Förderbändern im Bergbau,
- Boden- und Wandbedeckungen in Krankenhäusern und Computerräumen,
- industriellen Vorhängen.

Ein guter Ansatz ist, zuerst die bestmögliche Auswahl an Hauptrohmaterial zu treffen:

- E-PVC mit einem hohen Anteil an Emulgatoren;
- aktive Weichmacher (wenn erschwinglich): Die Benutzung eines sehr aktiven Weichmachers unterstützt die Mobilität von antistatischen Mitteln, z. B. DOA;
- große Mengen an ESBO (wenn nichts dagegen spricht);
- eventuell leitendes Kohlenstoffschwarz (wegen hoher Weichmacherabsorption nur begrenzt im Plastisolsektor einsetzbar);
- metallische Füllstoffe.

Falls nicht möglich, muss ein antistatisches Mittel benutzt werden. Es gibt verschiedene Typen:

- Polyolester,
- Amine:
  - ionisch, kationisch;
  - anionisch.

7.11.2 Kalziumoxid

In Umgebungen mit hoher Luftfeuchtigkeit können einige Rohmaterialien etwas Wasser annehmen und für Blasen und Krater verantwortlich sein. Sehr feinteilige und im Weichmacher dispergierte Partikel aus CaO können dann dem Plastisol beigefügt werden. Der Hersteller muss dann vorsichtig sein, um nicht Nebenreaktionen mit anderen Rohmaterialien herbeizuführen. Es müssen so geringe Mengen wie möglich benutzen benutzt werden. Produzenten sind: Byk Chemie und Sturgess.

7.11.3 Luftfreisetzende Mittel

Vorhandene Luft in Plastisolen kann für Krater, Blasen und Trübung oder Opazität in einer transparenten Anwendung verantwortlich sein.

Vorhandene Luft kann auch andere Quellen und Ursachen haben:

- PVC-Harz-Typen (hauptsächlich abhängig von der Art des Emulgators und der Menge);
- Weichmacher (DOA ermöglicht eine gute Luftfreisetzung, Phosphate hingegen nicht);
- Stabilisator;
- Viskosität (je geringer, desto besser).

Deshalb ist es notwendig, zuerst die richtige Rezeptur zu wählen. Wenn zusätzliche Hilfe gebraucht wird, können einige Zusätze wie BYK 3155 benutzt werden.

7.12 Ökonomie

Während die Rohmaterialien generell gewichtsbasiert bezogen werden, werden die Endprodukte oft auf Volumenbasis verkauft, z. B. 1 m eines 3 mm dicken Fußbodenbelags. So z. B. beim Verlegen, wo der Arbeiter sein Messer mit einem bestimmten Abstand einstellt, um eine Schicht mit einer Dicke von x mm oder µm zu verlegen, was schon bei einem Quadratmeter ein großes Volumen ist. Wenn wir also generell Kosten pro Gewicht haben, müssten wir in der Lage sein, mittels der spezifischen Dichte des Materials die Kosten pro Volumen zu berechnen. So sollten wir in der Lage sein, die Volumenkosten des Materials zu berechnen. Lassen Sie uns zur Gedankenauffrischung die Definition ansehen:

7.12.1 Spezifische Dichte

Die spezifische Dichte eines Materials ist das Gewicht eines bestimmten Volumens eines Materials bei einer bestimmten Temperatur dividiert durch das Gewicht von Wasser mit identischem Volumen bei der gleichen oder bei unterschiedlicher Temperatur. Darum gibt es keine Einheit.

Zur Erinnerung: 1 l Wasser wiegt 1,0 kg bei 3,98 °C, bei 20 °C beträgt das Gewicht 0,998 kg. Es besteht also praktisch kaum ein Unterschied. In der Praxis ist die spezifische Dichte bei Temperaturen von 20/20 °C, 25/25 °C oder 20/4 °C (1 l H_2O: 1,0 kg bei 4 °C) vorgegeben. Also sollten die Werte der spezifischen Dichte immer mit der dazugehörigen Temperatur angegeben werden.

Spezifische Dichte kann auch durch das Verhältnis ausgedrückt werden:

$$\text{Spez. Dichte} = \frac{\text{Dichte des Materials bei bestimmter Temperatur}}{\text{Dichte von Wasser bei gleicher/unterschiedlicher Temperatur}}.$$

Die Dichte ist das Gewicht des Materials pro Volumeneinheit bei einer bestimmten Temperatur.

7.12.2 Rezepturbeispiele und Kosten

Wir werden nun den Begriff „Kilo pro Volumen" einführen, welches das Volumen von 1 kg Wasser, z. B. bei 20 °C, ist.

Die „Kilo pro Volumen-Kosten" werden durch Korrektur des Preises/kg eines Zusatzes berechnet, wobei der Unterschied zwischen der spezifischen Dichte des Zusatzes und des Wassers berücksichtigt werden muss. Die spezifische Dichte von Wasser bei 4 °C ist 1000 kg/m^3. Die „Kilo-pro-Pfund-Kosten" sind das Gleiche wie die Kosten pro Gewicht. Die Gleichung lautet:

$$\text{„Kilo pro Volumen-Kosten"} = \text{Gewichtkosten} \times \text{spezifische Dichte}.$$

Lassen Sie uns nun zwei Weichmacher betrachten:

Neben den Preisfluktuationen kann es sein, dass die Preise von DINP pro kg gleich denjenigen von DOP sind.

Wenn wir die obige Annahme übernehmen, ergibt sich:

$$\text{DOP kg pro Volumenkosten} = 0{,}92\text{€} \times 0{,}986 = \mathbf{0,91€}$$

$$\text{DINP kg pro Volumenkosten} = 0{,}92\text{€} \times 0{,}972 = \mathbf{0{,}89€}.$$

Wir können nun sehen, was die Bedeutung der vorherigen Behauptung ist.

Wenn wir zum Kapitel „Weichmacher" zurückgehen, werden wir darüber hinaus sehen, dass ein Effizienzunterschied zwischen diesen beiden Weichmachern besteht. Lassen Sie uns nun tiefer in dieses Thema eindringen.

Nehmen wir nun eine einfache Rezeptur, welche die beiden Weichmacher beinhaltet, Teil für Teil und entsprechend berechnet, um eine Folie der Shore-Härte A von 70 zu erhalten. Um eine Shore-Härte A von 70 zu erreichen, brauchen wir 68,6 phr DOP und 73 phr DINP (Tab. 7.2, 7.3, 7.4, 7.5 und 7.6).

Rezeptur	1	2	3
PVC	100	100	100
DOP	68,6	68,6	
DINP			73
Stabilisator Sn (Zinn)	1	1	1
Gesamt kg	**169,6**	**169,6**	**174**

	Spez. Dichte SG 20/20 °C in g/cm^3	kg dividiert durch spez. Dichte		
PVC	1,4	71,43	71,43	71,43
DOP		0,986	69,57	
DINP (MOBR)		0,972	70,58	75,10
Stabilisator Sn	1	1	1	1
Gesamt kg pro Volumen		**142**	**143,01**	**147,53**

		€/kg		
PVC	0,87	87	87	87
DOP	0,92	63,11		
DINP		0,92	63,11	67,16
Stabilisator Sn	2,48	2,48	2,48	2,48
Gesamt Euro		**152,59**	**152,59**	**156,64**

€/kg (gesamt €/gesamt kg)	0,8997	0,9002	0,9002
€/kg pro vol (gesamt €/gesamt kg pro vol)	1,0745	1,0663	1,0617
Einsparung in % bei Rezeptur	1	0,76	1,19
Spezifische Dichte Plastisol (gesamt w/gesamt kg/vol)	1,194	1,186	1,179

Tab. 7.2 Spez. Dichte bei 20/20 °C von Phthalat-Weichmachern und Effizienz für Shore-Härte A 70 in g/cm³

DOP Di-2-Ethylhexylphtalat	0,986	1,00 S F
BBP	1,121	0,94
DIOP	0,985	1,00
DCP	0,973	
DINP (MOBR)	0,972	1,06
DINP (SLBR)	0,975	
C9 linear	0,969	
DIDP	0,968	1,10
C7/C9/C11 linear	0,973	0,99
N-C6/C8/C10 610P	0,976	0,99
N-C8/C10 810P	0,971	
DUP	0,954	1,14
Undecyl dodecyl	0,959	
DTDP	0,953	1,27

Tab. 7.3 Spez. Dichte 20/20 °C von Phthalat-Weichmachern in g/cm³

DOP Di-2-ethylhexylphtalat	0,986	1,00 SF
DOA	0,927	0,92
DIOA	0,928	0,94
DINA	0,98	
DIDA	0,918	
DOZ	0,918	
DOS	0,915	
TOTM	0,991	1,17
TIOTM	0,991	1,19
Epoxytallat-2-ethylhexyl	0,922	
Epoxidiertes Sojabohnenöl	0,996	
Epoxidiertes Leinsamenöl	1,034	
Acetyltributylcitrat	1,05	
TXIB	0,945	

Tab. 7.4 Spez. Dichte von flammhemmenden Weichmachern in g/cm³

DOP Di-2-Ethylhexylphtalat	0,986
TCP	1,168
Tri-2-Ethylhexylphosphat	0,926
2-Ethylhexyldiphenylphosphat	1,093
Isodecyldiphenylphosphat	1,072
Isopropylphenylphosphat CDP	1,18
Isopropylphenylphosphat TCP	1,17
Isopropylphenylphosphat TXP	1,16
Chloriertes Paraffin	
42%	1,16
45%	1,16
52%	1,25

Tab. 7.5 Spez. Dichte 20/20 °C von Stabilisatoren in g/cm³

Ca/Zn	0,90–1,00
Ba/Zn	1,00–1,25
Sn	1,00–1,15

Tab. 7.6 Spez. Dichte 20/20 °C von Pulvern in g/cm³

Füllstoffe	
$CaCO_3$	2,71
Ton (kalciniert)	2,68
Bariumsulfat	4,47
Glimmer	2,75
Flammhemmer	
Antimontrioxid	5,50
Antimonpentoxid	3,80
Aluminiumhydroxid	2,42
Magnesiumhydroxid	2,40
Hydriertes Magnesiumcarbonat	2,50
Zinkborat	2,50
Molybdänoxid	4,69
Kalziumoxid	3,30

Der „Substitutionsfaktor" (SF) zeigt die Effizienz des Weichmachers. Für eine Shore-Härte A 80 wird 52,9 phr DOP gebraucht. Die DINP vs. DOP SF ist daher 1,06.

$$SF = 1{,}06 \times 52{,}9\,\text{phr DOP} = \mathbf{56{,}2\,phr\,DINP}$$

8 Abgasreinigung in Beschichtungsbetrieben

Angesichts der ständig zunehmenden Belastung unserer Umwelt durch feste Abfälle und Schadstoffe in Abwässern und Abgasen und aufgrund der damit ständig größer werdenden Beeinträchtigung unserer Lebensbedingungen und Lebensqualität gewinnt der Umweltschutz immer mehr an Bedeutung. Große Konzentrationen von Luftverschmutzungen bewirken eine Schädigung von Menschen, Tieren, Pflanzen und Bauwerken. Aus diesem Grund entwickelt sich ein anderes, ein ökologisches Bewusstsein bei den zuständigen und verantwortlichen Personen aus Industrie und Politik, aber auch bei den einzelnen Bürgern (Troge 1985). Die Behandlung und Beseitigung von festen Abfällen, die Aufbereitung und Reinigung belasteter Abwässer vor ihrer Einleitung in stehende bzw. fließende Gewässer sowie die Entsorgung von Schadstoffen aus Abgasen vor ihrem Ausstoß in die umgebende Atmosphäre stößt mehr und mehr auf allgemeines Interesse. Aus diesem Grund spielt auch die Wärmerückgewinnung eine große Rolle. Sie sorgt dafür, dass entstandene Wärme und somit Energie in gewissem Maße wieder nutzbar gemacht werden kann. Dies ist nicht nur vom ökologischen Standpunkt aus wichtig, sondern auch aus ökonomischer Sicht. Wenn wiedergewonnene Energie weiterverwendet wird, führt dies zu einem geringeren Gesamtenergie- und Rohstoffverbrauch.

In einem Beschichtungsprozess fallen Lösemittelgemische an, die eine Abluftbeladung von 3–7 g/m^3 verursachen. Das Abluftreinigungsverfahren ist so auszulegen und in den Produktionsbetrieb einzubinden, dass zum einen die Forderungen der TA-Luft hinsichtlich der Emissionswerte erfüllt werden und zum anderen eine möglichst hohe Wirtschaftlichkeit erreicht wird. Um einen Einblick in die Möglichkeiten der Luftreinhaltung zu geben und um die richtige Auswahl treffen zu können, werden alle bekannten Verfahren, deren Aufbau, Wirkungsweisen und Einsatzgebiete zur Reinigung der Abluft vorgestellt.

A. Giessmann, *Substrat- und Textilbeschichtung*,
https://doi.org/10.1007/978-3-662-58494-1_8

8.1 Luftverunreinigung

Luft ist ein farbloses homogenes Gemisch von Gasen. Sie besteht zu ca. 99 % aus Sauerstoff und Stickstoff, das restliche Prozent teilen sich Edelgase, Wasserdampf und Kohlenstoffdioxid, s. Tab. 8.1 (Breuer 1987).

Wird die Zusammensetzung der Luft verändert – bedingt durch feste, flüssige oder gasförmige Substanzen –, sprechen wir von Luftverunreinigung. Diese Substanzen können sein:

- Rauch,
- Ruß,
- Gase und Dämpfe,
- Stäube und Aerosole,
- Geruchsstoffe.

Zu den Dämpfen kann auch Wasserdampf gehören (Henselder 1990). Rufen diese Substanzen Schadwirkungen in der Umgebung hervor, nennt man sie Schadstoffe.

Rauch

Unter Rauch versteht man schwebestoffhaltige Luft, deren klein verteilte feste oder flüssige Teilchen aus Verbrennungsvorgängen stammen. Die Größe der Teilchen, die dem Rauch eine überwiegend graue bis schwarze Farbe geben, schwankt zwischen 1,6 und 10 μm Durchmesser. Die Schwebeteilchen sind als Kondensationskerne an der Bildung von Nebel- und Wolkentröpfchen und der Entstehung des Niederschlags beteiligt.

Ruß

Ruß tritt in der Luft als fein verteilter, meist geflockter Kohlenstoff auf (Boisserée 1962).

Gase und Dämpfe

Luft und alle luftförmigen Stoffe gehören zu den Gasen. Ihre charakteristische Eigenschaft ist, dass sie keine bestimmte Gestalt besitzen und im Gegensatz zu festen und

Tab. 8.1 Zusammensetzung der Luft

Stoffe	Vol. (%)	Gew. (%)
Stickstoff N_2	75,52	78,08
Sauerstoff O_2	23,01	20,95
Argon Ar	1,29	0,93
Kohlenstoffdioxid CO_2	0,04	0,033
Neon Ne	0,0012	0,0018
Krypton Kr	0,0003	0,00011
Xenon Xe	0,00004	0,00009
Wasserstoff H	0,00005	0,000072

flüssigen Stoffen auch keinen bestimmten Raum einnehmen. Gase haben aber ein bestimmtes Gewicht. Man kann sie als Flüssigkeit ohne bestimmte Oberfläche mit sehr geringer Dichte bezeichnen.

Als Dämpfe werden alle gasförmigen Stoffe bezeichnet, die sich durch Temperaturerhöhung aus Flüssigkeiten gebildet haben und sich auch wieder in die flüssige Form zurückführen lassen. Dämpfe können ebenfalls aus festen Stoffen entstehen (Flury 1969). Viele feste Stoffe lassen sich durch Erhöhung der Temperatur, d. h. durch Wärmezufuhr, in Flüssigkeiten und danach in einen gasförmigen Zustand überführen. Bei Sublimation, d. h. beim direkten Übergang von der festen in die gasförmige Phase, verwandeln sich feste Substanzen auch ohne zu schmelzen in Dampf. Außerdem ist es möglich, Dämpfe im Gegensatz zu den Gasen, die unter gewöhnlichen Druck- und Temperaturbedingungen nicht als Flüssigkeiten bestehen können, in eine beständige flüssige Form zu bringen.

Die Gase und Dämpfe, die als Schadstoffe in einem Beschichtungsbetrieb anfallen, sind vor allem organische Lösungsmittelgemische. Diese bestehen vorwiegend aus Kohlenwasserstoffen (Benzin, Toluol, Benzol), Alkoholen, Estern, Ketonen und Amiden.

Stäube und Aerosole

Fein zerriebene Feststoffe, die in der Luft bzw. in Gasen schweben, werden als Stäube bezeichnet. Nach der VDI-Richtlinie 2119 unterscheidet man nach dem Durchmesser der Staubteilchen drei Arten:

- Grobstaub = Korndurchmesser >10 μm
- Feinstaub = Korndurchmesser 0,5–10 μm
- Feinststaub = Korndurchmesser <0,5 μm

Teilchen, die einen Korndurchmesser unter 1 μm aufweisen, werden auch als Aerosole bezeichnet. Je kleiner und leichter die Teilchen sind, desto länger ist ihre Verweilzeit in der Atmosphäre und desto stärker nehmen sie hier an chemischen und fotochemischen Prozessen teil. Bei entsprechender Wetterlage wird eine Luftverschmutzung durch Stäube und Aerosole als Dunstglocke sichtbar.

Die TA-Luft unterteilt Stäube hinsichtlich ihrer Korngröße in vier verschiedene Größenklassen, die den Ablagerungsgeschwindigkeiten entsprechen, s. Tab. 8.1.

Stäube und Aerosole entstehen hauptsächlich durch Verbrennungs- oder metallurgische Prozesse, die z. B. durch Heizung, Industrie, Verkehr und Vegetationsbrände verursacht werden. Aber auch durch chemische Reaktionen von gasförmigen Bestandteilen der Atmosphäre können Schwebeteilchen gebildet werden. Als Beispiele sind neben fotochemischen Umsetzungen die Bildung von NH_4Cl aus NH_3 und HCl oder die Oxidation von SO_2 zu SO_3 und die dadurch bedingte Bildung von H_2SO_4-Aerosolen zu nennen (Birkle 1979).

Nur der Vollständigkeit halber sei noch die letzte Möglichkeit der Bildung von Stäuben und Aerosolen genannt, welche von der industriellen Seite her gesehen bedeutungslos ist. Die Stoffe gelangen auch durch das Einbringen fein dispersen Materials in die

Tab. 8.2 Einteilung der Stäube nach der Ablagerungsgeschwindigkeit

Klasse	Korngröße in µm	Ablagerungsgeschwindigkeit in m/s
1	>5	0,01
2	5–10	0,01
3	10–50	0,05
4	<50	0,1

Atmosphäre, das durch Wind und Austauschvorgänge auf dem Festland oder auf dem Ozean entsteht (Tab. 8.2).

Geruchsstoffe

Die im Haushalt und in Gewerbebetrieben vorkommenden Gerüche beruhen in der Regel auf sehr verschiedenartig zusammengesetzten Mischungen von Geruchsstoffen. Ob sie als angenehm oder abstoßend empfunden werden, hängt vom individuellen Geschmack ab, der durch Gewöhnung, Sitten und Erziehung des Einzelnen geprägt ist.

Da Geruchsstoffe nur in sehr kleinen Konzentrationen – i.A. unter 1 g/m^3 – in den Abgasen vorkommen, liegen sie weit unter der messtechnischen Nachweisgrenze. Aus diesem Grund hat man mithilfe des Geruchseindrucks verschiedener Personen sog. Geruchsschwellenwerte definiert. Daneben gibt es noch die Geruchszahl, die immer als Vielfaches der Geruchsschwelle angegeben wird. Sie gibt das Verhältnis der Volumenströme bei Verdünnung einer Abgasprobe bis zur Geruchsschwelle an.

Geruchsstoffe zeichnen sich außerdem durch ein hohes Adsorptionsvermögen aus. Das zeigt sich z. B. an ihrem nachhaltigen Haften an Haut, Haaren, Geweben und Kleidungsstücken.

8.1.1 Emission

Emissionen (lat. „emittere" = aussenden) sind die von einer Anlage ausgehenden Luftverunreinigungen. Sie sind in den bei technischen Prozessen in die Luft entweichenden Gasen, den Abgasen oder in der aus einem Raum abgeführten Luft (Abluft) enthalten. Die Masse der emittierten Luftverunreinigungen bezogen auf die Zeit nennt man den Schadstoffmassenstrom, gemessen in kg/h. Er bezieht sich auf die Emission, die während einer Betriebsstunde bei ungünstigen Betriebsbedingungen und bei bestimmungsgemäßem Betrieb der Anlage auftritt. Wird die Masse der emittierten Stoffe jedoch auf das Volumen des Abgases bezogen, ist dies die Schadstoffkonzentration mit den Einheiten [g/m^3] oder [mg/m^3], wobei sich das Abgas im Normzustand befindet, d. h. bei 0 °C und 1013 mbar. Die Schadstoffkonzentration wird auch dahingehend unterteilt, ob der Feuchtegehalt des Wasserdampfes vor oder nach dem Normzustand abgezogen wird. Die Bundesimmissionsschutzverordnung bezieht sich auf das Abgasvolumen im Normzustand nach Abzug des Feuchtegehaltes (BImSchV 1988).

Eine dritte Möglichkeit Emissionen anzugeben, ist das Schadstoffmassenverhältnis, womit das Verhältnis zwischen der Masse der emittierten Stoffe zur Masse der erzeugten oder zu verarbeitenden Produkte in den Einheiten [kg/t] oder [g/t] gemeint ist.

8.1.2 Immission

Unter Immission (lat. „immittere" = hineinsenden) versteht man die durch die Emission verursachte Einwirkung auf Flora und Fauna in Bodenhöhe. Sie wird bei einer Höhe von 1–5 m gemessen.

Schädliche Umwelteinwirkungen können durch Immissionen hervorgerufen werden, wenn diese nach Art, Ausmaß oder Dauer geeignet sind, Gefahren, erhebliche Nachteile oder starke Belästigung für die Allgemeinheit oder die Nachbarschaft herbeizuführen (BImSchG 1990). Bei Immissionen wird ebenfalls die Schadstoffkonzentration angegeben, wobei sich die Masse der luftverunreinigenden Stoffe auf das Volumen der verunreinigten Luft bezieht. Die Einheiten sind [g/m^3] oder [mg/m^3].

Eine weitere Immission ist der Staubniederschlag als zeitbezogene Massenbedeckung, der in den Einheiten [g/(m^2 d)] oder [g/(m^3 d)] gemessen wird.

8.1.3 Grenzwerte

Um Menschen, Tiere und Pflanzen, den Boden, das Wasser sowie Sachgüter zu schützen, ist eine große Anzahl an Grenzwerten erarbeitet worden, die nicht überschritten werden dürfen. Es werden unterschieden:

- stoffbezogene Emissionsgrenzwerte,
- anlagenspezifische Emissionsgrenzwerte,
- maximale Arbeitsplatzkonzentrationen (MAK),
- maximale Immissionskonzentrationen (MIK).

Stoffbezogene Emissionsgrenzwerte

Diese Grenzwerte sind allgemein gültig für krebserzeugende, staubförmige, gas- bzw. dampfförmige anorganische sowie für organische und geruchsintensive Stoffe.

Anlagenspezifische Emissionsgrenzwerte

Diese Grenzwerte gelten für Feuerungs- und Prozessanlagen im Bergbau, in der Energieversorgung, der Stahlindustrie, der Baustoffindustrie, der Wärmeversorgung und der chemischen Industrie.

MAK

Diese Werte geben die maximale Schadstoffkonzentration an, die ein Arbeiter bei einer achtstündigen Einwirkungszeit aufnehmen kann, ohne seine Gesundheit zu schädigen. Maßgebend für die Festsetzung der MAK-Werte sind wissenschaftlich fundierte Kriterien des Gesundheitsamtes.

MIK

Die maximale Immissionskonzentration, welche den Menschen bzw. seine Umwelt vor Schäden schützen soll, unterteilt sich in MIKD für Dauereinwirkungen und MIKK für Kurzzeiteinwirkungen.

8.1.4 Luftreinhaltevorschriften

Zur Reinhaltung der Luft gibt es eine Reihe von Gesetzen bzw. Vorschriften von Bund und Ländern. Abb. 8.1 zeigt die wichtigsten von ihnen sowie ihre Beziehung untereinander.

Erläuterungen zu Abb. 8.1:

BImSchG Bundesimmissionsschutzgesetz
BImSchV Bundesimmissionsschutzverordnung
TA-Luft Technische Anleitung zur Reinhaltung der Luft
TA-Lärm Technische Anleitung zum Schutz gegen Lärm
VwV Allgemeine Verwaltungsvorschriften

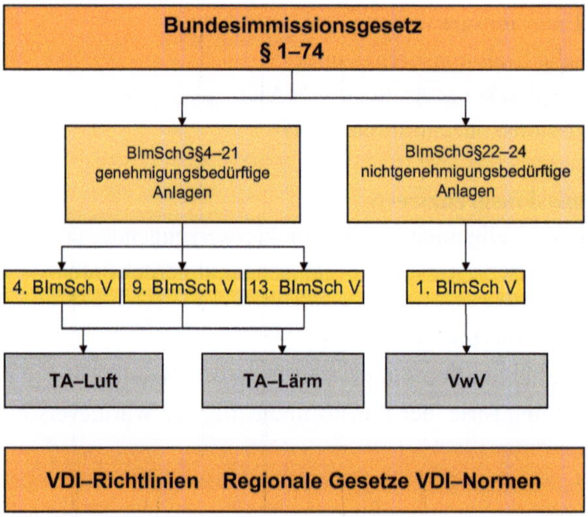

Abb. 8.1 Luftreinhaltevorschriften

8.2 Abgasreinigungsverfahren

8.2.1 Verfahren bei festen und flüssigen Schadstoffen

Die Verfahren, die bei Stäuben und Aerosolen angewendet werden, richten sich unter anderem nach deren Partikelgröße. So lassen sich die Verfahren allgemein in Massenkraftabscheider für Großstäube sowie Filter und Nasswäscher verschiedener Bauarten für Feinstäube einteilen. Alle Entstaubungsverfahren beruhen auf dem Prinzip, dass durch Einwirkung von äußeren Kräften eine Relativbewegung der dispergierten Partikel gegenüber dem Trägergas hervorgerufen wird und diese sich voneinander trennen. Auf diese Weise kommen die Partikel in Zonen, wo sie von der Gasströmung nicht mehr erfasst werden können.

Es gibt vier Hauptverfahren zur Entstaubung des Abgases bzw. der Abluft:

- Massenkraftabscheider,
- filternde Abscheider,
- elektrische Abscheider,
- nassarbeitende Abscheider.

8.2.1.1 Massenkraftabscheider

Verfahren, in denen durch massenproportionale Feldkräfte wie die Schwerkraft, die Trägheitskraft und die Zentrifugalkraft die Trennung der Teilchen vom Gasstrom vorgenommen wird, werden als Massenkraftabscheider bezeichnet.

Wirkungsweise

Zu den Massenkraftabscheidern gehören der Schwerkraftabscheider, der die einfachste und billigste Form eines Abscheiders darstellt, und der Fliehkraftabscheider.

Der Schwerkraftabscheider bewirkt durch eine Querschnittserweiterung eine Verminderung der Strömungsgeschwindigkeit. Dadurch können die großen Staubpartikel wegen ihrer höheren Sinkgeschwindigkeit abgeschieden werden.

Eine bessere Ausscheideleistung, die über den Gesamtabscheidegrad T_{ges} beurteilt wird, erzielt man mit Fliehkraftabscheidern.

$$T_{\text{ges}} = mG/mA$$

$mG =$ abgeschiedene Teilchenmenge
$mA =$ zugeführte Teilchenmenge

oder

$$T_{\text{ges}} = 1 - (CF/CA)$$

$CF =$ Reinigungsstaubgehalt
$CA =$ Rohstaubgehalt.

Bei den Fliehkraftabscheidern wird die verunreinigte Luft so in eine Drehbewegung versetzt, dass sich die Staubpartikel durch die auftretenden Zentrifugalkräfte radial nach außen bewegen.

Aufbau

Die Apparaturen der beiden Abscheider bestehen aus einem zylindrischen Behälter mit einem konischen Unterteil. Diese Zyklonen, wie die Apparate genannt werden, gibt es in verschiedenen Bauarten (Abb. 8.2).

Das Tauchrohr ist das wichtigste Bauteil. Sein Durchmesser bestimmt den Druckverlust und damit die mögliche Abscheideleistung. Die Abmessungen der übrigen Bauteile werden dem Tauchrohr angepasst, d. h. der Zyklon wird um das Tauchrohr herum konstruiert (Kranich 1985).

8.2.1.2 Filternde Abscheider

Die filternden Abscheider werden eingesetzt, wenn unabhängig von der Feinheit des Staubes eine hochwirksame Abscheidung erzielt werden soll.

Das Grundprinzip bei diesem Verfahren ist, dass das zu reinigende Gas durch ein poröses Medium, den Filter, geleitet wird. Der Filter kann entweder aus Faserschichten (Faserschichtfilter) oder aus körnigen Schichten (Schüttschichtfilter) bestehen.

Faserschichtfilter lassen sich wiederum unterteilen in Speicher- und Abreinigungsfilter. Das Haupteinsatzgebiet der Speicherfilter ist in der Klima- und Belüftungstechnik zu finden, wo nur niedrige Staubgehalte vorliegen. Demgegenüber finden die Abreinigungsfilter vorwiegend bei hohen Rohgasstaubbeladungen ihre Anwendung. Da die Abscheideleistung

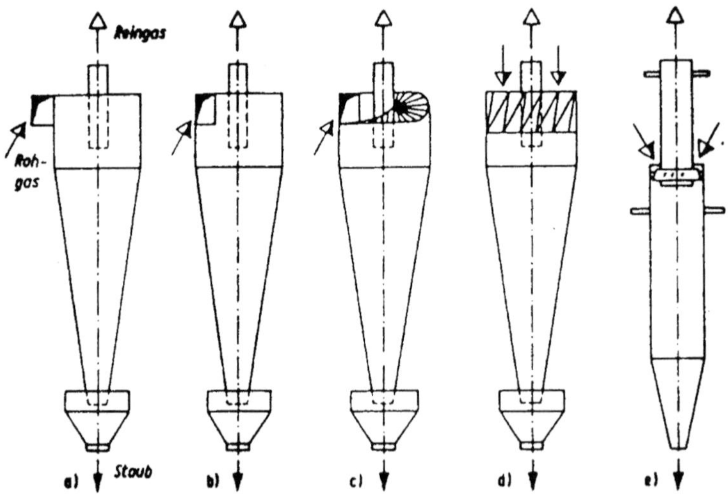

Abb. 8.2 Bauarten von Massenkraftabscheidern. **a**, **b**, **c** Tangentialzyklone; **d** Axialzyklone; **e** Multizyklone. (Quelle: Heinrich 1987)

der Faserschichtfilter bei Weitem besser ist als die von Schüttschichtfiltern, werden die letztgenannten als reine Staubabscheider bei sonst nicht zu bewältigendem Gas- und Staubgehalt eingesetzt. Nicht zuletzt eignen sie sich hervorragend bei harten schleißenden Stäuben, bei hohen Temperaturen und chemisch aggressiven Abgasen.

8.2.1.3 Elektrische Abscheider

Bei diesem Verfahren werden die festen oder flüssigen Teilchen eines Gases durch Zuhilfenahme elektrischer Felder abgesondert. Der Vorgang in einem elektrischen Abscheider lässt sich in vier aufeinanderfolgende Einzelschritte unterteilen (Vansteenkiste 1978):

1. Aufladung der Teilchen,
2. Transport der aufgeladenen Teilchen zu einer Niederschlagselektrode,
3. Anhaften und die Bildung einer Schicht an dieser Elektrode sowie
4. Entfernung der Staubschicht von der Niederschlagselektrode.

Das Gleichspannungsfeld, das durch eine Sprühelektrode (als Kathode) und eine Niederschlagselektrode gebildet wird, lädt die Teilchen bei einer Spannung von 20–100 kV auf. Der Transport erfolgt durch die Wanderung der aufgeladenen Staubpartikel zur Niederschlagselektrode, an der sie ihre gewonnene Ladung wieder abgeben. Durch die dort herrschenden Haftkräfte (elektrostatische Anziehung und Van-der-Waalsche Kräfte) entsteht eine Staubschicht, die sich durch den Staudruck des elektrischen Windes immer mehr komprimiert. Diese Schicht muss in regelmäßigen Abständen entfernt werden, da sonst keine einwandfreie Haftung gewährleistet ist.

Elektrische Abscheider werden nach der geometrischen Form der Niederschlagselektrode unterteilt.

Rohrelektrofilter

Ein Rohrelektrofilter besteht aus mehreren Rohren, die parallel angeordnet sind und entweder vertikal von oben nach unten oder von unten nach oben von Gasen durchströmt werden. Wegen der rotationssymmetrischen Anordnung von Sprühdraht und Niederschlagselektrode ist das elektrische Feld homogen und die Staubablagerung gleichmäßig verteilt (Abb. 8.3).

Plattenelektrofilter

Im Gegensatz zum Rohrelektrofilter arbeitet dieser Filter mit senkrecht angeordneten Platten. Der Zwischenraum zwischen den Platten wird von den Gasen in vorwiegend horizontaler Richtung in einer Geschwindigkeit von 1–4 m/s durchströmt (Abb. 8.4).

8.2.1.4 Nassarbeitende Abscheider

Nassarbeitende Abscheider – auch Nasswäscher genannt – bringen die im Gasstrom dispergierten Partikel mit einer sog. Waschflüssigkeit in Kontakt. Durch diesen Kontakt binden

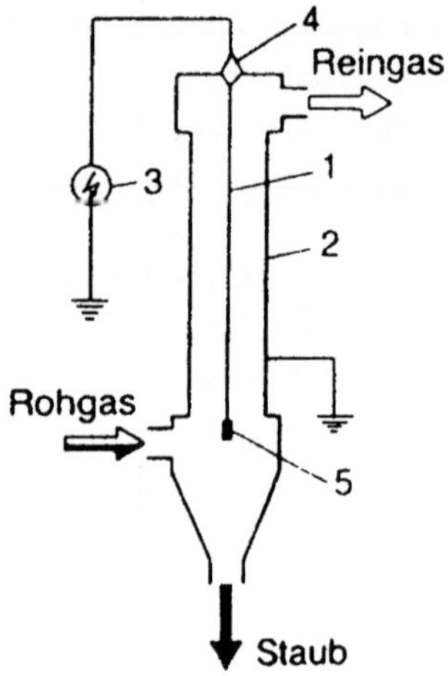

Abb. 8.3 Rohrelektrofilter. 1 Sprühdraht, 2 Niederschlagselektrode, 3 Hochspannungsaggregat, 4 Isolator, 5 Belastungsgewicht. (Quelle: Fritz 1990)

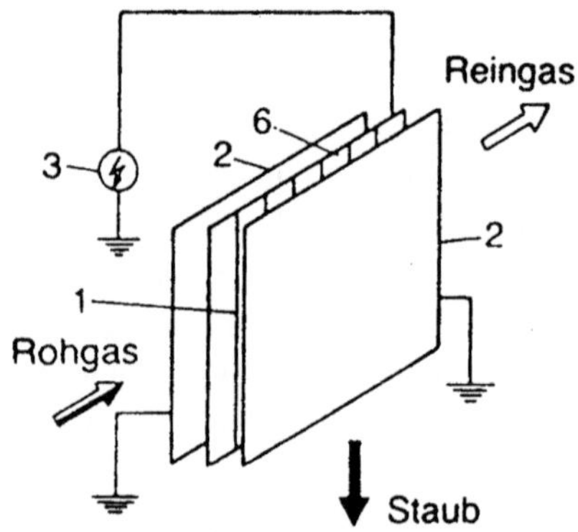

Abb. 8.4 Plattenelektrofilter. 1 Sprühdraht, 2 Niederschlagselektrode, 3 Hochspannungsaggregat, 6 Sprührahmen. (Quelle: Fritz 1990)

sie sich zu einem Staubflüssigkeitsgemisch und können somit vom Gas abgetrennt werden. Nasswäscher werden vor allem bei klebrigen oder leicht entzündlichen Stäuben benötigt.

8.2.1.5 Auswahlkriterien für Staubabscheider

Welcher Abscheider bei welcher Art der Anforderung verwendet werden sollte, hängt von drei Kriterien ab:

- Leistungsfähigkeit,
- Gesamtkosten,
- Betriebssicherheit.

Neben diesen zentralen Gesichtspunkten sind auch andere Kriterien wie Platzbedarf, bisherige Erfahrungen usw. zu beachten. Die Leistungsfähigkeit der beschriebenen Abscheider ist sehr unterschiedlich. Die Art der abzuscheidenden Stäube entscheidet, welches Gerät am besten geeignet ist. So gewährleisten z. B. nassarbeitende Abscheider für stark klebrige pyrophore oder leicht entzündliche Stäube die höchstmögliche Abscheideleistung. Unter wirtschaftlichem Aspekt betrachtet sind aber die Gesamtkosten ausschlaggebend. Letztere setzen sich aus den jährlichen Investitionskosten, Energie-, Wartungs-, Instandhaltungs- und Reparaturkosten zusammen. Natürlich sollten diese so niedrig wie möglich gehalten werden (Minimalprinzip). Die Betriebssicherheit als drittes Kriterium gibt Auskunft über die Funktionssicherheit bzw. über die Nutzdauer der Apparate und deren Bauteile. Diese werden vor allen Dingen durch Verschleiß (mechanischer Abrieb) und Korrosion in Mitleidenschaft gezogen.

8.2.2 Verfahren bei dampf- und gasförmigen Schadstoffen

Für die Entfernung dampf- bzw. gasförmiger Substanzen (hauptsächlich Lösungsmittel) stehen fünf Verfahren zur Wahl, die sich in den letzten Jahren bewährt haben:

- Kondensationsverfahren,
- Absorptionsverfahren,
- Adsorptionsverfahren,
- biologische Sorptionsverfahren,
- Verbrennungsverfahren.

8.2.2.1 Kondensationsverfahren

Bei diesem Verfahren geschieht das Kondensieren des Dampfes, wodurch eine Abscheidung der zu vernichtenden Stoffe erreicht wird, durch Abkühlen eines Dampf-/Luftgemisches unter dem Taupunkt. Die Kondensation kann auf zwei Arten erfolgen. Beim indirekten Kühlen wird ein mit Dämpfen beladener Abgasstrom an einer Kühlfläche vorbeigeführt. Beim direkten Kühlen dagegen wird der mit Dämpfen beladene Abgasstrom direkt mit dem Kühlmittel in Kontakt gebracht. Die Konzentration des Dampfes, z. B. eines Lösungsmittels, ist dabei in einem Abgas umso niedriger, je tiefer die Temperatur und je höher der Gesamtdruck des Dampf-/Luftgemisches ist. Der Einsatzbereich dieses Verfahrens ist auf hohe Lösungsmittelkonzentrationen bei kleinen Trägergasmengen begrenzt. Es kann passieren, dass eine Feinreinigung durch Adsorption oder eine anschließende Verbrennung nachgeschaltet werden muss.

8.2.2.2 Absorptionsverfahren

Beim thermischen Trennverfahren der Absorption werden dampf- bzw. gasförmige Stoffe von einer Flüssigkeit aufgenommen. Dies bedeutet, dass die Konzentration organischer Verbindungen im Abgas durch Waschen mit einer Flüssigkeit vermindert werden kann.

Da die Gasaufnahme physikalisch oder chemisch erfolgen kann, unterteilt man das Verfahren in physikalische bzw. chemische Absorption. Bei der chemischen Absorption geht das Absorpt (aufgenommene Gaskomponente) eine lockere chemische Bindung mit dem

Absorbens (erforderliches Waschmittel) ein. Dieses wird durch die Aufnahme der Luftverunreinigungen so verbraucht, dass es in den meisten Fällen nicht wieder regeneriert werden kann. Das ist dagegen bei der physikalischen Absorption durch Destillation bzw. durch Ausblasen mit Wasserdampf durchaus möglich. Die Regenerierung des beladenen Wasch- oder Lösungsmittels, die sog. Desorption, ist für die wirtschaftlichen Überlegungen bei der Anschaffung einer solchen Apparatur von entscheidender Bedeutung. Leider sind dazu oft Kombinationen mehrerer thermischer Grundoperationen nötig.

Aufbau

Im Absorber (Abb. 8.5) wird das hereinströmende Rohgas mithilfe des Absorbens von seinen Verunreinigungen bis zur erforderlichen bzw. gewünschten Reinheit befreit. Anschließend gelangt das mit Schadstoffen beladene Waschmittel in den Desorber, wo es regeneriert und nach Abkühlung auf die erforderliche Absorptionstemperatur dem Absorber wieder zugeführt wird. Von entscheidender Bedeutung ist die Höhe des Absorbers; er muss umso höher sein, je höher der geforderte Absorptionsgrad (Auswaschgrad) und je geringer das Verhältnis von Waschmitteldurchsatz zum Gasdurchsatz ist.

Anwendungsgebiete

Die physikalische Absorption wird bei Stoffen angewendet, die einen niedrigeren Siedepunkt haben als Wasser:

- Methanol,
- Ethanol,

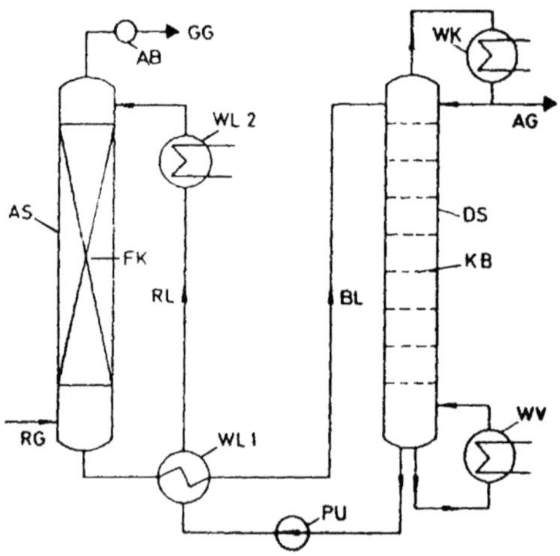

Abb. 8.5 Absorptionsanlage mit Desorber. AS – Absorber; DS – Desorber; AB – Flüssigkeitsabscheider; WL1 – Vorkühler für das regenerierte Lösungsmittel; WL2 – Nachkühler für das regenerierte Lösungsmittel; WK – Kondensator; WV – Aufkocher; PU – Pumpe; GG – gereinigtes Gas; BL – beladenes Lösungsmittel; RL – regeneriertes Lösungsmittel; RG – Rohgas; AG – Abgas; FK – Füllkörperschüttung; KB – Bodenkolonne. (Quelle: Sattler 1982)

- Aceton,
- Formaldehyd,
- Acetaldehyd,
- Ameisensäure.

Auch bei einigen Stoffen mit einem höheren Siedepunkt als Wasser kommt sie zur Anwendung:

- Dimethylformamid,
- Glykole,
- Essigsäure.

Bei der chemischen Absorption unterscheidet man zwischen dem sauren und dem basischen Charakter der zu vernichtenden Stoffe. Sauer reagierende Verunreiniger sind:

- Phenole,
- Kresole,
- Merkapatane.

Basisch reagierende Abgasverunreinigungen werden hervorgerufen durch:

- Amine,
- Pyridin,
- Schwefelverbindungen.

8.2.2.3 Adsorptionsverfahren

Die Adsorption ist ebenfalls ein thermisches Trennverfahren. Hierbei werden bestimmte Komponenten aus dem zu reinigenden Abgas von der Oberfläche grenzflächenaktiver Feststoffe aufgenommen. Nach der Art der vorliegenden Bindung unterscheidet man – ähnlich wie bei der Absorption – die physikalische (Physisorption) und die chemische Adsorption (Chemisorption). Oft liegen sogar beide Bindungsarten vor.

Bei der Physisorption handelt es sich um eine leichte, durch Van-der-Waalsche Kräfte hervorgerufene Bindung zwischen der Feststoffoberfläche und den dort angelagerten Molekülen. Sie kann schnell wieder gelöst werden.

Bei der Chemisorption liegt eine chemische Bindung vor, deren Bindungskräfte deutlich stärker sind. Um sie wieder aufzuheben ist ein hoher Trennaufwand erforderlich.

Eine Regenerierung (Desorption) ist bei der Adsorption immer möglich. Auf diese Weise werden die adsorbierten Stoffe von der Feststoffoberfläche entfernt und das Adsorptionsmittel wird wieder nutzbar. Abhängig vom Stoffsystem und den gewählten Arbeitsbedingungen unterscheidet man zwei Desorptionsmethoden (Menig 1977).

Temperaturwechselverfahren
Bei dieser Desorptionsart wird der mit Verunreinigungen beladene Feststoff mittels Heißdampf bzw. Heißgas regeneriert.

Druckwechselverfahren
Der nach der Beladephase vorliegende erhöhte Druck im Adsorber lässt sich mithilfe des Druckwechselverfahrens senken. Das Adsorpt (aufgenommene Gaskomponente) wird freigesetzt und mit einem Spülgas abgeführt.

Als Adsorbens (erforderlicher Feststoff) kommen – je nach Art der zu entsorgenden Verunreinigungen – meistens Aktivkohle und Molekularsiebe zum Einsatz. Daneben werden auch Aluminiumoxid, Bauxit, Bleicherde, Magnesiumoxid und Kieselsäuregel benutzt. In der Regel werden nur körnige Adsorbentien mit einem Durchmesser von 1–8 mm verwendet. Die Poren dieser Stoffe liegen bei großer spezifischer Oberfläche im Bereich unter 8–10 cm.

Wirkungsweise
Die mit Schadstoffen behafteten Abgase werden mit einem Gebläse durch einen mit Adsorbens gefüllten Adsorber gedrückt. Hier werden die Schadstoffe vom Abgas durch die Feststoffoberfläche getrennt und das gereinigte Abgas verlässt den Adsorber. Fällt die zu reinigende Abluft jedoch ständig an, wird mindestens noch eine zweite Adsorbereinheit benötigt. Ist der erste Adsorber gesättigt, kann auf den zweiten umgeschaltet werden, während der erste in der Zwischenzeit regeneriert wird. Eine derartige Verkettung von zwei oder – je nach Abgasmenge – mehreren Adsorbereinheiten erlaubt einen kontinuierlichen Arbeitsverlauf.

Aufbau
In Abb. 8.6 ist vor die eigentlichen Adsorbereinheiten noch eine Kühleinheit geschaltet worden. Diese wird benötigt, wenn eine sehr sauerstoffhaltige Abluft vorliegt, da dann die Ablufttemperatur unter den eigentlichen Kohlenstoffflammpunkt gebracht werden muss.

8.2.2.4 Biologische Sorptionsverfahren

Biologische Skorptionsverfahren verwandeln mithilfe von Mikroorganismen die in den Abgasen enthaltenen Schadstoffe in unbedenkliche Produkte. Bei den Schadstoffen, die hiermit unschädlich gemacht werden können, handelt es sich vorwiegend um geruchsintensive Stoffe.

Der Vorgang selbst verläuft immer mithilfe von O_2, wie die Reaktionsgleichung zeigt:

$$\text{Schadstoff} + O_2 \overset{\text{Mikroorganismen}}{\Longrightarrow} CO_2 + H_2O + \text{Zellsubstanz}.$$

Die biologische Sorption wird entweder mit einem Biowäscher oder einem Biofilter durchgeführt.

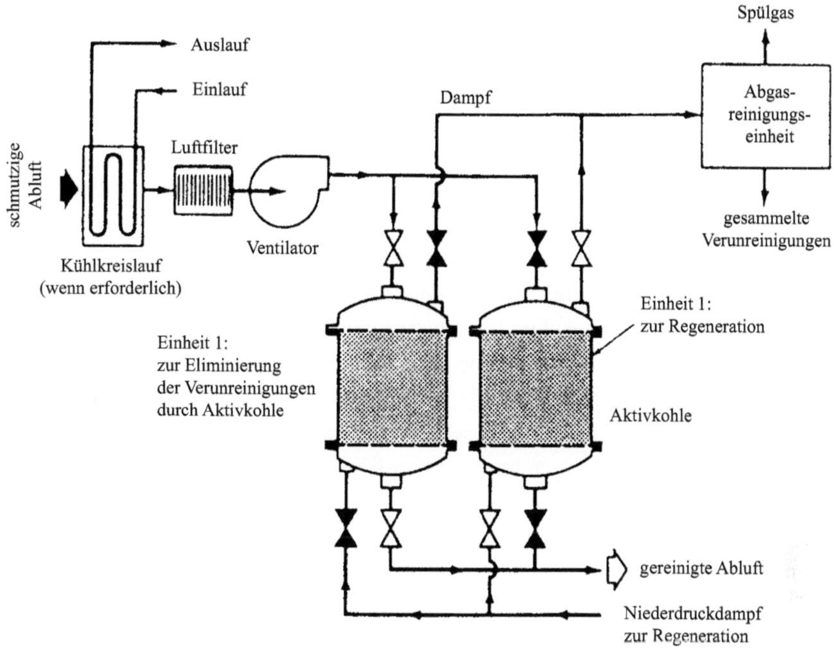

Abb. 8.6 Adsorber mit Kühleinheit. (Quelle: Peavy 1985)

Biowäscher

Der biologische Abbau der Schadstoffe bei Biowäschern kann auf zwei Arten erfolgen:

- Schlammbelebungsverfahren und
- Tropfkörperverfahren.

Beim Schlammbelebungsverfahren bilden die frei im Wasser schwebenden Aeroben, das sind sauerstoffverbrauchende Mikroorganismen, mit den ungelösten Schmutzstoffen den sog. Belebtschlamm. Die Abbaugeschwindigkeit dieser Kleinstlebewesen ist sehr niedrig, deshalb müssen große Belebungsbecken angelegt werden, um die Waschflüssigkeit zu regenerieren.

Tropfkörperanlagen hingegen bestehen aus Einbauten mit großer spezifischer Oberfläche, auf denen die Mikroorganismen fest angesiedelt sind. Man spricht auch von einem biologischen Rasen. Das über den Rasen fließende Waschwasser versorgt die Kleinstlebewesen mit dem nötigen Sauerstoff und Substraten. Die Waschflüssigkeit, in der die Mikroorganismen leben, muss ebenfalls Stickstoff, Phosphor und Spurenelemente enthalten, um die Zellsubstanz der Mikroorganismen aufbauen zu können (VDI-Richtlinie 1985). Dabei sollte die Konzentration der Mikroorganismen nicht mehr als 10 g Trockensubstanz pro Liter betragen.

Biofilter

Beim Biofilter sind die Mikroorganismen ähnlich wie bei den Tropfkörperanlagen des Biowäschers fest auf einem Träger angesiedelt. Als Träger kommen vorwiegend Kompost, Torf, Erde oder eine Mischung aus diesen infrage. Die Oberfläche der Trägermaterialien sorbiert die luftverunreinigenden Stoffe aus den Abgasen, welche dann von Kleinstlebewesen abgebaut werden. Hierbei ist zu beachten, dass der Bestand und die Aktivität dieser Mikroorganismen nur dann optimal gewährleistet ist, wenn in der Schicht bestimmte Milieubedingungen eingehalten werden (VDI-Richtlinie 1984). Dazu gehören ausreichend Feuchtigkeit, der entsprechende pH-Wert und Sauerstoffgehalt sowie die richtige Temperatur. Da die Mikroorganismen von Änderungen ihres Milieus bzw. ihrer Lebensbedingungen stark beeinflusst werden, ist bei einer Veränderung mit langen Anpassungszeiten zu rechnen.

In der Bundesrepublik Deutschland sind zurzeit ungefähr 100 Biofilter im Einsatz. Sie sind hauptsächlich in Kläranlagen und Tierkörperverwertungsanstalten zu finden.

8.2.2.5 Verbrennungsverfahren

Verbrennungsverfahren verwandeln die brennbaren Stoffe, die für die Luftverunreinigung verantwortlich sind, durch Oxidation in ungiftige Bestandteile. Sie werden auch als Oxidationsverfahren bezeichnet. Der Vorgang der Oxidation ist die Umsetzung von Brennstoffen zu CO_2 und H_2O unter Zuführung von Sauerstoff. Die allgemeine Verbrennungsformel lautet:

$$C_mH_n + \left(m + \frac{n}{4}\right)O_2 \Rightarrow mCO_2 + \frac{n}{2}H_2O.$$

Für eine Verbrennung müssen folgende Bedingungen erfüllt sein:

1. Eine Mindestsauerstoffmenge muss zur Verfügung stehen; meistens wird sie aus der vorhandenen Luft genommen.
2. Die erforderliche Zündtemperatur muss erreicht werden, um die Verbrennung in Gang setzen zu können.
3. Bei Gasen und Dämpfen muss das Mischungsverhältnis mit dem Sauerstoff innerhalb der oberen und unteren Zündgrenze liegen, damit die bei der Reaktion freiwerdende Wärme ausreicht, um eine Mindesttemperatur aufrechtzuerhalten.
4. Der Brennstoff muss mit der Verbrennungsluft gut durchmischt werden, damit eine vollständige Verbrennung zustande kommen kann.

Die unter 1. genannte erforderliche Mindestsauerstoffmenge lässt sich folgendermaßen errechnen:

$$O_{min} = \left(\frac{c}{12} + \frac{h}{4} + \frac{s}{32} - \frac{o}{32}\right)$$

c: mol Kohlenstoff
s: mol Schwefel
h: mol Wasserstoff
o: mol Sauerstoff.

Weil der Sauerstoff zusammen mit der Luft in den Verbrennungsraum kommt, ergibt sich ein Mindestluftbedarf von:

$$L_{min} = \frac{O_{min}}{0{,}21}.$$

Da in der Praxis nicht jedes Sauerstoffmolekül einen Partner in der gegebenen Verweildauer findet, läuft die Verbrennung bei Anwesenheit von O_{min} nicht vollständig ab. Daher muss für eine vollständige Verbrennung mehr Sauerstoff als die Mindestsauerstoffmenge zu Verfügung gestellt werden. Die Verbrennung selbst kann rein thermisch oder auch katalytisch erfolgen. Deshalb unterscheidet man:

- katalytische Abluftreinigung (KAR) und
- thermische Abluftreinigung (TAR).

In der älteren Literatur findet man für diese Oxidationsverfahren noch die Bezeichnungen „katalytische Nachverbrennung" (KNV) und „thermische Nachverbrennung" (TNV).

Katalytische Abluftreinigung
Bei der katalytischen Nachverbrennung wird die Oxidation mithilfe von Katalysatoren durchgeführt. Der Katalysator hat die Aufgabe, die Reaktionsgeschwindigkeit positiv zu beeinflussen, d. h. dafür zu sorgen, dass die Geschwindigkeit erhöht bzw. die Reaktion in eine bestimmte Richtung gelenkt wird, ohne selbst an ihr teilzunehmen. Der Ablauf der Verbrennung sieht folgendermaßen aus:

Das zu reinigende Abgas wird in einer Brennkammer entweder durch Gas- oder durch Ölfeuerung auf die erforderliche Zündtemperatur von 150–300 °C gebracht. Von dort gelangt es zum Katalysator, wo es bei einer Temperatur von 300–500 °C an dessen Oberfläche flammenlos verbrennt. Die gereinigte Abluft gibt bei dem gezeigten Aufbau einer katalytischen Nachverbrennungsanlage einen Teil ihres Energiegehaltes in einem nachgeschalteten Wärmetauscher an das noch ungereinigte Abgas ab (Abb. 8.7).

Die Effizienz dieser Verbrennungsart hängt im Wesentlichen von der Temperatur und der Verweilzeit der Abgase im Brennraum, von der Art und der Konzentration der zu beseitigenden Schadstoffe sowie von der Auswahl des Katalysators ab. Die wesentlichen

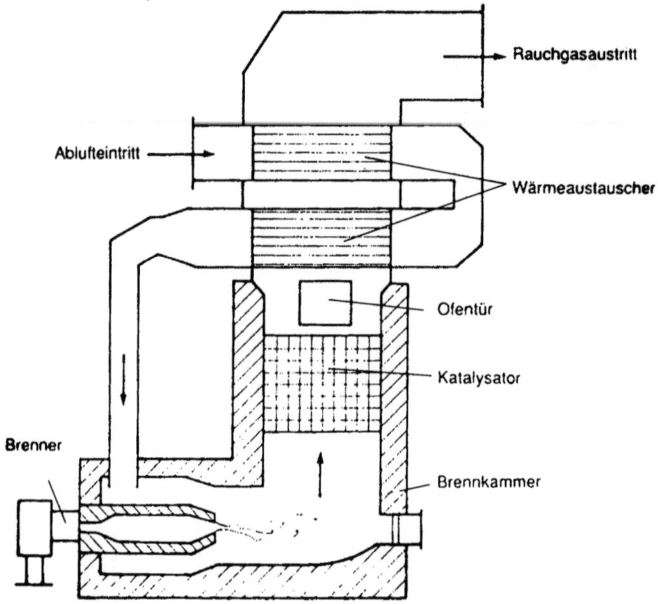

Abb. 8.7 KAR-Anlage mit Wärmetauscher. (Quelle: Baumbach 1990)

Verfahrensparameter wie Temperatur und Verweilzeit müssen dabei experimentell bestimmt werden.

Die Katalysatoren bestehen meistens aus Edelmetallen (Platin, Palladium) auf metallischen Trägern oder Metalloxiden auf keramischen Trägern (Aluminiumoxid), da nur hochporöse Stoffe mit einer großen spezifischen Oberfläche von einigen $100\,m^2/g$ Katalysatormasse infrage kommen.

Anforderungen an Katalysatoren

Um eine wirtschaftliche, betriebssichere und auch umweltfreundliche Nachverbrennung zu gewährleisten, gibt es eine Reihe von Anforderungen, die an die Katalysatoren gestellt werden:

- hohe Selektivität (Beschleunigung der Reaktionen),
- Hitzebeständigkeit,
- günstiges Verhältnis zwischen Oberfläche und Volumen,
- chemische Beständigkeit,
- ausreichende Druck- und Abriebfestigkeit,
- geringer Druckverlust,
- hohe Standzeit,
- geringer Preis,
- kostengünstige Wiederaufbereitung.

Die genannten Anforderungen und Merkmale dienen auch als Gesichtspunkte zur Auswahl des geeigneten Katalysators.

Thermische Abluftreinigung
Wie bei der katalytischen ist auch bei der thermischen Abluftreinigung eine gute Vermischung von Brennstoff und Luft sowie eine ausreichende Luftmenge und Verweilzeit erforderlich. Die Reaktionstemperaturen liegen bei TAR-Anlagen mit 700–1000 °C jedoch wesentlich höher als bei KAR-Anlagen.

Wirkungsweise
Bei der thermischen Abluftreinigung werden organische Verbindungen, da sie thermisch instabil sind, bei den o. g. Temperaturen gecrackt. Dies bedeutet, dass sie auseinandergebrochen werden. Die nun frei werdenden Kohlenstoffe und Wasserstoffe oxidieren in Anwesenheit von Sauerstoff vornehmlich zu CO_2 und H_2O. Da oft nicht die notwendigen Konzentrationen vorliegen, um so viel Energie freizusetzen, dass die Oxidation ohne Zufuhr von Fremdenergien aufrechterhalten werden kann, muss der Anlage i. d. R. Energie in Form von Zusatzbrennstoffen zugeführt werden. Zusatzbrennstoffe können Heizöl, Gas, Abfalllösemittel oder Altöle sein. Der Mengenstrom dieser Zusatzbrennstoffe wird automatisch geregelt und ist abhängig von der Mengenzufuhr der Schadstoffe und deren Heizwerten sowie vom Luftüberschuss und sonstigen Stoffen, die in die Brennkammer eingebracht werden. Wenn viel Zusatzbrennstoff zugeführt werden muss, kann allein schon aus wirtschaftlichen Gründen auf eine weitergehende Abwärmenutzung nicht verzichtet werden. Hierzu stehen drei Möglichkeiten zur Wahl:

1. Vorwärmen der Verbrennungsluft,
2. Aufheizen der zu reinigenden Abgase und
3. Aufheizen von Wärmeträgern.

Der Ablauf in einer TAR-Anlage sieht folgendermaßen aus:

Das Rohgas wird, wie in Abb. 8.8 gezeigt, durch einen Regenerativ-Wärmetauscher geschickt und darin indirekt durch das heiße Reingas vorgewärmt. In der Brennkammer findet die Oxidation der organischen Verbindungen (z. B. Lösungsmittelgemische) bei Temperaturen von ca. 800 °C statt. Dabei fährt der Brenner möglichst mit geringem Luftüberschuss, um eine weitere Vergrößerung der Gasmengen zu vermeiden.

Die wichtigsten Komponenten einer TAR-Anlage sind der Brenner, die Brennkammer, in der die Verbrennung der Schadstoffe abläuft, sowie der Wärmetauscher, der durch indirekte Vorwärmung des Abgases zu einem besseren Wirkungsgrad der Anlage führt. Das Verfahrensfließbild in Abb. 8.9 soll den typischen und vereinfachten Aufbau einer thermischen Abluftreinigungsanlage verdeutlichen.

Die Aufgaben des Brenners bestehen darin, Brennstoff und Verbrennungsluft zu vermischen, zu erwärmen, zu zünden und anschließend zu verbrennen. Die aus dem Brenner strömenden heißen Flammgase dienen dabei zur möglichst gleichmäßigen Zündung

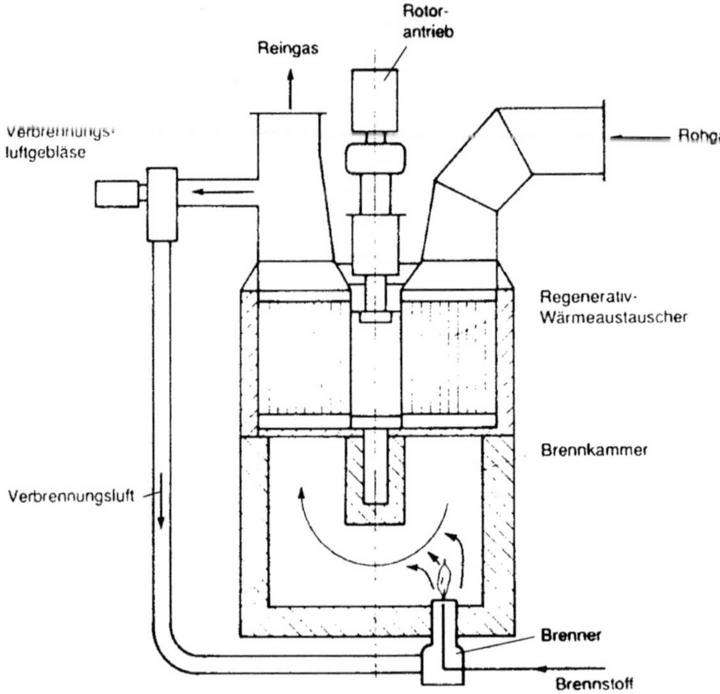

Abb. 8.8 TAR-Anlage mit Wärmetauscher. (Quelle: Baumbach 1990)

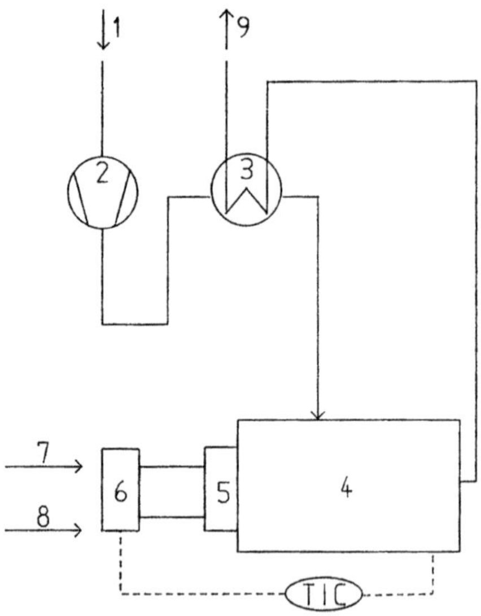

Abb. 8.9 Verfahrensfließbild einer TAR-Anlage. 1 Rohgas; 2 Abgasgebläse; 3 Wärmetauscher; 4 Brennkammer; 5 Brenner; 6 Brennersteuerung; 7 Zusatzbrennstoff; 8 Verbrennungsluft; 9 Reingas; TIC Temperaturkontrolle

des zu reinigenden Abgases, damit die Oxidation der Schadstoffe ablaufen kann. Da sich die Bauart eines Brenners sehr entscheidend auf die NO_x-Entstehung auswirkt – je größer der vorhandene Luftüberschuss ist, desto mehr Stickstoffatome können sich zu NO verbinden –, sollte der Brenner möglichst nahstöchiometrisch betrieben werden. Durch die nahstöchiometrische Verbrennung wird den freien N-Atomen die Möglichkeit genommen, Sauerstoff als Reaktionspartner zu finden.

Die Brennkammer hat die Aufgabe, den Reaktionspartnern die benötigte Verweilzeit für den Reaktionsablauf bei genügend hohen Temperaturen zur Verfügung zu stellen. Die Verweilzeit bei den thermischen Abluftreinigungsanlagen liegt zwischen 0,3 und 1,0 s. Da Brennkammern hohen thermischen Belastungen, Verzunderungen durch O_2-haltige Abgase sowie Versprödungen durch schroffe Temperaturwechsel ausgesetzt sind, ist vor allen Dingen auf die richtige Werkstoffauswahl zu achten. In der Praxis haben sich Ganzmetallbrennkammern und Brennkammern mit Metallmänteln und feuerfesten Ausmauerungen bewährt. Als besonders günstig haben sich Brennkammern erwiesen, die mit dem Brenner eine funktionale und untrennbare Einheit bilden, die sog. Combustoren (Ganzstahl-Drallbrennkammern). Ihre Vorteile sind, dass sie ein kleines Apparatevolumen besitzen, hohe thermische Brennraumbelastungen aushalten, eine einfache und schnelle Montage ermöglichen und wegen der Ganzstahlausführung nur kurze Anfahrzeiten benötigen.

Die Abluft gelangt über einen Eintrittsstutzen tangential in den Combustor, wobei sie durch eine verstellbare Drallklappe (1) in eine Drallbewegung (4) versetzt wird. Diese Drehströmung, die für eine gute Vermischung der Reaktionspartner sorgt, fließt weiter über einen äußeren und inneren Ringspalt (2) in den eigentlichen Brennraum (5). Durch das Durchströmen der Ringspalte mit Richtungsumkehrung wird eine Abkühlung des Innenzylinders erreicht. Im Brennraum wird nun die Abluft mit der Verbrennungsluft und dem Zusatzbrennstoff vermischt, gezündet und schließlich durch die Drallflamme (6) verbrannt (Abb. 8.10).

Um einen möglichst hohen Wirkungsgrad der TAR-Anlage zu erreichen, werden der Brennkammer bzw. dem Combustor ein oder mehrere Wärmetauscher nachgeschaltet. Diese dienen zum einen der Erwärmung des Rohgases und zum anderen der Vorwärmung der Verbrennungsluft bzw. der ggf. zuzuführenden Frischluft (entfällt bei der Combustortechnik). Durch diese Maßnahme wird der Energieaufwand, also der Zusatzbrennstoffverbrauch, gemindert.

8.2.3 Kombinationsverfahren

Neben den genannten Einzelverfahren gibt es eine Reihe von Kombinationen aus diesen Systemen. Kombinationsverfahren kommen dann zum Einsatz, wenn neben partikelförmigen auch gasförmige Schadstoffe vorhanden sind, z. B. in Kraftwerken und Abfallverbrennungsanlagen. Diese Verfahren arbeiten in Form hintereinander geschalteter Abgasreinigungsanlagen.

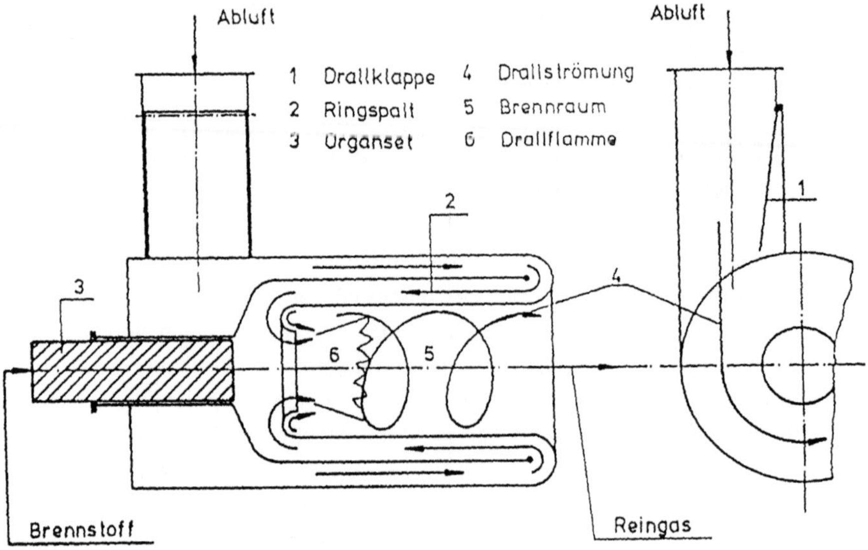

Abb. 8.10 Combustor. 1 Drallklappe, 2 Ringspalt, 3 Organset, 4 Drallströmung, 5 Brennraum, 6 Drallflamme. (Quelle: Fa. KEU, KEU 1989)

8.3 Anforderungen an Abgasreinigungsanlagen

Um eine wirksame, umweltfreundliche und wirtschaftliche Reinigung von Abgasen mit den vorgestellten Abgasreinigungsanlagen zu erreichen, müssen diese eine Reihe von Anforderungen erfüllen (Kolar 1990). Dazu gehören:

- Einhaltung der vorgeschriebenen Emissionsgrenzwerte und Abscheidegrade
- Umweltschonende Begleitprozesse
  - Minimale Sekundäremission
  - Abwasserfreiheit
  - Einhaltung der Lärmgrenzwerte
  - Landschaftsschutz
- Verwertbare oder deponierbare Rückstände
- Geringer Energieverbrauch
  - Minimaler Druckverlust
  - Wiederaufheizung
- Hohe Verfügbarkeit
  - Hoher Entwicklungsstand
  - Große Betriebserfahrung
  - Geringe Störanfälligkeit
- Termineinhaltung
- Geringer Flächenbedarf

- Niedriges Gewicht
- Niedrige Investitionen
- Minimale jährliche Betriebskosten

In der Praxis sind nicht alle Anforderungen ohne Weiteres miteinander kombinierbar, sodass man je nach der zu lösenden Problemstellung Prioritäten setzen muss.

8.4 Auswahl des Abgasreinigungssystems

Da in Beschichtungsbetrieben vorwiegend organische Lösungsmittelgemische in gas- bzw. dampfförmigen Aggregatzuständen anfallen, können die Massenkraftabscheider und die filternden, elektrischen und nassarbeitenden Abscheider nicht verwendet werden. Ihr Einsatzgebiet liegt – wie beschrieben – in der Entsorgung fester und flüssiger Schadstoffe.

Als mögliche Verfahren verbleiben somit die Kondensation, Absorption, Adsorption, Sorption und Oxidation. Da die Sorptionsverfahren hauptsächlich zur Beseitigung von Geruchsstoffen eingesetzt werden, kommen sie ebenso wie die Kondensation nicht zur Anwendung, zumal als große Nachteile das riesige Bauvolumen, die Empfindlichkeit gegen Lastschwankungen sowie gegen bakteriell-toxische Stoffe negativ ins Gewicht fallen (VDI-Richtlinie 1977). Die Kondensation hingegen kommt als Einzelverfahren für eine Abgasreinigung nicht infrage, da mit ihr i.A. nicht die geforderten Restkonzentrationen erreicht werden.

In einem Beschichtungsbetrieb kann das Rohgas neben den organischen Lösungsmitteln auch noch andere Schadstoffe, z. B. Weichmacher, enthalten. Diese führen i. d. R. bei einer Desorption zur Schädigung des Adsorptionsmittels. Außerdem ist bei Kondensation, Adsorption und Absorption die Sekundärentsorgung von Kondensaten, Desorbaten bzw. ablaufenden Waschlösungen äußerst problematisch. Hingegen werden bei Oxidationsverfahren die Schadstoffe in unschädliche Bestandteile umgewandelt.

Einschränkungen bei Anwendung der Absorption sind außerdem, dass die chemische Absorption nur bei reaktionsfreudigen Stoffen und die physikalische Absorption ebenfalls nur bei bestimmten Stoffen eingesetzt werden können. Alle organischen Stoffe – speziell Lösungsmittel – sind jedoch sehr reaktionsträge. Ein weiteres Problem der Adsorption ist, dass organische Dämpfe bzw. organische Verbindungen das Adsorptionsmittel durch Verharzung unbrauchbar machen können.

Nach den aufgeführten Vor- und Nachteilen stellt sich die Oxidation als am besten geeignetes Verfahren dar. Hier wiederum ist der thermischen Abluftreinigung der Vorzug zu geben, die viel universeller einsetzbar ist als die katalytische Abluftreinigung, deren Katalysatoren durch Schadstoffe (Katalysatorgifte) geschädigt werden können. Es sei vor allem darauf hingewiesen, dass nach Ablauf der Lebensdauer die Katalysatoren der KAR-Anlagen als Sondermüll anfallen. Außerdem ist der Reinigungsgrad bei TAR-Anlagen weitgehend unabhängig vom Schadstoffanfall und somit gleichbleibend hoch. Aus den genannten Gründen ist die thermische Abluftreinigung für ein Beschichtungsunternehmen die beste Alternative.

Anordnung und Aufbau einer TAR-Anlage

Aus wirtschaftlichen Gründen ist es notwendig, an einer TAR-Anlage Wärmerückgewinnungsmaßnahmen vorzunehmen. Es bietet sich daher an, zum einen die Abluft und zum anderen das benötigte zirkulierende Thermalöl vor- bzw. aufzuheizen. In der Praxis hat sich gezeigt, dass es sinnvoll ist, zwei Abluftvorwärmer einzubauen, wobei der eine direkt hinter dem Verbrennungssystem und der andere hinter dem Thermalölwärmeübertrager platziert wird (Carlowitz 1984). Als Verbrennungssystem hat sich der Combustor bewährt. Wie aus Abb. 8.11 und 8.12 ersichtlich, wird die Abluft durch die Wärmeübertrager WT_1 und WT_2 aufgeheizt und gelangt danach in den Combustor. Aus dem Combustor kommt die auf Verbrennungstemperatur gebrachte Luft, welche ihre Energie in Form von Wärme an alle drei Wärmeübertrager abgibt und sich selbst dabei abkühlt. Der Thermalölwärmeübertrager WT_T erhitzt die Rücklauftemperatur wieder auf die benötigte Vorlauftemperatur. Da die Abluft immer noch ein relativ hohes Energieniveau besitzt (100–200 °C), kann man sie nutzen, um z. B. die Warmwasserversorgung zu gewährleisten, indem man einen Heizwasserkessel nachschaltet. Auch die Frischluft könnte vorgewärmt werden, wobei dies i. d. R. nicht durchführbar ist, da die oft sehr hohe Prozesstemperatur damit nicht erreicht werden kann. So benötigt man dennoch einen LUVO (Luftvorwärmer), zumal auch die teuren Luftkanäle das Verfahren unwirtschaftlich machen.

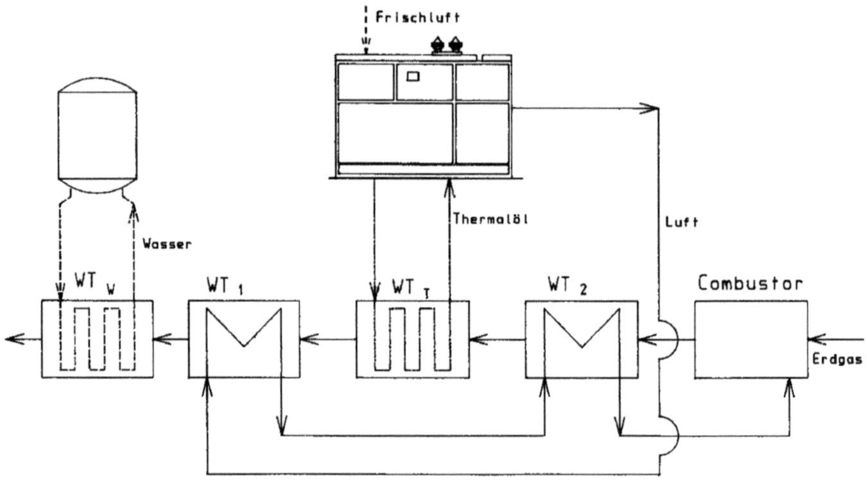

Abb. 8.11 TAR-Anlage mit Warmwasserversorgung

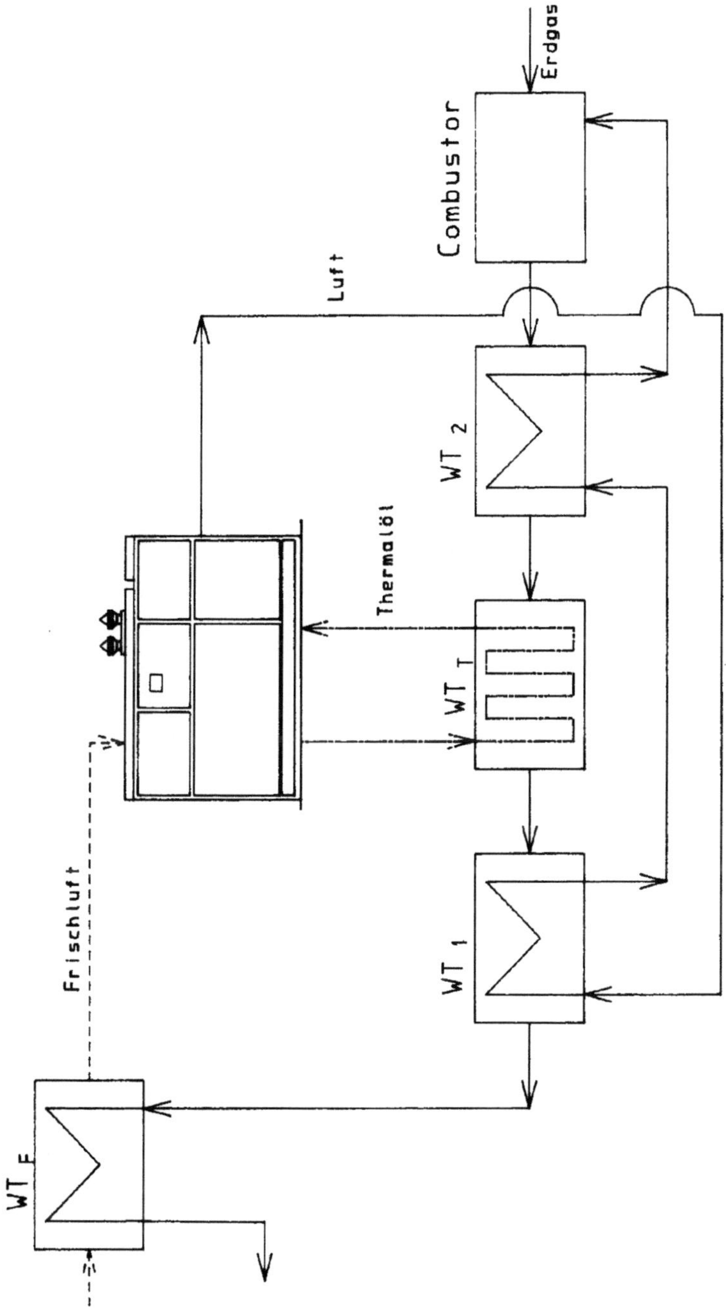

Abb. 8.12 TAR-Anlage mit Frischluftvorwärmung

Die thermische Abluftreinigung ist besonders zur Entsorgung halogen- und chlorfreier Schadstoffe das geeignete Verfahren in der Textilindustrie. Unter ökologischen Gesichtspunkten gehört sie zu den optimalen Lösungen, da Energie gespart wird und die Schadstoffe gleichzeitig vollständig beseitigt werden (Tab. 8.3).

Azeotropische Gemische

Tab. 8.3 Gängige Lösungsmittel und deren Eigenschaften

	Siedepunkt (°C)		Siedepunkt (°C)	Zusammensetzg. in Gew. (%)	Gemeinsamer Siedepunkt (°C)
Aceton	56	Amylacetat	140	97,5:2,5	131,3
Aceton	256	Methanol	65	14:86	55,7
Amylacetat	140	Aceton	56	2,5:97,5	131,3
Benzol	80	Ethanol	78,3	67,6:32,4	68,2
Benzol	80	Methanol	65	60:40	58,3
Benzol	80	*n*-Propylalkohol	95–97	83:17	77,1
Butanol	114–120	Butylacetat	121–127	47:53	117,2
Butanol	114–120	Toluol	111	32:68	105,5
Butanol	114–120	Wasser	100	63:37	92,3
Butylacetat	121–127	Butanol	114–120	53:47	117,2
Butylacetat	121–127	*n*-Propylalkohol	95–97	60:40	94,2
Ethanol	78,3	Benzol	80	32,4:67,6	68,2
Ethanol	78,3	Ethylacetat	74–77	30,6:69,4	71,8
Ethanol	78,3	TetrachlorKohlenst.	77–78	16:84	64,9
Ethanol	78,3	Toluol	111	68:32	76,7
Ethanol	78,3	Wasser	100	95,6:4,4	78,1
Ethylacetat	74–77	Ethanol	78,3	69,4:30,6	71,8
Ethylacetat	74–77	Methanol	65	81:19	54
Ethylacetat	74–77	TetrachlorKohlenst.	77–78	43:57	74,8
Isopropylalkohol	80–82	Methylacetat	56–62	70:30	77,3
Methanol	65	Aceton	56	86:14	55,7
Methanol	65	Ethylacetat	74–77	74:77	54
Methanol	65	Benzol	80	40:60	58,3
Methanol	65	Methylacetat	56–62	19:81	54
Methylacetat	56–62	Isopropylalkohol	80–82	30:70	77,3
Methylacetat	56–62	Methanol	65	81:19	54

(Fortsetzung)

Tab. 8.3 (Fortsetzung)

	Siedepunkt (°C)		Siedepunkt (°C)	Zusammensetzg. in Gew. (%)	Gemeinsamer Siedepunkt (°C)
n-Propylalkohol	95–97	Benzol	80	17:83	77,1
n-Propylalkohol	95–97	Butylacetat	121–127	40:60	94,2
Tetrachlorkohlenstoff	77–78	Ethylacetat	74–77	57:43	74,8
Tetrachlorkohlenstoff	77–78	Ethanol	78,3	84:16	64,9
Tetrachlorkohlenstoff	77–78	Methanol	65	79:21	55,7
Tuluol	111	Ethanol	78,3	32:68	76,7
Tuluol	111	Butanol	114–120	68:32	105,5
Wasser	100	Ethanol	78,3	4,4:95,6	78,1
Wasser	100	Butanol	114–120	37:63	92,3

9 Wirtschaftlichkeitsüberprüfung durch Investitionsrechnung

Um endgültige Entscheidungen über eine Investition bzw. über die Auswahl aus zwei oder mehreren Alternativen treffen zu können, wird im Folgenden eine Wirtschaftlichkeitsbeurteilung vorgestellt, die speziell auf die Beschichtungsindustrie abgestimmt ist. Dabei lassen sich nicht nur Kosten, sondern auch Firmenstrategien berücksichtigen.

Entscheidungen über Investitionen beeinflussen den künftigen Erfolg oder Misserfolg eines Unternehmens. Deshalb müssen sie sorgsam geplant und durchgeführt werden, wenn gewünschte Unternehmensziele erreicht werden sollen.

Die wichtigsten Investitionsziele zeigt Abb. 9.1.

Hauptziel einer Investitionsrechnung für die Textilbeschichtung ist es, die richtige Auswahl an Investitionsgütern zu treffen und jene zu erwerben, die durch Transformation von Produktionsfaktoren Wirtschaftsgüter herstellen können. Eine Investitionsentscheidung in Sachanlagen zielt darauf, jenes Investitionsobjekt zu ermitteln und sich anzueignen, das die günstigsten Voraussetzungen für eine rationelle und gewinnbringende Gestaltung des Produktionsprozesses in der Textilveredlung verspricht.

Um die Wirtschaftlichkeit von Investitionen in neue Produktionstechnologien perfekt zu belegen, genügt häufig die herkömmliche Investitionsrechnung nicht mehr. Die klassische Vorgehensweise betrachtet eine Investition nur unter rein monetären Gesichtspunkten und vernachlässigt die Integrationswirkung von Leistung und Kosten. Überdies muss ihr das Ausklammern der strategischen Investitionswirkung und eine fehlende Integration in die Kostenrechnung vorgeworfen werden (Singer 1991). Aus diesem Grund ist es ratsam, von der bisherigen Betrachtungsweise der reinen Investitionsrechnung abzusehen und zur Wirtschaftlichkeitsrechnung unter Berücksichtigung der Unternehmens- und Produktplanung überzugehen.

Alle Investitionsentscheidungen durchlaufen einen Entscheidungsprozess. Dieser kann im Hinblick auf die Wirtschaftlichkeitsbetrachtung unter den genannten Gesichtspunkten und auf die zugrundeliegende Aufgabenstellung so verlaufen, wie in Abb. 9.2 dargestellt.

A. Giessmann, *Substrat- und Textilbeschichtung*,
https://doi.org/10.1007/978-3-662-58494-1_9

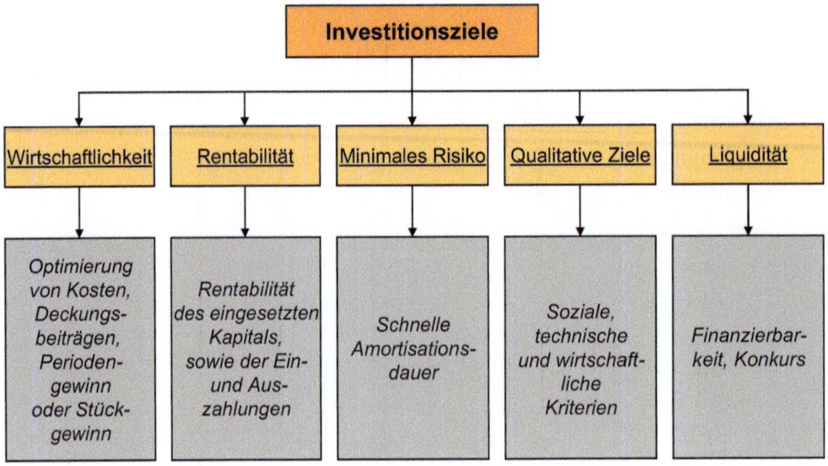

Abb. 9.1 Investitionsziele. (Quelle: REFA 1985)

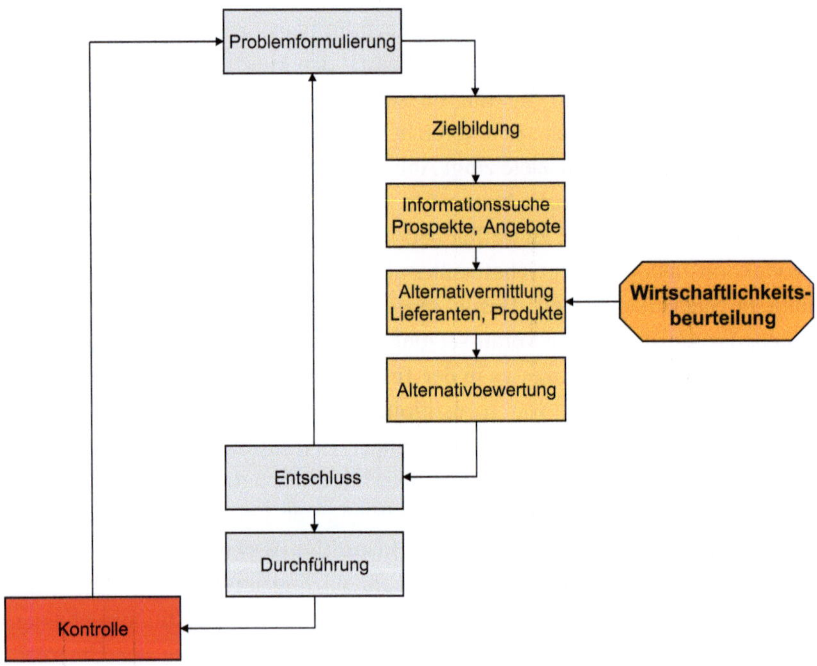

Abb. 9.2 Entscheidungsprozess. (Quelle: Pupka 1983)

Um die Wirtschaftlichkeit einer Investition beurteilen zu können, müssen sowohl der Output – die Produktionsleistung – als auch der Input, gemeint sind die Produktionskosten, betrachtet werden. Der Output in der Beschichtungsindustrie ist die herzustellende

Quadratmetermenge pro Jahr, die auf die Anlage abzustimmende Rezepturgestaltung, die Möglichkeit der Produktvielfalt und die dazu notwendigen Umrüstzeiten sowie die Möglichkeit, unterschiedliche Qualitätsstufen herzustellen. Der Input besteht neben den reinen Produktionskosten auch aus den Kosten für die Raumnutzung – Hallenkosten – sowie für die Fabrikplanung selbst.

Deshalb wird in dem Beispiel für den Kauf und zum Betreiben einer Beschichtungsanlage die Investition nicht nur nach Kostenfaktoren, sondern auch nach Leistungselementen betrachtet (Abb. 9.3).

Investitionsobjekte mit einem hohen Automatisierungsgrad können nur dann wirtschaftlich sein, wenn eine beträchtliche Produktionsleistung gefordert wird. Wenn aufgrund der Marktsituation nur ein geringer Ausstoß der Maschinen zur Sättigung der Nachfrage nötig ist, sind konventionelle Anlagen weitaus wirtschaftlicher. Produktionstechnologien mit höchstmöglichem Nutzungsgrad sind nur dann sinnvoll, wenn die produzierten Güter auch wieder abgesetzt werden können. Die Wirtschaftlichkeit lässt sich mithilfe folgender Determinanten berechnen:

$$\mathrm{W} = \frac{\mathrm{LF} + \mathrm{KF}}{2}$$

W = Wirtschaftlichkeit
LF = Leistungselemente
KF = Kostenelemente.

Das Ergebnis einer Wirtschaftlichkeitsbeurteilung ist eine konkrete Handlungsempfehlung, das bedeutet z. B. eine Aussage darüber, welches von zwei Investitionsobjekten gekauft werden soll, weil es die höhere Wirtschaftlichkeit verspricht.

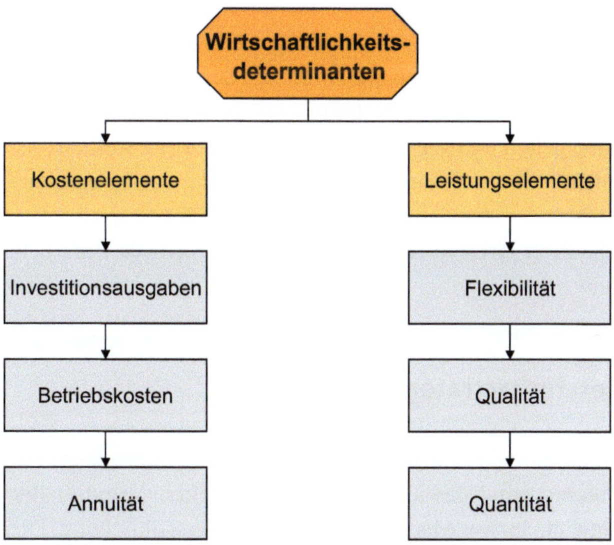

Abb. 9.3 Wirtschaftlichkeitsdeterminanten. (Quelle: Singer 1991)

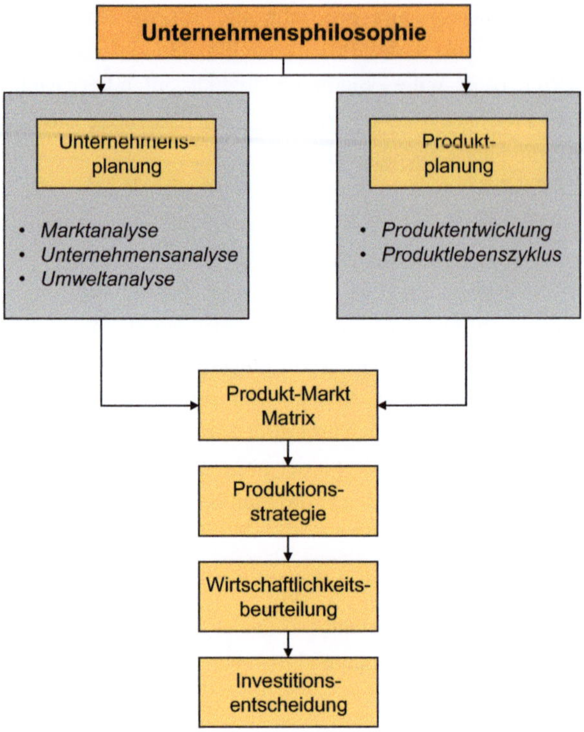

Abb. 9.4 Entwicklung zur Investitionsentscheidung

9.1 Strategische Wirtschaftlichkeitsbeurteilung

Die strategische Wirtschaftlichkeitsbeurteilung verknüpft die Investitionsentscheidung für den Kauf einer Textilveredlungsmaschine mit der strategischen Unternehmens- und Produktplanung. Ihre Vorteile liegen darin, dass im gesamten Produktionsbereich einheitliche Maßstäbe gelten und sog. Insellösungen vermieden werden.

Abb. 9.4 verdeutlicht die Zusammenhänge, die bei einer Investitionsentscheidung zu beachten sind.

Grundsätzliche Ziele, Wertvorstellungen und Absichten des Unternehmens werden als Unternehmensphilosophie bezeichnet.

9.2 Die Geschäftsstrategie

Die Aufgaben der strategischen Unternehmensplanung – eine langfristige Planung von fünf bis zehn Jahren – sind das systematische Erarbeiten operationaler Unternehmensziele und das Entwickeln von Maßnahmen zu deren Verwirklichung. Die Unternehmensplanung benutzt verschiedene Analysen als Voraussetzung zur Strategieformulierung.

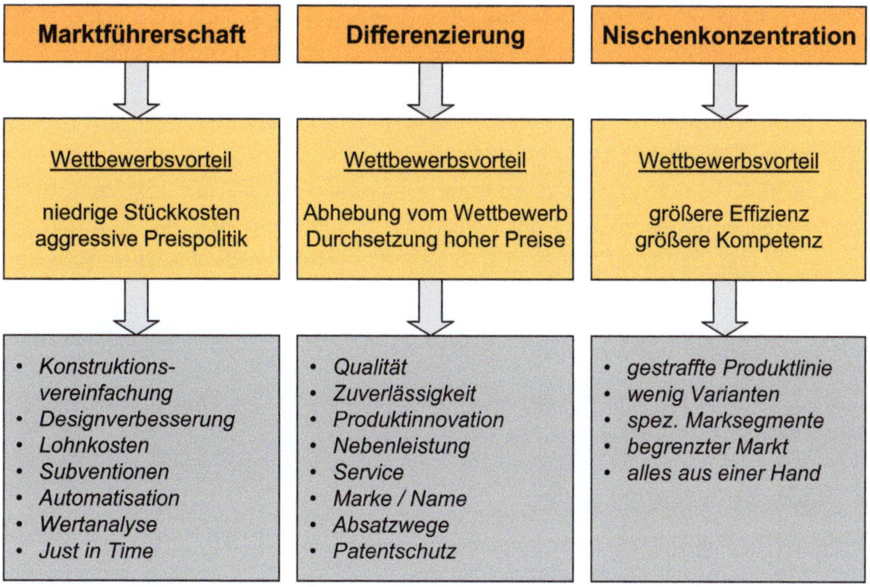

Abb. 9.5 Grundstrategien für die Unternehmensplanung. (Quelle: Appelt 1981)

Nach Anwendung und Auswertung dieser Analysen ergeben sich die drei wichtigsten Grundstrategien eines Unternehmens (Abb. 9.5).

So wäre die Marktführerschaft für ein Beschichtungsunternehmen bei Standardprodukten erstrebenswert, z. B. Kunstleder unterschiedlicher Ausführungen und Eigenschaften für die Schuh-, Gürtel- und Polsterindustrie.

Differenzierung bedeutet, dass der Produzent in bestimmten Produktbereichen außergewöhnliche, nicht übliche Dienstleistungen erbringt, z. B. Lieferung innerhalb kürzester Zeit oder direkt ab Lager.

Eine Nischenkonzentration wäre z. B. die Herstellung technischer Textilien. Wegen des aufwendigen Herstellprozesses und des dafür benötigten Spezialwissens kann die technisch anspruchsvolle Ware nur von wenigen Unternehmen gefertigt werden.

9.3 Die Produktstrategie

Neben der Produktqualität und der Kostenstruktur gewinnt der Zeitfaktor mehr und mehr an Bedeutung. Das Unternehmen mit der kürzesten Durchlaufzeit von der Produktidee bis zum lieferbaren Produkt wird entscheidende Wettbewerbsvorteile erringen. Unter Produktplanung wird die einheitliche, marktorientierte Denkweise verstanden, die das Produkt von der Idee über die technische Entwicklung bis zur Markteinführung begleitet. Sie schließt alle Einflüsse, Entscheidungen und Tätigkeiten ein, die zeitlich und fachlich erfasst, kontrolliert und gesteuert werden (Hinterhuber 1996).

Aus der ständigen Wechselwirkung von Produkt, Markt und Unternehmen sowie unter Einbeziehung der hohen Innovationsgeschwindigkeit leiten sich drei Komponenten der Produktplanung ab (Geyer 1987).

Methodische Koordination
Hierbei handelt es sich um die Abstimmung zwischen technischen, ökologischen und ökonomischen Informationen vor der Freigabe zur Produktentwicklung. Die analytische Ideenfindung und die Ideenbewertung sind Kriterien für die methodische Entscheidungsvorbereitung.

Kontrolle
Es muss eine ständige Kontrolle über den Produktlebenszyklus eines Produkts gewährleistet sein.

Führungs- und Verhaltensregeln
Die Arbeit im Team und das Zusammenspiel mit der Unternehmensleitung kann durch geeignete Führungsrichtlinien optimiert werden.

Die Produktplanung beginnt mit der Festsetzung der Unternehmensziele und führt über die dargestellten Stufen schließlich zum Produkterfolg (Abb. 9.6).

Mithilfe der aus der Unternehmens- und Produktplanung gewonnenen Erkenntnisse können konkrete Aktivitäten in Angriff genommen werden. Die Produkt-Markt-Matrix

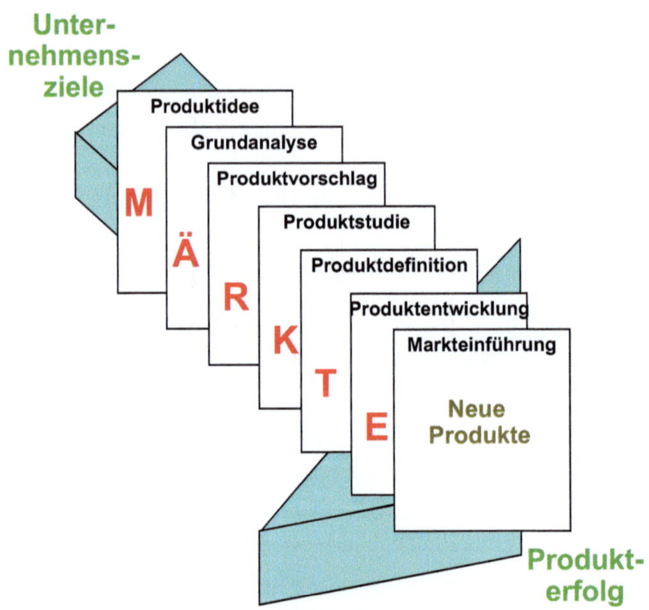

Abb. 9.6 Grundzüge der Produktplanung. (Quelle: Ringes 1991)

Abb. 9.7 Produkt-Markt-Matrix. (Quelle: Galweiler 1989)

hilft bei der Entscheidung, welche Produkte auf welchem Markt zum Erfolg führen können (Abb. 9.7).

Die Erfahrung hat gezeigt, dass für die meisten Unternehmen die Investition in eine Beschichtungsanlage eine horizontale Diversifikation darstellt. Der Unternehmer wird damit in die Lage versetzt, Grundsatzentscheidungen hinsichtlich des Produktionsprogramms zu treffen.

Die momentane Weltmarktsituation zeigt, dass vor allem Kunstleder, Vinylfußboden und Bekleidungsmaterialien einen großen Marktanteil haben. Daraus schlussfolgernd könnte eine ideale Aufteilung für die Fertigung in einem Beschichtungsbetrieb sein:

- ca. 70 % Kunstleder,
- ca. 15 % Vinylfußboden,
- ca. 15 % Bekleidungsmaterialien.

9.4 Kostenelemente bei Beschichtungsanlagen

Die Kostenelemente gliedern sich in eine Reihe von Ausgaben, die bei einer Investition für einen Beschichtungsbetrieb anfallen.

9.4.1 Investitionsausgaben

Als Investitionsausgaben werden alle Ausgaben bezeichnet, die für ein Beschichtungsunternehmen anfallen. Die genannten Preise, Kosten und Werte sind rein fiktiv und stellen

Tab. 9.1 Gesamtinvestition

Kosten in Summe (in €)	Tridem	Tandem
Maschinen (SKA)	4 120 400	3 483 000
Zusatzaggregate (SKZ)	392 500	325 000
Projektierung (SKP)	1 063 000	980 000
Fracht und Transport (SKT)	508 875	372 500
Fabrikkosten (SKF)	1 900 000	1 900 000
Gesamtsumme S_{ges}	7 984 775	7 060 500

keinen Bezug zur Realität dar. Das Beispiel in Tab. 9.1 zeigt den Vergleich zwischen Zweistrichanlagen (Tandem) und Dreistrichanlagen (Tridem).

Zu benennen wären hier die Maschinen, die Projektierung, das Fabrikgebäude samt Inventar sowie die Zusatzaggregate (Abb. 9.8).

9.4.2 Betriebskosten

Zu den Betriebskosten (SBT) zählen alle Kosten, die im Beschichtungsbetrieb innerhalb eines Jahres anfallen. Dazu gehören Personalkosten (SPK), Energiekosten (SEK), Wartungskosten (SWK), Versicherungskosten (SVK) sowie Abschreibungskosten (SAK). Die jährlichen Betriebszeiten – 300 Arbeitstage – liegen i. d. R. bei 5400 h im Zweischichtbetrieb und bei 2900 h im Einschichtbetrieb.

$$SBT = SPK + SEK + SWK + SVK + SAK$$

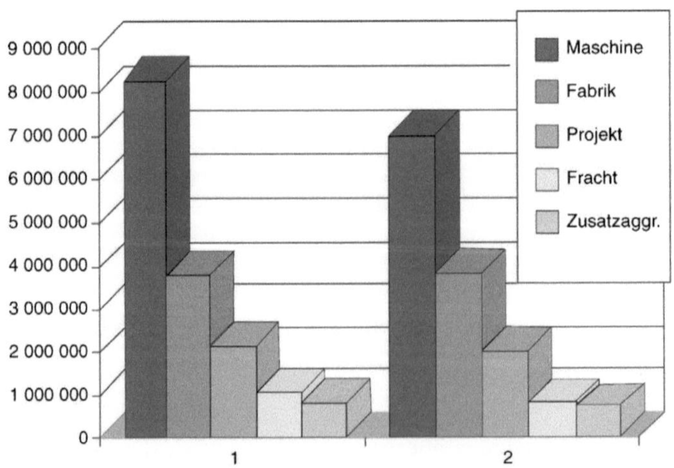

Abb. 9.8 Grafische Gegenüberstellung der Gesamtinvestitionen

9.4.2.1 Personalkosten

Der Personalaufwand für beide Maschinen ist gleich, da die höhere Automation der Dreistrichanlage den normalerweise benötigten Personal-Mehraufwand im Vergleich zur Zweistrichanlage abdeckt.

Unter Einbeziehung des Lohngefüges von Entwicklungs- bzw. Schwellenländern ergeben sich folgende Personalkosten:

a) Einschichtbetrieb mit 2900 h/a: SPK 196.000 €/a,
b) Zweischichtbetrieb mit 5400 h/a: SPK 267.200 €/a.

9.4.2.2 Energiekosten

Die anfallenden Energiekosten setzen sich zusammen aus: Stromkosten (KES), Wasserkosten (KEW), Druckluftkosten (KED) sowie den Ölkosten (KEÖ).

Dreistrichanlage
(Siehe Tab. 9.2)

(Siehe Tab. 9.3)

Zweistrichanlage
(Siehe Tab. 9.4)

(Siehe Tab. 9.5)

Tab. 9.2 Einschichtbetrieb mit 2900 h/a

Energie	Verbrauch [h^{-1}]	Preis [€/E]	Verbrauch [a^{-1}]	Summe [€/a]
Strom [KVA]	800/60 %	0,03	1 392 000	41 760
Öl [kg]	200	0,13	580 000	7540
Wasser [m^3]	12	0,15	34 800	5220
Druckluft [bar]	10	0,05	29 000	1450
Summe (SEK)				123 830

Tab. 9.3 Zweischichtbetrieb mit 5 400 h/a

Energie	Verbrauch [h^{-1}]	Preis [€/E]	Verbrauch [a^{-1}]	Summe [€/a]
Strom [KVA]	800/60 %	0,03	2 592 000	77 760
Öl [kg]	200	0,13	1 080 000	140 400
Wasser [m^3]	12	0,15	64 800	9720
Druckluft [bar]	10	0,05	29 000	1450
Summe SEK				229 330

Tab. 9.4 Einschichtbetrieb mit 2900 h/a

Energie	Verbrauch [h^{-1}]	Preis [€/E]	Verbrauch [a^{-1}]	Summe [€/a]
Strom [KVA]	600/60 %	0,03	1 044 000	31 320
Öl [kg]	150	0,13	435 000	56 550
Wasser [m^3]	8	0,15	23 200	3480
Druckluft [bar]	10	0,05	29 000	1450
Summe SEK				92 800

Tab. 9.5 Zweischichtbetrieb mit 5400 h/a

Energie	Verbrauch [h^{-1}]	Preis[€/E]	Verbrauch [a^{-1}]	Summe [€/a]
Strom [KVA]	600/60 %	0,03	1 944 000	56 320
Öl [kg]	150	0,13	810 000	105 300
Wasser [m^3]	8	0,15	43 200	6480
Druckluft [bar]	10	0,05	29 000	1450
Summe SEK				171 550

9.4.2.3 Wartungs- und Reparaturkosten

Für Wartungs- und Reparaturkosten der Anlagen KWA bzw. des Gebäudes KWG gibt es Richtwerte, die bei 1 % bzw. 0,5 % des Anschaffungswertes liegen. Beim Zweischichtbetrieb liegt der Wert bei 1,2 %.

$$\begin{aligned} \mathrm{KWA1} &= \mathrm{SKA} \cdot 0{,}01/\mathrm{a} \\ \mathrm{KWA2} &= \mathrm{SKA} \cdot 0{,}012/\mathrm{a} \\ \mathrm{KWG} &= \mathrm{SKF} \cdot 0{,}005/\mathrm{a} \\ \mathrm{KW}_{\mathrm{ges}} &= \mathrm{KWA}(1{,}2) + \mathrm{KWG} \end{aligned}$$

Hieraus ergeben sich folgende Kosten:

$$\begin{aligned} \mathrm{KWG} &= 1.900.000€ \cdot 0{,}005/\mathrm{a} \\ &= \quad 9500€/\mathrm{a}. \end{aligned}$$

Dreistrichanlage

a) Einschichtbetrieb mit 2900 h/a

$$\begin{aligned} \mathrm{KWA1} &= 4.120.400€ \cdot 0{,}01/\mathrm{a} \\ &= \quad 41.204€/\mathrm{a} \\ \mathrm{SWK} &= 41.204€/\mathrm{a} + 9500€ texta \\ &= 50.704€/\mathrm{a} \end{aligned}$$

b) Zweischichtbetrieb mit 5400 h/a

$$\begin{aligned} \text{KWA2} &= 4.120.400\text{€} \cdot 0{,}012/\text{a} \\ &= \quad 49.445\text{€}/\text{a} \\ \text{SWK} &= 49.445\text{€}/\text{a} + 9500\text{€}/\text{a} \\ &= 58.945\text{€}/\text{a} \end{aligned}$$

Zweistrichanlage

a) Einschichtbetrieb mit 2900 h/a

$$\begin{aligned} \text{KWA1} &= 3.483.000\text{€} \cdot 0{,}01/\text{a} \\ &= \quad 34.830\text{€}/\text{a} \\ \text{SWK} &= 34.830\text{€}/\text{a} + 9500\text{€}/\text{a} \\ &= 44.330\text{€}/\text{a} \end{aligned}$$

b) Zweischichtbetrieb mit 5400 h/a

$$\begin{aligned} \text{KWA2} &= 3.483.000\text{€} \cdot 0{,}012/\text{a} \\ &= \quad 41.796\text{€}/\text{a} \\ \text{SWK} &= 41.796\text{€}/\text{a} + 9500\text{€}/\text{a} \\ &= 51.296\text{€}/\text{a} \end{aligned}$$

9.4.2.4 Sonstige Kosten

Unter die sonstigen Kosten fallen Versicherungsbeiträge für das Gebäude bzw. für die Anlage. Die Versicherungskosten können ebenfalls mithilfe von Richtwerten bestimmt werden:

$$\begin{aligned} \text{KVA} &= \text{SKA} \cdot 0{,}015/\text{a} \\ \text{KVG} &= \text{SKF} \cdot 0{,}008/\text{a}. \end{aligned}$$

Daraus folgt:

$$\begin{aligned} \text{KVG} &= 1.900.000\text{€} \cdot 0{,}008/\text{a} \\ &= \quad 15.200\text{€}/\text{a}. \end{aligned}$$

Dreistrichanlage

$$\begin{aligned} \text{KVA} &= 4.120.400\text{€} \cdot 0{,}015/\text{a} \\ &= \quad 61.800\text{€}/\text{a} \end{aligned}$$

Zweistrichanlage

$$\begin{aligned} \text{KVA} &= 3.483.000\text{€} \cdot 0{,}015/\text{a} \\ &= \quad 52.245\text{€}/\text{a} \end{aligned}$$

Die Gesamtkosten für die Versicherungen berechnen sich aus:

$$\text{SVK} = \text{KVA} + \text{KVG}.$$

Dreistrichanlage

$$\begin{aligned}\text{SVK} &= 61.800€/\text{a} + 15.200€/\text{a}\\ &= 77.006€/\text{a}\end{aligned}$$

Zweistrichanlage

$$\begin{aligned}\text{SVK} &= 52.245€/\text{a} + 15.200€/\text{a}\\ &= 67.445€/\text{a}\end{aligned}$$

9.4.2.5 Abschreibung

Die Abschreibung erfolgt in allen Fällen linear. Unter der Annahme, dass Gebäude eine Nutzungsdauer von 20 Jahren und die Maschinen und deren Zusatzaggregate eine Nutzungsdauer von zehn Jahren haben, liegt in jedem Jahr die gleiche Belastung vor. Es gelten folgende Formeln:

$$\begin{aligned}\text{KAG} &= \text{SKF}/20\ \text{a},\\ \text{KAA} &= \text{SKA}/10\ \text{a},\\ \text{KAZ} &= \text{SKZ}/10\ \text{a}.\end{aligned}$$

Beim Zweischichtbetrieb müssen die Formeln von 2900 h/a auf 5400 h/a umgerechnet werden, was einem Faktor von 1,86 entspricht.

Dreistrichanlage

Einschichtbetrieb		;	Zweischichtbetrieb
Gebäude			
KAG	= 1 900 000 €/20 a 95.000 €/a	;	95 000 €/a ·1,86 176 700 €/a
Maschine			
KAA	= 4 120 400 €/10 a 412 040 €/a	;	412 040 €/a · 1,86 766 394 €/a
Zusatzaggregate			
KAZ	= 392 500 €/10 a 39 250 €/a	;	39 250 €/a · 1,86 73 005 €/a
Summe			
SAK	**= 546 290 €/a**	;	**1 016 099 €/a**

Zweistrichanlage

Einschichtbetrieb		;	Zweischichtbetrieb
Gebäude			
KAG	= 1 900 000 €/20 a 95 000 €/a	;	95 000 €/a · 1,86 176 700 €/a
Maschine			
KAA	= 3 483 000 €/10 a 348 300 €/a	;	348 300 €/a · 1,86 647 838 €/a
Zusatzaggregate			
KAZ	= 325 000 €/10 a 32 500 €/a	;	32 500 €/a · 1,86 60 450 €/a
Summe			
SAK	**= 475 800 €/a**	;	**884 988 €/a**

9.4.3 Annuität

Die Annuität gibt die jährliche Belastung für Tilgung und Zinsen wieder. Um ein realistisches Bild entwickeln zu können, wird angenommen, dass 750.000€ als Eigenkapital aufgebracht werden können, sodass mit glatten Werten weitergerechnet werden kann:

$$7.984.775€ - 734.775€ = 7.250.000€.$$

bzw.

$$7.060.500€ - 710.500€ = 6.350.000€.$$

Unter der Annahme, dass eine Bank einen Kredit mit einer Laufzeit von zehn Jahren mit 8 % Zinsen gewährt, würde dies Folgendes bedeuten:

$$A = IK \cdot a$$
$$a = \frac{p \cdot (1+p)}{(1+p) - 1}.$$

Im Berechnungsbeispiel erhält man für a:

$$a = \frac{0{,}08 \cdot (1 + 0{,}08)^{10}}{(1 + 0{,}08)^{10} - 1} = \underline{149} \Rightarrow \underline{14{,}9\,\%}.$$

Es lassen sich die Annuitäten für beide Anlagen errechnen:

Tab. 9.6 Kostenvergleich zwischen Zweistrich- und Dreistrichanlage

	Anlage 1		Anlage 2	
	1. Schicht	2. Schicht	1. Schicht	2. Schicht
Personalkosten	196 000	267 200	196 000	267 200
Wartungs- und Reparaturkosten	50 704	58 945	44 300	51 296
Energiekosten	123 830	229 330	92 800	171 550
Sonstige Kosten	77 006	77 006	67 445	67 445
Abschreibung	546 290	1 016 099	475 800	884 988
Summe SBT	993 830	1 648 580	876 345	1 442 479
Annuität	1 080 250	1 080 250	946 150	946 150
Summe SKJ	2 074 080	2 728 830	1 822 495	2 388 629

Dreistrichanlage

$$\begin{aligned} A &= 7.250.000€ \cdot 0{,}149 \\ &= 1.080.250€/a \end{aligned}$$

Zweistrichanlage

$$\begin{aligned} A &= 6.350.000€ \cdot 0{,}149 \\ &= 946.150€/a \end{aligned}$$

9.4.4 Gesamtkosten

Aus Tab. 9.6 wird ersichtlich, dass es auf jeden Fall sinnvoll ist, im Zweischichtbetrieb zu fahren. Es kann fast doppelt so viel produziert werden, wobei die Kosten im Verhältnis um 30 % steigen. In den folgenden Abschnitten wird daher von einem Zweischichtbetrieb ausgegangen.

9.5 Leistungselemente bei Beschichtungsanlagen

Ebenso wie die Kostenelemente müssen auch die Leistungselemente näher untersucht werden. Dazu gehören die Elemente Flexibilität, Qualität und Quantität.

9.5.1 Flexibilität

Alle beschriebenen Materialien werden nach unterschiedlichen Beschichtungsmethoden hergestellt. Es wird im sog. Einstrich-, Tandem- oder Tridem-Beschichtungssystem produziert, d. h. es sind ein, zwei oder drei Beschichtungsaufträge mit entsprechenden Trocknungs- und Geliervorgängen erforderlich. Im Beispiel wird davon ausgegangen, dass beide Maschinen sich den schwankenden Marktsituationen – bedingt durch Modeveränderungen und technische Anforderungen – jederzeit anpassen können. Die Dreistrichanlage hat hinsichtlich der Flexibilität dank ihrer drei Auftragssysteme einen Vorteil gegenüber der Zweistrichanlage. Das erneute Vorlegen für weitere Beschichtungsprozesse entfällt.

9.5.2 Qualität

Mit beiden Maschinen sollen sämtliche auf dem Markt befindlichenProduktqualitäten hergestellt werden können. Die erreichte Qualität hängt bei den Maschinen hauptsächlich von den Rezepturen und damit von den Erfahrungswerten und dem Know-how des Betreibers ab.

9.5.3 Quantität

Die Dreistrichanlage hat eine Ausstoßmenge von 15 m/min bei der Herstellung von Kunstleder. Bei der Tandemanlage muss bei der Kunstlederherstellung, die einen dreifachen Auftrag benötigt, von ca. 67 % der Kapazität mit 12 m/min und für die verbleibenden 23 % mit 7 m/min gerechnet werden. Diese Geschwindigkeiten ergeben sich daraus, dass man die ersten beiden Behandlungsvorgänge direkt fahren kann und der dritte hiernach erneut der Maschine zugeführt werden muss. Alle anderen Geschwindigkeiten sind aus Tab. 9.7 und 9.8 ersichtlich. Unter der Annahme, dass von 300 zur Verfügung stehenden Arbeitstagen 200 Tage für die Herstellung von Kunstleder und jeweils 50 Tage für die Produktion von Vinylfußboden bzw. Bekleidungsmaterialien verwendet werden, bedeutet dies für die Tandemanlage, dass 200 Tage aufgeteilt werden müssen in 130 Tage mit 12 m/min und 70 Tage mit nur 7 m/min. Erfahrungsgemäß liegt die Kapazitätsauslastung von Textilveredlungsanlagen zwischen 85 und 90 %. Als Mittelwert wird in den folgenden Rechnungen der Wert 87 % angenommen. Beim Zweischichtbetrieb rechnet man mit einer Arbeitszeit von 18 h pro Tag, was 1080 min entspricht.

Tab. 9.7 Rentabilität einer Dreistrichanlage

	Tage [d/a]	Zeit [min/a]	v [m/min]	b [m]	n [%]	Menge [m^2 /a]
Kunstleder	200	1080	15	1,42	87	4 002 696
Vinylfußboden	50	1080	6	2,00	87	563 760
Bekleidungsmaterialien	50	1080	18	1,60	87	1 353 024
Summe	300				87	5 919 480

Tab. 9.8 Rentabilität einer Zweistrichanlage

	Tage [d/a]	Zeit [min/a]	v [m/min]	b [m]	n [%]	Menge [m^2/a]
Kunstleder	130	1080	12	1,42	87	2 081 402
	70		7	1,42		653 774
Vinylfußboden	50	1080	5	2,00	87	469 800
Bekleidungsmaterialien	50	1080	15	1,60	87	1 127 520
Summe	300				87	4 332 496

9.6 Operative Wirtschaftlichkeitsbeurteilung

Die operative Wirtschaftlichkeitsbeurteilung stellt die aus der Geschäfts- und Produktstrategie abgeleiteten Forderungen an die Kosten- und Leistungselemente dem aus der Produktstrategie zu erwartenden Erfüllungsgrad und -risiko gegenüber. Hierfür werden die Gewichtungs- und Erfüllungsfaktoren der einzelnen Kosten- und Leistungselemente benötigt.

Um einen geeigneten Gewichtungsfaktor GF zu erhalten, stehen alle Faktoren in einem Punkteverhältnis. Es gibt drei Vergabemöglichkeiten: 2:0 → 1. Faktor ist wichtiger als 2. Faktor. 1:1 → Beide Faktoren sind gleich wichtig. 0:2 → 2. Faktor ist wichtiger als 1. Faktor. Die in Tab. 9.9 subjektiv ermittelten Gewichtungsfaktoren GF gelten für beide Maschinen.

Um die Erfüllungsfaktoren EF zu ermitteln, ist zum einen eine Umrechnungsformel nötig und zum anderen eine Tabelle, die aussagt, welcher Erfüllungsfaktor bei einer bestimmten Benotung (bei Faktoren, die nicht zahlenmäßig erfassbar sind) vorliegt.

Hierbei kommen folgende Gleichungen zur Anwendung: Fall 1: Faktoren bei gleichsinniger Zuordnung

$$EF = 1 + \frac{9 \cdot (FA - FA_{min})}{FA_{max} - FA_{min}}.$$

Tab. 9.9 Ermittlung der Gewichtungsfaktoren

	IK	BK	JK	FB	QL	QN	SM	GF
Investitionskosten		2	1	0	0	1	4	0,14
Betriebskosten	0		1	0	1	1	3	0,10
Jährliche GK	1	1		1	2	2	7	0,23
Flexibilität	2	2	1		1	1	7	0,23
Qualität	2	1	0	1		2	6	0,20
Quantität	1	1	0	1	0		3	0,10
Summe	6	7	3	3	4	7	30	1,00

Fall 2: Faktoren bei gegensinniger Zuordnung

$$EF = 1 + \frac{9 \cdot (FA_{max} - FA)}{FA_{max} - FA_{min}}.$$

EF = Erfüllungsfaktor
FA = Faktoren

Anmerkung:

Ob eine Zuordnung gleich- oder gegensinnig ist, hängt davon ab, ob der höhere Zahlenwert der bessere ist (Fall 1) oder umgekehrt (Fall 2).

Für die benoteten Faktoren kann der Erfüllungsfaktor aus Tab. 9.10 abgelesen werden.

Unter Zugrundelegung der finanziellen Situation und der Geschäfts- bzw. Produktstrategie des Unternehmens ergeben sich maximale und minimale Werte für die Faktoren.

Für die drei unterschiedlichen Produkte muss – bedingt durch die verschiedenen Geschwindigkeiten – mit drei verschiedenen Quantitäten gerechnet werden (Tab. 9.11, 9.12, 9.13 und 9.14).

Aus den ermittelten Daten kann schließlich die Wirtschaftlichkeit bestimmt werden. Der eingerechnete Wahrscheinlichkeitsfaktor deckt die unter Umständen auftretenden Abweichungen ab. Da die Leistungselemente von der Wirtschaftlichkeitsbeurteilung her bei den drei Produkten aufgrund ihrer verschiedenen Quantitäten und Wunschwerte (FA_{min}, FA_{max}) unterschiedlich sind, werden diese im Gegensatz zu den Kostenelementen getrennt dargestellt (Tab. 9.15, 9.16, 9.17 und 9.18).

Anhand der errechneten Werte kann man die Wirtschaftlichkeitskennzahlen W nach der genannten Grundformel ermitteln (Tab. 9.18).

Wie Tab. 9.19 zeigt, erreicht die Dreistrichanlage bei allen drei Produkten einen höheren Wert, der aussagt, dass sowohl die Leistungs- als auch die Kostenelemente bezüglich der zu erfüllenden Geschäfts- und Produktstrategien eine hohe Wirtschaftlichkeit gewährleisten.

Für die meisten Unternehmen spielt die Amortisationsdauer ihrer Investitionen eine wesentliche Rolle. Deshalb wird im Folgenden anhand eines Jahresüberblickes eine Beziehung zwischen der Amortisation und der errechneten Wirtschaftlichkeitskennzahl hergestellt.

Tab. 9.10 Ermittlung des Erfüllungsfaktors aus den bewerteten Faktoren

Benotung von FA	EF
Ausreichend	2,10
Befriedigend/ausreichend	3,30
Befriedigend	4,30
Gut/befriedigend	5,50
Gut	6,60
Sehr gut/gut	7,80
Sehr gut	8,90

Tab. 9.11 Berechnung des Erfüllungsfaktors EF

	Tridem	EF	Tandem	EF
FA_{max} = 9 000 000				
Investitionskosten [D]	7 984 775	3,28	7 060 500	5,36
FA_{min} = 5 000.000				
FA_{max} = 2 500.000				
Betriebskosten [D]	1 649 580	6,17	1 442 419	5,24
FA_{min} = 500 000				
FA_{max} = 4 000 000				
Jährliche GK [D]	2 728 830	4,86	2 388 629	6,18
FA_{min} = 1 500 000				
FA_{min} = ausreichend				
Flexibilität [/]	Sehr gut	8,90	Gut/befr.	5,50
FA_{max} = sehr gut				
FA_{min} = ausreichend				
Qualität [/]	Sehr gut	8,90	Sehr gut	8,90
FA_{max} = sehr gut				

Tab. 9.12 Kunstleder

FA_{min} = 2 000 000				
Quantität [m^2]	4 002 696	7,00	2 735 176	3,21
FA_{max} = 5 000 000				

Tab. 9.13 Vinylfußboden

FA_{min} = 200.000				
Quantität [m^2]	563 760	5,09	469 800	4,04
FA_{max} = 1.00.000				

Tab. 9.14 Bekleidungsmaterialien

FA_{min} = 750 000				
Quantität [m^2]	1 353 024	6,43	1 127 520	4,40
FA_{max} = 1 750 000				

Tab. 9.15 Wirtschaftlichkeitsfaktoren der Kostenelemente

Kostenelemente	GF	Erfüllungsfaktor (EF)		EF-Risiko [%]	Wert	
Maschine		Tridem	Tandem		Tridem	Tandem
Investitionskosten	0,14	3,28	5,36	100	0,46	0,75
Betriebskosten	0,10	6,17	5,24	100	0,62	0,52
Jährliche GK	0,23	4,86	6,18	105	1,17	1,49
Summe					2,25	2,76

Tab. 9.16 Kunstleder

Kostenelemente	GF	Erfüllungsfaktor (EF)		EF-Risiko [%]	Wert	
Maschine		Tridem	Tandem		Tridem	Tandem
Flexibilität	0,23	8,90	5,50	110	2,25	1,39
Qualität	0,20	8,90	8,90	100	1,78	1,78
Quantität	0,10	7,00	3,21	120	0,84	0,39
Summe					4,78	3,56

Tab. 9.17 Vinylfußboden

Kostenelemente	GF	Erfüllungsfaktor (EF)		EF-Risiko [%]	Wert	
Maschine		Tridem	Tandem		Tridem	Tandem
Flexibilität	0,23	8,90	5,50	110	2,25	1,39
Qualität	0,20	8,90	8,90	100	1,78	1,78
Quantität	0,10	5,09	4,04	120	0,61	0,48
Summe					4,64	3,65

Tab. 9.18 Bekleidungsmaterialien

Kostenelemente	GF	Erfüllungsfaktor (EF)		EF-Risiko [%]	Wert	
Maschine		Tridem	Tandem		Tridem	Tandem
Flexibilität	0,23	8,90	5,50	110	2,25	1,39
Qualität	0,20	8,90	8,90	100	1,78	1,78
Quantität	0,10	6,43	4,40	120	0,77	0,53
Summe					4,80	3,70

Tab. 9.19 Ermittlung der Wirtschaftlichkeitskennzahlen W

	Tridem	W	Tandem	W
Kunstleder	(4,78 + 2,30)/ 2	3,54	(3,56 + 3,01) / 2	3,29
Vinylfußboden	(4,64 + 2,30) / 2	3,47	(3,65 + 3,01) / 2	3,33
Bekleidungsmaterialien	(4,80 + 2,30) / 2	3,55	(3,70 + 3,01) / 2	3,36

9.7 Darstellungsrechnung des Planungsergebnisses

Mit dem Aufbau eines Beschichtungsbetriebes wird ein bestimmter Gewinn erstrebt. Im Folgenden soll ein Jahresüberblick den zu erwartenden Umsatz und Gewinn darstellen (Tab. 9.20 und 9.21).

9.7.1 Jahresumsatz

für die Berechnung des Jahresumsatzes wird von folgenden beispielhaften Verkaufspreisen ausgegangen:

Kunstleder	2,28 €/m^2
Vinylfußboden	3,75 €/m^2
Bekleidungsmaterialien	1,60 €/m^2.

Der erwartete Umsatz U ergibt sich aus der Multiplikation der verkauften Menge m zum erzielten Verkaufspreis K:

$$U = m \cdot K.$$

9.7.2 Gewinn

Um den möglichen Jahresgewinn G berechnen zu können, müssen von dem zu erzielenden Umsatz die jährlichen Gesamtkosten JK und die Materialkosten MK subtrahiert werden (Braune 1981):

$$G = U - (JK + MK).$$

Tab. 9.20 Jahresumsatz bei Produktion mit einer Dreistrichanlage

	Menge	Preis	Umsatz
	[m^2 /a]	[€/m^2]	[€/a]
Kunstleder	4 002 696	2,28	9 126 146
Vinylfußboden	563 760	3,75	2 114 100
Bekleidungsmaterialien	1 353 024	1,60	2 164 834
Summe	5 919 480		13 405 080

Tab. 9.21 Jahresumsatz bei Produktion mit einer Zweistrichanlage

	Menge	Preis	Umsatz
	[m^2 /a]	[€/m^2]	[€/a]
Kunstleder	2 735 176	2,28	6 236 201
Vinylfußboden	469 800	3,75	1 761 750
Bekleidungsmaterialien	1 127 520	1,60	1 804 032
Summe	4 32 496		9 801 983

Die Tab. 9.22 und 9.23 zeigen fiktive Materialkosten für die drei Produkte Kunstleder, Vinylfußboden und Bekleidungsmaterialien. Sie sind zum einen abhängig von den individuellen Preisen des jeweiligen Lieferanten und zum anderen von den verwendeten Rezepturen.

9.7.3 Zusammenfassung aller Kosten und Erträge

Tab. 9.24 gibt einen Überblick über alle Einnahmen und Ausgaben bei Zweistrich- und Dreistrichanlagen.

Die Amortisationsdauer berechnet sich aus den Investitionskosten IK dividiert durch den Rückfluss R (Olfert 1988):

$$A = IK/R.$$

Tab. 9.22 Materialkosten bei einer Dreistrichanlage

	Menge	Preis	MK
	[m² /a]	[€/m²]	[€/a]
Kunstleder	4 002 696	1,28	5 123 450
Vinylfußboden	563 760	1,22	687 787
Bekleidungsmaterialien	1 353 024	0,65	879 465
Summe	5 919 480		6 690 702

Tab. 9.23 Materialkosten bei einer Zweistrichanlage

	Menge	Preis	MK
	[m² /a]	[€/m²]	[€/a]
Kunstleder	2 735 176	1,28	3 501 025
Vinylfußboden	469 800	1,22	573 156
Bekleidungsmaterialien	1 127 520	0,65	732 888
Summe	4 332 496		4 807 069

Tab. 9.24 Vergleich aller Kosten bei Zweistrich- und Dreistrichanlagen

	Tridem	Tandem
Umsatz [€/a]	13 405 080	9 801 983
Gesamtkosten [€/a]	2 728 830	2 388 629
Materialkosten [€/a]	6 690 702	4 807 069
Gewinn [€/a]	3 985 548	2 606 285
Abschreibung [€/a]	1 016 099	884 988
Rückfluss [€/a]	5 001 647	3 491 273
Amortisationsdauer [a]	1,60	2,02

In der Praxis wird aus Risikogründen eine Amortisationsdauer unter drei Jahren gefordert, d. h., alle Investitionen, die eine längere Amortisationszeit haben, fallen von vornherein aus den Kaufbetrachtungen heraus (Wohe 1990). Die beiden vorgestellten Anlagen liegen somit deutlich unter der von der Industrie geforderten Amortisationszeit.

9.7.4 Vergleichskennzahl

Eine kurze Amortisationszeit wird von jedem Unternehmer gewünscht und erwartet. Die errechneten Amortisationszeiten lassen sich mit den Wirtschaftlichkeitskennzahlen ins Verhältnis 2:1 setzen, wodurch eine neue Vergleichskennzahl VKZ ermittelt wird.

$$\mathrm{VKZ} = \frac{(2 \cdot \mathrm{A}) + \mathrm{W}}{3}.$$

Je niedriger die Vergleichskennzahl, desto ökonomischer sind die Investitionen. Aus vorgenannter Gleichung ergeben sich die auf die einzelnen Produkte bezogenen Vergleichskennzahlen (Tab. 9.25).

Die durchschnittliche Vergleichskennzahl ist bei beiden Anlagen ungefähr gleich groß. Die Dreistrichanlage erweist sich jedoch unter Berücksichtigung der Amortisationszeit A und unter Beachtung der Wirtschaftlichkeitskennzahl W als die ökonomischere Variante.

Das Beispiel zeigt, wie komplex eine Betrachtung unterschiedlicher Anlagenlayouts ist und mit welchen Methoden eine Wirtschaftlichkeitsstudie durchgeführt werden kann.

Tab. 9.25 Vergleichskennzahlen bei Zweistrich- und Dreistrichanlagen

	Tridem	Tandem
Kunstleder	2,25	2,44
Vinylfußboden	2,22	2,46
Zelt- und Regenmaterialien	2,25	2,47
Durchschnitt Ø	2,24	2,46

Literaturverzeichnis

AKB Firmenprospekt (1994): Prozeßwärme mit AKB-Systemen. Sinsheim 1994
Appelt, H. (1981): Die neuen Techniken der Unternehmensplanung. München: Oldenbourg 1981
Arbeitgeberkreis Gesamttextil (Hrsg.) (1992): Textilveredlung Beschichten. Ausbildungsmittel-Unterrichtshilfen. Eschborn 1992
Baumbach, G. (1990): Luftreinhaltung.Berlin, Heidelberg, New York: Springer 1990
Berndt, H.-J. (1990): PVC Schaumkunstleder vom Stahlband. Sonderdruck Textilbericht 1990, S. 15–19
BG Chemie (Hrsg.) (1989): Richtlinien für die Vermeidung von Zündgefahren. Richtlinie Nr. 4. 1989
Birkle, M. (1979): Meßtechnik für den Immissionsschutz. München: Oldenbourg 1979
Boisserée, K. u. a. (1962): Immissionsschutzrecht in NRW. Siegburg: Reckinger amp1 Co. 1962
Brathuhn, R. (1986): Pastenverarbeitung und Pulverbeschichtung. München: Hanser 1986
Braune, G. (1981): Betriebswirtschaftslehre für technische Fachkräfte. Bd. 37. Grafenau: Expert 1981
Breuer, H. (1987): dtv-Atlas zur Chemie. Bd. 1. München: Deutscher Taschenbuch Verlag 1987
Bundesimmissionsschutzgesetz BImschG idFv. 14. Mai 1990. § 3.1
Bundesimmissionsschutzverordnung BImschV idFv. 15. Juli 1988. § 2.4
Carlowitz, O. (1984): Thermische Abluftreinigung. Krefeld: Technologie Report 1984
CG-Tec Homepage: Vorteile von CFK http://www.cg-tec.de/Vorteile_von_CFK.93.0.html (Letzter Zugriff 21.12.08)
Coatema Firmenprospekt (1990): Maschine für die Textilindustrie. Neuss: 1990
Cohen, E.G. (1992): Modern Coating and Drying Technology, Wiley-VCH 1992
Delignit. http://www.delignit.de/contenido/cms/upload/pdf/presse/Wissenswertes_ueberESH-Lack.pdf (Letzter Zugriff 19.01.09)
Dornbusch Firmenprospekt (1994): Walzentechnologie. Krefeld 1994
Dufke, D. (1989): Herstellung von Leder. Leipzig: VEB Fachbuchverlag 1989
Echtermeyer, H. (1986): Veredlung von Textilien. 3. Aufl. Leipzig: VEB Fachbuchverlag 1986
Elektron Crosslinking AB: Trocknen von Beschichtungen mittels Elektronenstrahlung. pdf. Juni 2006. http://www.Crosslinking.com (Letzter Zugriff 28.12.08)
Enka, Firmenmaterial (1987): Beschichtung allgemein.Wuppertal 1987
Felger, H.K. (Hrsg.) (1986): Polyvinylchlorid. 2. Aufl. Bd. 2/2. München:Hanser 1986
Finke, W. (1994): Walzenberechnungen. Wiesbaden: Vieweg 1994
Finkmann, H. (1986): Herstellung von PVC-Compounds. München: Hanser 1986
Fitzgerald, R. (1991): Investitionsrechnung. München: Hanser 1991
Flury, F. u. a. (1962): Schädliche Gase. Berlin: Springer 1969

A. Giessmann, *Substrat- und Textilbeschichtung*,
https://doi.org/10.1007/978-3-662-58494-1

Fries, D. (1992): Textilveredlung Beschichtung. Ausbildungsmittel-Unterrichtshilfen. Eschborn 1992

Fritz, W. (1990): Reinigung von Abgasen.Würzburg: Vogel Verlag 1990

Fuest, K. (2000): Elektrische Maschinen und Antriebe. 5. Aufl. Wiesbaden: Vieweg 2000

Gälweiler, A. (1989). Unternehmensstrategien. Frankfurt: Campus 1989

Geyer, E. (1987): Die Kreativität der Produktplanung. Landsberg:Moderne Industrie 1987

Giessmann, A. (1994): Anforderung und Auswahl eines Abluft-Reinigungssystems für die Beschichtungsindustrie. St. Gallen: Coating Verlag 1994. S. 222–225

Giessmann, H. (1982): Beschichten und Kaschieren von Geweben. Melliand Textilberichte (1982) 11, S. 1348–1355

Hautz, E. (1992): Abgestimmter Informations- und Materialfluß über die Unternehmensgrenzen hinaus. Industrial Engineering (1992) 3, S. 4–7

Heeg, F.-J. (1991): Moderne Arbeitsorganisation. 2. Aufl. München: Hanser 1991

Heinrich, G. (1987): Energieökonomische Entstaubungsanlagen. Berlin: VEB Verlag Technik 1987

Henselder, R. (1990): TA Luft. Köln Bundesanzeiger Verlagsgesellschaft 1990

Hindemann, A. (1985): Zur Egalität beim diskontinuierlichen Färben. Informationsmaterial der Fa. Elf Atochem, Paris 1985

Hinterhuber, H. (1996): Strategische Unternehmensführung. 6. Aufl. Berlin: de Gruyter 1996

Johannaber, F. (1992): Kunststoffmaschinenführer. 3. Aufl. München: Hanser 1992

KEU Firmenprospekt (1989): Combustor. Krefeld 1989

Kolar, J. (1990): Stickstoffoxide und Luftreinhaltung. Berlin, Heidelberg, New York: Springer 1990

Kolbusch, A. (2001): Neue Vertriebsstrategien für ein Geschäftsfeld einesKMU des Maschinenbaus – unter Beachtung der Herausforderungen im internationalen Wettbewerb. Diplomarbeit. Mönchengladbach 2001

Kranich, S. (1985): Staubreinhaltung. Mainz: O. Krausskopf Verlag 1985

Krelus Firmenprospekt (1995): Infrarotstrahler als Trocknungsprozeß. Hirschthal 1995

Lamalle, J. (1991): Technologie beim Pastenauftrag. Symposium der Fa. Solvay, Brüssel 1991

Lange Ritter Firmenprospekt (2008): Prepreg. http://www.lange-ritter.de/pdf/Prepreg.pdf (Letzter Zugriff 20.12.08)

Lindner, H. (2001): Physik für Ingenieure. 16. Aufl. Leipzig: Fachbuchverlag 2001

Matek, W. (2001): Maschinenelemente. 15. Aufl. Wiesbaden: Vieweg 2001

Mecheels, St. (2001): Mit funktionellen und Intelligenten Bekleidungstextilien zu neuen Märkten. Vortag beim Forschungskuratorium 2001. Berlin 2001

Menig, H. (1977): Luftreinhaltung durch Adsorption, Absorption und Oxidation. Wiesbaden: Deutscher Fachzeitschriften Verlag 1977

Niemann Firmenprospekt (1991): Mischen und Dispergieren.Mannheim 1991

Offermann, P. (2000): Flächenbildungstechnik.Vorlesungsreihe „Verfahren und Maschinen der Textil- und Konfektionstechnik". TU Dresden 2000

Olfert, K. (1988): Investition. 4. Aufl. Ludwigshafen: Kiehler Verlag 1988

Peavy, H. (1985): Environmental Engineering. St. Louis: McGraw-Hill Book Company 1985

Plank, H. (2001): Einsatz von Textilien in Life Science. Vorlesungsreihe und Vortrag beim Forschungskuratorium 2001. Stuttgart 2001

v. Pupka, H. (1983): Investitionsplanung.Wiesbaden: Gabler 1983

Rammelsberg, R. (1992): Ist Logistik erlernbar? REFA Nachrichten (1992) 1, S. 14–22

Reetz, E. (2001): Einführung in die Textilbeschichtung. Vortragsreihe beim 2. Coatema Coating Symposium, Dormagen 2001

REFA (Hrsg.) (1985): Methodenlehre der Planung und Steuerung. Bd. 4. München: Hanser 1985

REFA (Hrsg.) (1992): Informationsmanagement. Vorlesungsreihe zur Ausbildung zum REFA Ingenieur. Darmstadt 1992, S. 37–43

REFA (Hrsg.) (1994): Planung und Steuerung. München: Hanser 1994

Rigby, D. (1997): The world technical textile industry and its markets: Prospects to 2005. David Rigby Associates, Manchester 1997

Ringes, G. (1991): Produktinnovation. Berlin: Schmidt Verlag 1991

Rouette, H. K. (2001): Grundlagen der Textilveredlung. 14. Aufl. Frankfurt: Deutscher Fachverlag 2001

Samson Firmenprospekt (1994): Meß- und Regeleinrichtungen. Frankfurt 1994

Sattler, K. (1982): Umweltschutz Entsorgungstechnik.Würzburg: Vogel Verlag 1982

Schürmann, H. (2008): Konstruieren mit Faser-kunststoff-verbunden. 2. Aufl. Springer Verlag 2008

Schmidt, P. (1967): Ausführungsformen des Streichverfahrens. Schulungsunterlagen der Fa. Bayer Leverkusen 1967, S. 9–12

Sen, A. K. (1999): Coated Textiles. Ancaster: Technomics Publishing Co. 1999

Singer, U. (1991): Neues Verfahren für die Wirtschaftlichkeitsbeurteilung von Investitionen in neue Produktionstechnologien. Kostenrechnungspraxis (1991) 4, S. 63–70

Smith, W. C. (1999): Coated and laminated fabrics putting the industry in perspective. Industrial Textile Associates, Greer 1999

Spitzner, K. (1980): Textildruck. 3. Aufl. Leipzig: VEB Fachbuchverlag 1980

Tritron: http://www.tritron.org/UV-Haertung-UV-Cure.12.0.html (Zugriff Dez. 2008)

Troge, A. (1985): Technik und Umwelt. Köln: Deutscher Instituts-Verlag 1985

Ungricht Firmenprospekt (1992): Gravurtechnologie. Mönchengladbach 1992

Ungricht Firmenprospekt (1994): Bonding Stars. Mönchengladbach 1994

Unterseh, H. (1993): Quo vadis Textilindustrie – gemeinsam die Zukunft meistern. Chemiefasern/ Textilindustrie (1993) 11, S. 730–732

Vansteenkiste, P. (1978): Chemie-Technik. Stuttgart: Wissenschaftliche Verlagsgesellschaft 1978

VDI-Richtlinie 2280: Düsseldorf: VDI Verlag 1977

VDI-Richtlinie 3477: Düsseldorf: VDI Verlag 1984

VDI-Richtlinie 3478: Düsseldorf: VDI Verlag 1985

Wannagat, H. (1995): Walzenoberflächen. Gespräch mit dem Geschäftsführer der Fa. Wannagat. Witten, Februar 1993

Wehlmann, J. (1981): Kunstledertechnik. Leipzig: VEB Fachbuchverlag 1981

Weinhold, G. (1987): PVC-Additive zur Behandlung von Kunstleder. Schulungsunterlagen der Fa. Wacker. Burghausen 1987

Werner, A. (1986): Encyclopedia of PVC. New York: Litton Educational Publishing 1986

Werner, Firmenprospekt (1988): Misch- und Rührwerke. Mannheim 1988

Wikipedia, Braunsche Röhre, http://de.wikipedia.org/wiki/Braunsche_Rhre (Letzter Zugriff 19.01.09)

Wikipedia, Faserverbundwerkstoff, http://de.wikipedia.org/wiki/Faserverbundwerkstoff (Letzter Zugriff 20.12.08)

Wikipedia, Prepreg, http://de.wikipedia.org/wiki/Prepreg (Letzter Zugriff 21.12.08)

Wikipedia (1): www.wikipedia.org, frei aus dem Englischen, Stichwort „Corona“ (Letzter Zugriff 02.01.09)

Wikipedia (2): www.wikipedia.org, Stichwort „Sol-Gel“, (Letzter Zugriff 03.01.09)

Wöhe, G. (1990): Einführung in die Allgemeine Betriebswirtschaftslehre. 17. Aufl. München: Vahlen Verlag 1990

Zuendel und Partner (1992): Kettenglieder eines Betriebes. Projektvortrag,Nettetal 1992

textil+mode: https://www.textil-mode.de/index.php?eID=tx_nawsecuredl&u=0&g=0&t=1534422830&hash=f26d32672f16fdf7eb11c11e7bb654e98112265b&file=/fileadmin/textil/Website/1._Branche/1.7_Daten_Zahlen/2017/2017-12_Konjunkturbericht.pdf

VDMA, Fachverband Textilmaschinen; Branchenportrait Textilmaschinen 2018: https://txm.vdma.org/documents/199718/5624419/Branchenportrait%20Textilmaschinen%202018/f5ee-89db-6169-4eac-ad5d-f2b5ceaccf28?t=792170.46

Stephen Y. Chou, MINNESOTA REGENTS OF UNIVERSITY OF University of Minnesota - Nanoimprint lithography, US Patent US5772905A, 1995

Thermal Nanoimprint: Chou SY, Krauss PR, Renstrom PJ. Imprint of sub–25 nm vias and trenches in polymers. Appl Phys Lett. 1995;9:3114–3116. doi: 10.1063/1.114851

Jukka Viheriälä, Tapio Niemi, Juha Kontio and Markus Pessa Nanoimprint Lithography – Next Generation Nanopatterning Methods for Nanophotonics Fabrication In: Recent Optical and Photonic Technologies DOI: 10.5772/6917

Richard Feynman There's plenty of room at the bottom Journal of Microelectromechanical Systems (Volume: 1, Issue: 1, March 1992) DOI: 10.1109/84.128057

C. Sotomayor Torres: Alternative lithography – Unleashing the potential of nanotechnology. In: Nanostructure Science and Technology, ed. By D.J. Lockwood (Kluwer, New York 2003)

M.J. Stefan: Parallel Platten Rheometer, Akad. Wiss. Math.-Naturwiss. Vienna 2(69), 713–735 (1874), in German

UV Nanoimprint: Alkaisi MM, Mohamed K. In: Lithography. Wang M, editor. Rijeka: InTech; 2010. Three-dimensional patterning using ultraviolet nanoimprint lithography; pp. 571–595

Seite „Tintenstrahldrucker". In: Wikipedia, Die freie Enzyklopädie. Bearbeitungsstand: 9. April 2018, 10:40 UTC. URL: https://de.wikipedia.org/w/index.php?title=Tintenstrahldrucker&oldid=176296194 (Abgerufen: 15. August 2018, 12:14 UTC)

Presentation, Vince Cahill, VCE Solutins, Titel: "Inkjet Technology: Progress, Trends & Business Opportunities" gehalten auf der Graphics Canada, November 2011

Patent, Erfinder: Naiman Mark, Sudden steam printer, United States patent US3179042A. URL: https://patents.google.com/patent/US3179042

Seite "The History Of Inkjet Printing". In: Supplies-outlet-Blog. URL: http://supplies-outlet-blog.com/history-of-inkjet-printing/. (abgerufen: 15. August 2018, 12:18 UTC)

Seite „Continuous Inkjet Technology". In: Technical glossary of Paul Leibinger GmbH & Co. KG, URL: https://leibinger-group.com/en/glossary/definition-continuous-inkjet-technology-technical-glossary-of-paul-leibinger-gmbh-co-kg/ (abgerufen: 15. August 2018, 12:25 UTC)

Progress and Trends in Ink-jet Printing Technology, Hue P. Le, Le technologies, Inc., Beaverton, Oregon, Veröffentlicht in Recent Progress in Ink Jet Technlogies II. http://www.imaging.org/site/PDFS/Papers/1999/RP-0-92/1975.pdf

Seite „Drop on Demand". In: Glossar. URL: https://www.wolf-signiertechnik.de/glossar/drop-on-demand (abgerufen: 15. August 2018, 12:27 UTC)

Seite „Grundlagen der Piezotechnologie". In: Piezo Technology. URL: https://www.piceramic.de/de/piezo-technologie/grundlagen/ (abgerufen: 15. August 2018, 12:29 UTC)

Wijshoff, H. (2008). *Structure- and fluid-dynamics in piezo inkjet printheads* Enschede. URL: https://research.utwente.nl/en/publications/structure-and-fluid-dynamics-in-piezo-inkjet-printheads-2

H. Lengsfeld, F. Wolff-Fabris, J. Krämer, J. Lacalle und V. Altstädt, Faserverbundwerkstoffe, München: Carl Hanser Verlag, 2015

Dr. Elmar Witten (AVK); Thomas Kraus, Michael Kühnel (CCeV), „Der globale CFK-Markt 2015 - Carbon Composites eV," 28.11.2016. [Online]. Available: http://www.carbon-composites.eu/media/1516/2015-09-09-ccev-avk-marktbericht-2015-deutsch-cfk-final.pdf. [Zugriff am 03.12.2016]

FOCUS-Online-Experte Michael Santo, „Neuer Superjet A350: Wie Airbus das Dreamliner-Desaster vermeiden will,“ 28.03.2014. [Online]. Available: http://www.focus.de/finanzen/experten/santo/schwierige-produktion-was-airbus-aus-den-pannen-beim-dreamliner-gelernt-hat_id_3726153.html. [Zugriff am 09.10.2016]

Verkehrsclub Deutschland e.V. (VCD), „VCD Auto-Umweltliste 2010/2011,“ 18.08.2010. [Online]. Available: https://www.vcd.org/service/presse/pressemitteilungen/vcd-auto-umweltliste-20102011. [Zugriff am 20.12.2016]

M. Flemming und S. Roth, Faserverbundbauweisen, Berlin [u. a.]: Springer, 2003

M. Neitzel, P. Mitschang und U. Breuer, Handbuch Verbundwerkstoffe, München: Carl Hanser Verlag, 2014

Duromer Kunststoffverarbeitungs-GmbH, „Duromer Unternehmen,“ 2006. [Online]. Available: http://www.duromer.de/leistungen.aspx. [Zugriff am 12.12.2016]

M. Bonnet, Kunststoffe in der Ingenieuranwendung, Wiesbaden: Vieweg+Teubner Verlag / GWV Fachverlage GmbH Wiesbaden, 2009

AVK, Industrievereinigung Verstärkte Kunststoffe, Handbuch Faserverbundkunststoffe/Composites, Wiesbaden: Springer Vieweg, 2014

Toho Tenax Europe GmbH, „AVK Kohlenstoff-Fasern,“ 2009. [Online]. Available: http://www.r-g.de/w/images/9/94/AVK_Kohlenstoff-Fasern.pdf. [Zugriff am 29.12.2016]

D. J. Kroker und S. Vargiu, „Schlichte für Kohlenstoff-Fasern und Glasfasern“. Deutschland/Ludwigshafen Patent EP0393665, 29.11.1990

xperion components GmbH & Co. KG, „FaSzination CFK- XPERION COMPONENTS,“ [Online]. Available: http://www.xperion-components.de/fileadmin/user_upload/pdf-broschueren/xperion-components_faszination-CFK_DE_low.pdf. [Zugriff am 08.01.2017]

John P. Kummer GmbH; Reinhold Heß; Nicolas Schwarz, „Aushärtung von Epoxidharzen und Glasübergangstemperatur (Tg),“ 2017. [Online]. Available: http://www.jpkummer.com/sites/default/files/Aush%C3%A4rtung%20von%20Epoxidharzen%20und%20Glas%C3%BCbergangstemperatur%20(Tg).pdf. [Zugriff am 04.01.2017]

Giessmann, Substrat- und Textilbeschichtung, Berlin, Heidelberg: Springer-Verlag Berlin Heidelberg, 2010

Fibretech composites GmbH, „Verstärkungsfasern fibretech,“ 2006. [Online]. Available: http://www.fibretech-composites.de/downloads/1_verstaerkungsfasernpdf.pdf. [Zugriff am 11.12.2016]

G. Polek, „WinnCad Elements Blog,“ 7.12.2010. [Online]. Available: http://winncad.blogspot.de/2010/12/airbus-starts-fabricating-first.html. [Zugriff am 19.10.2016]

D. E. Witten, T. Kraus und M. Kühnel, „Composites-Marktbericht 2015,“ 21.09.2015. [Online]. Available: http://www.avk-tv.de/files/20151214_20150923_composites_marktbericht_gesamt.pdf. [Zugriff am 2016.11.28]

„Wikipedia,“ [Online]

DLR Stuttgart (R&G 2003)/ swiss-composite/, „Faserverbundwerkstoffe Einführung,“ 2003. [Online]. Available: www.swiss-composite.ch/pdf/i-FVW-Einfuehrung.pdf. [Zugriff am 26.12.2016]

SGL GROUP THE CARBON COMPANY, „SIGRAFIL Carbon Endlosfasern,“ 09.2016. [Online]. Available: http://www.sglgroup.com/cms/de/Produkte/Werkstofflexikon/index.html. [Zugriff am 18.11.2016]

Toho Tenax Europe GmbH, „Toho Tenax Ihr Partner für modernste Kohlenstofffaser Lösungen,“ Teijin, [Online]. Available: http://www.tohotenax.com/de/produkte/was-sind-kohlenstofffasern/. [Zugriff am 23.11.2016]

Toho Tenax Europe GmbH, „Toho Tenax Ihr Partner für modernste Kohlenstofffaser Lösungen,“ Teijin, [Online]. Available: http://www.tohotenax.com/de/produkte/was-sind-kohlenstofffasern/. [Zugriff am 23.11.2016]

BMW AG, „BMW i3 – total elektrisch – Elektrisch, nachhaltig, urban – bmw.de," 2016. [Online]. Available: http://www.bmw.de/de/neufahrzeuge/bmw-i/i3/2015/bilder-videos.html. [Zugriff am 20.12.2016]

Deutsche Gesetzliche Unfallversicherung e.V. (DGUV), „FA GK: A-Staub Definition DGUV," [Online]. Available: http://www.dguv.de/staub info/was istbstaub/a staub/index.jsp. [Zugriff am 12.01.2017]

Herbert Hänchen GmbH & Co. KG, „Hydraulikzylinder Hänchen," 2017. [Online]. Available: http://www.haenchen.de/h-cfk-bauteile/h-cfk-basics.html#leichtbau. [Zugriff am 04.01.2017]

Coatema Coating Machinery GmbH, „Coatema," 20 02 2015. [Online]. Available: http://www.coatema.de/images/presse/archiv_downloads/vortraege/2014_Coatema_Prepreg.pdf. [Zugriff am 21.11.2016]

Kunststodde.de, „Faser-leichte Werkstoffe Kunststoffe.de," Carl Hanser Verlag GmbH & Co. KG, 23.09.2015. [Online]. Available: https://www.kunststoffe.de/bildergalerien/artikel/faser-leichte-werkstoffe-1204797.html. [Zugriff am 03.01.2017]

Carbon-Deutschland, „Carbon Deutschland – Carbon Basiswissen – Werkstoff Kohlefaser," 23.09.2017. [Online]. Available: http://carbon-deutschland.de/carbon-faser-verstaerkte-kunststoffe/. [Zugriff am 03.01.2017]

M. Opitz, „t2-composite.de," 08.09.2015. [Online]. Available: https://www.t2-composite.de/aufgaben-von-faser-und-matrix-im-verbundwerkstoff.html#. [Zugriff am 02.12.2016]

Sachverzeichnis

A. Giessmann, *Substrat- und Textilbeschichtung*,
https://doi.org/10.1007/978-3-662-58494-1

MIX
Papier aus verantwortungsvollen Quellen
Paper from responsible sources
FSC® C105338

If you have any concerns about our products,
you can contact us on
ProductSafety@springernature.com

In case Publisher is established outside the EU,
the EU authorized representative is:
Springer Nature Customer Service Center GmbH
Europaplatz 3, 69115 Heidelberg, Germany

Printed by Libri Plureos GmbH
in Hamburg, Germany